U0192815

国家数值风洞工程验证与确认系列专著

不确定性量化方法及应用

**Uncertainty Quantification Methods
and Applications**

熊芬芬　王瑞利　吴晓军　陈江涛　任成坤　著

科学出版社

北　京

内 容 简 介

本书面向数值模拟模型确认和稳健优化设计,针对其中的关键——不确定性量化,全面系统地介绍了国内外现有的各种理论方法及其工程应用。理论方法部分主要针对经典和最新的不确定性量化方法,按照不确定性表征、混沌多项式方法及其维数灾难应对策略、深度学习、多学科不确定性传播、随机和认知混合不确定性传播及灵敏度分析、数值模拟不确定性综合量化等六大类,全面、系统、详细地介绍了各种方法的发展历程、基本原理、实施步骤及适用范围。工程应用部分,介绍了各种不确定性量化方法在工程计算流体力学数值模拟模型确认和气动稳健优化设计中的应用,并对未来发展方向进行了展望。

本书可作为高等院校设计相关专业工程设计方法课程的研究生和高年级本科生学习及教师教学和科研的参考书,也可供从事工程优化设计、数值模拟模型确认、可靠性分析方面工作的工程技术和科研人员使用。

图书在版编目(CIP)数据

不确定性量化方法及应用/熊芬芬等著.—北京:科学出版社,2023.4
ISBN 978-7-03-073325-2

Ⅰ.①不… Ⅱ.①熊… Ⅲ.①不确定系统-量化-研究 Ⅳ.①N94

中国版本图书馆 CIP 数据核字(2022)第 184369 号

责任编辑:刘信力 崔慧娴/责任校对:彭珍珍
责任印制:赵 博/封面设计:无极书装

科 学 出 版 社 出版
北京东黄城根北街 16 号
邮政编码:100717
http://www.sciencep.com
北京建宏印刷有限公司印刷
科学出版社发行 各地新华书店经销
*
2023 年 4 月第 一 版 开本:720×1000 1/16
2024 年 6 月第三次印刷 印张:18 1/4
字数:360 000
定价:148.00 元
(如有印装质量问题,我社负责调换)

国家数值风洞工程验证与确认系列专著

编 委 会

丛 书 序

计算流体力学 (computational fluid dynamics，CFD) 已成为支撑航空航天、工业装备、交通运输、节能环保等诸多领域发展的共性基础技术，在国防和国民经济建设中发挥着越来越重要的作用。CFD 技术验证、确认和不确定性量化 (VV&UQ) 是 CFD 从理论走向工程的关键环节之一。

美国非常重视 CFD 技术的验证和确认，20 世纪 60~70 年代，美国计算机仿真学会 (Society of Computer Simulation，SCS) 就专门成立模型可信性技术委员会 (Technical Committee of Modeling Credibility，TCMC)，开展计算仿真与模拟验证和确认方法的概念术语和规范的研究。美国航空航天局 (NASA) 2030 CFD 愿景中明确指出需持续加强对 CFD 技术验证、确认和不确定度量化研究，并在 CREATE-AV 项目中，将验证确认作为工业应用 CFD 软件质量保证 (SQA) 的关键一环。

我国从"九五"后期开始跟踪研究 CFD 技术验证与确认，开展了一系列卓有成效的工作。2018 年，中国空气动力研究与发展中心在国家数值风洞 (NNW) 工程项目中，专门设置了"验证与确认系统"，联合国内优势单位和力量，共同开展 CFD 软件验证与确认相关研究工作，在基础理论、平台开发、数据库建设、工程应用等方面都取得了长足进步。

在国家数值风洞工程项目支持下，验证与确认研究团队精心组织开展了国外验证与确认领域文献著作的翻译。为总结国内研究成果，团队联合国内知名专家学者，完成了"国家数值风洞工程验证与确认系列专著"的编撰工作。本丛书从理论方法、标模试验和数据库建设等方面，系统地介绍了国内学者在验证与确认领域取得的成果。希望本丛书能为这一领域的研究人员提供有益的参考和借鉴，为我国这一领域的人才培养提供很好的指导和帮助，促进我国 CFD 验证与确认技术的快速发展。

感谢本丛书组织者和参与丛书编写的作者们，他们的努力将会有丰厚的回报。是为序！

唐志共

中国科学院院士

中国空气动力研究与发展中心

2022 年 8 月 16 日

序

    复杂系统在其研发和生产的整个过程中都充满了源于仿真建模和模拟、生产制造、工作环境等大量的不确定性。作为提高数值模拟结果的可信度、提升系统性能的可靠性和稳健性的关键技术之一，不确定度量化在航空航天、汽车、机械、电子、核电设备等诸多领域都具有广泛应用。随着科学技术的不断发展，人们对工程系统的精密化要求越来越高。工程系统的精密化设计涉及多学科和多物理等复杂过程耦合，导致其数值模拟的计算规模越来越大，输入和响应函数维度和非线性也不断增加。同时，在仿真建模、模拟和设计中存在大量多种类的不确定性因素，不确定度量化面临"维数灾难"、精度低、可信度差等诸多难题。此外，不确定度量化数学理论性强、涵盖面广，对工程人员提出了较高的入门要求。这些都较大地阻碍了不确定度量化理论成果向实际工程问题的推广应用。

    《不确定性量化方法及应用》一书正是作者在多年来从事不确定度量化的科研实践及理论探索的基础上，系统地分析和梳理了不确定度量化领域的研究成果和最新进展而撰写的，博采众议，涵盖了不确定度量化的诸多方面。该书面向复杂系统的数值模拟和物理模型确认中不确定度量化及不确定性优化设计，对不确定度量化理论和方法进行系统、全面、翔实的阐述，包括了诸多新理论和新方法。作者从不确定性表征、不确定性传播、灵敏度分析等多个方面展开介绍，并给出通俗易懂的实施步骤和清晰具体的工程应用简明实例。除了常见的随机不确定性、单学科系统，该书还面向随机和认知混合不确定性、多学科耦合系统，详尽介绍了相应的不确定度量化方法，特别是传统的混沌多项式方法；并对高维、混合、多可信度、多学科等诸多不确定度量化领域的难点、痛点进行了深入的讨论。

    作为不确定度量化研究领域鲜有的中文专著之一，该书内容全面翔实，理论介绍深入浅出，既可以当作一本不确定度量化研究领域的入门教学用书和参考书，也是一份实战手册，可以让读者充分了解到当前不确定度量化领域的基础知识和前沿科学。

江 松

中国科学院院士

北京应用物理与计算数学研究所研究员

2022 年 6 月 30 日

前　　言

　　不确定性量化 (主要包括不确定性表征和不确定性传播) 是研究不确定性输入的数学表征以及不确定性输入对系统输出响应影响规律的一种方法,是数值模拟模型确认和工程优化中的关键技术之一。不确定性量化在航空航天、汽车、机械、电子、核电设备等诸多领域都有广泛应用。通过不确定性量化,可以提高数值模拟结果的精度和可信度,提升系统性能的可靠性和稳健性,避免灾难性事故的发生,从而对经济、政治、军事等都有重要的积极作用。正因为如此,各种不确定性量化理论和方法得到了迅速发展,国内外众多学者在该领域已取得了丰硕的研究成果,并在工程中取得了显著成效。

　　作者对不确定性量化理论和方法开展了长期、深入的研究,并提出了诸多新的理论和方法。本书是在作者对所取得的研究成果以及国内外不确定性量化领域研究进展进行总结的基础上撰写而成。本书力图面向数值模拟模型确认和不确定性优化设计,对不确定性量化理论和方法进行较为系统、全面、翔实的阐述,旨在为高等院校的教师、研究生以及相关工程技术人员提供一套可借鉴的不确定性量化理论和工程实现方法。目前,还鲜有系统地介绍工程不确定性量化方面的专著,因此本书具有一定的理论和工程应用价值。

　　与国内外同类书籍相比,本书的特点主要包括以下几个方面。

　　(1) 国内外相关书籍大多局限于较为传统的不确定性传播方法且偏于结构不确定性量化,而本书介绍的方法较之更为全面、新颖。本书除了介绍新兴的不确定性传播方法,还对不确定性量化的首要步骤——不确定性表征方法,进行了系统而翔实的介绍,其中不仅包括传统的参数估计方法,还对不确定性分类和认知不确定性建模方法进行了阐述。

　　(2) 除了经典的不确定性传播方法,本书还对多可信度混沌多项式、多可信度深度学习、随机和认知混合不确定性传播、灵敏度分析以及面向数值模拟的不确定性综合量化等诸多在目前已出版的相关书籍中未提及的新型方法进行了详尽介绍。

　　(3) 除了单学科不确定性量化方法,本书还面向耦合多学科系统,介绍了高效快速的解析式多学科不确定性传播以及灵敏度分析方法,为开展高效的多学科稳健优化设计或多学科数值模拟模型确认提供了有意义的指导和参考。

　　(4) 以往大多数的不确定性量化书籍学术性、理论性较强,不易于初学者掌握和运用。本书力图以通俗易懂的语言介绍各种不确定性量化理论和方法，并结合数值算例给出具体实现步骤及编程思路，加强读者对各种方法的理解与掌握，使其能够更广泛地被读者接受，具有较强的适用性。

　　本书由王瑞利研究员、吴晓军研究员和熊芬芬副教授共同制定编写提纲，第 1 章由熊芬芬、王瑞利和吴晓军共同撰写，第 2 章由熊芬芬撰写，第 3、4 章由熊芬芬和陈江涛共同撰写，第 5~7 章由熊芬芬和任成坤共同撰写，第 8 章由熊芬芬和陈江涛共同撰写，第 9 章由全体作者共同撰写。本书在编写过程中，参考和引用了国内外众多学者的研究成果，并将其列在了各章后的参考文献中，在这里向这些作者表示衷心的感谢。此外，课题组的李泽贤、王博民、张立、李超、赵越和张千晓参与了部分章节内容的编写和全书的整理校对工作，在此一并向他们表示感谢。本书的研究工作得到了国家自然科学基金面上项目 (No. 52175214)、"国家数值风洞" 工程指南课题 (No. NNW2019ZT7-B31)、国防基础科研科学挑战专题 (No. TZ2019001)、装备重大基础研究 (No. 514010103-302) 等的资助，在此深表感谢。

　　本书内容丰富翔实，具有较强的前沿性和实用性。另外，由于作者水平有限，书中难免有不妥之处，恳请读者批评指正。

作　者

2022 年 05 月 01 日

目　　录

第 1 章 绪　　论

1.1　引　　言

在实际工程中存在诸多复杂系统, 如卫星、导弹、飞机、汽车、先进材料等。高效率、高质量的复杂产品开发对增强国家经济和国防实力具有重要的战略意义。为了缩短设计周期、降低开发成本、满足产品不断提升的性能需求和更新换代频次, 计算机仿真技术及优化方法于 20 世纪 60 年代中期被广泛应用于复杂系统的设计。其中, 计算机仿真正在成为科学和工程许多领域内解决问题的主流方法, 与理论分析、实验/试验研究一起成为科学研究的三大支柱。例如, 计算流体力学 (CFD) 数值模拟已成为航空航天和国防安全等国家众多尖端领域产品设计和研制不可或缺的重要手段, 在极端气动力/热环境、流动结构或流动机制剖析、紧急任务或复杂事故分析等情况下, CFD 是唯一可依赖的手段; 结构有限元分析 (finite element analysis, FEA) 是飞行器型号研制过程中必不可少的重要过程, 结构动力学分析结果是进行飞行器结构设计、优化分析等的基础。

飞行器等复杂系统在其研发和生产的整个寿命周期中都充满了源于仿真建模和模拟、生产制造 (如几何尺寸)、工作环境 (如载荷环境) 等的大量不确定性。一方面, 这些不确定性必然会导致数值模拟的输出响应也存在不可忽视的不确定性, 且输出极有可能对某些不确定性非常敏感, 例如激波在翼型上表面的位置和激波后压力对湍流模型封闭系数的变化非常敏感 [1], 严重影响 CFD 结果的可信度, 导致最终气动性能预测存在较大偏差。使用与真实结果存在较大差异的数值模拟将造成预测结果的不准确, 这对于具有高可靠性要求的航空航天工业产品而言, 极有可能引入潜在风险, 因此开展优化设计前必须对数值模拟进行模型确认和可信度评估。另一方面, 这些不确定性必然会导致飞行器系统性能的波动, 进而导致设计失效, 带来灾难性后果, 例如 NASA 的高超声速飞行器 X43-A 试验失败, 究其原因是对气动设计不确定性因素模拟不足 [2]。因此, 需要在飞行器设计中考虑不确定性的影响, 开展不确定性下的优化设计 (design optimization under uncertainty), 如稳健优化设计 [3,4] 和基于可靠性的优化设计 [5,6], 提升系统性能的同时确保系统的稳健和可靠。对于数值模拟模型确认和不确定性下的优化设计, 其关键皆为不确定性量化 (uncertainty quantification, UQ), 主要包括不确定性表征 (uncertainty characterization) 和不确定性传播 (uncertainty propagation)。

不确定性量化一直都是工程领域重要的理论课题之一，已在水文、地理、预报、经济、自动控制、结构力学分析等领域发展了三十多年，目前已发展出诸多方法。然而，随着工程系统设计的多学科化和复杂化，数值模拟计算规模和计算量显著增长，响应函数维度和非线性不断增加；同时，在仿真建模模拟和设计中存在大量不确定性因素，例如气动 CFD 数值模拟仅湍流模型中就存在十几种不确定封闭系数。随着不确定性维数的增加，UQ 所需调用的数值模拟次数呈指数增长，消耗极大的时间成本与计算资源。不确定性量化面临 "维数灾难"、精度低、可靠性差等诸多难题，是目前复杂系统不确定性量化面临的最大挑战。而且，通常不确定性因素众多且形式多样，不论是数值模拟还是物理试验，现有的不确定度量化研究一般将其简单归结为强统计变量，用概率模型进行描述，导致后续建模及计算产生一定的偏差甚至错误的结果。然而，有些不确定性因素由于试验数据稀疏或者对其认知不足，无法用概率模型表征，则有必要同时引入区间、证据等非概率建模方法 [7]，同时研究考虑不确定性分类的表征方法，给出分类的量化指标，建立最适合当前观测数据的不确定性模型，提高不确定性表征的准确度和合理性，进而为后续进行高精度的不确定性传播提供保障。

1.2   不确定性分类

复杂系统在其研发和生产的整个寿命周期中都充满了源于仿真建模和模拟、生产制造 (如几何尺寸)、工作环境 (如载荷环境、大气环境) 等的大量不确定性。例如，对于 CFD 数值模拟，存在无法用确切的数学模型描述复杂的湍流现象和化学反应过程；无法用准确的边界条件来复现复杂多变的流动环境；无法用确定的几何描述真实外形可能存在的加工或装配误差，这些都将导致数值模拟的输出响应也存在不可忽视的不确定性。尤其对于大型多物理耦合的复杂系统，其物理模型往往是高度非线性的，很难将其准确地转换为数学模型，这必然带来近似误差。比较典型的如爆轰流体力学模型，涉及高温高压多介质非定常流体力学方程组、描述炸药爆轰的各种形式唯象模型和材料物性的函数关系式，它是双曲型的偏微分方程组与一阶常微分方程和复杂函数关系式耦合的非线性偏微分方程组，即使相关的偏微分方程形式确定下来，由于唯象模型中还含有众多不确定性参数，也会给仿真预测带来巨大的不确定性。

1.2.1   随机和认知不确定性

对于不确定性因素，可根据其数学物理特征分为随机 (aleatory) 和认知 (epistemic) 两种类型。随机不确定性来自于物理系统内在的或相应环境的随机性，是物理系统的本征属性。其特点是即使收集更多信息或数据也不能降低该不确定度，只能对其进行更好的表征，因此又称为不可降低的不确定，例如材料性能、几何特征、载荷环境等的波动。认知不确定性是由知识缺乏而产生的，可能是由建模过程中对系统及其环境的不充分认识、试验过程中对试验近似的偏差等所导致。通过累积知识，可以有效地减少甚至消除认知不确定性。如果对某一个具体的不确定性因素，偶然不确定性和认知不确定性同时存在，则称为混合不确定性 (mixed uncertainty)。例如，采用不完全样本获得的材料属性，该因素本质上为偶然不确定因素，但由于认知有限，从而无法准确地描述其分布特征。随机不确定性最普遍的量化方法是概率方法，对于认知不确定性，常用的量化方法包括概率方法和非概率方法。

以 CFD 数值模拟中不确定性来源为例，其中往往是偶然和认知不确定性耦合在一起，且大部分都是认知不确定性。模型中各种不确定的参数 (如湍流模型系数、比热比、卡门常数等物理建模参数)、模型假设、湍流模型形式等属于认知不确定性。另外，选择何种湍流模型也属于认知不确定性的范畴。几何模型、初始和边界条件、来流条件 (如密度、速度、压力) 等属于随机不确定性。在对 CFD 数值模拟进行模型确认的过程中往往需要试验数据，但由于测量元件的偏差会引入试验数据的随机不确定性。

1.2.2　参数和模型不确定性

不确定性按照来源又可分为参数不确定性和模型不确定性。以 CFD 数值模拟为例，参数不确定性指模型和计算模型建立过程中设定的各种参数，比如，常见的建模参数有湍流模型中的各种常数、系数设定；反应模型中的常数、系数设定；计算格式中的参数设定等，以及 CFD 的初始条件 (如密度、压力、速度、温度等其他表示状态的量) 等。物理模型中某些不确定性参数具有相对明确的物理意义，可通过试验结果进行标定。但由于受到试验精度、试验条件的限制，可能无法给出准确的参数估计值，比如湍流模型中的 κ，热环境模拟中材料的热传导参数或密度、压力、速度、温度等初始条件。而有的参数单纯是为保证模型能够还原预期的理论分析结果，如 SA(Spalart-Allmaras) 湍流模型中的封闭系数 c_{w2} 和 c_{w3}，这些参数没有明确的物理意义，通常是通过一些基本流动进行校准 (如均匀各向同性湍流、平板流动、槽道流动等)。然而这些参数并不是普适的，需要根据流动的特性对这些系数进行调整，在复杂湍流流动的数值模拟中，如果模型参数仍然采用基本流动的默认值，就会引入不确定性。

模型形式不确定性来自于建模过程中由假设、抽象、简化、近似和省略带来的不确定因素，例如，雷诺平均纳维–斯托克斯 (Navier-Stokes, N-S) 方程 (RANS) 湍流模型建模中的 Boussinesq 近似；基于对不同的流动现象的假设，CFD 数值模拟的控制方程包括了欧拉 (Euler) 方程、纳维–斯托克斯方程、玻尔兹曼 (Boltzmann) 方程等，不同数学模型应用在错误的流动现象时，可能造成较大的误差。

参数不确定性是 CFD 中重要的不确定性因素,理论上不论是模型不确定性还是参数不确定性,只要能将其参数化表达,皆可利用处理参数不确定性的方法采用概率或非概率方法对其量化评估,因此有关参数不确定性量化方法的研究最为广泛。例如,汤涛和周涛对常用的参数不确定度量化方法进行了综述 [8]。Schaefer 等针对跨声速壁边界流动研究了湍流模型封闭系数不确定度的影响,并实现了不确定性量化 [9]。赵辉等研究了湍流模型系数的不确定度对翼型绕流模拟的影响 [10]。DeGennaro 等分析了冰型的几何不确定度对翼型气动性能的影响 [11]。Loeven 和 Bijl 为了减少不确定性因素的数量,采用参数化方法对 NACA 4 系列翼型进行建模,并利用概率配置点法研究了翼型的最大弯度、最大弯度位置及厚度等关键设计变量的不确定性对翼型气动特性的影响 [12]。Singh 和 Duraisamy 为了考虑基于 RANS 的 CFD 数值模拟中由 Boussinesq 假设导致的模型误差,提出在湍流输运方程中引入随机场偏差修正,相当于将模型不确定性量化问题进行了参数化处理 [13]。

1.2.3 数值求解不确定性

采用不同的时间 (如离散时间步长)、空间离散方法 (如网格数量及形式) 及数值格式将会对 CFD 计算结果产生较大的影响。数值模拟中数值求解过程必然会引入数值离散误差,对于 CFD 数值模拟主要包括舍入误差、统计抽样误差、迭代误差和离散误差。对于复杂的模拟问题而言,真值往往是不可知的,对于误差的估计也看作是不确定度的量化。随着现在计算资源日益丰富,计算精度提高,舍入误差的影响已经可以忽略,统计抽样误差一般出现在特定的 CFD 模拟中。迭代误差和离散误差是 CFD 数值求解中最重要的误差。通常,采用 Richardson 外推方法 (Richardson extrapolation, RE) 估计离散误差,对网格收敛性进行分析和研究。

本书主要对随机、认知及混合不确定性量化方法进行介绍,数值求解不确定性度的量化不在本书的范畴,目前有专门的方法对其进行不确定度量化,这本身属于模型验证 (model verification) 的内容,关于这方面读者可参阅文献 [14, 15]。

1.3 模 型 确 认

对于基于仿真的复杂产品优化设计,要保证设计精度,构建高保真度的仿真模型是关键。然而,随着所模拟的物理过程的日益复杂,一次性建立精确的仿真模型变得不太现实。比如,对于 CFD 数值模拟,由于物理过程的复杂性及人们的认知偏差,仿真建模中也存在着大量不可忽视的不确定性因素,包括模型参数、数值离散、模型形式和模型预测偏差等不确定性。最为常见的是湍流模型封闭系数的选取, 现有研究表明, 商业或开源 CFD 软件中的封闭系数默认值或文献中给出的推荐值对于一般流动问题可能会带来较大预测偏差[16]。因此, 为了提高数值模拟的保真度, 必须开展模型验证与确认 (verification and validation, V&V) 的研究, 并对数值模拟进行模型确认和模型修正 (model updating, MU)。所谓模型确认, 是指基于试验数据, 来定量评价数值模拟结果的不确定度, 从而决定是接受还是拒绝当前的仿真模型。模型修正是指基于试验数据对数值模拟模型进行修正, 使得数值模拟预测结果与试验结果一致。

传统模型确认和修正方法通常不考虑源于模型、参数或试验的不确定性, 直接以仿真预测数据与试验数据之间的偏差最小为目标, 将模型修正的逆向问题转化为优化问题, 通过寻优获得最佳的模型参数, 使得修正后的仿真结果与试验结果吻合[17]。王纪森等针对油液流动的 CFD 数值模拟, 采用参数遍历法对 Realizable k-ε 两方程湍流模型中的参数 c_2 进行修正, 使得压力损失的仿真与试验结果接近[18]。张亦知针对 NACA0012 翼型的 CFD 仿真, 以翼型表面压力系数为响应量, 采用最速下降法修正 SA 湍流模型的生成项系数, 使得基于 SA 湍流模型的预测结果与高精度大涡模拟结果吻合, 提高了 SA 湍流模型对流场的模拟能力[19]。

然而, 由于物理过程的复杂性及人们的认知偏差, 物理建模与数值模拟始终存在不确定性。比如, 对于 CFD 数值模拟存在诸如来流和边界条件、几何尺寸等客观存在的随机不确定性, 以及湍流模型系数、经验常数、网格等由知识缺乏或数据不足导致的认知不确定性[20]。尤其对于高超声速、飞推一体化等飞行器来说, 其输出极有可能对某些不确定性非常敏感。例如, 飞行器跨声速飞行时, 流场具有强非线性, 几何外形变化对气动特性影响更加复杂[20]。在这些情况下, 确定性情况下确认好的 CFD 仿真模型极有可能产生很大的预测偏差, 基于确定性数值模拟结果得出的结论有可能导致真实系统达不到预期的性能要求, 引入潜在风险。因此, 迫切需要考虑不确定性对数值模拟结果的影响, 开展不确定性条件下的模型确认和模型修正。

1.3.1 模型确认流程

图 1.1 展示了考虑不确定性的模型确认流程。在开展模型确认之前, 需要对仿真建模和模拟中的不确定性进行梳理。从对随机和认知不确定性建模 (即不确定性表征) 开始, 基于当前的数值模拟仿真模型进行前向不确定性传播, 分析不确定性对数值模拟结果的影响, 对数值模拟的结果进行不确定度量化, 进一步与试验数据进行对比, 开展确认度量[21]。若数值模拟仿真模型不满足要求, 则可搜集高可信度的数据 (通常为试验数据) 或提升对物理问题的认知水平, 对数值模拟仿真模型进行修正或者模型重选。在开展模型参数修正之前, 也可以进行灵敏度分析, 找出对数值模拟输出影响较为重要的参数, 则可以仅对这些重要参数进行

修正，其他参数可固定于名义值。模型修正可包括模型参数修正和模型偏差修正，模型重选则指对模型进行重新选择，比如对于基于 RANS 的 CFD 数值模拟，若此时对 SA 湍流模型的系数进行多次修正后，均无法使 CFD 预测值与试验值较好地吻合，无法满足确定度量的要求，则可选择其他形式的湍流模型，如 k-ε；或者选择另一个备选的 CFD 仿真模型。同时，随着相关数据的收集或认知提升，不确定性变量的信息更加完备，不确定性建模也可相应地进行更新。比如，由于数据增加，某些参数的认知不确定性消失，则可用概率模型进行表征。上述过程多次执行，直至模型确认度量后的结果满足要求，则可将当前所得数值模拟模型用于分析或优化设计。

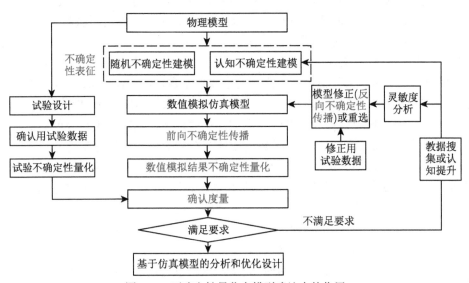

图 1.1　不确定性量化在模型确认中的作用

对于确认度量，通常情况下由于试验数据获取非常昂贵，往往仅能得到少量几个试验数据，此时可采用基于距离的确认度量指标，具体介绍如下。

获得相同输出响应量的 n^{e} 个试验测量样本 $\boldsymbol{y}^{\mathrm{e}} = [y_1^{\mathrm{e}}, \cdots, y_{n^{\mathrm{e}}}^{\mathrm{e}}]$，进一步引入“距离”这一概念来描述试验测量数据 $\boldsymbol{y}^{\mathrm{e}}$ 与数值模拟结果 $\boldsymbol{y}^{\mathrm{a}}$ 之间的差异进行模型确认，即判断数值模拟是否满足精度需求。相应的距离指标设为平均相对误差（mean relative error, MRE）。

$$\mathrm{MRE} = \frac{1}{n^{\mathrm{e}}} \sum_{i=1}^{n^{\mathrm{e}}} \left| \frac{y_i^{\mathrm{a}} - y_i^{\mathrm{e}}}{y_i^{\mathrm{e}}} \right| \tag{1.1}$$

其中，y_i^{a} 为相应的基于数值模拟得到的输出响应值，可通过前向不确定性传播获得。

如果存在若干个不同的工况需要同时进行模型确认，则可对多个工况下的 MRE 累加求和，作为模型确认度量的指标。

除此之外，若获取的试验数据较多 (n^e 较大)，可有效构建输出响应的经验概率分布模型，则可采用面积法 (area metric, AM) 作为确认度量准则[21]，量化试验 ($S_n^e(y)$) 和仿真数据 ($F^m(y)$) 形成的概率累积分布之间的差异，其计算公式如下：

$$\mathrm{AM} = \int_{-\infty}^{+\infty} |F^m(y) - S_n^e(y)| \mathrm{d}y \tag{1.2}$$

其中，y 为数值模拟的输出响应；$F^m(y)$ 为根据数值模拟所得输出样本构建的 y 的累积分布函数 (cumulative distribution function, CDF)；$S_n^e(y)$ 为根据试验测量样本 y^e 所构建的 y 的经验累积分布函数 (empirical cumulative distribution function, ECDF)。

图 1.2 对面积法进行了示意，试验 ($S_n^e(y)$) 和仿真数据 ($F^m(y)$) 形成的概率累积分布之间的面积差异越大，说明仿真模型的模拟能力越差。

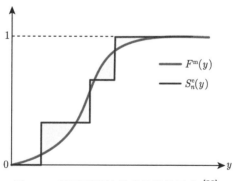

图 1.2　基于面积法的确认度量示意[22]

1.3.2　模型修正

关于模型修正目前应用最多的是 Kennedy 和 O'Hagan 提出的 KOH 框架[23]：

$$y^e(\boldsymbol{x}) - y^m(\boldsymbol{x}, \boldsymbol{\theta}^*) + \delta(\boldsymbol{x}) + \varepsilon \tag{1.3}$$

其中，$\boldsymbol{x}$ 表示输入变量，$\boldsymbol{x} = (x_1, \cdots, x_d)$；$\boldsymbol{\theta}^*$ 表示未知模型参数 $\boldsymbol{\theta}$ 的真实值；$y^e(\boldsymbol{x})$ 表示以 $\boldsymbol{x}$ 为输入的响应试验数据；$y^m(\boldsymbol{x}, \boldsymbol{\theta}^*)$ 表示数值模拟的输出响应，它同时是 $\boldsymbol{x}$ 和未知模型参数 $\boldsymbol{\theta}$ 的函数。

实际中通过调整模型参数 $\boldsymbol{\theta}$ 基本无法使响应的仿真和试验数据很好地一致，因此需要继续考虑模型偏差 $\delta(\boldsymbol{x})$，用来表示仿真响应与真实物理响应之间的偏差函数。ε 为物理试验引起的随机观测误差，与 $\boldsymbol{x}$ 和 $\boldsymbol{\theta}$ 相独立，通常假设服从正态分布 $\varepsilon \sim N(0, \lambda)$，方差 λ 未知。

若式 (1.3) 要对模型不确定性进行量化，则需要估算偏差函数 $\delta(\boldsymbol{x})$ (也称偏差修正) 和模型参数的真实值 $\boldsymbol{\theta}^*$ 或其概率分布 (也称参数标定)，对此目前已经产生了很多方法。对参数标定而言，在考虑不确定性的情况下，可采用贝叶斯推理 (Bayesian inference)，得出当前参数的先验分布和给定试验观测数据 $\mathcal{D}$ 下 $\boldsymbol{\theta}^*$ 的后验概率 [24,25]。为了降低计算量，也有研究提出贝叶斯反问题的自适应混沌多项式代理模型方法，也就是在估计 $p(\mathcal{D}|\boldsymbol{\theta})$ 时自适应地构建混沌多项式代理模型 [26]。前述过程也称为不确定性的反传播。

贝叶斯推理进行模型参数标定可表示为

$$p(\boldsymbol{\theta}|\mathcal{D}) = \frac{p(\mathcal{D}|\boldsymbol{\theta})p(\boldsymbol{\theta})}{p(\mathcal{D})} \tag{1.4}$$

其中，$p(\boldsymbol{\theta})$ 为参数 $\boldsymbol{\theta}$ 的先验分布，在获取观测数据 $\mathcal{D}$ 前通过收集可能信息获得；$p(\mathcal{D}|\boldsymbol{\theta})$ 为似然函数，表示参数 $\boldsymbol{\theta}$ 下数值模拟仿真模型 $y^{\mathrm{m}}(\boldsymbol{x}, \boldsymbol{\theta})$ 预测得到观测数据值 $\mathcal{D}$ 的概率，通常 $p(\mathcal{D}|\boldsymbol{\theta})$ 的计算较为耗时；$p(\mathcal{D})$ 为观测到数据 $\mathcal{D}$ 的总概率，用于归一化后验概率。

对于偏差修正，最为常用的为高斯随机过程 (Gaussian random process, GRP) 建模理论，基于试验数据 $y^{\mathrm{e}}(\boldsymbol{x})$ 和仿真数据 $y^{\mathrm{m}}(\boldsymbol{x}, \boldsymbol{\theta}^*)$ 的偏差，将 $\delta(\boldsymbol{x})$ 构建为一个 GRP 模型，但是实际中很多时候难以得到相同输入 $\boldsymbol{x}$ 下的试验和仿真数据，因此很多研究提出将 $y^{\mathrm{m}}(\boldsymbol{x}, \boldsymbol{\theta})$ 也表示为一个 GRP 模型，在此基础上利用高斯随机过程的叠加性，则试验响应 $y^{\mathrm{e}}(\boldsymbol{x})$ 也可认为是高斯随机过程，基于 GRP 建模理论，最终则可很方便地对模型不确定性进行量化 [27]。对于实际工程问题，很多时候需要偏差修正项具有明确的物理意义，而非具有复杂数学形式的非线性函数或黑箱型函数。比如，对于气动偏差建模，往往将偏差修正项构建为以马赫数、攻角、高度及其交互等因子的多项式函数，基于此可以较为清晰地分析这些物理参数对气动特性的影响规律。

1.3.3　模型重选

在模型确认过程中，若对当前数值模拟模型进行多轮次修正 (包括模型参数修正和模型偏差修正) 之后，依然无法使得仿真预测结果与试验结果吻合，则可进行模型重选，比如对于基于 RANS 的 CFD 数值模拟而言，可考虑选用其他的湍流模型或采用不同的 CFD 求解器，并对模型选择引入的不确定度进行量化，常用的方法为贝叶斯模型平均 (Bayesian model averaging, BMA) 方法 [28]。贝叶斯模型平均方法在获得试验结果的情况下，通过构建备选模型的似然函数来评价各模型预测和试验结果的吻合程度，使用贝叶斯定理来更新备选模型的后验概率，能够比较客观地分配每个模型的概率。多个可选的模型可以是多个数值模拟模型，如采用不同的 CFD 求解器，也可以是多个可选的子模型，如湍流模型、数值格式、疏密不同的网格等。在一些情况下，对于模型的优劣并没有预先的判断，或是只有很少的先验信息，此时可利用最大似然估计来求解各个模型的后验分布，基于此分布便可以利用贝叶斯因子 [29] 等方法来定量地衡量各模型与真实物理现象间的差异，选择后验概率最大的那个模型进行响应预测。此外，也可采用 BMA 方法，基于各个模型的后验概率比较客观地赋予各模型预测不同的权重，对各个模型的预测值进行加权融合，通过融合多个模型的计算结果，实现多个模型的融合互补，提高融合后的模型在复杂环境下的泛化能力。通过采用 BMA 方法，可对模型选择导致的模型形式不确定性进行量化，这在第 7 章将进行详细介绍。

1.3.4　不确定性传播的作用

从 1.3 中可以看出，不确定性量化是模型确认的关键之一，而且这里不确定性量化中的不确定性传播包含两方面：① 前向不确定性传播 (forward uncertainty propagation)，在对不确定性进行有效表征的基础上，分析这些输入不确定性对感兴趣的输出响应量 (qualities of interest, QoI) 的影响并进行量化；② 反向不确定性传播 (backward uncertainty propagation)，模型修正中基于当前试验数据和仿真模型参数的初始不确定性表征 (或先验概率分布)，反推计算出仿真模型参数的最佳不确定性模型 (或后验概率分布)，减小参数的认知不确定性，基于此可继续进行前向不确定性传播，从而对数值模拟响应进行不确定度量化。若不做特殊说明，本书所提到的不确定性传播均指前向不确定性传播。图 1.3 对基于概率理论不确定性表征的前向和反向不确定性传播的基本原理进行了示意。

若针对认知不确定性或混合不确定性，前向 [30,31] 和反向 [32,33] 不确定性传播均有研究报道，尤其是前向不确定性传播成果非常多，本书在第 6 章将会对随机和认知混合不确定性下的前向不确定性传播方法进行介绍，关于这方面目前基本上没有较为通用或广泛认可的方法。图 1.3 所示的不确定性传播皆针对参数不确定性，对于数值模拟，除了广泛存在的参数不确定性，还需考虑模型选择形式的不确定性以及试验观测数据的不确定性，对这些不确定性进行传播和综合量化，进而更加客观合理地进行数值模拟模型确认和可信度评价。本书的第 7 章将对其进行介绍。

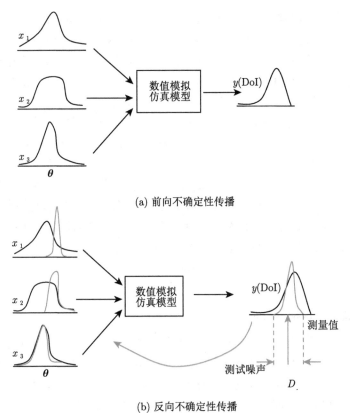

(a) 前向不确定性传播

(b) 反向不确定性传播

图 1.3 前向和反向不确定性传播示意

1.4 不确定性下的优化设计

确定性条件下的优化技术已经成功运用到诸多工程设计问题中。式 (1.5) 展示了一类常用的确定性优化数学模型。

$$
\begin{aligned}
&\text{find} \quad x_i, \quad i = 1, \cdots, d \\
&\text{min} \quad f(\boldsymbol{x}, \boldsymbol{p}) \\
&\text{s.t.} \quad c_j(\boldsymbol{x}, \boldsymbol{p}) \geqslant 0, \quad j = 1, \cdots, N_c \\
&\qquad\quad x_i^{\text{L}} \leqslant x_i \leqslant x_i^{\text{U}}
\end{aligned}
\tag{1.5}
$$

其中，$\boldsymbol{x} = [x_1, \cdots, x_d]^{\text{T}}$ 是设计变量，各设计变量的变化范围被限制在上界 x_i^{L} 和下界 x_i^{U} 之间；$\boldsymbol{p} = [p_1, \cdots, p_n]^{\text{T}}$ 是输入参数，其值预先给定，是常值；f 为目标函数；c_j 为约束函数。

由于设计条件的变化,例如载荷、材料特性和操作环境的变化,体现到式 (1.5) 的优化模型中,通常可能是参数 p 存在不确定性;或者生产制造加工导致的产品几何偏差,体现到式 (1.5) 中,则可能是关于几何外形的设计变量 x 存在不确定性。以往由于数学处理和计算速度等方面的原因,通常将这些不确定性量作为确定量处理,导致产品的设计性能对这些不确定性因素非常敏感,某些情况性能波动可能非常剧烈,稳健性低,或在不确定性下产品性能无法满足约束,设计失效,极有可能导致灾难性的后果。因此,产生了不确定性下的优化设计,从设计理念的不同可分为稳健优化设计 (robust design optimization, RDO) 和基于可靠性的优化设计 (reliability-based design optimization, RBDO),也有将两者结合,产生所谓的稳健可靠性优化设计。

1.4.1 稳健优化设计

通过在设计过程中考虑设计变量、设计参数、设计决策和系统分析模型等不确定性因素的影响,来降低不确定性对系统性能的影响。如图 1.4 所示,稳健优化设计所得最优解,虽然相对确定性优化所得最优解损失了一定的产品性能,但其对不确定性的敏感程度更低,也就是当设计变量 x 波动时,系统性能函数 f 的波动较为平缓、波动范围很小,具有更强的稳健性。

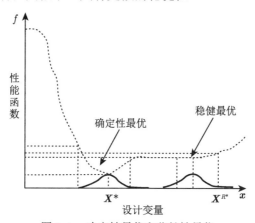

图 1.4　确定性最优和稳健性最优

为了降低不确定性的影响,可将参数 p 和设计变量 x 的不确定性考虑到上述混合不确定性的优化模型中,较为常用的基于概率理论的稳健优化设计数学模型如下:

$$
\begin{aligned}
&\text{find}\quad \mu_{x_i},\quad i=1,\cdots,d\\
&\text{min}\quad F=\mu_f+k\sigma_f\\
&\text{s.t.}\quad C_j=\mu_{c_j}-k\sigma_{c_j}\geqslant 0,\quad j=1,\cdots,N_c\\
&\qquad\quad x_i^{\mathrm{L}}+k\sigma_{x_i}\leqslant \mu_{x_i}\leqslant x_i^{\mathrm{U}}-k\sigma_{x_i}
\end{aligned}
\tag{1.6}
$$

其中，k 是设计者自定义的常数，通常根据设计要求确定 (例如，$k=2$, 对应可靠度为 $p_0=0.9772$；$k=3$, 对应可靠度为 $p_0=0.9987$)，显然 k 越大系统越稳健，但是寻优过程中所需的计算量就越大，且当 k 太大时，式 (1.6) 极有可能无解，因此通常 k 取值为 $k=3$。注意到，由于此处认为设计变量 x 存在不确定性，则稳健优化中设计变量为 x 的均值 μ_x，为了保证设计的稳健性，μ_x 的变化范围也做了相应的调整，变得更窄。

在稳健设计中，一项重要的任务就是如何估算原目标函数 f 和约束函数 c_j 的低阶统计矩 (均值和标准差)，也就是 μ_f、σ_f、μ_{c_j} 和 σ_{c_j}，基于此就可以计算概率目标 F 和概率约束 C_j，从而进行优化。

1.4.2 基于可靠性的优化设计

如图 1.5 所示，基于可靠性的优化所得最优解离约束边界相对较远，在不确定性的作用下能保证设计以期望的很高概率落在可行区域内，系统是安全的；而确定性最优解由于设计变量或参数存在不确定性，导致违反约束的概率约为 75‰。

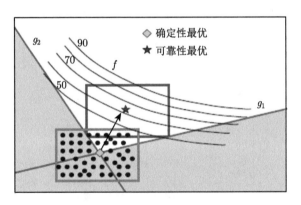

◇ 周围大约75%的设计失效

图 1.5   基于可靠性优化设计

较为常用的基于概率理论的 RBDO 典型优化数学模型如下：

$$
\begin{aligned}
&\text{find} \quad \mu_{x_i}, \quad i = 1, \cdots, d \\
&\text{min} \quad F = \mu_f \\
&\text{s.t.} \quad G = \mathrm{Pr}(c_j \leqslant 0) \leqslant P_f^j, \quad j = 1, \cdots, N_c
\end{aligned}
\tag{1.7}
$$

其中，Pr 表示 $c_j \leqslant 0$ 的概率，也就是通常所说的失效概率；P_f^j 是事先给定的常值，实际工程问题对可靠性要求很高，P_f^j 值通常较小 (如 10^{-4} 数量级)。

在可靠性设计优化中，一项重要的任务就是如何估算原约束 c_j 的失效概率 $\Pr(c_j \leqslant 0)$，当然也包括原目标函数 f 均值 μ_f 的计算。对于复杂工程系统，通常原约束和目标函数的计算非常耗时，不确定性变量高维，加之通常可靠性要求非常高 (失效概率在 10^{-4} 数量级)，这些都极大地增加了不确定性传播的计算量。

1.4.3　不确定性传播的作用

图 1.6 展示了概率理论下不确定性优化的流程图，可见在寻优的每个设计迭代点，都需要计算目标和约束函数的均值、标准差或失效概率，即要反复进行前向不确定性传播，确切地说是前向参数不确定性传播，其精度和效率几乎决定了整个优化的精度和效率[34]。同时，若采用基于梯度的寻优算法，则还需计算设计灵敏度，这也需要额外的不确定性传播。正如上述所述，对于复杂工程系统设计，仿真分析模型通常较为耗时、非线性程度高且高维，因此计算量大是其不确定性传播面临的主要难题。

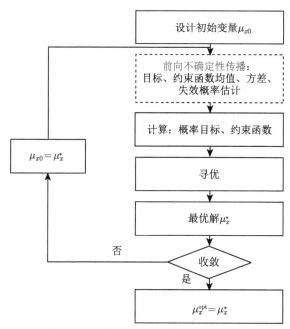

图 1.6　不确定性优化中的不确定性传播

1.5　不确定性量化

不确定性量化是模型确认和不确定性优化设计的关键内容。本书中认为不确定性量化主要包含：不确定性表征和不确定性传播。前者主要在于对不确定性进行建模描述, 比如, 随机不确定性可建模为概率分布模型; 认知不确定性可建模为区间模型、证据理论模型等。后者又包含前向不确定性传播和反向不确定性传播, 本书主要研究前向不确定性传播, 是指在不确定性建模完成后, 基于不确定表征的结果, 分析在这些不确定性的影响下, 系统性能或数值模拟输出响应的不确定性 (如概率分布、置信区间、分布包络等), 进而结合试验数据进行模型确认和可信度评价。若不作特殊说明, 本书提到的不确定性传播皆指前向不确定性传播。

1.5.1　不确定性表征

若存在不确定性, 人们总是期望不确定性对系统性能的影响尽可能小, 或者设法减小或消除不确定性, 在这之前首先要能够表征这些不确定性, 对其建立数学模型, 这也是实施模型确认和不确定性优化设计的基础。对于复杂问题的不确定性量化, 不确定性的表征可能耗费大量的资源, 表征不确定性的信息来源于: ① 真实或相似条件下的试验测量数据; ② 模型生成的理论数据; ③ 熟知所关注的系统和分析所用模型的专家提出的意见。

不论是模型不确定性还是参数不确定性, 最终都会表现为随机不确定性和认知不确定性两种形式。因此, 不确定性表征方法的研究主要在于对随机不确定性和认知不确定性的建模。通常情况下, 随机不确定性可用概率分布或随机场表征, 最为常见的方法为: 假设不确定性变量的分布类型, 基于不确定性变量的观测数据, 可采用最大似然估计或最大后验估计等方法得到分布参数, 从而实现不确定性的概率建模。认知不确定性可用概率方法 (如贝叶斯理论) 或非概率方法 (如区间理论、D-S(Dempster-Shafer) 证据理论、概率盒理论、凸集模型、模糊理论等) 进行表征。相比于不确定性传播, 对不确定性建模方法的研究并不多, 除了概率理论中经典的参数估计和假设检验方法, 目前围绕区间、D-S 证据、概率盒、凸集模型、模糊等理论产生了大量认知不确定性传播相关的研究。但是, 关于如何根据不确定性变量的观测数据或先验信息, 构建相应的最为合理的不确定性模型, 而非主观指定用概率模型甚至正态分布模型, 或者区间模型等, 并对建立的不确定性模型给出可信度评价指标, 还非常少见。为此, 本书将对不确定性表征方法进行较为全面的梳理和介绍。

1.5.2　不确定性传播

对于模型确认和不确定性优化设计, 不确定性传播皆为其中的一个关键环节, 是研究各种不确定性对产品系统性能或数值模拟输出 (统称为感兴趣的量) 的影响规律的方法。按照随机不确定性和认知不确定性两大类, 相应的不确定性传播方法, 前者主要基于概率理论进行研究, 后者目前有多种研究方法, 如模糊 [35,36]、区间 [37,38]、证据 [39,40]、概率盒 [41,42] 理论等。

　　理论上，若能将不确定性参数化，皆可利用参数不确定性传播方法进行量化。作为一种高效的随机参数不确定性传播理论，混沌多项式 (polynomial chaos, PC) 方法由于其坚实的数学基础和良好性能，近些年在学术界和工业界得到广为关注，是目前工程不确定性量化应用最多的方法之一。宋赋强等采用稀疏非嵌入式 PC 方法，对乘波体气动特性进行了不确定性量化及全局非线性灵敏度分析，得到气动特性变化的主因 [43]。蔡宇桐等针对压气机叶片制造中的加工误差，应用非嵌入式 PC 进行不确定性量化，得到了增强叶片气动性能稳健性的优化方向 [44]。李冬琴等利用 PC 法分析多维随机不确定性因素对船舶优化方案的影响，完成了船舶多学科稳健设计优化研究，有效地减少和避免船舶设计优化方案失效的可能性 [45]。在数值模拟模型确认方面，王瑞利等将 PC 方法应用于爆轰模型，对平面爆轰问题和散心爆轰问题进行了不确定性分析，得到模型参数的不确定性在数值模拟中的传播以及对响应的影响 [46]。陈江涛等发展了稀疏 PC 方法，研究了湍流模型系数的不确定性对 RAE2822 翼型跨声速绕流模拟的影响和材料物性参数的不确定性对烧蚀热响应预测的影响，为工程中多变量不确定性量化问题提供了很好的解决方案 [47]。Enderle 等将非嵌入式混沌多项式方法应用于湍流喷雾燃烧模拟，通过对所用的 RANS 模型进行不确定性量化实现变量降维，进而实现了模型优化 [48]。

　　PC 方法将随机变量表示为一组正交多项式的加权和，实质上相当于对随机变量构建一个随机代理模型，不确定性传播就直接在这个代理模型上进行。相比于传统的蒙特卡罗仿真 (Monte Carlo simulation, MCS) 方法，PC 方法在保证精度的前提下，可大幅降低计算量，且对于非线性函数具有较高的精度。PC 方法是一种经典的概率不确定性传播方法，通过在外层引入认知不确定性，也可将其扩展到随机和认知混合不确定性的传播 [49]。但是，PC 方法面临的最大问题是 “维数灾难”，即：随着不确定性变量维数的增加，函数调用次数呈指数增长。例如，对于 CFD 数值模拟，存在如几何外形、初始条件、边界条件、模型形式、模型参数等大量不确定性，其中仅某类湍流模型就存在十几种不确定封闭系数，加之 CFD 数值模拟通常非常耗时，因此 CFD 不确定性量化的计算量非常大。

　　深度学习 (deep learning，DL) 采用更复杂和深层的模型结构，尤其对高维问题其归纳能力极大提升，依据 “万能近似性质”，深度神经网络具有对绝大多数实际映射关系建模的能力 [50]。CFD 不确定性量化由于维度高、非线性强，恰恰是深度学习擅长和可以带来研究范式创新的重要领域，具有其他方法不与比拟的优势，且深度神经网络一旦训练成功即可取代 CFD 等仿真模型，在应用时直接在网络模型上传播不确定性而实现不确定性量化，仅需很少的计算时间，因此深度学习技术为突破高维不确定性量化的 “维数灾难” 提供了有效解决途径 [51]。深度神经网络构建的前提是大样本，而实际中高精度耗时的仿真数据往往极其有限，为小样本。为了降低高精度样本需求量，有研究提出将多可信度建模技术和深度神经网络进行结合，构建多可信度深度神经网络，最为常用的思路为构建高低精度模型间偏差的深度神经网络或线性回归模型 [52,53]。近年来随着深度学习的发展和应用，深度学习领域产生了迁移学习 (transfer learning, TL) 和元学习 (meta learning, ML) 等小样本学习理论，本书引入小样本学习理论，逐级学习任务的元特征或进行知识迁移，避免了不同精度模型间偏差修正深度网络或回归模型的构建，在保证预测精度的同时显著降低了对高精度样本的需求，解决了 "维数灾难" 和 "小样本" 难题 [54,55]。

为此，本书将主要针对当前具有较强应用价值的两类参数不确定性传播方法——混沌多项式和深度学习方法进行详细介绍。同时，考虑到对于数值模拟模型确认，除了参数不确定性，还存在模型选择的不确定性以及试验数据不确定性，为此本书还给出针对这两类不确定性的可行量化方法，以及综合考虑模型参数、试验数据和模型形式不确定性的综合量化方法。

1.6   本书内容安排

本书对现有的具有较强工程应用价值的不确定性量化相关理论和方法进行较为全面、详细的介绍，其大部分内容是作者多年研究成果的总结。本书力求系统性和先进性，从原理、实施、工程应用等几个方面论述了不确定性量化理论和方法，给出了该领域国内外最新的研究成果。全书共 9 章，主要内容安排如下。

第 1 章阐述了不确定性量化在工程不确定性优化设计和数值模拟模型确认中的作用，给出了不确定性量化的定义和研究必要性。

第 2 章对不确定性表征方法进行较为全面的介绍。

第 3 章对当前广泛研究和应用的混沌多项式方法的基础理论进行介绍。

第 4 章针对限制混沌多项式方法工程应用的 "维数灾难" 难题，介绍基截断方案、稀疏重构、稀疏网格数值积分以及多可信度混沌多项式等应对策略。

第 5 章面向高维不确定性量化的 "维数灾难"，介绍基于深度学习的不确定性传播方法，包括多可信度深度学习方法及其抽样策略。

第 6 章介绍随机和认知混合不确定性传播方法，以及全局、局部灵敏度分析方法。

第 7 章面向数值模拟的模型确认，介绍了同时考虑模型参数、模型偏差、模型选择、试验数据多种不确定性的综合不确定性量化方法。

第 8 章面向多学科耦合系统，介绍高效的多学科不确定性传播方法及灵敏度分析方法。

第 9 章介绍不确定性量化方法在数值模拟确认和稳健优化设计中的工程应用。

参 考 文 献

[1] Cinnella P, Dwight R, Edeling W. Review of uncertainty quantification in turbulence modelling to date[C]. SIAM Uncertainty Quantification Conference, Lausanne, Switzerland, April, 2016.

[2] Labbe S G, Gilbert M G, Kehoe M W. Possible deficiencies in predicting transonic aerodynamics on the X-43A[R]. NASA/TM-2009-215711NESC-RP-04-02/03-002-E, 2009.

[3] Li J, Gao Z H, Huang J Y, et al. Robust design of NLF airfoils[J]. Chinese Journal of Aeronautics, 2013, 26(2): 309-318.

[4] Wu X J, Zhang W W, Song S F. Robust aerodynamic shape design based on an adaptive stochastic optimization framework[J]. Structural and Multidisciplinary Optimization, 2017, 57(2): 639-651.

[5] Maani R, Makhloufi A, Radi B, et al. Reliability-based design optimization with frequency constraints using a new safest point approach[J]. Engineering Optimization, 2018, 50(10): 1715-1732.

[6] Chen Z Z, Wu Z H, Li X K, et al. A multiple-design-point approach for reliability-based design optimization[J]. Engineering Optimization, 2019, 51(5): 875-895.

[7] 锁斌. 基于证据理论的不确定性量化方法及其在可靠性工程中的应用研究 [D]. 绵阳: 中国工程物理研究院, 2012.

[8] 汤涛, 周涛. 不确定性量化的高精度数值方法和理论 [J]. 中国科学: 数学, 2015, 7: 891-928.

[9] Schaefer J, Hosder S, West T, et al. Uncertainty quantification of turbulence model closure coefficients for transonic wall-bounded flows[J]. AIAA Journal, 2017, 55(1): 195-213.

[10] 赵辉, 胡星志, 张健, 等. 湍流模型系数的不确定度对翼型绕流模拟的影响 [J]. 航空学报, 2019, 40 (6): 122581.

[11] DeGennaro A M, Rowley C W, Martinelli L. Uncertainty quantification for airfoil icing using polynomial chaos expansions[J]. Journal of Aircraft, 2015, 52(5): 1404-1411.

[12] Loeven A, Bijl H. Airfoil analysis with uncertain geometry using the probabilistic collocation method[C]. 49th AIAA/ASME/ASCE/AHS/ASC Structures, Structural Dynamics, and Materials Conference, Schaumburg, IL, 2008, AIAA, 2008-2070.

[13] Singh A P, Duraisamy K. Using field inversion to quantify functional errors in turbulence closures[J]. Physics of Fluids, 2016, 28(4): 045110.

[14] 陈鑫, 王刚, 叶正寅, 等. CFD 不确定度量化方法研究综述 [J]. 空气动力学学报, 2021, 39(4): 13.

[15] 陈江涛, 章超, 吴晓军, 等. 考虑数值离散误差的湍流模型选择引入的不确定度量化 [J]. 航空学报, 2021, 42(9): 226-237.

[16] Margheri L, Meldi M, Salvetti M V, et al. Epistemic uncertainties in rans model free coefficients[J]. Computers and Fluids, 2014, 102(10): 315-335.

[17] 张皓, 李东升, 李宏男. 有限元模型修正研究进展: 从线性到非线性 [J]. 力学进展, 2019, 49(1): 542-575.

[18] 王纪森, 贾倩, 陈晨, 等. 液压管路油液流动的湍流模型参数修正研究 [J]. 系统仿真学报, 2018, 30(5): 1665-1671.

[19] 张亦知. 基于数据驱动的湍流模型修正方法研究 [D]. 上海: 上海交通大学, 2020.

[20] Schaefer J A, Romero V J, Schafer S R, et al. Approaches for quantifying uncertainties in computational modeling for aerospace applications[C]. AIAA SciTech 2020 Forum, AIAA, 2020.

[21] Liu Y, Chen W, Arendt P, et al. Toward a better understanding of model validation metrics[J]. Journal of Mechanical Design, 2011, 133(7): 071005-1-071005-13.

[22] 李维. 基于不确定性分析与模型验证的计算模型可信性研究 [D]. 西安: 西北工业大学, 2015.

[23] Kennedy M C, O'Hagan A. Bayesian calibration of computer models[J]. Journal of the Royal Statistical Society: Series B (Statistical Methodology), 2001, 63(3): 425-464.

[24] Ray J, Lefantzi S, Arunajatesan S, et al. Bayesian parameter estimation of a k-ε model for accurate jet-in-crossflow simulations[J]. AIAA Journal, 2016, 54(8): 2432-2448.

[25] Edeling W N, Cinnella P, Dwight R P, et al. Bayesian estimates of parameter variability in the k-ε turbulence model[J]. J. Comput. Phys., 2014, 258: 73-94.

[26] Yan L, Zhou T. Adaptive multi-fidelity polynomial chaos approach to Bayesian inference in inverse problems[J]. J. Comput. Phys., 2019, 381: 129-145.

[27] Jiang Z, Chen W, German B. Statistical sensitivity analysis considering both Aleatory and epistemic uncertainties in multidisciplinary design[C]. 15th AIAA/ISSMO Multidisciplinary Analysis and Optimization Conference, 2014: 2870.

[28] Phillips D R, Furnstahl R J, Heinz U, et al. Get on the BAND wagon: A Bayesian framework for quantifying model uncertainties in nuclear dynamics[J]. Journal of Physics G: Nuclear and Particle Physics, 2021, 48(7): 072001.

[29] 余秋敏. 基于贝叶斯模型平均法的工业软件可靠性模型研究 [D]. 成都: 电子科技大学, 2021.

[30] 谢少军. 复杂产品认知不确定性的混合可靠性分析方法研究 [D]. 杭州: 浙江工业大学, 2016.

[31] 梁霄, 王瑞利. 混合不确定度量化方法及其在计算流体动力学迎风格式中的应用 [J]. 爆炸与冲击, 2016, 36(4): 509-515.

[32] 曹立雄. 基于证据理论的结构不确定性传播与反求方法研究 [D]. 长沙: 湖南大学, 2019.

[33] Edeling W N, Cinnella P, Dwight R P, et al. Bayesian estimates of parameter variability in the k-ε turbulence model[J]. Journal of Computational Physics, 2014, 258(1): 73-94.

[34] Zang T A, Hemsch M J, Hilburger M W, et al. Needs and opportunities for uncertainty-based multidisciplinary design methods for aerospace vehicles[R]. Hampton, VA: NASA, 2002.

[35] Dey S, Mukhopadhyay T, Khodaparast H H, et al. Fuzzy uncertainty propagation in composites using Gram–Schmidt polynomial chaos expansion[J]. Applied Mathematical Modelling, 2016, 40(7-8): 4412-4428.

[36] Abdo H, Flaus, J M. Uncertainty quantification in dynamic system risk assessment: A

new approach with randomness and fuzzy theory [J]. International Journal of Production Research, 2016, 54(19): 5862-5885.

[37] Zaman K, Rangavajhala S, McDonald M P, et al. A probabilistic approach for representation of interval uncertainty[J]. Reliability Engineering & System Safety, 2011, 96(1): 117-130.

[38] 姜潮, 刘丽新, 龙湘云, 等. 一种概率–区间混合结构可靠性的高效计算方法 [J]. 计算力学学报, 2013(5): 605-609.

[39] 曹立雄. 基于证据理论的结构不确定性传播与反求方法研究 [D]. 长沙: 湖南大学，2019.

[40] Yin S, Yu D, Luo Z, et al. An arbitrary polynomial chaos expansion approach for response analysis of acoustic systems with epistemic uncertainty[J]. Computer Methods in Applied Mechanics and Engineering, 2018, 332: 280-302.

[41] Karanki D R, Kushwaha H S, Verma A K, et al. Uncertainty analysis based on probability bounds (p-box) approach in probabilistic safety assessment[J]. Risk Analysis, 2010, 29(5): 662-675.

[42] Liu X, Yin L, Hu L, et al. An efficient reliability analysis approach for structure based on probability and probability box models[J]. Structural and Multidisciplinary Optimization, 2017, 56(1): 167-181.

[43] 宋赋强, 阎超, 马宝峰, 等. 锥导乘波体构型的气动特性不确定度分析 [J]. 航空学报, 2018, 39(2): 97-106.

[44] 蔡宇桐, 高丽敏, 马驰, 等. 基于 NIPC 的压气机叶片加工误差不确定性分析 [J]. 工程热物理学报, 2017, 38(3): 490-497.

[45] 李冬琴, 蒋志勇, 赵欣. 多维随机不确定性下的船舶多学科稳健设计优化研究 [J]. 船舶工程, 2015, 37(11): 61-66.

[46] 王瑞利, 刘全, 温万治. 非嵌入式多项式混沌法在爆轰产物 JWL 参数评估中的应用 [J]. 爆炸与冲击, 2015, 35(1): 9-15.

[47] 赵辉, 胡星志, 张健, 等. 湍流模型系数不确定度对翼型绕流模拟的影响 [J]. 航空学报, 2019, 40(6): 63-73.

[48] Enderle B, Rauch B, Grimm F, et al. Non-intrusive uncertainty quantification in the simulation of turbulent spray combustion using polynomial chaos expansion: A case study[J]. Combustion and Flame, 2019, 213: 26-38.

[49] 魏骁. 基于混合不确定性建模的船舶不确定性优化设计 [D]. 武汉: 武汉理工大学, 2020.

[50] 王怡星, 韩仁坤, 刘子扬, 等. 复杂流动深度学习建模技术研究进展 [J]. 航空学报, 2021, 42(4): 524779.

[51] Zhu Y, Zabaras N. Bayesian deep convolutional encoder-decoder networks for surrogate modeling and uncertainty quantification[J]. Journal of Computational Physics, 2018, 366(4): 1-53.

[52] Zhu G, Zhu R. Accelerating Hyperparameter Optimization of Deep Neural Network via Progressive Multi-Fidelity Evaluation[M]. Nanjing: Advances in Knowledge Discovery and Data Mining, 2020: 752-763.

[53] Meng X, Babaee H, Karniadakis G E. Multi-fidelity Bayesian neural networks: Algo-

rithms and applications[J]. Journal of Computational Physics, 2021, 438: 110361.

[54] 张立, 陈江涛, 熊芬芬, 等. 基于元学习的多可信度深度神经网络代理模型 [J]. 机械工程学报, 2022, 58(1): 190-200.

[55] 任成坤. 基于混沌多项式和深度学习的飞行器稳健优化设计研究 [D]. 北京: 北京理工大学, 2022.

第 2 章　不确定性表征

一般而言，根据不确定性的属性不同，可将不确定性分为随机不确定性 (aleatory uncertainty) 和认知不确定性 (epistemic uncertainty)。前者也称固有不确定性或客观不确定性，表示自然界或物理现象中存在的随机性，人们无法控制或减少这类随机性；后者则是由人们主观认识不足、知识与数据的缺乏而导致无法精确地构建物理模型，或是不能用精确的概率分布对某些因素/参数的不确定度进行准确描述。理论上，随着认知水平的提升、数据量的增多等，认知不确定性可逐渐减小。当随机和认知这两类不确定性共存时，称为混合不确定性。例如，对于 CFD 数值模拟，其中的不确定性大体上源于模型形式不确定性、模型参数不确定性、模型数值离散不确定性三个方面 [1]，这三方面的不确定性最终都可以归属于随机和认知两类不确定性。其中模型形式不确定性属于认知不确定性，源于认识不充分或知识不完备情况下构建的不准确的物理模型，主要集中在针对求解湍流流场时湍流模型的选择上，采用不同的假设构造湍流模型对数值模拟结果有较大的影响 [2]。模型参数不确定性既有随机不确定性也有认知不确定性，如攻角、雷诺数、压力、流量等来流条件和边界条件，以及制造误差、工艺波动等影响几何尺寸的参数随机不确定性；湍流模型系数和诸如卡门数、壁面普朗特数等经验常数，则属于经验不足导致的参数认知不确定性，改变参数设置将会对计算结果产生影响 [3]。模型数值离散不确定性属于认知不确定性，源于对控制方程及边界条件离散化造成的截断误差和迭代误差 [4]。此外，流场分析需要采用插值、积分等方法对 CFD 计算结果进行后处理，也会导致认知不确定性 [5]。

若存在不确定性，人们总是期望不确定性对系统性能的影响尽可能小，或者设法减小或消除不确定性，在这之前首先要能够表征这些不确定性，对其建立数学模型。不确定度的表征指的是：① 指定不确定性的数学结构；② 确定结构所需元素的数值。也就是，描述不确定性需要给出不确定性的数学结构并从数值上规定所有结构参数。针对每一种不确定性来源，需要结合具体物理对象，从数学结构上区分：纯粹为偶然因素造成的随机不确定性、纯粹的主观尝试造成的认知不确定性，或者是两者兼而有之的混合不确定性。对于复杂问题的不确定度量化，不确定度的表征可能耗费大量资源，表征不确定性的信息来源主要包括：① 真实或相似条件下的试验测量数据；② 模型生成的理论数据；③ 熟知所关注的系统和分析所用模型的专家提出的意见。参考文献 [6] 的分类，在这些信息来源下本书将表征不确定性的信息源分为四类：① 强统计信息，具有大量的试验数据或高可信理论数据，可足够确信地构建不确定性变量的统计模型；② 稀疏统计信息，很多情况下仅具有不确定性变量的少量试验数据高可信理论数据，无法构建确定的统计模型；③ 区间信息，信息量很少，仅具有不确定性变量所在的一个或多个具有上下界的区间，例如这多个区间来自不同专家或团队；④ 其他专家信息，如证据结构、隶属度函数等。

　　图 2.1 展示了目前主流的几种不确定性建模方法，其中随机不确定性的概率理论表征方法发展相对较为成熟，但是由于经典的概率建模和参数估计方法仅能处理不确定性源信息形式为点数据且数据量足够大的情况，针对随机不确定性以稀疏点数据和/或区间数据、区间数据形式存在的情况，也可认为存在数据不足而导致的认知不确定性，目前产生了处理稀疏点和/或区间数据的基于似然理论的方法 [7]、稀疏变量的概率分布加权概率表征方法 [8]，以及处理区间数据的概率表征方法 [9,10]。对于认知不确定性表征，目前方法较多且研究较为独立，其共同之处为无法直接根据不确定性源的信息形式进行建模，通常需要专家信息，比如证据理论需要给定不确定性变量的证据结构，模糊理论需要给定隶属度函数。证据理论是对经典概率理论的一种扩展，可以很好地兼容概率理论，因此可同时适用于对认知不确定性和随机不确定性的处理。

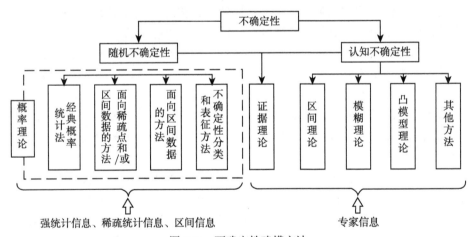

图 2.1　不确定性建模方法

　　本章主要对这些主流的不确定性参数建模方法进行较为全面的介绍，其中2.2~2.4 节和 2.10 节介绍的不确定性表征方法均属于概率方法，后续不确定性传播可直接采用基于概率理论的方法进行；2.6~2.9 节的方法属于非概率方法，后续不确定性传播需要结合相应的非概率方法进行；2.5 节给出了一套考虑随机、稀疏和区间变量的不确定性分类的准则及相应的不确定性建模方法。

2.1 概 率 理 论

随机性是最早认识到的一种不确定性。概率统计法具有成熟的理论基础，保证了它在处理随机不确定性时的有效性。比如用均值、方差、概率密度函数及概率分布函数等构造的概率模型来描述机械功率、电压、电流、温度等的波动。

如果信息足够估计变量的概率分布，则可通过概率法将随机不确定性建模为随机变量。首先，应对随机变量假设某种分布 (如高斯、泊松、对数正态等)，然后用足够的数据 (源于试验、理论分析和测量) 或其他种类的可用信息估计分布的参数，以准确拟合其概率密度函数。分布的种类可以根据过去的经验、先验知识或专家意见[6]，以及根据变量的不确定性特征及其所涉及的背景进行选择；而分布的参数，可使用矩估计、极大似然估计 (maximum likelihood estimation, MLE) 等参数估计方法。如果数据样本很小，则可以通过无界约翰逊分布的贝叶斯推断选择统计分布模型和模型拟合[11]。

2.2 参 数 估 计 方 法

常用的参数估计方法有极大似然估计及贝叶斯估计 (Bayesian estimation) 等，这里主要对这两种方法进行介绍。

2.2.1 极大似然估计

极大似然估计又称为最大似然估计，是一种重要的参数估计方法。1821 年，德国数学家高斯率先提出这一思想，后来由英国统计学家费希尔在 1922 年重新提出，并证明了一些相关性质，使得极大似然估计得到了广泛应用[12]。极大似然估计的理论基础是极大似然原理，在进行随机试验的时候，如果在所有可能的结果中某一个具体的结果出现了，则认为当时的条件最有利于该结果出现。这是一种利用已知的样本信息反推最具有可能 (最大概率) 导致这些样本结果出现的概率模型的分布参数的点估计方法，即 "分布已定，参数未知"，是一种 "最大可能性" 意义上的参数估计。如果某个参数能使这组样本出现的概率最大，就直接把这个参数作为估计的真实值。

1. 似然函数

在计算概率分布的参数时，一种常用的方法是似然函数法，是统计推断中的一种基础方法。这里，首先阐述似然函数的概念，然后对极大似然函数法进行描述。其他似然方法 (如临界相似法和局部似然法) 都是极大似然的变形，在本章中不予讨论。首先，通过一个简单的例子引入似然函数的概念。

考虑一个生产商通过随机抽取 15 个产品作为样本来检查产品缺陷以保证产品质量。假设 θ 为在产品样本总体中有缺陷的比例，那么在样本总体中有 x 个缺陷的概率服从二项分布：

$$P(x) = \begin{pmatrix} 15 \\ x \end{pmatrix} \theta^x (1-\theta)^{15-x}, \quad x = 1, 2, \cdots, 15 \qquad (2.1)$$

产品中有两个缺陷的概率为

$$P(2) = \begin{pmatrix} 15 \\ 2 \end{pmatrix} \theta^2 (1-\theta)^{13} \qquad (2.2)$$

这个概率是关于 θ 的函数，对于不同的 θ 值，$P(2)$ 如图 2.2 所示，概率 $P(2)$ 和 θ 的对应值如表 2.1 所示，图 2.2 中的曲线对应的函数称为似然函数。可以由此推断，似然函数作为一个含有未知参数的函数表示了一个观测值的联合概率。显然，θ 取约 0.12 时，概率 $P(2)$ 的值达到最大。

在样本非常大的情况下，概率连乘导致下溢问题，产生较大误差，会发现计算似然函数的对数值比计算它本身的值更方便、更准确，且似然函数和其对数值在同一点处达到最大。由于似然函数通常是通过独立事件的概率相乘获得的，所以似然函数的绘图将被大大简化。并且，通过考虑函数的对数可以消除 (或将其作为一个刻度) 对数的常数项。这可以通过下面的例子进行说明。

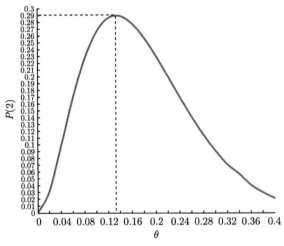

图 2.2 θ 和 $P(2)$ 的关系图

表 2.1 θ 和 $P(2)$ 的值

θ	$P(2)$	θ	$P(2)$
0.02	0.0323	0.22	0.2010
0.04	0.0988	0.24	0.1707
0.06	0.1691	0.26	0.1416
0.08	0.2273	0.28	0.1150
0.10	0.2669	0.30	0.0916
0.12	0.2870	0.32	0.0715
0.14	0.2897	0.34	0.0574
0.16	0.2787	0.36	0.0411
0.18	0.2578	0.38	0.0303
0.20	0.2309	0.40	0.0219

例 2.1 人们发现一个生产线中缺陷的数目服从一个均值为未知量 μ 的泊松分布。抽取两批次随机样本，其有缺陷部件的数目为 10 和 12。求其似然函数。

解 有 x 个产品的泊松分布的概率为

$$P(x) = \frac{\mathrm{e}^{-\mu}\mu^x}{x!}, \quad i = 0, 1, 2, \cdots, n \tag{2.3}$$

有 10 个和 12 个缺陷的概率分别是

$$P(10) = \frac{\mathrm{e}^{-\mu}\mu^{10}}{10!} \tag{2.4}$$

和

$$P(12) = \frac{\mathrm{e}^{-\mu}\mu^{12}}{12!} \tag{2.5}$$

似然函数 $L(x;\mu)$ 是 $P(10)$ 和 $P(20)$ 的乘积，即

$$L(x;\mu) = \frac{\mathrm{e}^{-\mu}\mu^{10}}{10!} \times \frac{\mathrm{e}^{-\mu}\mu^{12}}{12!} = \frac{\mathrm{e}^{-2\mu}\mu^{22}}{10!12!}, \quad x = 10, 12 \tag{2.6}$$

对于不同的值 μ，式 (2.6) 的预计值可以通过对 $L(x;\mu)$ 取对数进行简化。令 $l(x;\mu)$ 为 $L(x;\mu)$ 的对数，即

$$l(x;\mu) = \lg L(x;\mu) \tag{2.7}$$

由式 (2.6) 和式 (2.7)，对数似然函数为

$$l(\mu) = 22\lg\mu - 2\mu - \lg(10!12!) \tag{2.8}$$

由于式 (2.8) 中最后一项是常数，可以忽略不计，然后画出对数似然函数的相对值，如图 2.3 所示。

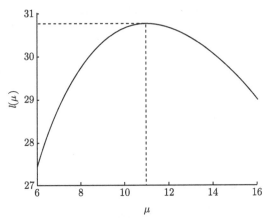

图 2.3   对数似然函数的相对值与 μ 的关系

从图 2.3 中很明显地看出，当泊松分布的均值大约为 11 时，出现 10 个和 12 个缺陷的概率最大。图 2.3 对应的 $l(\mu)$ 值如表 2.2 所示。

表 2.2 $l(\mu)$ 值

μ	6	7	8	9	10	11
$l(\mu)$	27.4187	28.81	29.7477	30.3389	30.6569	30.7537
μ	12	13	14	15	16	—
$l(\mu)$	30.6679	30.4289	30.0593	29.5771	28.997	—

接下来给出似然函数的一般定义。对于连续型概率分布 $f(\boldsymbol{x};\boldsymbol{\theta})$，其中 $\boldsymbol{\theta}$ 为未知参数。设 $(X_1, X_2, \cdots, X_n)$ 和 $(x_1, x_2, \cdots, x_n)$ 分别是取自总体 X 的样本容量为 n 的样本及其观测值，则联合概率密度函数为 $\prod\limits_{i=1}^{n} f(x_i; \boldsymbol{\theta})$，构造函数 $L(\boldsymbol{\theta}) =$
$$L(x_1, x_2, \cdots, x_n; \boldsymbol{\theta}) = \prod\limits_{i=1}^{n} f(x_i; \boldsymbol{\theta}),$$ 称为样本的似然函数。

2. 极大似然法

如前所述，分布的似然函数通常在某个值处有一个最大值。当参数取这些值时，最有利于观测数据的出现。如果要求将一个单参数的值作为分布的一个预计值，那么最大似然的参数值为最优估计。

接下来利用似然函数确定参数的最优估计，这可以通过推导观测值的似然函数并获得其对数形式来完成，对此表达式求偏导并令其等于 0。解此方程得到的似然函数最大值是参数的最优估计。需要注意的是，没有必要在所有情况下都取似然函数的对数表达式，在某些情况下，对似然函数本身求极大也可获得结果。

极大似然估计就是固定样本观测值 $(x_1, x_2, \cdots, x_n)$，挑选参数 $\hat{\boldsymbol{\theta}}$ 使得 $L(x_1, x_2, \cdots, x_n; \hat{\boldsymbol{\theta}}) = \max L(x_1, x_2, \cdots, x_n; \boldsymbol{\theta})$。接下来就变成了如何求出参数 $\boldsymbol{\theta}$ 的极大似然估计 $\hat{\boldsymbol{\theta}}$ 的数学问题。如前所述，通常对似然函数取对数，利用微分学转化为求解对数似然方程 $\dfrac{\partial \ln L(\boldsymbol{\theta})}{\partial \boldsymbol{\theta}} = 0$。

极大似然估计的一般求解步骤可归纳如下 [13]：

(1) 写出似然函数

$$L(\boldsymbol{\theta}) = \prod_{i=1}^{n} f(x_i; \boldsymbol{\theta}) \tag{2.9}$$

(2) 对似然函数两边取对数

$$\ln L(\boldsymbol{\theta}) = \ln\left(\prod_{i=1}^{n} f(x_i; \boldsymbol{\theta})\right) = \sum_{i=1}^{n} \ln f(x_i; \boldsymbol{\theta}) \tag{2.10}$$

(3) 整理求导数并令其为 0

$$\frac{\partial \ln L(\boldsymbol{\theta})}{\partial \boldsymbol{\theta}} = 0 \tag{2.11}$$

(4) 求解上式的对数似然方程，获得未知参数的极大似然估计值。

以下给出一个简单的算例，介绍如何利用极大似然估计法进行参数估计。

例 2.2 寿命试验是可靠性试验中最基本的项目之一，将产品放在特定的试验条件下考察其失效 (损坏) 随时间的变化规律，了解产品的寿命特征、失效规律、失效率、平均寿命等。全寿命试验是寿命试验的其中一种方案，是指在一批产品中随机抽取若干个样品进行寿命试验，试验到全部样品失效，得到其失效时间，用这些子样的数据估计失效分布中的未知参数。某研究所对某公司生产的 100 架无人机进行可靠性试验，从中随机抽取了 8 架作为样本进行全寿命试验，统计了全部样本的故障时间如表 2.3 所示，假定无人机的失效分布为常见的正态分布，请使用上述的极大似然估计理论推导分布参数均值 μ 和方差 σ^2 的表达式，并完成参数估计。

表 2.3 无人机样本的故障时间

样本	t_1	t_2	t_3	t_4	t_5	t_6	t_7	t_8
故障时间/$(\times 10^4 \text{h})$	14.52	18.63	18.49	12.06	20.11	17.94	17.00	19.25

解 假设正态分布的均值 μ 和方差 σ^2 未知，一个观测值的概率密度函数为

$$f(x) = \frac{1}{\sigma\sqrt{2\pi}} \mathrm{e}^{-\frac{1}{2}\left(\frac{x-\mu}{\sigma}\right)^2} \tag{2.12}$$

对于 n 个观测值似然函数为

$$L(x_1, x_2, \cdots x_n; \mu, \sigma) = \left(\frac{1}{\sigma\sqrt{2\pi}}\right)^n \prod_{i=1}^{n} \mathrm{e}^{-\frac{1}{2}\left(\frac{x-\mu}{\sigma}\right)^2} \tag{2.13}$$

对上面函数取对数，可得

$$\ln L(x_1, x_2, \cdots x_n; \mu, \sigma) = n\lg\frac{1}{\sigma\sqrt{2\pi}} - \frac{1}{2}\sum_{i=1}^{n}\left(\frac{x_i - \mu}{\sigma}\right)^2 \tag{2.14}$$

对上式关于 μ 求导，结果为

$$\frac{\partial l(x_1, x_2, \cdots x_n; \mu, \sigma)}{\partial \mu} = \frac{1}{\sigma^2}\left(\sum_{i=1}^{n} x_i - n\mu\right) = 0 \tag{2.15}$$

$$\hat{\mu} = \frac{1}{n}\sum_{i=1}^{n} x_i \tag{2.16}$$

代入表 2.3 中数据，得 $\hat{\mu} = 17.0729$。

　　类似地，对 σ 求导，得到

$$\begin{aligned}
\frac{\partial l(x_1, x_2, \cdots x_n; \mu, \sigma)}{\partial \sigma} &= \frac{\partial}{\partial \sigma}\left[n\lg\frac{1}{\sqrt{2\pi}} - n\lg\sigma - \frac{1}{2}\sum_{i=1}^{n}\left(\frac{x_i - \mu}{\sigma}\right)^2\right] \\
&= -\frac{n}{\sigma} - \sum\frac{(x_i - \mu)^2}{2\sigma^3}(-2) \\
&= \frac{1}{\sigma}\left[-n + \sum_{i=1}^{n}\left(\frac{x_i - \mu}{\sigma}\right)^2\right] = 0
\end{aligned} \tag{2.17}$$

$\hat{\sigma}$ 的估计值为

$$\hat{\sigma} = \sqrt{\frac{1}{n}\sum_{i=1}^{n}(x_i - \mu)^2} \tag{2.18}$$

代入表 2.3 中数据，得 $\hat{\sigma} = 2.6401$。这与用矩量法求得的均值和标准差的值相等。

　　例 2.3　求例 2.1 中用极大似然函数给出的泊松分布 μ 的最优估计。

　　解　对例 2.1 中给出的似然函数取对数

$$l(\mu) = 22\lg\mu - 2\mu - \lg(10!12!) \tag{2.19}$$

$l(\mu)$ 关于 μ 的导数为

$$\frac{\mathrm{d}l(\mu)}{\mathrm{d}\mu} = \frac{22}{\mu} - 2 = 0 \tag{2.20}$$

μ 的最优估计为 11，这与从图中直观所得的值吻合。

2.2.2 贝叶斯估计

在很多情况下数据有限，使得很难确定最佳分布。在这种情况下，贝叶斯法是估计分布参数的一种有效选择。这种方法把分布参数视为随机变量。它运用了关于组件失效的先验信息，与目前根据工程经验和主观假设来构造一个优先分布模型的做法相似。模型使用贝叶斯方程结合当前数据做出的参数先验估计得到后验分布。

贝叶斯理论最初是由英国学者贝叶斯提出来，并由此发展了贝叶斯学派，其主要观点是把任何一个未知量都看作随机变量，用概率的方式加以描述，通常称为先验分布 (prior distribution)，一般使用先验概率密度函数 $\pi(\theta)$，可根据客观经验进行确定，是非样本信息。在经典频率派的统计思想中，含参数的概率密度函数通常记作 $f(\boldsymbol{x};\boldsymbol{\theta})$，表示参数空间中不同的参数取值所对应的不同的概率分布，而在贝叶斯统计中记作 $f(\boldsymbol{x}|\boldsymbol{\theta})$，表示随机变量 $\boldsymbol{\theta}$ 给定某个值时，总体 X 的条件分布。从贝叶斯统计的观点来看，观测值 $(x_1, x_2, \cdots, x_n)$ 的产生需要经过以下两步：首先是从先验分布 $\pi(\boldsymbol{\theta})$ 中产生一个参数样本 $\boldsymbol{\theta}'$，这一步是无法观测的；然后从总体分布 $f(\boldsymbol{x}|\boldsymbol{\theta}')$ 中产生样本 $(X_1, X_2, \cdots, X_n)$，得到其观测值 $(x_1, x_2, \cdots, x_n)$，这一步是能够看得到的。由此，样本 $(x_1, x_2, \cdots, x_n)$ 的联合条件概率密度函数为 $f(\boldsymbol{x}|\boldsymbol{\theta}') = \prod\limits_{i=1}^{n} f(x_i|\boldsymbol{\theta}')$，综合了总体信息和样本信息，与经典统计学派同称为似然函数，记为 $L(\boldsymbol{\theta}')$。$\boldsymbol{\theta}'$ 是未知的，它是按照先验分布 $\pi(\boldsymbol{\theta})$ 产生的，为把先验信息综合考虑进去，不能只考虑 $\boldsymbol{\theta}'$，对 $\boldsymbol{\theta}$ 的其他发生值发生的可能性也要加以考虑，故要用 $\pi(\boldsymbol{\theta})$ 进行综合。需要用到参数和样本的联合分布 $f(\boldsymbol{x}|\boldsymbol{\theta})\pi(\boldsymbol{\theta})$，这个联合分布把总体信息、样本信息、先验信息三种可用的信息都综合进去 [14]。

在没有样本信息时，人们只能根据先验分布对 $\boldsymbol{\theta}$ 作出推断，在有了样本观测值 $(x_1, x_2, \cdots, x_n)$ 后，则应该根据 $f(\boldsymbol{x}|\boldsymbol{\theta})\pi(\boldsymbol{\theta})$ 对 $\boldsymbol{\theta}$ 作出推断。由此计算出样本观测值的边缘概率密度 $\int_{\theta} f(\boldsymbol{x}|\boldsymbol{\theta})\pi(\boldsymbol{\theta})\mathrm{d}\boldsymbol{\theta}$。由条件分布、联合分布、边缘分布三者之间的关系，在样本观测值 $(x_1, x_2, \cdots, x_n)$ 的条件下，$\boldsymbol{\theta}$ 的条件概率密度可按下式计算：

$$\pi(\boldsymbol{\theta}|x) = \frac{f(\boldsymbol{x}|\boldsymbol{\theta})\pi(\boldsymbol{\theta})}{\int_{\theta} f(\boldsymbol{x}|\boldsymbol{\theta})\pi(\boldsymbol{\theta})\mathrm{d}\boldsymbol{\theta}} \tag{2.21}$$

其中，$\pi(\boldsymbol{\theta})$ 是参数 $\boldsymbol{\theta}$ 的先验分布，表示对参数 $\boldsymbol{\theta}$ 的主观认识，是非样本信息；$f(\boldsymbol{x}|\boldsymbol{\theta})$ 是总体 X 的条件分布；$\pi(\boldsymbol{\theta}|\boldsymbol{x})$ 是参数 $\boldsymbol{\theta}$ 的后验分布；分子项 $f(\boldsymbol{x}|\boldsymbol{\theta})\pi(\boldsymbol{\theta})$ 即为参数和样本的联合分布，分母项 $\int_{\theta} f(\boldsymbol{x}|\boldsymbol{\theta})\pi(\boldsymbol{\theta})\mathrm{d}\boldsymbol{\theta}$ 是样本观测值 x 的边缘概率密度。

上式就是著名的连续型随机变量的贝叶斯公式，$\pi(\boldsymbol{\theta}|\boldsymbol{x})$ 在总体信息和样本信息的基础上进一步综合了先验信息，因此通常称为 $\boldsymbol{\theta}$ 的后验分布 (posterior distribution)。因此，贝叶斯估计可以看作是，在假定 $\boldsymbol{\theta}$ 服从 $\pi(\boldsymbol{\theta})$ 的先验分布前提下，根据样本信息去校正先验分布，得到后验分布 $\pi(\boldsymbol{\theta}|\boldsymbol{x})$。接下来对未知参数 $\boldsymbol{\theta}$ 的任何统计推断都基于这个后验分布，在点估计中常用的方法是取后验分布的均值作为 $\boldsymbol{\theta}$ 的估计值，即 $\hat{\boldsymbol{\theta}} = E\left(\pi(\boldsymbol{\theta}|\boldsymbol{x})\right) = \int_{\theta} \boldsymbol{\theta}\pi(\boldsymbol{\theta}|\boldsymbol{x})\mathrm{d}\boldsymbol{\theta}$。以下通过一个简单的算例来展示贝叶斯估计的实施流程。

例 2.4　某军工厂生产的一批武器制导部件的不合格率为 θ，从中抽取了 8 个产品进行检验，发现其中 3 个部件不合格，假如不合格率 θ 的先验分布 $\pi(\theta) \sim U(0,1)$，请用贝叶斯原理对不合格率进行估计。

解　由上述可知，不合格部件数 X 服从二项式分布，即总体 $X \sim B(8, \theta)$。对应的样本观测值 $x = 3$，则 X 在 θ 下的条件概率分布为

$$f(x|\theta) = C_8^x \theta^x (1-\theta)^{8-x} \tag{2.22}$$

样本观测值 x 的边缘概率为

$$\int_{\theta} f(x|\theta)\pi(\theta)\mathrm{d}\theta = \int_0^1 C_8^3 \theta^3 (1-\theta)^5 \mathrm{d}\theta = 1/9 \tag{2.23}$$

根据式 (2.21) 所示的贝叶斯公式，不合格率 θ 的后验分布为

$$\pi(\theta|x) = \frac{f(x|\theta)\pi(\theta)}{\displaystyle\int_{\theta} f(x|\theta)\pi(\theta)\mathrm{d}\theta} = 9C_8^3 \theta^3 (1-\theta)^5 = 504\theta^3 (1-\theta)^5, \quad 0 < \theta < 1 \tag{2.24}$$

采用后验期望估计，该军工厂生产的制导部件的不合格率 θ 的贝叶斯估计值如下：

$$\hat{\theta} = \int_{\theta} \theta\pi(\theta|x)\mathrm{d}\theta = \int_0^1 504\,\theta^4 (1-\theta)^5 \mathrm{d}\theta = 2/5 \tag{2.25}$$

2.2.3 最大后验估计

在贝叶斯估计中，如果采用极大似然估计的思想，考虑后验分布极大化而求解 $\boldsymbol{\theta}$，就变成了最大后验估计 (maximum a posteriori estimation, MAP)：

$$\hat{\boldsymbol{\theta}}_{\mathrm{map}} = \arg\max_{\boldsymbol{\theta}} \pi(\boldsymbol{\theta}|\boldsymbol{x}) = \arg\max_{\theta} \frac{f(\boldsymbol{x}|\boldsymbol{\theta})\pi(\boldsymbol{\theta})}{m(\boldsymbol{x})} = \arg\max_{\theta} f(\boldsymbol{x}|\boldsymbol{\theta})\pi(\boldsymbol{\theta}) \quad (2.26)$$

由于 $m(\boldsymbol{x}) = \displaystyle\int_{\boldsymbol{\theta}} f(\boldsymbol{x}|\boldsymbol{\theta})\pi(\boldsymbol{\theta})\mathrm{d}\boldsymbol{\theta}$ 为一定值，$\hat{\boldsymbol{\theta}}_{\mathrm{map}}$ 求解与其无关，从而简化了计算。最大后验估计顾名思义：就是最大化在给定数据样本的情况下模型参数的后验概率。它依然是根据已知样本，通过调整模型参数使得模型能够产生该数据样本的概率最大，只不过对于模型参数有了一个先验假设，即模型参数可能满足某种分布，不再一味地依赖数据样例，因为数据量可能很少。

作为贝叶斯估计的一种近似解，MAP 有其存在的价值，因为贝叶斯估计中后验分布的计算往往是非常棘手的；而且，MAP 并非简单地回到极大似然估计，它依然利用了来自先验的信息，这些信息无法从观测样本获得。

对上面的式子稍作处理，得

$$\hat{\boldsymbol{\theta}}_{\mathrm{map}} = \arg\max_{\boldsymbol{\theta}} f(\boldsymbol{x}|\boldsymbol{\theta})\pi(\boldsymbol{\theta}) = \arg\max_{\boldsymbol{\theta}} \left(\sum_{i=1}^{n} \lg f(x_i|\boldsymbol{\theta})\pi(\boldsymbol{\theta}) \right) \quad (2.27)$$

从上式可以看出，相比于极大似然估计，估计值中增加了先验项 $\lg\pi(\theta)$。如果使用不同的先验概率，比如高斯分布函数，那么其先验概率就不再是处处相同。这是由于取决于分布的区域，概率或高或低，不总是相同了。至此可以得出结论，MLE 是 MAP 的一个特殊情况，也就是当先验概率为均匀分布时，二者相同。

2.3 基于似然理论的概率表征方法

对于上面介绍的极大似然估计和贝叶斯估计方法，都仅能处理点数据 (point data)。实际中受时间和经济成本的限制，仅能进行有限次数的试验，常有随机不确定性变量的分布信息未知或不完全，存在认知不确定性，除了稀疏点数据，随机变量还可能以区间数据 (interval data) 的形式存在，其分布类型和/或分布参数都是不确定性的。比如，与仪器校准相关的不确定性和误差，试验观测数据存在不确定性，通常用区间数据来描述；有时专家会使用区间来描述不确定性变量。因此，需要有效处理区间数据，尤其是当这多个区间具有不同的来源 (例如，来自多个专家)。例如，某随机变量 X 以稀疏点数据和区间数据两种形式存在，见图 2.4，存在 3 个点数据 {4.1,5.6,3.8} 和 3 个区间数据 [3.5,4],[3.9,4.1] 和 [5,6]。

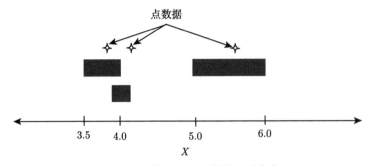

图 2.4   点数据和区间数据同时存在

通常处理点数据可以基于概率理论, 而处理区间数据则常基于区间理论, 这两种理论完全不同。因此, 难以同时利用这两种理论来描述一个以区间和稀疏数据存在的随机变量。基于似然理论的方法 (likelihood-based method)[7] 可处理点数据、区间数据或二者的组合, 它将以稀疏点数据和/或区间数据存在的随机输入变量统一用概率模型进行表征, 构建似然函数, 通过最大化似然函数, 得到具有认知不确定性的随机变量的概率密度函数 (PDF), 该 PDF 相当于在当前已知数据下, 该随机变量的平均 PDF。概率表征使得该方法可非常方便地应用于各类基于概率的不确定性传播和优化设计理论和方法, 而且基于概率的方法具有严格的理论基础, 发展较为成熟, 因此应用起来非常方便。需要说明的是, 本节介绍的基于似然理论的方法无法处理仅存在一个区间的不确定性表征, 因为此时无论什么形式的概率分布, 在该区间上的似然函数值都为 1, 无法确定何种概率分布形式, 即使可以选择某种分布类型, 但是分布参数的组合有无数种, 且这些组合都能得到完全相同的似然函数值。

2.3.1 基本原理

假设 P 为所需要估计的参数, $f_X(x|P)$ 表示 X 关于 P 的 PDF, 当仅有稀疏点数据存在时, 可认为似然函数 $L(P)$ 与稀疏点数据 x 处 PDF $f_X(x|P)$ 成比例, 即 $L(P) \propto f_X(x|P)$。如果存在多个相互独立互不影响的稀疏点数据 $x_i(i=1,\cdots,m)$, 那么联合似然函数 $L(P)$ 可表达如下:

$$L(P) \propto \prod_{i=1}^{m} f_X(x_i|P) \tag{2.28}$$

上述提及的 "相互独立" 是指源于不同试验或不同专家的数据在统计上独立, 也就是说一次试验的结果 (或来自一位专家的信息) 不影响另一次试验的结果 (或来自另一位专家的信息)。

同样地，单个区间 $[a, b]$ 上参数 $\boldsymbol{P}$ 的似然函数可表示为

$$L(\boldsymbol{P}) \propto \int_a^b f_X(x|\boldsymbol{P})\mathrm{d}x = F_X(b|\boldsymbol{P}) - F_X(a|\boldsymbol{P}) \tag{2.29}$$

其中，$F_X(b|\boldsymbol{P})$ 和 $F_X(a|\boldsymbol{P})$ 表示关于参数 $\boldsymbol{P}$ 的累积分布函数。

同样地，如果对于 X 存在多个相互独立的区间数据 $[a_i, b_i]\,(i = 1, \cdots, n)$，那么似然函数可用与式 (2.29) 类似的方式表示如下：

$$
\begin{aligned}
L(\boldsymbol{P}) &\propto \prod_{i=1}^n \int_{a_i}^{b_i} f_X(x|\boldsymbol{P})\mathrm{d}x \\
&= \prod_{i=1}^n [F_X(b_i|\boldsymbol{P}) - F_X(a_i|\boldsymbol{P})]
\end{aligned}
\tag{2.30}
$$

如果数据是稀疏点数据和区间数据的组合，同样假设随机变量 X 的 m 个稀疏点数据 $x_i(i = 1, \cdots, m)$ 和 n 个区间数据 $[a_i, b_i]\,(i = 1, \cdots, n)$ 的来源相互独立，那么参数 $\boldsymbol{P}$ 的似然函数可表达如下：

$$L(\boldsymbol{P}) \propto \left[\prod_{i=1}^m f_X(x_i|\boldsymbol{P})\right]\left[\prod_{i=1}^n [F_X(b_i|\boldsymbol{P}) - F_X(a_i|\boldsymbol{P})]\right] \tag{2.31}$$

通过最大化式 (2.31)，即可得点数据和/或区间数据形式下参数 $\boldsymbol{P}$ 的极大似然估计。基于似然理论的认知不确定性表征，一个较为关键的问题在于 PDF (f_X $(x|\boldsymbol{P})$) 的构建。依据构建方式的不同，有参数法和非参数法两种，其示意如图 2.5 所示。参数法需要假设随机变量的分布类型，最终得到随机变量的一族 PDF 曲线。注意其与概率盒方法获取一族 PDF 曲线的原理完全不同，概率盒方法需要利用嵌套双循环，若要进行后续的不确定性传播，则需针对这一族 PDF 曲线中的每一条分别进行不确定性传播，得到输出响应的一族分布，这显然非常烦琐。基于似然理论的参数法可从这一族 PDF 曲线中找出一条最有利于当前数据出现的 PDF，从而得到随机变量的一条 PDF 曲线，基于此进行后续的不确定性传播。

参数法需要提前指定不确定性的分布类型，可根据经验或物理知识来选择。然而，在很多情况下有效选择分布类型可能非常困难，而且不同的分布类型假设将导致不同的结果，因此可采用非参数法。与参数法相比，非参数法避免了对分布类型的假设，减少了分布类型带来的不确定性，而且由于不必对分布类型抽样，从而显著降低了计算量，提高了计算效率。另外，非参数法将 PDF 族整合为一个均值意义下的 PDF (见图 2.5 中的实曲线)，使得不确定性表示和传播更加简单直观，计算得到的 PDF 更符合数据的真实情况。

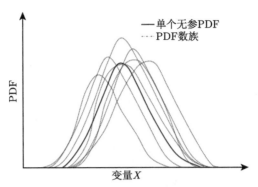

图 2.5　分布族 (有参) 和单个分布 (无参)

2.3.2　参数法

假设某输入变量 X 具有认知不确定性，存在 m 个稀疏点数据 $x_i (i = 1, \cdots, m)$ 和 n 个区间数据 $[a_i, b_i]\,(i = 1, \cdots, n)$，其中这些区间是允许有重叠的，基于此确定 X 的最大值和最小值边界。分别假设离散随机变量 $\boldsymbol{D}$ 和随机变量向量 $\boldsymbol{\theta}$ 表示 X 的分布类型和分布参数，例如，当 $\boldsymbol{D}$ 表示正态分布时，$\boldsymbol{\theta}$ 表示对应的均值和方差；当 $\boldsymbol{D}$ 表示均匀分布时，$\boldsymbol{\theta}$ 表示相应的下界和上界。$\boldsymbol{D}$ 和 $\boldsymbol{\theta}$ 的似然函数如下：

$$L(\boldsymbol{D}, \boldsymbol{\theta}) \propto \left[\prod_{i=1}^{m} f_X(x_i | \boldsymbol{D}, \boldsymbol{\theta}) \right] \left\{ \prod_{i=1}^{n} \left[F_X(b_i | \boldsymbol{D}, \boldsymbol{\theta}) - F_X(a_i | \boldsymbol{D}, \boldsymbol{\theta}) \right] \right\} \qquad (2.32)$$

一般会选取几类分布作为候选，并设置每类分布的参数范围，候选分布类型一般根据先验知识或物理考虑来选择。建立如下优化问题如下：

$$\begin{aligned} &\text{find} \quad \boldsymbol{D}, \boldsymbol{\theta} \\ &\max_{\boldsymbol{D}, \boldsymbol{\theta}} \ L(\boldsymbol{D}, \boldsymbol{\theta}) \end{aligned} \qquad (2.33)$$

在优化过程中，每给定一组 $\boldsymbol{D}$ 和 $\boldsymbol{\theta}$，即可得到一个确定的分布，则 f_X 和 F_X 可方便地得到，最终通过最大化式 (2.32) 中的似然函数来得到最符合当前数据的 $\boldsymbol{D}$ 和 $\boldsymbol{\theta}$ (注意 $\boldsymbol{D}$ 是离散的)。

例 2.5　假设随机变量 X 的分布信息不充分，存在认知不确定性，以 3 个稀疏点数据 $\{0.9, 1.0, 1.2\}$ 和 3 个区间数据 $\{[0, 2], [0.3, 1.5], [0.5, 1.9]\}$ 存在，利用参数法对 X 进行不确定性表征。

解　根据经验候选分布类型选定为正态分布和均匀分布，针对正态分布设置均值的取值范围为 $[0, 2]$，标准差取值范围为 $[0, 1]$；针对均匀分布，设置上下界

范围为 $[0, 2]$。利用序列二次规划求解式 (2.33)，最终求得当分布类型为正态分布且均值为 0.8551、标准差为 0.1450 时，似然函数 $L(\boldsymbol{D}, \boldsymbol{\theta})$ 的值最大，得到如图 2.6 所示的参数 PDF。从图中可见，整个分布能够包络给定的数据的范围，而且三个区间和三个离散点数据相互重叠的区域所对应的 PDF 值最大，这些都在一定程度上说明在随机变量当前有限的数据信息下，所构建的 PDF 是合理的。若针对每种分布求取其相应的 $\boldsymbol{\theta}$，则会得到一族分布。

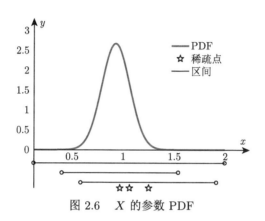

图 2.6　X 的参数 PDF

2.3.3　非参数法

虽然参数法可根据先验知识或物理考虑来选择候选分布类型，然而很多情况下选择候选分布类型可能会很困难，非参数法可以很好地避免这个问题。同样假设某输入变量 X 具有认知不确定性，存在 m 个稀疏点数据 $x_i(i = 1, \cdots, m)$ 和 n 个区间数据 $[a_i, b_i](i = 1, \cdots, n)$，基于此确定 X 的最大值和最小值边界，进而形成 X 的一个区间。在该区间中将 X 离散为有限个点 $q_i(i = 1, \cdots, Q)$。用 p_i 表示这些离散点上 X 的 PDF 值，即 $f_X(x = q_i) = p_i$。根据这些离散点上值，利用插值技术 (如拉格朗日插值) 可得到其他点上对应的 X 的 PDF 值。令 $\boldsymbol{p} = (p_1, p_2, \cdots, p_Q)$，可将似然函数表示如下：

$$L(\boldsymbol{p}) \propto \left[\prod_{i=1}^{m} f_X(x_i | \boldsymbol{p})\right] \left[\prod_{i=1}^{n} [F_X(b_i | \boldsymbol{p}) - F_X(a_i | \boldsymbol{p})]\right] \qquad (2.34)$$

其中，F_X 表示累积分布函数，且 $F_X(b_i | \boldsymbol{p}) - F_X(a_i | \boldsymbol{p}) = \displaystyle\int_{a_i}^{b_i} f_X(x | \boldsymbol{p}) \mathrm{d}x$。

$\boldsymbol{p}$ 的值可以通过如下优化问题得到：

$$\begin{aligned}
&\text{find} &&\boldsymbol{p} = [p_1, p_2, \cdots, p_Q] \\
&\max_{\boldsymbol{p}} &&L(\boldsymbol{p}) \\
&\text{s.t.} &&p_i \geqslant 0, \forall p_i \in \boldsymbol{p}, \quad i = 1, \cdots, Q \\
& &&f_X(x) \geqslant 0, \forall x \\
& &&\int f_X(x)\mathrm{d}x = 1
\end{aligned} \tag{2.35}$$

基于上述方法，能将具有认知不确定性的输入变量 X 直观地用其均值意义下的 PDF 进行表示，实现概率理论框架下的不确定性建模。

例 2.6   假设随机变量 X 的分布信息不完备存在认知不确定性，由 3 个稀疏点数据 $\{0.9, 1.0, 1.2\}$ 和 3 个区间数据 $\{[0, 2], [0.3, 1.5], [0.5, 1.9]\}$ 构成。利用非参数法对 X 进行不确定性表征。

解   将 X 离散为 11 个点，并用 $\boldsymbol{p} = [p_1, \cdots, p_{11}]$ 表示这些离散点上 X 的 PDF 值，结合拉格朗日插值方法拟合 X 的 PDF 函数。根据式 (2.34) 构建似然函数 $L(\boldsymbol{p})$，然后采用序列二次规划求解式 (2.35)。最终求得当 $\boldsymbol{p} = [0, 0.0082, 0.0578, 0.0962, 1.0651, 1.9663, 1.4167, 0.2939, 0.0058, 0.01486]$ 时似然函数最大，则得到如图 2.7 所示的非参数 PDF。从图中可以看出，得到的 PDF 涵盖了给定的区间数据及稀疏点数据，并且在区间 $[0.5, 1.5]$ 出现频率最高，在 1 附近达到最大，$[0.5, 1.5]$ 正是三个区间重叠的区间，且点数据存在于该区间，这些都是与当前给定的数据信息相符的。

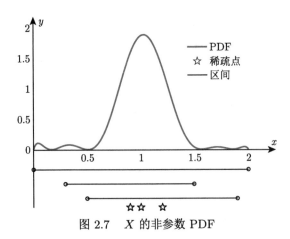

图 2.7 X 的非参数 PDF

2.4 处理区间数据的概率表征方法

2.3 节中介绍的基于似然理论的方法无法处理仅存在一个区间信息的不确定性表征问题。Zaman 等提出了一种专门应对区间数据的概率表征方法 [9]。某些随机变量属于区间信息源类型，由于分布信息不完备，仅已知该变量的若干个区间，这些区间可以为单个或多个互不重叠、有重叠的区间。该方法的大致思路为，已知某个变量的单个区间或多个区间，首先建立该变量的前四阶统计矩上下界的计算方法，然后通过匹配前四阶统计矩得到 Jonson 分布族，最后通过优化找到 Jonson 分布族的分布包络，称为 Jonson 概率盒 (Jonson P-box)。在 Jonson 概率盒的基础上，同样可以进行不确定性传播，例如得到响应的均值和方差的上下界。

与 2.3 节介绍的方法一样，由于对不确定性变量进行概率形式的表征，可避免不确定性传播时形成嵌套双重循环而导致的计算量大的问题。此外，对于后续进行不确定性分析的人员而言，不同于经典的概率理论，非概率表征方法涉及新的理论体系，可能需要花费更多的精力进行人员培训 [15]。因此，这也是概率表征方法相比于非概率方法的另一优势。

2.5 不确定性分类

在具有充足样本数据的情况下，可以很容易地获得不确定性变量的随机分布，得到准确的概率分布模型，即随机变量。在不确定性变量的样本数据不够充足的情况下，无法直接用概率理论对其进行表征。对于该情况，本章 2.3 节和 2.4 节分别针对稀疏点数据和/或区间数据、区间数据介绍了一种可行的概率形式的不确定性表征方法。上述似然理论构建的概率分布虽然能够在指定分布类型的情况下或通过对分布函数进行拟合，使得似然函数最大，但并不能对当前数据下所构建的概率分布的合理性进行定量评价，基于似然理论构建随机变量的概率分布未必是最佳的不确定性表征方式。比如，若随机变量本身服从多峰分布，使用多个概率分布的加权和来表征更为合理；若随机变量的数据仅有一个单独的区间数据，自然也不应直接用概率分布对其表征。实际中不同的问题所具有稀疏点数据或区间的数目 $(m+n)$ 及形式各异，当数目足够多时，最直接的描述方法为概率模型；当数目非常少时，直接利用 2.3 节介绍的基于似然理论的方法对不确定性进行概率描述，可能误差会较大。针对不确定性变量所具有的不同的数据情况，有必要针对各种不确定性表征方式 (如概率分布、多个概率分布加权叠加、区间) 的可信度进行量化，从而确定最佳的不确定性表征方式。

本节介绍不确定性分类方法，通过采用参数估计和拟合优度检验的统计推断策略，对不确定性进行分类，并推断当前数据下不确定性变量的最佳表征方

式 [15-17]，提高不确定性表征的合理性。在该不确定性分类策略下，不确定性变量被分为三类。

(1) **随机变量**，当样本数据构建概率分布有较高可信度时，表征为随机变量；

(2) **稀疏变量**，当样本数据构建的单一分布的 PDF 都不能很好地与数据契合时，可以使用多个 PDF 的混合加权形式来表达，定义为稀疏变量；

(3) **区间变量**，当样本数据无法满足构建任意一种概率分布时，可使用上下界形式的区间来表达，定义为区间变量。

对于待拟合的概率分布，可选择常用的包括均匀分布、正态分布、对数正态分布、指数分布、威布尔分布、极值分布等，分布参数可通过 2.2.1 节所述的极大似然估计法来进行确定。为了定量评价待拟合的概率分布是否适合当前数据集，可采用 Kolmogorov-Smirnov 检验方法衡量统计模型的拟合优良性。如果使用混合加权分布形式的稀疏变量来表征不确定性，还涉及各种分布的权重如何分配的问题，赤池信息量准则提供了解决思路。鉴于此，以下对 Kolmogorov-Smirnov 检验方法和赤池信息量准则进行简要介绍。

2.5.1　Kolmogorov-Smirnov 检验

Kolmogorov-Smirnov 检验 (以下简称 KS 检验) 是一种拟合优度检验方法 [18]，可以衡量经验概率分布与假定概率分布之间的一致性，通常被用来判断观测样本是否遵循此概率分布类型。相较于 Pearson 最早提出的 χ^2 型检验，KS 检验基于经验分布函数 (empirical distribution function, EDF) 构造检验统计量，能够充分利用样本信息，是 EDF 型检验中较为常用的一种方法。

KS 检验将样本经验概率分布函数 $F_n(x)$ 和假设概率分布函数 $F(x)$ 之间距离的上确界作为检验统计量 K_n，来度量两个分布函数之间的差异程度。在假设检验中，p 值是进行检验决策的一个有效依据 [19]，即原假设 ($H_0: F_n = F$) 为真时，出现样本观察结果或更极端结果的概率，它是根据样本数据观察到的显著性水平，反映出对原假设的支持程度。因此，取 p 值作为检验的拟合优度，描述用给定分布拟合样本数据的好坏程度；p 值越大则拟合程度越优，p 值越小，拒绝原假设的依据就越充分；当 p 值小于指定的显著性水平 α 时，则拒绝原假设。由此衡量出样本是否服从假设的特定分布。此处涉及的诸多基本概念 (如 "上确界"、"原假设和备择假设"、"显著性水平"、"p 值" 以及下述用到的 "次序样本"、"渐近或极限分布" 等)，需要读者对于非参数假设检验有较好的知识储备，所列未详尽之处读者可参阅文献 [20, 21] 进一步了解。

下面给出关于 K_n 及 p 值的计算方法。对于 n 个样本点数据，KS 检验的检验统计量 K_n 计算 [22] 如下：

$$K_n = \sup_{-\infty < x < \infty} |F_n(x) - F(x)|$$

$$= \max_{1 \leqslant i \leqslant n} \{|F_n(x_i) - F(x_i)|, |F_n(x_{i+1}) - F(x_i)|\} \tag{2.36}$$

其中，$x_i (1 \leqslant i \leqslant n)$ 表示次序样本数据 (从小到大排列)；当 $i = n$ 时，$F_n(x_{n+1}) = F_n(\infty) = 1$。

区间样本数据并不能直接代入式 (2.36) 中的 $F_n(x_i)$ 或 $F(x_i)$ 进行计算。为了同时考虑区间数据，文献 [23] 提出了将区间数据转化为有效点数据的思路，将每个区间数据的两端点值及区间中值作为有效点数据。若在全体样本数据中存在 p 个区间数据，q 个点数据，则上式中的 $n = 3p + q$。

为确定 p 值，需要求出 K_n 的准确分布或渐近 (极限) 分布，其推导原理较为复杂，此处不再赘述，读者可参考文献 [24, 25] 了解详细的推导过程，此处直接给出 p 值的计算方法。K_n 的准确分布具体如下：

$$P(K_n \leqslant d) = \frac{n!}{n^n} \cdot t_{kk} \tag{2.37}$$

其中，n 是样本点数量；d 是检验统计量 K_n 的观测值 (根据样本数据计算得到 K_n 值)；t_{kk} 是矩阵 $\boldsymbol{T} = \boldsymbol{H}^n$ 的第 (k, k) 个元素，这里 $k = [nd] + 1([nd]$ 是取整函数，是不超过 nd 的最大整数)，$\boldsymbol{H}$ 是 $2k - 1$ 阶的方阵。

为简化表达，令 $h = k - nd$ 且 $m = 2k - 1$，可知 $0 < h \leqslant 1$，m 为矩阵 $\boldsymbol{H}$ 的阶数。则矩阵 $\boldsymbol{H}$ 可描述为

$$\begin{bmatrix} (1-h^1)/1! & 1 & 0 & \cdots & 0 & 0 \\ (1-h^2)/2! & 1/1! & 1 & \cdots & 0 & 0 \\ (1-h^3)/3! & 1/2! & 1/1! & \cdots & 0 & 0 \\ \vdots & \vdots & \vdots & & \vdots & \vdots \\ (1-h^{m-1})/(m-1)! & 1/(m-2)! & 1/(m-3)! & \cdots & 1/1! & 1 \\ H(m,1) & (1-h^{m-1})/(m-1)! & (1-h^{m-2})/(m-2)! & \cdots & (1-h^2)/2! & (1-h^1)/1! \end{bmatrix} \tag{2.38}$$

其中，$H(m,1) = (1 - 2h^m + \max\{0, (2h-1)^m\})/m!$。

需要向读者说明的是，此处引入的 k、h、m 均是为了简化矩阵 $\boldsymbol{H}$ 的表达所给定的中间变量。事实上只要已知样本个数 n 并求得 K_n 的观测值 d 后，即可计算出 $\boldsymbol{H}$，再代入式 (2.37) 得到 $P(K_n \leqslant d)$，最后根据下式即可求出 p 值。

$$\boldsymbol{p} = P(K_n > d) = 1 - P(K_n \leqslant d) \tag{2.39}$$

2.5.2　赤池信息量准则

赤池信息准则 (Akaike information criterion，AIC) 由日本统计学家赤池弘次在 1974 年提出，提供了权衡估计模型复杂度和拟合样本优良性的指标 [26]。AIC 能够配合极大似然估计使用，为选择最佳的概率模型提供数值上的参考依据。自 AIC 提出后，国内学者刘璋温又对 AIC 的产生、意义及其应用案例进行过系统的介绍，读者可在文献 [26] 的基础上，进一步阅读文献 [27] 详细了解 AIC 的原理及推导过程，此处不作赘述。

一般情况下，在完成了假定概率模型的极大似然估计后，AIC 与模型的极大似然函数及待估计参数的个数相关，其定义如下：

$$\text{AIC} = 2k - 2\ln(L_{\max}) \tag{2.40}$$

其中，k 是概率模型中待估计参数的个数；$L_{\max}$ 是概率模型的极大似然函数值。

由式 (2.40) 可以看出，右边第一项 $2k$ 可以用来惩罚模型的复杂度，一般待估计参数的个数越少，模型越简单，反之则越复杂；右边第二项 $2\ln(L_{\max})$ 反映了模型的拟合优度，其值越大，拟合精度越高。AIC 值越小，其对应的概率模型越佳，所以通常认为 AIC 最小的模型即为备选模型中的最佳模型。

鉴于单个 AIC 值无法提供各个待选概率模型之间的横向比较，赤池弘次又提出了 "权重" 的概念 [28]，通过引入最佳概率模型与其他待选概率模型的 AIC 值的差值加以衡量，反映出各个待选概率模型的重要程度，其定义的赤池权重 w_i 的计算公式如下：

$$\Delta\text{AIC}_i = \text{AIC}_i - \text{AIC}_{\min} \tag{2.41}$$

$$w_i = \frac{\exp(-0.5 \cdot \Delta\text{AIC}_i)}{\sum\limits_{i=1}^{N} \exp(-0.5 \cdot \Delta\text{AIC}_i)} \tag{2.42}$$

其中，$1 \leqslant i \leqslant N$，$N$ 为待选分布的个数；AIC_i 为第 i 个分布的 AIC 值；$\text{AIC}_{\min}$ 表示 N 个待选分布 AIC 值的最小值。

有了赤池权重的概念后，不应再使用单一的最佳概率模型对样本数据进行拟合，而应考虑模型平均的思想，构建多个概率模型及其权重的叠加分布，用于随后的统计推断，即将不确定性变量表征为混合加权分布表达的稀疏变量。同时为了简化模型，对于赤池权重小于 0.1 的待选概率模型可适当加以忽略。

2.5.3　不确定性分类步骤

对于已知其一组观测数据的不确定性变量，其不确定性分类的流程如图 2.8 所示，以下也结合图 2.8 给出了相应的文字描述。需要特别指出的是，若给出的是区间和点数据混合的形式、多区间的形式，直接认定改变量为稀疏变量，不确定性表征同样可采用图 2.8 的流程。

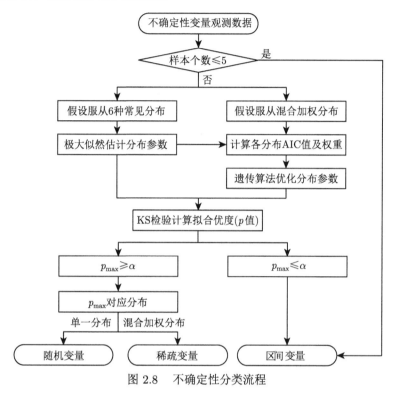

图 2.8 不确定性分类流程

步骤 1：判断已有的不确定性变量观测数据的样本个数，若样本个数小于等于 n^0，认为目前的样本缺乏统计意义，不宜拟合概率分布，直接将变量归类为区间变量，否则执行如下分类过程。综合参考 AD(Anderson-Darling) 检验和卡方检验对样本数的要求，这里取 n_0 为 5 [29]。

步骤 2：假设该不确定性变量为随机变量，令变量依次满足 6 种常见分布 (均匀分布、正态分布、对数正态分布、指数分布、威布尔分布、极值分布)，采用 2.2.1 节介绍的极大似然估计方法对各种分布的参数进行估计。

步骤 3：假设该变量为稀疏变量，分布模型为上述除均匀分布外其余 5 种分布的加权和，采用混合加权形式的概率密度函数对其表达，可采用遗传算法估计其分布参数，其中各分布的权重计算方法如 2.5.2 节所述。

在极大似然估计中，需要求解式 (2.11) 的对数似然方程 (组)，获得未知参数的极大似然估计值。对于多参数复杂分布来说，往往难以直接求得方程组的解析解，因此通过遗传算法以优化的方式间接求解方程组，其中优化变量即为参与加权的各分布的所有分布参数，优化目标即为对数似然函数最大。

这里未考虑均匀分布进行加权的原因是，均匀分布的概率密度函数在上下边界点两处存在大的阶跃，导致混合加权分布的概率密度函数同样存在大的阶跃，而这种形式的分布在实际中并不多见。

步骤 4：针对 6 种单一分布和 1 种混合加权分布 (7 种分布)，利用 2.5.1 节中介绍的 KS 检验方法计算检验统计量，获得在指定显著性水平 α 下的拟合优度 (p 值)。

步骤 5：选择上述 7 种分布对应的拟合优度最大值 p_{max}，将其与显著性水平 α 进行比较。当 $p_{max} \geqslant \alpha$ 时，若其对应的分布类型为单一的概率分布，则该不确定性变量归类于随机变量；若其对应的分布类型为混合加权分布，则该不确定性变量归类于稀疏变量，同时忽略权重小于 0.1 的分布以简化不确定性表征模型。当 $p_{max} < \alpha$ 时，则该不确定性变量归类于区间变量，且区间上下限分别由样本数据的最大、最小值决定。

上述不确定性分类和表征流程完成后，则可进行不确定性传播。对于随机变量和稀疏变量，由于其分别被表征为概率分布和若干已知分布的加权和，根据该概率分布和加权和分布可非常方便地进行抽样，因此可直接采用基于概率理论蒙特卡罗仿真或混沌多项式等方法进行不确定性传播；对于区间变量可单独采用区间、证据、模糊集等诸多认知不确定性表征理论进行不确定性建模和传播，也可采用 2.4 节的概率表征方法。当同时存在随机、稀疏和区间变量时，可采用传统的双层循环的方式进行不确定性传播。文献 [17] 提出了一种可同时处理随机、稀疏和区间变量的数据驱动混沌多项式方法，对于随机和稀疏变量通过统计矩匹配构建正交多项式，区间变量所对应的混沌多项式系数则表示为区间变量的二次多项式函数，该方法无需采用双层循环，因此可有效降低计算量。

2.5.4 算例

例 2.7 已知某复合材料层合板的材料属性弹性模量 E_1、E_2 和泊松比 v 具有不确定性，经过测量其试验数据如表 2.4 所列，试根据上述不确定性分类方法确定 3 个不确定性变量的类型及其参数。

表 2.4 不确定性参数试验数据

样本编号	E_1	E_2	v
1	117.90	7.87	0.30
2	118.28	8.06	0.30
3	120.37	8.09	0.30
4	120.64	8.16	0.30
5	122.01	8.22	0.30
6	122.16	8.38	0.30
7	124.29	9.29	0.30
8	125.32	10.04	0.31

解　首先假设 3 个不确定性参数为随机变量，其可能的概率分布有均匀分布、正态分布、对数正态分布、指数分布、威布尔分布、极值分布 6 种，采用 2.2.1 节介绍的极大似然估计方法对各个概率分布类型的分布参数进行估计，结果如表 2.5 所示。

表 2.5　概率分布参数的极大似然估计结果

分布类型	分布参数	E_1	E_2	v
均匀分布	a	117.9000	7.8700	0.3000
	b	125.3200	10.0400	0.3100
正态分布	μ	121.3713	8.5138	0.3013
	σ	2.4567	0.7037	0.0033
	$\ln(L_{\max})$	-18.5422	-8.5399	34.3417
对数正态分布	$\mu_{\ln}$	4.7986	2.1385	-1.1999
	$\sigma_{\ln}$	0.0202	0.0789	0.0108
	$\ln(L_{\max})$	-18.5331	-8.1421	34.4405
指数分布	λ	121.3713	8.5138	0.3013
	$\ln(L_{\max})$	-46.3908	-25.1335	1.5985
威布尔分布	α	122.5864	8.8631	0.3032
	β	53.1138	11.0338	68.2062
	$\ln(L_{\max})$	-18.9297	-9.7329	31.8925
极值分布	μ_{ev}	122.6096	8.9027	0.3032
	σ_{ev}	2.3014	0.8175	0.0045
	$\ln(L_{\max})$	-18.9728	-10.1939	31.7937

然后，假设 3 个不确定性参数为稀疏变量，分布模型为上述除均匀分布外其余 5 种概率分布的加权和，采用混合加权形式的 PDF 对其表达，根据 2.5.2 节介绍的赤池信息量准则 (AIC)，代入式 (2.41) 和式 (2.42)，计算所得的各概率分布的 AIC 值及其权重，见表 2.6。

表 2.6　各概率分布的 AIC 值及其权重

分布类型	AIC 值及其权重	E_1	E_2	v
正态分布	AIC	41.0844	21.0798	-64.6835
	w	0.2996	0.3352	0.4408
对数正态分布	AIC	41.0663	20.2841	-64.8809
	w	0.3023	0.4990	0.4866
指数分布	AIC	94.7817	52.2669	-1.1970
	w	0.0000	0.0000	0.0000
威布尔分布	AIC	41.8594	23.4658	-59.7849
	w	0.2033	0.1017	0.0381
极值分布	AIC	41.9456	24.3879	-59.5875
	w	0.1948	0.0641	0.0345

从表 2.6 中可以看出，3 个不确定性参数中指数分布的权重均几乎为 0。对于弹性模量 E_1，4 种分布的权重相当；对于弹性模量 E_2 和泊松比 v，最佳拟合分布为正态分布和对数正态分布。基于极大似然估计的基本思想，采用遗传算法通过优化的方式估计混合加权分布的分布参数，结果如表 2.7 所示。

表 2.7　混合加权分布参数的极大似然估计

分布类型	分布参数	E_1	E_2	v
正态分布	μ	120.4407	8.3236	0.3001
	σ	2.2113	0.6333	0.0030
对数正态分布	μ_{ln}	4.7907	2.1110	-1.2037
	σ_{ln}	0.0183	0.0710	0.0098
指数分布	λ	121.9536	9.0627	0.3290
威布尔分布	α	123.7336	9.7236	0.3096
	β	58.4250	12.1372	75.0268
极值分布	μ_{ev}	123.8349	9.7929	0.3097
	σ_{ev}	2.0715	0.7372	0.0040

针对 6 种单一分布和 1 种混合加权分布，利用 2.5.1 节中介绍的 KS 检验方法计算检验统计量，根据 K_n 的准确分布得到 7 种分布对应的拟合优度，即 p 值，结果展示于表 2.8 中。显著性水平是假设检验中的一个基本概念，是指当原假设为正确时却被拒绝了的概率，即犯错误的风险，由检验人员主观确定，通常取 $\alpha = 10\%$、5% 或 1%。本算例取显著性水平 $\alpha = 5\%$ 确定 3 个不确定性参数最终的变量类型。

表 2.8　各种分布的拟合优度 (p 值)

分布类型 (符号)	E_1	E_2	v
均匀分布 ($\mathcal{U}$)	0.8533	0.0170	0.0000
正态分布 ($\mathcal{N}$)	**0.9855**	0.2962	0.0148
对数正态分布 ($\mathcal{LN}$)	0.9842	0.3379	0.0148
指数分布 ($\mathcal{EXP}$)	0.0017	0.0026	0.0013
威布尔分布 ($\mathcal{W}$)	0.9018	0.2700	0.0280
极值分布 ($\mathcal{EV}$)	0.8891	0.2500	0.0280
混合加权分布 ($\mathcal{M}$)	0.3839	**0.5360**	0.0268

从表 2.8 所示的拟合优度结果可知，对于弹性模量 E_1，正态分布的拟合优度最大，因此 E_1 为随机变量，服从正态分布，则其参数根据表 2.5 中极大似然估计值确定为 $E_1 \sim \mathcal{N}(121.3713, 2.4567^2)$。对于弹性模量 E_2，混合加权分布的拟合优度最大，因此 E_2 为稀疏变量，根据表 2.6 所示权重结果，指数分布和极值分布的权重均小于 0.1，为简化模型予以忽略，则 E_2 由正态分布、对数正态分布、威布尔分

布 3 种分布加权得到，对权重重新归一化后，3 种分布对应的权重依次为 0.3582、0.5332、0.1086，对应的分布模型依次为 $\mathcal{N}(8.3236, 0.6333^2)$、$\mathcal{LN}(2.1110, 0.0710^2)$ 和 $\mathcal{W}(9.7236, 12.1372)$，其中对数正态分布占主导，这与考虑其为随机变量时进行拟合优度检验后得到的 p 值情况也是一致的 (见表 2.8 中 p 值 0.3379，拟合优度最好)。对于泊松比 v，由于 7 种分布的拟合优度 p 均小于显著性水平 0.05，说明根据已知的样本数据拟合概率分布效果较差，因此将泊松比 v 建模为区间变量更加合适，区间信息为 $[0.30, 0.31]$。

2.6 证 据 理 论

上述介绍的不确定性表征方法在建模中主要按照不确定性变量存在的数据形式和数量来进行不确定性分类和建模。若将不确定性分为随机和认知两大类，证据、区间和模糊理论则为认知不确定性的表征提供了有效的建模手段，丰富了认知不确定性表征理论。

证据理论 (evidence theory) 是 Dempster 率先提出后经 Shafer 系统完善，故又称为 Dempster-Shafer 证据理论[30]，它是对经典概率理论的一种扩展，使用概率边界反映所有可能结果集合幂集的信任度。证据理论在表达和处理认知不确定性上具有较强的能力，并且还可以很好地兼容概率理论，因此也适用于随机不确定性的处理。证据理论通过识别框架、基本可信度分配 (basic probability assignment, BPA)，以及可信度函数 $Bel(\cdot)$ 和似真度函数 $Pl(\cdot)$ 等基本概念构成了一个不确定建模框架。由于信息缺乏，证据理论无法像概率理论一样对命题成立的可能性提供一个确定的度量，而只能使用由 $Bel(\cdot)$ 和 $Pl(\cdot)$ 构成的概率区间来描述命题成立的可能性。读者可参考文献 [31-33] 获取关于证据理论的详细介绍。通常，在证据理论框架下，认知不确定性变量以证据变量、多源信息变量、混合型变量的形式存在，下面将分别对这三种表示方法进行介绍。

2.6.1 证据变量

在证据理论中，以识别框架和 BPA 表示的认知不确定性变量称为证据变量，证据变量须给定变量的区间描述 (通常称为焦元) 和相应的概率权值，这里的 BPA(或概率权值) 往往根据工程经验或专家预测确定。以 A_i 和 $m(A_i)(i = 1, 2, \cdots, n)$ 分别表示同一个识别框架上的 n 个焦元及其 BPA。例如，证据变量 x 可以取区间 $[0, 3]$ 上的任意值，但取值落在不同区间 $[0, 1]$、$[1, 2]$ 和 $[2, 3]$ 上的概率有所不同，分别是 0.1、0.6 和 0.3，则可以表示如下：

$$x^{(1)} = [0, 1], \quad p_1 = 0.1, \quad x^{(2)} = [1, 2], \quad p_2 = 0.6, \quad x^{(3)} = [2, 3], \quad p_3 = 0.3$$

其示意如图 2.9 所示，图中一共有 3 个焦元，分别为 [0, 1]、[1, 2] 和 [2, 3]，其对应的 BPA 分为 $m(x^{(1)}) = 0.1$，$m(x^{(2)}) = 0.6$，$m(x^{(1)}) = 0.3$。

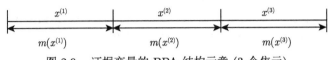

图 2.9　证据变量的 BPA 结构示意 (3 个焦元)

2.6.2　多源信息变量

同一个变量的认知不确定性信息可能来自不同的专家，而不同专家给出的变量区间描述和相应的概率取值往往不同，这样的变量称为多源信息变量。例如，有两位专家都认为变量 x 可取区间 $[1, 3]$ 上的任意值，但取值落在 $[1, 2]$ 和 $[2, 3]$ 上的概率有所不同，专家 1 认为概率分别是 0.3 和 0.7，而专家 2 认为概率分别是 0.4 和 0.6，则可以表示如下：

$$专家1: x^{(1)} = [1, 2], \quad p_1 = 0.3; \quad x^{(2)} = [2, 3], \quad p_2 = 0.7$$
$$专家2: x^{(1)} = [1, 2], \quad p_1 = 0.4; \quad x^{(2)} = [2, 3], \quad p_2 = 0.6$$

多源信息变量可按照 Dempster 证据合成法则进行多源信息融合，转化为以区间和概率权值描述的证据变量。以 A_i 和 $m(A_i)(i = 1, 2, \cdots, n)$ 分别表示同一个识别框架上的 n 个焦元及其 BPA，有 N 个专家分别给出了不同的 BPA 值 $m_j(A_i)(j = 1, 2, \cdots, N)$，则 Dempster 证据合成法则可写成 [34]

$$m(A_i) = \begin{cases} \dfrac{1}{1 - K} \sum_{\cap A_i = A} \prod_{j=1}^{N} m_j(A_i), & A \neq \varnothing \\ 0, & A = \varnothing \end{cases} \tag{2.43}$$

$$K = \sum_{\cap A_i = \varnothing} \prod_{j=1}^{N} m_j(A_i)$$

其中，K 为冲突系数，表示不同专家给出的证据间的冲突程度，K 越大则冲突程度越大。

例 2.10　设变量 x_1、x_2 具有认知不确定性，且均为多源信息变量，其中 x_1 在区间 $[0, 1.5]$ 上波动，x_2 在区间 $[0.4, 1.6]$ 上波动，变量值落在各自取值区间的子区间内的概率不尽相同。已知两位专家分别给出了变量 x_1、x_2 的识别框架及基本可信度分配，如表 2.9 所示，请根据 Dempster 证据合成法则将多源信息变量 x_1 和 x_2 分别转化为证据变量。

表 2.9 变量 x_1、x_2 的识别框架及基本可信度分配

x_1	专家 1	焦元	[0, 0.5]	[0.5, 1]	[1, 1.5]
		BPA	0.3	0.6	0.1
	专家 2	焦元	[0, 0.5]	[0.5, 1]	[1, 1.5]
		BPA	0.2	0.5	0.3
x_2	专家 1	焦元	[0.4, 0.8]	[0.8, 1.2]	[1.2, 1.6]
		BPA	0.3	0.3	0.4
	专家 2	焦元	[0.4, 1.2]	[1.2, 1.6]	—
		BPA	0.7	0.3	—

解 由式 (2.43) 所示的 Dempster 证据合成公式,对于 x_1 两路证据中,专家 1 的焦元 [0, 0.5] 与专家 2 的焦元 [0.5, 1] 和 [1, 1.5] 都无交集,同样专家 1 的焦元 [0.5, 1] 与专家 2 的焦元 [0, 0.5] 和 [1, 1.5] 也都无交集,专家 1 的焦元 [1, 1.5] 与专家 2 的焦元 [0, 0.5] 和 [0.5, 1] 也都无交集,则 x_1 的冲突系数 $K_1 = 0.3 \times (0.5 + 0.3) + 0.6 \times (0.2 + 0.3) + 0.1 \times (0.2 + 0.5) = 0.61$。同理,$x_2$ 的冲突系数 $K_2 = 0.3 \times 0.3 + 0.3 \times 0.3 + 0.4 \times 0.7 = 0.46$。$x_1$ 和 x_2 证据合成后的识别框架及 BPA 如表 2.10 所示。

表 2.10 变量 x_1、x_2 证据合成后的识别框架及 BPA

x_1	焦元	[0, 0.5]	[0.5, 1]	[1, 1.5]
	BPA	0.1538	0.7692	0.0769
x_2	焦元	[0.4, 0.8]	[0.8, 1.2]	[1.2, 1.6]
	BPA	0.3889	0.3889	0.2222

2.6.3 混合型变量

某些参数的概率分布类型已知,但其分布参数却在一定范围波动,表现为随机不确定性和认知不确定性耦合在同一个变量中,称为混合型变量。例如,已知变量 x 服从均值为 μ 和标准差为 σ 的正态分布,即 $x \sim \mathcal{N}(\mu, \sigma^2)$,均值和标准差的取值都落在一定的区间上,其中 $\mu \in [0.5, 1.5]$,$\sigma \in [0.1, 0.2]$。如图 2.10 所示,随机生成 μ 和 σ 的 150 组值,绘制变量 x 的概率分布函数,为概率包络的形式。

通过平均离散法[32],以概率包络信息表示的混合型变量也可以转化为证据变量。设混合型变量 x 的概率分布函数为 $\mathrm{CDF}(x)$,将概率包络上下边界的纵向值域 [0, 1] 等离散化为 N 个子区间,区间长度即为 $1/N$,则相应的焦元和 BPA 可以表示为

$$A_i = \left[\overline{\mathrm{CDF}}^{-1}\left(\frac{1}{N}\left(i - \frac{1}{2}\right)\right), \underline{\mathrm{CDF}}^{-1}\left(\frac{1}{N}\left(i - \frac{1}{2}\right)\right)\right], \quad m(A_i) = \frac{1}{N} \quad (2.44)$$

式中,$\overline{\mathrm{CDF}}(x)$ 和 $\underline{\mathrm{CDF}}(x)$ 分别为概率包络的上界和下界;$\overline{\mathrm{CDF}}^{-1}$ 表示 CDF 的反函数;$i = 1, 2, \cdots, N$。

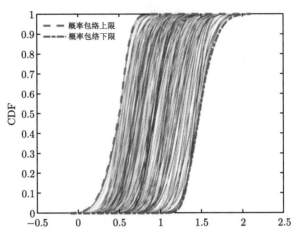

图 2.10　混合型变量的 CDF 概率包络曲线示意图 (150 条)

例 2.9　考虑变量 x_1 和 x_2 具有认知不确定性，且均为混合型变量，其中 x_1 服从区间 $[a, b]$ 上的均匀分布，即 $x_1 \sim \mathcal{U}(a, b)$，下限 a 在区间 $[0, 0.5]$ 上波动，上限 b 在区间 $[0.5, 1]$ 上波动；x_2 服从均值为 μ 和标准差 $\sigma = 0.5$ 的正态分布，即 $x \sim \mathcal{N}(\mu, 0.5^2)$，均值 μ 在区间 $[2.5, 3.5]$ 上波动。使用平均离散法将混合型变量 x_1、x_2 分别转化为证据变量。

解　对于服从正态分布的混合型变量，其定义域为 $(-\infty, +\infty)$，因此概率分布首先需要进行截断，然后方能使用平均离散法转化为证据理论表示。根据 3σ 原则，截断区间取为 $[\mu - 3\sigma, \mu + 3\sigma]$，此时变量在该区间取值的概率为 0.9973，而在该区间以外取值的概率小于 3%，为小概率事件，在实际问题中常认为相应的事件不会发生，一般可以满足计算精度的要求。如果追求更高的计算精度，也可进一步将截断区间范围扩大，如工业生产中提出的 6σ 原则，即 $[\mu - 6\sigma, \mu + 6\sigma]$。

根据式 (2.44)，取离散焦元个数 $N = 5$，则每个变量均有 5 个焦元，平均离散法将变量 x_1 和 x_2 的概率包络信息转化为证据理论表示后的焦元信息，如表 2.11 所示。由于是等间距平均离散，在每个焦元上的 BPA 均为 0.2。

表 2.11　变量 x_1、x_2 的焦元及其 BPA

x_1		x_2	
焦元	BPA	焦元	BPA
[0.0500, 0.5500]	0.2	[1.8592, 2.8592]	0.2
[0.1500, 0.6500]	0.2	[2.2378, 3.2378]	0.2
[0.2500, 0.7500]	0.2	[2.5000, 3.5000]	0.2
[0.3500, 0.8500]	0.2	[2.7622, 3.7622]	0.2
[0.4500, 0.9500]	0.2	[3.1408, 4.1408]	0.2

从计算结果可以看出,对于变量 x_1,由于其上下限均在长为 0.5 的范围内波动,所以平均离散法得出的 x_1 的焦元的区间长度均为 0.5;而对于变量 x_2,由于其均值的波动范围为 1,所以平均离散法得出的 x_2 的焦元的区间长度均为 1,数值计算结果与理论分析相符。

2.7 区 间 理 论

在许多情况下,要获得不确定量的精确概率分布往往非常困难,然而对于实际问题,获得不确定参数可能的取值范围,相对来说容易得多,所需的不确定性信息也大大减少。当认知水平有限,只清楚参数位于哪个区间,但是不清楚在区间内哪个部分或位置取值的可信度更高时 (参数的真值可能取区间中的任意一个值,没有证据或信息表明区间内的任一值比其他值更有可能),可以采用区间模型对该参数进行不确定性建模。此时,该参数的不确定性就表示为一个区间范围。区间 (interval) 模型一般定义如下:

$$A^{\mathrm{I}} = \left[A^{\mathrm{L}}, A^{\mathrm{U}}\right] = \left\{x | A^{\mathrm{L}} \leqslant x \leqslant A^{\mathrm{U}}, x \in \mathbf{R}\right\} \tag{2.45}$$

其中,上标 I、L、U 分别表示区间、区间下界和区间上界。

在区间数学方法中,不确定参数被认为是 "未知但有界",每个不确定性参数都有上限和下限,由一个区间描述,而不具有概率形式。区间 A^{I} 包含了不确定性参数所有可能的结果,可以包含参数的所有不确定性信息,其中区间中点 $A^{\mathrm{c}} = (A^{\mathrm{L}} + A^{\mathrm{U}})/2$ 是区间表达的确定性部分,区间半径为 $A^{\mathrm{r}} = (A^{\mathrm{U}} - A^{\mathrm{L}})/2$,$[-A^{\mathrm{r}}, A^{\mathrm{r}}]$ 构成了区间表达的不确定性部分[35]。区间的不确定性水平 γ 由区间半径与区间中点比值确定,即 $\gamma = A^{\mathrm{r}}/A^{\mathrm{c}}$。当不确定性输入包含多个参数的时候,每个参数对应一个区间数 A^{I},各个区间数组合形成区间向量,对应了不确定性问题的区间模型。

2.8 模 糊 理 论

模糊理论是一种非概率的不确定性表征和分析方法,由 Zadeh 教授在其著名论文 "模糊集合" 中首次提出。模糊理论可以解释在建模过程中缺乏知识或缺陷所造成的认知不确定性,利用模糊数学这一工具来对模糊概念给出定量分析。模糊不确定性问题的求解主要通过水平截集技术,将其转化为一系列的区间不确定性问题。

一个经典集合清楚地区分了集合元素和非集合元素,模糊集则可以看作经典集合的扩展,通过引入隶属度函数来表示域内元素隶属于模糊集的程度,将普通集合的特征函数从 $\{0,1\}$ 推广到闭区间 $[0,1]$,得到了模糊集合的定义:

$$\tilde{x} = \{(x, p(x)) | x \in X, p(x) \in [0,1]\} \tag{2.46}$$

其中，$\tilde{x}$ 表示模糊变量；$p(x)$ 是模糊变量的隶属度函数。$p(x) = 0$ 表示 x 绝对不属于 X，$p(x) = 1$ 表示 x 绝对属于 X，$0 < p(x) < 1$ 表示 x 处于不确定状态。

由上述可知，隶属度函数是常规实数的一般化，其含义是它不引用一个值，而是引用一组可能的值，其中每个可能的值都有自己的权重，其范围为 0～1。在各种形状的隶属度函数中，三角模糊数 (TFN) 最流行，如图 2.11 所示。其中，纵轴表示隶属度函数 $p(x)$ 的值，$\alpha \in [0,1]$ 是 α 截集 (α-cut) 水平，通过特定的隶属度 α 将输入变量截成一系列水平截集，水平截集由下式定义：

$$x_{i,\alpha}^{\mathrm{I}} = \{x_i | p(x_i) \geqslant \alpha\} = [\lambda_i^{\mathrm{L}}, \lambda_i^{\mathrm{U}}] \tag{2.47}$$

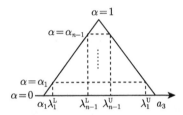

图 2.11   三角隶属度函数多层 α 截集示意图

这意味着 α 水平截集是隶属度函数 $p(x_i) \geqslant \alpha$ 截成的区间 $[\lambda_i^{\mathrm{L}}, \lambda_i^{\mathrm{U}}]$，然后对 α 水平截集进行区间分析，得到对应的输出变量的 α 水平截集。

隶属度函数目前还没有一套成熟有效的建立方法，一般建立在成熟经验和试验的基础上。隶属度函数的建立要满足一些原则，比如，隶属度函数具有单峰性，变量所取得隶属度函数通常要对称和平衡。

2.9   凸模型理论

上述介绍的区间模型仅通过上下边界描述单个变量的波动，假定了所有的不确定参数之间是相互独立的，其不确定域为超立方体，相关性的忽略使得整个不确定区域和问题解区间变大，导致计算结果精度下降。凸模型方法[36] 解决了该问题，它也是一种非概率方法。在现有非概率凸模型不确定性表征中，椭球凸模型应用最为广泛。它将参数不确定性表征为多维椭球，通过椭球的大小和形状描述不确定性的大小及变量的相关程度[37]，可以很好地处理各不确定参数之间相关的问题。

对于任意有界不确定参数 $\boldsymbol{x} = [x_1, x_2, \cdots, x_n]^{\mathrm{T}}, x_i \in [x_i^l, x_i^u](i = 1, 2, \cdots, d)$，凸模型方法用如下椭球来表示 [38]：

$$E(\boldsymbol{x}, \theta) = \left\{ \boldsymbol{x} : \boldsymbol{x}^{\mathrm{T}} \boldsymbol{\Omega} \boldsymbol{x} \leqslant \theta^2 \right\} = \left\{ \boldsymbol{x} : \sum_{i=1}^n \frac{(x_i - x_i^0)^2}{e_i^2} \leqslant \theta^2 \right\} \tag{2.48}$$

式中，$x_i^0 = (x_i^l + x_i^u)/2$；$\boldsymbol{\Omega}$ 是模型特征矩阵，确定椭球主轴的方向，反映了不确定参数相关性；e_i 和 θ 分别是椭球的半轴和半径，共同描述了有界不确定参数的不确定程度。

2.10 随 机 场

以上 2.1~2.9 节介绍的都是关于单个不确定性参数的表征方法。由于不确定性参数的分散性，这些不确定性不仅随着时间的变化而波动，而且还依赖于空间位置的变化。对于很多问题，比如随机有限元，其涉及输入随机场，例如力学中的空间可变材料特性 [39]。因此，单个不确定性参数已不能描述整个结构性能的分布。如何准确地描述不确定性参数随空间位置变化的特性，是建立不确定性模型重要的考量。随机场是根据不同位置之间的相关性来处理不确定性参数具有空间变异性的一种模型，因此随机场模型的引入是处理参数空间分散问题的重要手段。处理随机场问题常见的离散方法，主要包括点离散法、平均离散法及级数展开法 [40]，其中级数展开法是处理随机场实现维度缩减较有效的方法，其包括 Karhunen-Loève (K-L) 展开法 [41]。

用 $H(x, \omega)$ 表示这样一个随机场，其中 x 是有界域 $\mathcal{D} \subset \mathbb{R}^d (d \in \{1, 2, 3\})$ 中的空间变量，代表空间位置坐标；ω 是概率空间 (Ω, F, P) 中的基本事件，即为全部样本空间的一个子集，这里 F 是 Ω 的 σ 代数，P 是概率测度。假设随机场 $H(x, \omega)$ 平方可积，具有均值 $\mu(x)$ 和协方差函数 $C_H(x, x')$，x 和 x' 为空间坐标。可使用 K-L 展开法将 $H(x, \omega)$ 进行离散 [42]：

$$\begin{aligned} H(x, \omega) &= \mu(x) + \sigma(x, \omega) \\ &= \mu(x) + \sum_{i=1}^{+\infty} \sqrt{\lambda_i} \xi_i(\omega) \varphi_i(x) \end{aligned} \tag{2.49}$$

上述展开收敛于 L^2 范数。$(\lambda_i)_{i \in \mathbf{N}^*}$ 和 $(\varphi_i(x))_{i \in \mathbf{N}^*}$ 是协方差矩阵 $C_H(x, x')$ 的第 i 个特征值和相应的特征函数，其满足

$$\int_D C_H(x, x') \varphi_i(x') \mathrm{d}x' = \lambda_i \varphi_i(x), \quad \forall i \in \mathbf{N}^* \tag{2.50}$$

特征值按降序编号 (即: $\lambda_1 \geqslant \lambda_2 \geqslant \cdots \geqslant \lambda_M \geqslant \cdots$)。在均方范数的意义上,K-L 展开法是最优的。式 (2.49) 中的 $\xi_i(\omega)$ 可以通过下式计算得到:

$$\xi_i(\omega) = \frac{1}{\lambda_i} \int_D \sigma(x, \omega) \varphi_i(x) \mathrm{d}x \tag{2.51}$$

其中, $\xi_i(\omega)$ 为互不相关的随机变量,如果随机场 $H(x, \omega)$ 是高斯随机场,则 $(\xi_i(\omega))_{i \in \mathbf{N}^*}$ 形成一组独立的标准高斯随机变量。

出于计算量的考量,式 (2.49) 中的展开往往在第 M 项之后被截断, M 的值可根据离散化的精度要求进行先验选择 [40]。K-L 截断阶数 M 由所截取的特征值之和占所有特征值总和的比例 γ 来确定,即

$$\gamma = \sum_{i=1}^{M} \lambda_i \bigg/ \sum_{i=1}^{\infty} \lambda_i \tag{2.52}$$

式中, M 为 K-L 截断阶数,一般 $\gamma \geqslant 0.97$。

上述特征值和特征函数的解析表达是采用 K-L 方法的关键,即需要求解特征值积分方程 (2.50)。式 (2.50) 的问题可通过选取特殊的 $C_H(x, x')$ 获得封闭解,但并非所有形式的随机场都能够解析地求出上述积分方程,通常需要基于数值方法求解,计算量可能较大。针对该问题,有研究 [43] 提出了一种级数最优线性估值法 (EOLE),其在确保结果精度的同时降低了计算代价,能够有效地处理随机场离散问题。

通过上述步骤,将输入随机场离散了为一系列不相关的随机变量 $(\xi_i(\omega))_{i \in \mathbf{N}^*}$,即完成了随机场的不确定性表征,在此基础上就可以进行不确定性传播,将 $(\xi_i(\omega))_{i \in \mathbf{N}^*}$ 的不确定性传播到输出响应,评估输出响应的不确定性。

如果随机场 $H(z, \omega)$ 是高斯随机场, $\xi_i(\omega)$ 形成一组独立的标准高斯随机变量,显然不确定性传播后输出响应可以扩展到由厄米 (Hermite) 多项式组成的基函数上。也可以采用非线性变换将特定类别的非高斯随机场 $H(z, \omega)$ 表示为高斯随机场 [44,45],从而便于后续的计算。关于随机场的表征,读者也可从文献 [46] 获取较为详细的介绍。

2.11 本章小结

本章对不确定性表征方法进行了较为全面的介绍,包括经典的概率理论以及相应的参数估计方法、基于似然理论的概率表征方法、专门处理区间数据的概率表征方法、不确定性分类方法、证据理论、区间理论和模糊理论。随机不确定性通常用概率理论表征,相关方法发展较为成熟,应用最为广泛,但是需要不确定

性变量足够多的数据。认知不确定性可用概率或非概率方法表征，概率表征的最大优势是避免了后续随机和认知混合不确定性传播双层循环计算量大的问题。现有的证据理论、区间理论和模糊理论等非概率表征方法具有完全不同的模型结构，因此最终不确定性传播的结果形式也不同。但是这些方法都可提供概念上的累积分布，因此可对基于各种认知不确定性表征方法进行不确定性传播所得响应的累积分布进行比较，分析各种方法的异同和有效性。

参 考 文 献

[1] 夏侯唐凡, 陈江涛, 邵志栋, 等. 随机和认知不确定性框架下的 CFD 模型确认度量综述 [J]. 航空学报, 2021, 42(8): 1-16.

[2] 张显雄, 张志田, 张伟峰, 等. 五种湍流涡粘模型在二维方柱绕流数值模拟中的对比研究 [J]. 空气动力学学报, 2018, 36(2): 339-349.

[3] Erb A J, Hosder S. Uncertainty analysis of turbulence model closure coefficients for shock waveboundary layer interaction simulations[C]. Proceedings of AIAA Aerospace Sciences Meeting, 2018.

[4] 赵训友, 林景松, 童晓艳. 基于 Richardson 外推法的 CFD 中离散不确定度估计 [J]. 系统仿真学报, 2014,26(10): 2315-2320.

[5] Schaefer J, Romero V, Shafer S, et al. Approaches for quantifying uncertainties in computational modeling for aerospace applications[C]. AIAA SciTech 2020 Forum, 2020.

[6] Oberkampf W L, Helton J C, Joslyn C A, et al. Challenge problems: uncertainty in system response given uncertain parameters[J]. Reliability Engineering & System Safety, 2004, 85(1-3): 11-19.

[7] Sankararaman S, Mahadevan S. Likelihood-based representation of epistemic uncertainty due to sparse point data and/or interval data[J]. Reliability Engineering & System Safety, 2011, 96(7): 814-824.

[8] Peng X, Li D, Wu H, et al. Uncertainty analysis of composite laminated plate with data-driven polynomial chaos expansion method under insufficient input data of uncertain parameters[J]. Composite Structures, 2019, 209: 625-633.

[9] Zaman K, Rangavajhala S, McDonald M P, et al. A probabilistic approach for representation of interval uncertainty[J]. Reliability Engineering & System Safety, 2011, 96(1): 117-130.

[10] Ferson S, Joslyn C A, Helton J C, et al. Summary from the epistemic uncertainty workshop: consensus amid diversity[J]. Reliability Engineering and System Safety, 2004, 85: 355-369.

[11] 魏骁. 基于混合不确定性建模的船舶不确定性优化设计 [D]. 武汉: 武汉理工大学, 2020.

[12] 贺勇, 明杰秀. 概率论与数理统计 [M]. 武汉: 武汉大学出版社, 2012.

[13] 盛骤, 谢式千, 潘承毅. 概率论与数理统计 [M].4 版. 北京: 高等教育出版社, 2008.

[14] 茆诗松. 贝叶斯统计 [M]. 北京: 中国统计出版社, 1999.

[15] Helton J C, Johnson J D, Oberkampf W L, et al. Representation of analysis results

involving aleatory and epistemic uncertainty[J]. International Journal of General Systems,2010，39(6): 605-646.

[16] Peng X, Li D, Wu H, et al. Uncertainty analysis of composite laminated plate with data-driven polynomial chaos expansion method under insufficient input data of uncertain parameters[J]. Composite Structures, 2019, 209: 625-633.

[17] Kang Y J Lim O K Noh Y et al. Sequential statistical modeling method for distribution type identification[J]. Structural and Multidisciplinary Optimization, 2016, 54(6): 1587-1607.

[18] Frank J, Massey J R. The Kolmogorov-Smirnov test of goodness of fit[J]. Journal of the American Statistical Association,1951,253(46): 68-78.

[19] Lury D A, Fisher R A . Statistical methods for research workers [J]. Botanical Gazette, 1929, 87(3): 229.

[20] 曾五一, 朱平辉. 统计学 [M]. 北京: 北京大学出版社,2006.

[21] 高娟. 假设检验中 P 值的深入分析 [J]. 统计理论与实践, 2021, 23(6): 17-19.

[22] Miller L H. Table of percentage points of kolmogorov statistics[J]. Journal of the American Statistical Association, 1956, 51(273): 111-121.

[23] 张鹏, 刘晓健, 张树有, 等. 稀疏混合不确定变量优化方法及应用 [J]. 浙江大学学报 (工学版), 2019, 53(3): 435-443.

[24] Wang J, Tsang W W, Marsaglia G. Evaluating kolmogorov's distribution[J]. Journal of Statistical Software, 2003, 8(18): 1-4.

[25] 杨振海, 程维虎, 张军舰. 拟合优度检验 [M]. 北京: 科学出版社, 2011.

[26] Akaike H T. A new look at the statistical model identification[J]. Automatic Control IEEE Transactions on, 1974, 19(6): 716-723.

[27] 刘璋温. 赤池信息量准则 AIC 及其意义 [J]. 数学的实践与认识, 1980, (3): 64-72.

[28] Akaike H . A Bayesian analysis of the minimum AIC procedure[J]. Annals of the Institute of Statistical Mathematics, 1978, 30(1): 9-14.

[29] D'Agostino R . Goodness-of-Fit Techniques[M]. New York: Routledge, 2017.

[30] Shafer Glenn. A Mathematical Theory of Evidence[M]. Princeton: Princeton University Press, 1976.

[31] 曹立雄. 基于证据理论的结构不确定性传播与反求方法研究 [D]. 长沙: 湖南大学, 2019.

[32] 锁斌. 基于证据理论的不确定性量化方法及其在可靠性工程中的应用研究 [D]. 绵阳: 中国工程物理研究院, 2012.

[33] Yin S, Yu D, Luo Z. An arbitrary polynomial chaos expansion approach for response analysis of acoustic systems with epistemic uncertainty [J]. Computer Methods in Applied Mechanics and Engineering, 2018, 332: 280-302.

[34] 傅仰耿, 巩晓婷, 张玺霖, 等. Dempster 证据合成法则的通用实现方法 [J]. 计算机科学, 2012, 39(12): 181-183, 219.

[35] 姜东, 费庆国, 吴邵庆. 基于区间分析的不确定性结构动力学模型修正方法 [J]. 振动工程学报, 2015, 28(3): 352-358.

[36] Ben-Haim Y，Elishakoff I. Convex Models of Uncertainties in Applied Mechanics[M].

Elsevier Science Publisher, Amsterdam, 1990.

[37] Jiang C, Han X, Lu G Y, et al. Correlation analysis of non-probability convex model and corresponding structural reliability technique[J]. Computer Methods in Applied Mechanics and Engineering, 2011, 200(33-36): 2528-2543.

[38] 邱志平, 胡永明. 椭球凸模型非概率可靠性度量和区间安全系数的关系 [J]. 计算力学学报,2016,33(4): 522-527.

[39] Ghanem R G, Spanos P D. Stochastic Finite Elements: A Spectral Approach[M]. Courier Dover Publications, 2003.

[40] Sudret B, Der Kiureghian A. Stochastic Finite Element Methods and Reliability: A State-of-the-Art Report [M]. Department of Civil and Environmental Engineering, University of California Berkeley, 2000.

[41] Xiu D. Numerical Methods for Stochastic Computations: A Spectral Method Approach[M]. Princeton: Princeton University Press, 2010.

[42] Loeve M. Elementary Probability Theory[M]. New York: Probability Theory Springer, 1977.

[43] Li C C, Der Kiureghian A. Optimal discretization of random fields[J]. Journal of Engineering Mechanics, 1993, 119(6): 1136-1154.

[44] Grigoriu M. Simulation of stationary non-gaussian translation processes[J]. Journal of Engineering Mechanics, 1998, 124(2): 121-126.

[45] Lagaros N D, Stefanou G, Papadrakakis M. An enhanced hybrid method for the simulation of highly skewed non-Gaussian stochastic fields[J]. Computer Methods in Applied Mechanics & Engineering, 2005, 194(45-47): 4824-4844.

[46] Ghanem R G, Spanos P D. Stochastic Finite Elements: A Spectral Approach[M]. Berlin: Springer-Verlag, 1992.

第 3 章　混沌多项式基础理论

作为一种高效的参数不确定性传播和量化理论，混沌多项式 (PC) 方法由于其坚实的数学基础和良好性能，近些年在学术界和工业界得到广泛关注 [1,2]。PC 方法实质上相当于对随机变量构建一个随机代理模型，不确定性传播就直接在这个代理模型上进行。相比于传统的蒙特卡罗仿真 (MCS) 方法，PC 方法在保证精度的前提下，可大幅降低计算量，且对于非线性函数具有较高的精度。

目前 PC 在 CFD 数值模拟的不确定性量化中得到大量应用。Meldi 等将 PC 方法用于空间演化混合层流大涡模拟 (LES) 的不确定性量化，并分析了不同模拟参数的敏感性 [3]。Schmelter 等采用非嵌入式 PC 方法对管道湍流流场进行了模拟，研究了流道流型的不确定性对流量计不同位置流场的影响 [4]。王瑞利等将非嵌入式 PC 方法应用于爆轰 CFD 数值模拟，对平面爆轰问题和散心爆轰问题进行了不确定性分析 [5]；陈江涛等利用非嵌入式 PC 方法，研究了湍流模型系数的不确定性对 RAE2822 翼型跨声速绕流模拟的影响和材料物性参数的不确定性对烧蚀热响应预测的影响，为工程中多变量不确定性量化问题提供了有效的解决方案 [6]；刘全等将 PC 方法应用于拉式流体模型，对 Sod 激波管问题进行了不确定度量化 [7]；Enderle 等将非嵌入式 PC 方法应用于湍流喷雾燃烧模拟，通过对所用 RANS 模型的不确定性分析实现了对变量的降维和模型优化 [8]。Schaefer 等将 PC 方法用于跨声速壁面束缚流湍流模型封闭系数的不确定性量化和敏感度分析 [9]。随后，他们又提出了一种基于 PC 方法的用于工业级规模气动分析的不确定性量化框架，考虑了湍流模型封闭系数、来流工况、网格收敛误差等不确定性 [10]。

PC 方法分为嵌入式 (intrusive) 和非嵌入式 (non-intrusive)[11]。嵌入式 PC 方法主要应用于动力学系统 (dynamical system) 的不确定性传播，比如用常微分方程或偏微分方程描述的系统，其主要思想是将不确定性源进行 PC 模型表达，然后将其代入动力学微分方程，利用伽辽金 (Galerkin) 投影，将随机微分方程转换为一组更高维的以 PC 模型系数为状态量的确定性微分方程组，通过求解该微分方程组得到 PC 系数，从而完成不确定性传播 [12]。由于嵌入式 PC 方法需要进入系统方程内部，对方程进行扩维修改，不可避免地引入数值误差等。另外，当前的系统分析模型通常都经过了反复标定验证和确认，对其进行模型内部调整的可能性非常小。此外，随着仿真软件的大量应用，复杂工程产品设计分析大多涉及黑箱型响应函数。因此，嵌入式 PC 方法应用非常有限，非嵌入式 PC 方法则是将响应函数看作一个黑箱，仅关注输入和输出的映射关系，构建输出响应的 PC 代理模型，从而实现不确定性传播。由于简单易于操作，相比于嵌入式 PC，非嵌入式 PC 方法的研究应用更加广泛。本书主要介绍非嵌入式 PC 方法。

3.1 随机变量的混沌多项式表达

3.1.1 输入变量独立

以响应函数 $y = g(\boldsymbol{x})$ $(\boldsymbol{x} = [x_1, \cdots, x_i, \cdots, x_d])$ 为例，输入不确定性变量 $x_1, \cdots, x_i, \cdots, x_d$ 相互独立。PC 理论下输出响应 y 表示为

$$Y(\boldsymbol{\theta}) = c_0 I_0 + \sum_{i_1=1}^{\infty} c_{i_1} I_1(\xi_{i_1}(\boldsymbol{\theta})) + \sum_{i_1=1}^{\infty} \sum_{i_2=1}^{i_1} c_{i_1 i_2} I_2(\xi_{i_1}(\boldsymbol{\theta}), \xi_{i_2}(\boldsymbol{\theta}))$$
$$+ \sum_{i_1=1}^{\infty} \sum_{i_2=1}^{i_1} \sum_{i_3=1}^{i_2} c_{i_1 i_2 i_3} I_3(\xi_{i_1}(\boldsymbol{\theta}), \xi_{i_2}(\boldsymbol{\theta}), \xi_{i_3}(\boldsymbol{\theta})) + \cdots \tag{3.1}$$

其中，$I_n(\xi_{i_1}, \cdots, \xi_{i_n})$ 表示 n 阶多元正交多项式，它是多维标准随机变量 $[\xi_{i_1}, \cdots, \xi_{i_n}]$ 的函数，$c_{i_1 i_2 \cdots i_p}$ 为待求的 PC 系数。

出于计算量的考虑，式 (3.1) 中 PC 模型通常在某阶 p 被截断，对应的 p 阶 PC 模型表示为

$$Y \approx \sum_{i=0}^{P} b_i \Phi_i(\boldsymbol{\xi}) \tag{3.2}$$

其中，b_i 和 Φ_i 分别对应于式 (3.1) 中的 $c_{i_1 i_2 \cdots i_p}$ 和 $I_n(\xi_{i_1}, \cdots, \xi_{i_n})$；正交多项式的总项数为 $P+1 = (d+p)!/d!p!$；$\boldsymbol{\xi}$ 为标准随机向量 $\boldsymbol{\xi} = [\xi_1, \cdots, \xi_i, \cdots, \xi_d]$，$\xi_i$ 与原随机变量 x_i 存在一定的转换关系 (见式 (3.3))，具体与 x_i 和 ξ_i 的分布形式有关：

$$x_i = \boldsymbol{T}_i(\xi_i), \quad i = 1, \cdots, d \tag{3.3}$$

一旦求出 PC 系数 b_i，就可直接在 PC 模型上运行蒙特卡罗仿真，得到输出响应 y 的随机概率特性，如均值、方差、概率分布等。在式 (3.2) 的基础上，也可得到低阶统计矩关于 PC 系数的解析表达如下：

$$\mu_y = \mathrm{E}[Y] = \mathrm{E}\left[\sum_{i=0}^{P} b_i \Phi_i(\boldsymbol{\xi})\right] = \sum_{i=0}^{P} b_i \mathrm{E}[\Phi_i(\boldsymbol{\xi})] = b_0 \Phi_0(\boldsymbol{\xi}) \tag{3.4}$$

$$\sigma_y^2 = \sigma^2\left[Y\right] = \mathrm{E}\left[\widehat{Y}^2\right] - \mathrm{E}^2\left[\widehat{Y}\right] = \sum_{i,j=0}^{P} b_i b_j \mathrm{E}\left[\Phi_i\left(\boldsymbol{\xi}\right)\Phi_j\left(\boldsymbol{\xi}\right)\right] - \mathrm{E}^2\left[\widehat{Y}\right]$$

$$= \sum_{i=0}^{P} b_i^2 \mathrm{E}\left[\Phi_i^2\left(\boldsymbol{\xi}\right)\right] - b_0^2 \Phi_0^2\left(\boldsymbol{\xi}\right) = \sum_{i=1}^{P} b_i^2 \mathrm{E}\left[\Phi_i^2\left(\boldsymbol{\xi}\right)\right] \tag{3.5}$$

其中, $\mathrm{E}[g]$ 表示求期望, 由于 Φ_i 的表达式已知, 上面两个式子可以方便求出。上述解析式计算相对于基于 PC 模型的 MCS 方法计算速度更快, 计算资源消耗更少。

  PC 方法主要涉及两方面的内容: 正交多项式 Φ_i 的构建和 PC 系数 b_i 的求取, 其中后者涉及响应函数的调用, 是计算量消耗的主要来源, 可采用投影法和回归法计算 PC 系数。前者通过伽辽金投影将 PC 系数的计算转换为系列数值积分 (如全因子数值积分或稀疏网格数值积分) 计算, 后者通过抽样采用最小二次回归求得 PC 系数。通常而言, 回归法由于涉及矩阵求逆等运算, 更适合于低维问题 ($d<6$), 而投影法相对更加稳健, 因此适用的维数范围更广。随着稀疏 PC 方法的提出, 回归法的适应维数大大提高, 且远超过投影法所适应的维数。

3.1.2　输入变量相关

  若输入不确定性变量 $x_1, \cdots, x_i, \cdots, x_d$ 相关, 则单个变量不仅通过自身的不确定性对系统响应产生影响, 还通过与其他变量的相关性影响着系统响应, 因此研究相关随机输入下的不确定性分析方法具有重要意义。针对上述问题, 最为常见的方法为不确定性变换 (uncertainty transformation), 如正交变换[13]、Rosenblatt 变换[14] 和 Nataf 变换[15] 等, 将相关随机输入变量转换为相互独立的标准正态随机变量。在此基础上, 再构建这些标准正态随机变量的 PC 模型, 进而完成不确定性传播。

  上述变换方法均属于非线性变换, 极有可能导致变换后的响应函数呈现强非线性特征, 特别是当相关随机输入变量服从复杂的非正态概率分布或响应函数非线性较强时, 在不确定性传播中会引入非常大的误差。为此, 有研究提出在正交多项式构建中直接将相关性考虑进去, 构建包含变量相关性的正交多项式, 这将在 3.4 节进行具体介绍。

3.1.3　输入随机场

  对于很多问题, 比如随机有限元, 涉及输入随机场。第 2 章的 2.10 节中针对输入为随机场的不确定性表征方法进行了介绍, 最终将输入随机场离散为一系列不相关的随机变量 $(\xi_i(\omega))_{i\in\mathbb{N}^*}$。对随机场进行离散后, 也可进一步将随机场进行 PC 表达。第 2 章式 (2.49) 中的 $\xi_i(\omega)$ 可基于式 (3.2) 用混沌多项式表示为

$$\xi_i(\omega) = \sum_{j=0}^{P} b_j^{(i)} \Phi_j(\omega) \tag{3.6}$$

式中，$b_j^{(i)}$ 为对应于 $\xi_i(\omega)$ 的 PC 展开系数；$\Phi_j(\omega)$ 为正交多项式。

将式 (3.6) 代入第 2 章式 (2.49)，得

$$H(z,\omega) = \mu(z) + \sum_{i=1}^{M}\sum_{j=0}^{P} b_j^{(i)} \Phi_j(\omega) \sqrt{\lambda_i}\varphi_i(x) \tag{3.7}$$

上式可简写为

$$H(z,\omega) = \sum_{j=0}^{P} a^{(j)}(x)\Phi_j(\omega) \tag{3.8}$$

其中，

$$a^{(0)}(x) = \mu(z) \tag{3.9}$$

$$a^{(j)}(x) = \sum_{i=1}^{M} b_j^{(i)} \sqrt{\lambda_i}\varphi_i(x), \quad j > 0 \tag{3.10}$$

可以发现，式 (3.8) 与式 (3.2) 具有相同的形式，皆为正交多项式的加权和。至此就将随机场表达为了 PC 模型。

另外，将输入随机场离散为一系列不相关的随机变量 $(\xi_i(\omega))_{i\in\mathbf{N}^*}$ 之后，就可将其不确定性传播到输出响应。同样可按照式 (3.2) 构建以 $(\xi_i(\omega))_{i\in\mathbf{N}^*}$ 为输入的模型输出响应的 PC 模型，此时 PC 模型的构建流程同样采用本章 3.2~3.4 节介绍的方法。

3.2 混沌多项式的阶次

从上可见，PC 模型的构建首先必须给定 PC 模型的阶数。事实上，PC 模型阶次 p 对不确定性传播的计算量和精度具有重要影响。常用的做法是先从较低 PC 模型阶次出发，进行不确定性传播，增加阶次继续进行不确定性传播，直到相邻两次的结果 (如输出响应 y 的均值和方差) 变化不大，则认为当前 PC 阶数满足要求，不确定性传播结果收敛。通常，$p = 3$ 能满足大多数问题的精度需求，但是有些个别问题其输出响应的概率密度呈现双峰的形式，则可能需要高达 $p = 15$ 以上的阶次。

显然，在增加 PC 阶次的同时，所需的样本点个数也需相应地增加，需要序列生成新样本。若采用结合投影法的高斯数值积分方法计算 PC 系数，则需要保

证各维的节点个数大于等于 $p+1$，在此基础上再按照全因子数值积分或稀疏网格数值积分的规则生成多维样本；若采用回归法计算 PC 系数，则样本数通常设置为 PC 系数的 2~3 倍。对于抽样方法，从节省计算量的角度讲，新样本要确保不与旧样本相同或者距离特别近，而且旧样本要能重复利用，也就是说新、旧样本一起用来计算当前 PC 模型的系数。对于结合投影法的高斯数值积分方法计算 PC 系数的方法，要保证高斯积分的精度，需要选取高斯积分点，低阶高斯积分点并非嵌套于高阶高斯积分点，因此难以在保证精度的同时实现样本重复利用。对于回归法，样本无须为高斯积分点，因此可以通过嵌套的试验设计方法，例如嵌套拉丁超立方抽样 (nested latin hypercube sampling, NLHS)[16]，保证高阶次 PC 下的样本能够包含低阶次 PC 下的样本，或者是控制高阶次 PC 下的样本 (新样本) 不与低阶次 PC 下的样本 (旧样本) 相同等策略，最简单的方法为采用拉丁超立方抽样生成低阶次 PC 下的样本，PC 阶次增加后，设置不同的随机种子，生成新的样本，这样可非常方便地确保新旧样本不同，从而也可实现样本的重复利用，避免样本浪费。

3.3　PC 系数求解

PC 系数的求取是 PC 进行不确定性传播的关键，目前主要分为两类方法：投影法和回归法。需要注意的是以下给出的 PC 系数求解方法，针对的 PC 模型都是在标准随机空间 $\boldsymbol{\xi} = [\xi_1, \cdots, \xi_d]$ 构建，而对于 3.4.2~3.4.4 节中介绍的 PC 方法，皆在原随机空间 $\boldsymbol{x} = [x_1, \cdots, x_d]$ 构建 PC 模型。但是，这里给出的 PC 系数求解方法同样适用。

3.3.1　投影法

利用伽辽金投影方法，将式 (3.2) 两边同时依次投影到各正交多项式 $\Phi_j(\boldsymbol{\xi})$ 上，得

$$\left\langle y\,\Phi_j(\boldsymbol{\xi})\right\rangle = \left\langle \sum_{i=0}^{P} b_i \Phi_i(\boldsymbol{\xi})\,\Phi_j(\boldsymbol{\xi}) \right\rangle, \quad j=0,1,\cdots,P \tag{3.11}$$

根据内积的定义，并利用正交多项式的正交性，将式 (3.11) 整理得

$$b_i = \mathrm{E}[y\,\Phi_i(\boldsymbol{\xi})]\,/\mathrm{E}\left[\Phi_i(\boldsymbol{\xi})\,\Phi_i(\boldsymbol{\xi})\right], \quad i=0,1,\cdots,P \tag{3.12}$$

则各 PC 系数可以通过上式依次得到。式 (3.12) 中的分母 $\mathrm{E}\left[\Phi_i(\boldsymbol{\xi})\,\Phi_i(\boldsymbol{\xi})\right]$ 是对正交多项式求期望，由于这些正交多项式是关于各标准随机变量 $\boldsymbol{\xi} = [\xi_1, \cdots, \xi_d]$ 的函数，其形式都是已知的，可快速而方便地计算分母的值。因此，计算量主要来

自分子 $E[y\,\varPhi_i(\boldsymbol{\xi})]$ 的计算, 需要调用一定次数的输出响应函数 $y(\boldsymbol{x})$, 可通过数值方法或者抽样法求解, 较为常用的有全因子数值积分和稀疏网格数值积分.

1. 全因子数值积分

利用全因子数值积分 (full factorial numerical integration, FFNI), $E[y\varPhi_i(\boldsymbol{\xi})]$ 可表示为

$$E\left[y\varPhi_i(\boldsymbol{\xi})\right] \approx \sum_{i_1=1}^{m_1} w_{i_1} \cdots \sum_{i_j=1}^{m_j} w_{i_j} \cdots \sum_{i_d=1}^{m_d} w_{i_d} g(l_{i_1}, \cdots, l_{i_j}, \cdots, l_{i_d})$$

$$\varPhi_i\left(\boldsymbol{T}_1^{-1}\left(l_{i_1}\right), \cdots, \boldsymbol{T}_d^{-1}\left(l_{i_d}\right)\right) \tag{3.13}$$

其中, l_{i_j} 和 $w_{i_j}(i_j = 1, \cdots, m_j)$ 分别是第 j 维 $(j = 1, \cdots, d)$ 随机变量 x_j 对应的 m_j 个一维节点值和 m_j 个权值; $\boldsymbol{T}_1^{-1}(g)$ 为式 (3.3) 所示函数的逆函数.

关于 l_{i_j} 和 w_{i_j} 的计算, 有三种途径可以实现. 最通用的方法是: 一旦给定随机变量 x 的概率密度函数以及指定的节点个数 m, 就可以通过求解以下矩匹配 (moment matching) 方程获得 l 和 w:

$$M_k = \int_{\Omega} (x - \mu)^k f_X(x)\mathrm{d}x$$

$$= \sum_{i=1}^{m} w_i(\alpha_i \sigma)^k, \quad k = 0, \cdots, 2m-1 \tag{3.14}$$

其中, M_k 是随机变量 x 的第 k 阶中心矩, 可以根据 x 的概率密度函数 $f_X(x)$ 进行积分得到; μ 和 σ 分别是随机变量 x 的均值和标准差.

求解式 (3.14) 得到唯一的一组解 $\{\alpha_1, \cdots, \alpha_m, w_1, \cdots, w_m\}$, 则节点为

$$l_i = \mu + \alpha_i \sigma \tag{3.15}$$

当节点个数 m 较大 (如 $m > 7$) 时, 要求解这样一组非线性方程组不是一件容易的事情. Lee 等对如何求解该方程组进行了研究, 提出了一种较为通用的方法[17]. 而对正态分布、均匀分布、指数分布等常见的概率分布类型, 其概率密度函数分别与高斯–厄米 (Gaussian-Hermite)、高斯–勒让德 (Gaussian-Legendre) 和高斯–拉盖尔 (Gaussian-Laguerre) 求积公式中的权值有相似的形式, 因此其节点和权值 α_i 和 w_i 可以分别基于 Gaussian-Hermite、Gaussian-Legendre 和 Gaussian-Laguerre 求积公式得到[18].

对于输入为任意形式概率分布的随机输入变量, 若要采取这种方式获得节点和权值, 可以通过 Rackwitz-Fiessler 变换首先将其变换为标准正态随机变量:

$$z = \varGamma(x) = \varPhi^{-1}\left(F_X(x)\right) \tag{3.16}$$

其中，$F_X(x)$ 表示任意分布的随机输入变量的累积分布函数；z 表示标准正态变量；Φ^{-1} 表示其累积分布函数的逆函数。在此基础上再基于求积公式计算节点和权值，由于上述变换会带来误差，所以所求节点和权值也会存在误差。

表 3.1 展示了根据高斯型积分节点和权值计算三种常用的分布类型的节点和权值的情况，其中，$l_i^{\text{G-H}}$ 和 $w_i^{\text{G-H}}$、$l_i^{\text{G-La}}$ 和 $w_i^{\text{G-La}}$、$l_i^{\text{G-Le}}$ 和 $w_i^{\text{G-Le}}$ 分别表示 Gaussian-Hermite、Gaussian-Laguerre、Gaussian-Legendre 积分的节点和权值。μ 和 σ 分别表示原随机变量的均值和标准差，λ 是指数分布的参数，μ_1 和 μ_0 分别表示均匀分布变量的上下限。

表 3.1　基于高斯型积分节点和权值求 l_i 和 w_i

正态分布		指数分布		均匀分布	
节点	权值	节点	权值	节点	权值
$\sqrt{2}\,\sigma l_i^{\text{G-H}} + \mu$	$\dfrac{w_i^{\text{G-H}}}{\sqrt{\pi}}$	$\dfrac{l_i^{\text{G-La}}}{\lambda}$	$w_i^{\text{G-La}}$	$\dfrac{\mu_1 - \mu_0}{2} l_i^{\text{G-Le}} + \dfrac{\mu_1 + \mu_0}{2}$	$\dfrac{w_i^{\text{G-Le}}}{2}$

这里再次强调的是，对于全因子数值积分，为了保证 PC 系数估算的精度，这里的积分精度与 PC 的阶数需要匹配，通常每维节点个数要满足 $m \geqslant p+1$。当计算分子时，若节点个数取得过少，与 PC 阶数不匹配，就会带来较大误差。

2. 稀疏网格数值积分

当维数较高时，全因子数值积分法存在 "维数灾难" 难题，因此稀疏网格数值积分 (sparse grid numerical integration, SGNI) 通常用于取代全因子数值积分法来求取高维积分问题。稀疏网格数值积分方法起源于 Smolyak 算法 [19]，通过将直接张量积转换为若干小规模的直接张量积的线性加权组合，来减少积分点数量，从而被认为是一种适合中高维问题的数值积分方法。利用稀疏网格数值积分法计算 $\mathrm{E}[y\Phi_i(\boldsymbol{\xi})]$，具体如下：

$$\mathrm{E}[y\Phi_i(\xi)] = \sum_{i_1,i_2,\cdots,i_d \in \Omega}^{\overline{\overline{B}}} (-1)^{Q-|i|} \binom{d-1}{Q-|i|} \left(\sum_{i_1=1}^{m_1} \omega_{1.j_1} \cdots \right.$$
$$\left. \sum_{i_d=1}^{m_D} \omega_{d.j_d} y\left(l_{1.i_1}, \cdots, l_{d\cdot i_d}\right) \cdot \Phi_i\left(\boldsymbol{T}_1^{-1}\left(l_{1.i_1}\right), \cdots, \boldsymbol{T}_d^{-1}\left(l_{d\cdot i_d}\right)\right) \right)$$

$$\tag{3.17}$$

其中，Ω 表示满足不等式 $K+1 \leqslant |i_1+, \cdots, +i_d| \leqslant Q(Q=k+d)$ 的多指数 $\{i_1, \cdots, i_d\}$ 的集合；$l_{j.i_j}$ 和 $\omega_{j.i_j}$ 是集合 Ω 中某组多指数对应的第 j 维随机输入变量的一维节点和权值，其计算方法与全因子数值积分完全一样。

稀疏网格数值积分与全因子数值积分类似，稳健性高，且对各类不确定性输入均可得到较高的精度。但是，稀疏网格数值积分对计算量的降低能力是有限的，对于高维问题 (比如 $d > 20$)，该方法的计算量在实际中也难以承受。

3.3.2 回归法

1. 随机响应面

基于线性回归方法求解 PC 系数也称为随机响应面方法 (stochastic response surface method, SRSM)，它是由美国新泽西州立大学的 Isukapalli 博士提出的 [20]。将 N 个样本 $\boldsymbol{\xi}^{\mathrm{S}} = [\xi_1^{\mathrm{S}}, \cdots, \xi_j^{\mathrm{S}}, \cdots, \xi_N^{\mathrm{S}}]^{\mathrm{T}}$ 和相应的函数响应值 $Y = [g(\boldsymbol{x}_1^{\mathrm{S}}), \cdots, g(\boldsymbol{x}_N^{\mathrm{S}})]^{\mathrm{T}}$ 分别代入 PC 模型 (式 (3.2)) 的右端和左端得

$$\begin{bmatrix} \Phi_0(\xi_1^{\mathrm{S}}) & \Phi_1(\xi_1^{\mathrm{S}}) \cdots \Phi_P(\xi_1^{\mathrm{S}}) \\ \Phi_0(\xi_2^{\mathrm{S}}) & \Phi_1(\xi_2^{\mathrm{S}}) \cdots \Phi_P(\xi_2^{\mathrm{S}}) \\ \vdots & \vdots \qquad \vdots \\ \Phi_0(\xi_N^{\mathrm{S}}) & \Phi_1(\xi_N^{\mathrm{S}}) \cdots \Phi_P(\xi_N^{\mathrm{S}}) \end{bmatrix} \begin{bmatrix} b_0 \\ b_1 \\ \vdots \\ b_P \end{bmatrix} = \begin{bmatrix} g(\boldsymbol{x}_1^{\mathrm{S}}) \\ g(\boldsymbol{x}_2^{\mathrm{S}}) \\ \vdots \\ g(\boldsymbol{x}_N^{\mathrm{S}}) \end{bmatrix} \tag{3.18}$$

上式可简写为

$$\boldsymbol{\psi}\boldsymbol{b} = \boldsymbol{Y} \tag{3.19}$$

其中，$\boldsymbol{\psi} = \begin{bmatrix} \Phi_0(\xi_1^{\mathrm{S}}) & \Phi_1(\xi_1^{\mathrm{S}}) \cdots \Phi_P(\xi_1^{\mathrm{S}}) \\ \Phi_0(\xi_2^{\mathrm{S}}) & \Phi_1(\xi_2^{\mathrm{S}}) \cdots \Phi_P(\xi_2^{\mathrm{S}}) \\ \vdots & \vdots \qquad \vdots \\ \Phi_0(\xi_N^{\mathrm{S}}) & \Phi_1(\xi_N^{\mathrm{S}}) \cdots \Phi_P(\xi_N^{\mathrm{S}}) \end{bmatrix}$，$\boldsymbol{b} = \begin{bmatrix} b_0 \\ b_1 \\ \vdots \\ b_P \end{bmatrix}$，$\boldsymbol{Y} = \begin{bmatrix} g(\boldsymbol{x}_1^{\mathrm{S}}) \\ g(\boldsymbol{x}_2^{\mathrm{S}}) \\ \vdots \\ g(\boldsymbol{x}_N^{\mathrm{S}}) \end{bmatrix}$。

根据最小二次回归，可求得 PC 系数为

$$\boldsymbol{b} = (\boldsymbol{\psi}^{\mathrm{T}}\boldsymbol{\psi})^{-1}\boldsymbol{\psi}^{\mathrm{T}}\boldsymbol{Y} \tag{3.20}$$

为了保证式 (3.20) 中回归问题的数值稳定性，样本个数 N 必须保证信息矩阵 $\boldsymbol{\psi}$ 是良态矩阵 (well-conditioned)。通常，N 的值设置为 $N = k(P + 1)$，$k \in [2, 3]$。

熊芬芬等在上述 SRSM 基础上，进一步提出了加权随机响应面方法 (weighted SRSM, WSRSM)，通过引入样本权值的概念，考虑其在概率空间的分布特性，在相同样本的情况下，显著提高了不确定性传播的精度 [21]：

$$\boldsymbol{b} = (\boldsymbol{\psi}^{\mathrm{T}}\boldsymbol{W}\boldsymbol{\psi})^{-1}\boldsymbol{\psi}^{\mathrm{T}}\boldsymbol{W}\boldsymbol{Y} \tag{3.21}$$

其中，$\boldsymbol{W}$ 是样本的权值矩阵，为一对角矩阵，w_i 对应于每个样本点处的权值：

$$W = \begin{bmatrix} w_1 & 0 & \cdots & 0 \\ 0 & w_2 & \cdots & 0 \\ \vdots & \vdots & & \vdots \\ 0 & 0 & \cdots & w_N \end{bmatrix} \tag{3.22}$$

　　根据不同的抽样方法，w_i 的计算方法不同。若采用确定性拉丁超立方抽样，则每个样本处的权值 w_i 为该样本各维标准随机变量的概率密度函数的乘积。对于高斯积分抽样，各样本点对应的权值代表了它对回归过程贡献的程度大小，因此直接的做法就是将这些积分权值用作回归中的各样本点处的权值。

　　2. 抽样方法

　　与确定性下的响应面相似，回归中样本的性能很大程度上决定了响应面 (代理模型) 的好坏，因此决定了 SRSM 不确定传播的精度。关于抽样方法的研究一直都很活跃，Hosder 等从精度和收敛性方面，对随机抽样、拉丁超立方设计 (Latin hypercube design, LHD) 和 Hemmasy 抽样方法进行了综合的分析比较，并推荐用两倍于未知 PC 系数个数的样本 (即 $N = 2(P+1)$)，可以得到比较满意的结果 [22]。Isukapalli 提出在 Wiener 混沌多项式方法中运用 Hermite 积分节点，也就是 Hermite 正交多项式的根，作为回归样本来求解系数 [20]。该方法从比当前 PC 模型的阶数 p 高一阶的 $(p+1)$ 阶 Hermite 多项式的根出发，对这些根 (一维空间) 进行直接张量积操作，得到多维空间的全因子设计样本，这与 3.3.1 节中的全因子数值积分法获得多维节点的过程完全一样，然后在这些样本点上进行最小二次回归得到 PC 系数。这种抽样策略使得样本点大多数集中在概率空间中的高频率区域，类似于重要性抽样的原理，因此提高了 PC 系数的估算精度，从而改善了 SRSM 不确定性分析的性能。由于这种抽样方法对一维样本采用直接张量积，得到的多维样本的组合数为 $(p+1)^d$，呈指数增长 (d 是随机输入变量维数)。出于计算量的考虑，不可能将所有可能的样本点都用于回归，因此目前仍局限于启发式地选取其中部分样本来进行回归，存在太多的主观因素，使得结果的精度太受主观选择的影响。为了解决该问题，有研究提出了单项求容积法则 (monomial cubature rules, MCR) 来产生回归样本构建 PC 模型，产生了所谓的 PC-MCR 方法 [23]。MCR 具有坚实的数学基础，可以运用尽可能少的积分节点数，将多元积分近似为被积分函数在若干离散积分节点上的函数响应值的加权和，得到具有较高代数精度的积分形式。PC-MCR 运用 MCR 产生样本点，由于样本点数目少，可以全部用来估算 PC 系数，保证了不确定性传播的精度，而且与前面提到的高斯积分点相比所需的样本数大大减少。

3.3.3 小结

回归法和投影法是两种常用的用于求解 PC 系数的方法，一般来说回归法由于基于最小二乘法计算 PC 系数，对于高维非线性较高的问题，由于涉及较多的正交多项式项，在回归求解过程中经常会面临矩阵奇异等数值问题，计算结果不够稳定。对于投影法，PC 系数的计算相对更加稳定，只要样本个数足够，不确定性分析的精度可以保证。为了解决前面提到的回归法面临的问题，目前产生了很多基于稀疏重构的 PC 方法，通过各种方法减少正交多项式项数，构建稀疏 PC 模型，同时可降低计算量，这些方法在第 4 章将进行介绍。

3.4 正交多项式构建

本节主要介绍正交多项式构建的几种方法，包括：广义 PC、应对任意输入分布的格拉姆–施密特 (Gram-Schmidt) 正交分解方法、数据驱动 PC 方法以及直接考虑相关性的数据驱动 PC 方法。广义 PC 的正交多项式直接从现有的 Askey 方案中选择，因此正交多项式是标准随机变量 $\boldsymbol{\xi} = [\xi_1, \cdots, \xi_d]$ 的函数，在构建 PC 模型时需要先进行 $\boldsymbol{x}$ 向 $\boldsymbol{\xi}$ 的变换。而其他三种方法均需自行构建正交多项式，这些方法所构建的正交多项式均是原随机输入变量的函数，无须进行原随机空间 $\boldsymbol{x} = [x_1, \cdots x_d]$ 向标准随机空间 $\boldsymbol{\xi} = [\xi_1, \cdots, \xi_d]$ 的转换，即无须进行式 (3.3) 的计算。

3.4.1 广义 PC

PC 方法最早由 Wiener 提出，以 Hermite 正交多项式作为基函数，被称为 Wiener PC。根据 Cameron-Martin 理论，它对输入为正态分布具有指数收敛速度，但是对于其他的分布类型，则收敛速度明显降低。这是因为 Hermite 正交多项式的权函数刚好与正态分布的概率密度函数具有相同形式。利用上述特点，美国布朗大学的 Xiu 等根据 Askey 方案中各随机分布类型概率密度函数与正交多项式权函数一一对应的关系 (表 3.2)，针对不同随机输入类型采用相应类型的一元正交多项式作为基函数，对其进行直接张量积操作 (tensor product) 得到多元正交多项式 $\Phi_i(\boldsymbol{\xi})\,(i = 0, 1, \cdots, P)$，构建 PC 模型，将 PC 理论扩展到了广义 PC(general PC, gPC) 方法，使其对 Askey 方案中所包含的正态、均匀、Beta、指数、Gamma 等多种随机分布类型均具有指数收敛速度。

表 3.2 中，Beta 函数定义为 $B(a,b) = \dfrac{\Gamma(a)\Gamma(b)}{\Gamma(a+b)}$；$\Gamma(\cdot)$ 表示 Gamma 函数，它是阶乘函数在实数集上的延拓，$\Gamma(a) = (a-1)!$。需要注意的是，不同输入参数的同型分布概率密度函数需要转化为表中的 "标准格式"。

当输入变量不满足表 3.2 中所列的五种分布时，则通常将其首先转换为标准正态分布，然后选取 Hermite 正交多项式作为基函数。广义 PC 方法极大地拓展了 PC 理论的应用范围，使其迅速被大量应用。

这里给出一个简单的例子对广义 PC 模型的构建过程进行说明。

表 3.2   Askey 方案

分布类型	概率密度函数	正交多项式	权函数	变量范围
正态	$\dfrac{1}{\sqrt{2\pi}}e^{-x^2/2}$	Hermite $H_n(x)$	$e^{-x^2/2}$	$[-\infty, +\infty]$
均匀	$\dfrac{1}{2}$	Legendre $P_n(x)$	1	$[-1, 1]$
Beta	$\dfrac{(1-x)^\alpha(1+x)^\beta}{2^{\alpha+\beta+1}B(\alpha+1, \beta+1)}$	Jacobi $P_n^{(\alpha,\beta)}(x)$	$(1-x)^\alpha(1+x)^\beta$	$[-1, 1]$
指数	e^{-x}	Laguerre $L_n(x)$	e^{-x}	$[0, +\infty]$
Gamma	$\dfrac{x^\alpha e^{-x}}{\Gamma(\alpha+1)}$	广义 Laguerre $L_n^{(\alpha,\beta)}(x)$	$x^\alpha e^{-x}$	$[0, +\infty]$

例 3.1   假设第一维变量服从正态分布，第二维变量服从均匀分布，相应的 Hermite 和 Legendre 正交多项式将分别用作第一、二维上的基函数，用来构建混合多项式。一维形式的、1、2、3 阶 Hermite 和 Legendre 多项式分别为

$$\text{Hermite:}\quad H_0 = 1,\quad H_1 = \xi,\quad H_2 = \xi^2 - 1,\quad H_3 = \xi^3 - \xi$$

$$\text{Legendre:}\quad L_0 = 1,\quad L_1 = \xi,\quad L_2 = \frac{1}{2}(3\xi^2 - 1),\quad L_3 = \frac{1}{2}(5\xi^3 - 3\xi) \tag{3.23}$$

此时二维、二阶的广义混沌多项式展开模型表示为

$$
\begin{aligned}
Y(\boldsymbol{\theta}) &= b_0\Phi_0 + b_1\Phi_1 + b_2\Phi_2 + b_3\Phi_3 + b_4\Phi_4 + b_5\Phi_5 \\
&= b_0 H_0 L_0 + b_1 H_1 L_0 + b_2 H_0 L_1 + b_3 H_2 L_0 + b_4 H_1 L_1 + b_5 H_0 L_2 \\
&= b_0 + b_1\xi_1 + b_2\xi_2 + b_3(\xi_1^2 - 1) + b_4\xi_1\xi_2 + \frac{1}{2}b_5(3\xi_2^2 - 1)
\end{aligned} \tag{3.24}
$$

这里的混合多项式也具有正交性：

$$\langle \Phi_i(\boldsymbol{\xi})\ \Phi_j(\boldsymbol{\xi}) \rangle = \int \Phi_i(\boldsymbol{\xi})\Phi_j(\boldsymbol{\xi})W(\boldsymbol{\xi})\mathrm{d}\boldsymbol{\xi} = \langle \Phi_i^2(\boldsymbol{\xi}) \rangle \delta_{ij} \tag{3.25}$$

其中，$W(\boldsymbol{\xi})$ 是权函数，它是各维随机变量 $\xi_1, \cdots, \xi_d$ 对应的一维权函数 (表 3.1) 的乘积。

由于 $\xi_1, \cdots, \xi_d$ 相互独立，式 (3.25) 中关于多变元多项式的内积 (多维内积) 表达式中涉及的多维积分，可以分解为对应各维随机变量 $\xi_1, \cdots, \xi_d$ 的一维积分

(一维内积) 的乘积, 这些一维积分只涉及该维上对应的最优正交多项式基函数和相应的权值。因此, 仅当每个一维内积的值都不为零的时候, 这个多维内积的值才不为零, 只要有一个一维内积的值为零, 这个多维内积的值就为零。因此, 混合正交多项式情况下正交性依然成立, 这也完全适合于基于以下 3.4.2~3.4.4 节的方法构建的正交多项式, 从而为 PC 系数的求取提供了便捷条件。

3.4.2 任意概率分布

1. 方法原理

对于一般的常见分布类型, 广义 PC 方法能得到较好的不确定性传播 (UP) 结果。但是在实际工程应用中, 存在诸多不属于, 甚至与 Askey 方案相差较远的分布类型, 比如质量、扩散系数、刚度系数等物理参数均服从对数正态分布。此时, 通常需要利用不确定性变换将其转化为 Askey 方案中的分布类型, 即将原随机变量 $x_i(i=1,\cdots,d)$ 转换为表 3.2 中所示的某类标准随机变量 ξ_i, 而变换自然会引入一定的误差, 降低不确定性分析的精度。

针对随机分布类型的复杂性和多样性特点, 不少研究提出针对任意的随机分布类型, 自行构建正交多项式。代尔夫特 (Delft) 理工大学的 Witteveen 和 Bijl 提出了基于 Gram-Schmidt 正交分解的 PC(GS-PC) 方法 [24]; Zhang 等和 Xu 等提出了基于斯蒂尔切斯 (Stieltjes) 过程的 PC 方法 [25,26]。这些研究分别利用 Gram-Schmidt 正交分解和斯蒂尔切斯过程, 构建相对于各维随机输入分布的最优一元正交多项式基函数。在此基础上, 类似于广义 PC, 通过张量积操作, 构建 p 阶截断的多元正交多项式 $\Phi_i(\boldsymbol{x})(i=0,1,\cdots,P)$。相比于广义 PC, 这些 PC 方法适用范围更加广泛, 可应对任意随机输入分布类型, 无须利用不确定性变换, 提高了收敛速度。

这里以基于 Gram-Schmidt 正交化的 PC 方法为例进行介绍。该方法是一种利用 Gram-Schmidt 正交化构造任意分布类型最优正交多项式的 PC 方法, 可以对绝大多数常见分布达到指数收敛速度。该方法以一组线性无关的多项式 $\{1,x,x^2,\cdots,x^p\}$ 作为基函数, 将已知的随机输入各维概率密度函数作为正交权函数, 采用 Gram-Schmidt 正交化方法逐维对该组基函数进行正交变换, 得到各维随机分布对应的最优正交多项式基函数。以求解不超过 p 阶的一维正交多项式基函数 $\{\varphi_0(x),\varphi_1(x),\cdots,\varphi_p(x)\}$ 为例, 具体公式如下:

$$\varphi_j(x) = e_j(x) - \sum_{k=0}^{j-1} c_{jk}\varphi_k(x), \quad j=1,2,\cdots,p; \quad \varphi_0(x)=1 \tag{3.26}$$

$$c_{jk} = \frac{\langle e_j(x)\varphi_k(x)\rangle}{\langle \varphi_k^2(x)\rangle} \tag{3.27}$$

式中，$e_j(x)$ 表示第 j 阶次的基函数 x^j。

上述内积运算 $\langle e_j(x)\varphi_k(x)\rangle$ 的权函数就是其对应维的概率密度函数，从而保证了所构建的正交多项式的最优性。在得到各维对应的最优正交多项式后，类似于广义 PC，通过张量积操作即可得到混合正交多项式 $\Phi_i(\boldsymbol{x})(i=0,1,\cdots,P)$。

2. 方法实施示例

例 3.2　已知某随机变量 x 的概率密度函数 $f(x)$ 如下，设 PC 模型阶数为 3 阶，由于其不在广义 PC 所能处理的 5 种分布类型之列，试采用上述基于 Gram-Schmidt 正交变换的 GS-PC 方法构建该随机变量所对应的各阶正交多项式。

$$f(x)=\begin{cases} 2x, & 0<x<1 \\ 0, & \text{其他} \end{cases} \tag{3.28}$$

解　根据式 (3.26) 和式 (3.27)，0 阶正交多项式 $\varphi_0(x)=1$；
对于 1 阶的正交多项式，有

$$c_{10}=\frac{\langle e_1(x)\cdot\varphi_0(x)\rangle}{\langle\varphi_0^2(x)\rangle}=\frac{\langle x\cdot 1\rangle}{\langle 1^2\rangle}=\frac{\int_0^1 x\cdot 2x\mathrm{d}x}{\int_0^1 2x\mathrm{d}x}=\frac{2}{3} \tag{3.29}$$

$$\varphi_1(x)=e_1(x)-c_{10}\cdot\varphi_0(x)=x-\frac{2}{3} \tag{3.30}$$

对于 2 阶的正交多项式，有

$$c_{20}=\frac{\langle e_2(x)\cdot\varphi_0(x)\rangle}{\langle\varphi_0^2(x)\rangle}=\frac{\langle x^2\cdot 1\rangle}{\langle 1^2\rangle}=\frac{\int_0^1 x^2\cdot 2x\mathrm{d}x}{\int_0^1 2x\mathrm{d}x}=\frac{1}{2} \tag{3.31}$$

$$c_{21}=\frac{\langle e_2(x)\cdot\varphi_1(x)\rangle}{\langle\varphi_1^2(x)\rangle}=\frac{\left\langle x^2\cdot\left(x-\frac{2}{3}\right)\right\rangle}{\left\langle\left(x-\frac{2}{3}\right)^2\right\rangle}=\frac{\int_0^1 x^2\cdot\left(x-\frac{2}{3}\right)\cdot 2x\mathrm{d}x}{\int_0^1\left(x-\frac{2}{3}\right)^2\cdot 2x\mathrm{d}x}=\frac{6}{5} \tag{3.32}$$

$$\varphi_2(x)=e_2(x)-c_{20}\cdot\varphi_0(x)-c_{21}\cdot\varphi_1(x)=x^2-\frac{1}{2}\cdot 1-\frac{6}{5}\cdot\left(x-\frac{2}{3}\right)=x^2-\frac{6}{5}x+\frac{3}{10} \tag{3.33}$$

对于 3 阶的正交多项式，有

$$c_{30} = \frac{\langle e_3(x) \cdot \varphi_0(x) \rangle}{\langle \varphi_0^2(x) \rangle} = \frac{\langle x^3 \cdot 1 \rangle}{\langle 1^2 \rangle} = \frac{\int_0^1 x^3 \cdot 2x\mathrm{d}x}{\int_0^1 2x\mathrm{d}x} = \frac{2}{5} \tag{3.34}$$

$$c_{31} = \frac{\langle e_3(x) \cdot \varphi_1(x) \rangle}{\langle \varphi_1^2(x) \rangle} = \frac{\left\langle x^3 \cdot \left(x - \frac{2}{3}\right) \right\rangle}{\left\langle \left(x - \frac{2}{3}\right)^2 \right\rangle} = \frac{\int_0^1 x^3 \cdot \left(x - \frac{2}{3}\right) \cdot 2x\mathrm{d}x}{\int_0^1 \left(x - \frac{2}{3}\right)^2 \cdot 2x\mathrm{d}x} = \frac{6}{5} \tag{3.35}$$

$$c_{32} = \frac{\langle e_3(x) \cdot \varphi_2(x) \rangle}{\langle \varphi_2^2(x) \rangle} = \frac{\left\langle x^3 \cdot \left(x^2 - \frac{6}{5}x + \frac{3}{10}\right) \right\rangle}{\left\langle \left(x^2 - \frac{6}{5}x + \frac{3}{10}\right)^2 \right\rangle}$$

$$= \frac{\int_0^1 x^3 \cdot \left(x^2 - \frac{6}{5}x + \frac{3}{10}\right) \cdot 2x\mathrm{d}x}{\int_0^1 \left(x^2 - \frac{6}{5}x + \frac{3}{10}\right)^2 \cdot 2x\mathrm{d}x} = \frac{12}{7} \tag{3.36}$$

$$\begin{aligned} \varphi_3(x) &= e_3(x) - c_{30} \cdot \varphi_0(x) - c_{31} \cdot \varphi_1(x) - c_{32} \cdot \varphi_2(x) \\ &= x^3 - \frac{2}{5} \cdot 1 - \frac{6}{5} \cdot \left(x - \frac{2}{3}\right) - \frac{12}{7} \cdot \left(x^2 - \frac{6}{5}x + \frac{3}{10}\right) \\ &= x^2 - \frac{12}{7}x^2 + \frac{6}{7}x - \frac{4}{35} \end{aligned} \tag{3.37}$$

因此，各阶 (0~3 阶) 正交多项式基分别如下：

$$\begin{aligned} \varphi_0(x) &= 1 \\ \varphi_1(x) &= x - \frac{2}{3} \\ \varphi_2(x) &= x^2 - \frac{6}{5}x + \frac{3}{10} \\ \varphi_3(x) &= x^2 - \frac{12}{7}x^2 + \frac{6}{7}x - \frac{4}{35} \end{aligned} \tag{3.38}$$

对上述基于 Gram-Schmidt 正交变换的 PC 方法所构建的正交多项式进行正交操作，此处以 1 阶和 2 阶、2 和 3 阶的正交多项式为例，检验所求得的正交多项式基是否满足正交性。

$$\langle\varphi_1(x)\cdot\varphi_2(x)\rangle=\int_0^1\left(x-\frac{2}{3}\right)\cdot\left(x^2-\frac{6}{5}x+\frac{3}{10}\right)\cdot2x\mathrm{d}x=0 \tag{3.39}$$

$$\langle\varphi_2(x)\cdot\varphi_3(x)\rangle=\int_0^1\left(x^2-\frac{6}{5}x+\frac{3}{10}\right)\cdot\left(x^2-\frac{12}{7}x^2+\frac{6}{7}x-\frac{4}{35}\right)\cdot2x\mathrm{d}x=0 \tag{3.40}$$

可见，基于 Gram-Schmidt 正交变换所构建的正交多项式基严格满足正交性。

3.4.3　任意概率分布且分布未知

1. 方法原理

上述所有 PC 方法都建立在已知随机输入完整的概率分布函数基础之上，而在实际工程应用中随机参数的信息可能以各种形式存在，如离散的原始数据样本，尤其对于复杂系统，往往由于价格高昂、耗时太长等，难以得到其完整的概率密度函数。在这种情况下，上述方法由于均假设各维随机输入具有完整的概率分布函数，因此不再适用。为此，德国斯图加特 (Stuttgart) 大学的 Oladyshkin 教授提出了一种数据驱动 PC(data-driven PC, DD-PC) 方法 [27]，该方法不仅可以应对任意分布类型的随机分布，而且可以处理随机输入以离散数据 (无需概率分布函数) 存在的情况，并具有良好的收敛性和精度。王丰刚等在此基础上，进一步将投影法引入 DD-PC 中计算 PC 系数，提出了相应的高斯节点和权值的计算方法，进一步提高了其应用的灵活性 [28]。

DD-PC 方法的主要思想为，根据各维随机输入变量的离散数据或概率分布函数，计算其一定阶次的统计矩，利用正交多项式的正交性，推导矩匹配方程，进而通过匹配随机输入变量一定阶次的统计矩，完成其一元正交多项式的构建。设各维随机输入变量 x 所对应的一元正交多项式形式为

$$P^{(k)}(x)=\sum_{s=0}^{k}p_s^{(k)}x^s \tag{3.41}$$

其中，k 为一维正交多项式的阶数；$p_s^{(k)}$ 为待求的一维正交多项式系数。

根据正交多项式的正交性有

$$\int_{x\in\Omega}P^{(k)}(x)P^{(l)}(x)\mathrm{d}\Gamma(x)=\delta_{kl},\quad\forall k,l=0,1,\cdots,H \tag{3.42}$$

其中，H 为指定的 PC 模型的阶数；δ_{kl} 为克罗内克函数；Ω 为原始随机空间；$\Gamma(x)$ 代表随机变量 x 的累积分布函数。

在此，假设所有的一维正交多项式系数 $p_s^{(k)}$ 不全为 0，且 $P^{(0)} = p_0^{(0)}$。为简化计算，定义每个一维正交多项式 $P^{(k)}$ 的最高次项的系数 $p_k^{(k)} = 1, \forall k$。根据式 (3.42)，对于零阶正交多项式与 k 阶正交多项式有如下式成立：

$$\int_{x \in \Omega} p_0^{(0)} \left[\sum_{s=0}^{k} p_s^{(k)} x^s \right] \mathrm{d}\Gamma(x) = 0 \tag{3.43}$$

类似地，对于 $1, 2, \cdots, k-1$ 阶正交多项式分别与 k 阶正交多项式正交，有

$$\int_{x \in \Omega} \left[\sum_{s=0}^{1} p_s^{(1)} x^s \right] \left[\sum_{s=0}^{k} p_s^{(k)} x^s \right] \mathrm{d}\Gamma(x) = 0$$
$$\vdots$$
$$\int_{x \in \Omega} \left[\sum_{s=0}^{k-1} p_s^{(k-1)} x^s \right] \left[\sum_{s=0}^{k} p_s^{(k)} x^s \right] \mathrm{d}\Gamma(x) = 0 \tag{3.44}$$

至此共得到 k 个等式。将式 (3.43) 代入式 (3.44) 中第一个等式，然后将该式和式 (3.43) 代入式 (3.44) 中第二个等式，依次类推，可得

$$\int_{x \in \Omega} \sum_{s=0}^{k} p_s^{(k)} x^s \mathrm{d}\Gamma(x) = 0$$
$$\int_{x \in \Omega} \sum_{s=0}^{k} p_s^{(k)} x^{s+1} \mathrm{d}\Gamma(x) = 0$$
$$\vdots$$
$$\int_{x \in \Omega} \sum_{s=0}^{k} p_s^{(k)} x^{s+k-1} \mathrm{d}\Gamma(x) = 0 \tag{3.45}$$

显然，$\int_{\xi \in \Omega} x^k \mathrm{d}\Gamma(x)$ 为随机变量 x 的 k 阶原点矩，即 $\int_{x \in \Omega} x^k \mathrm{d}\Gamma(x) = \mu_k$。因此，式 (3.45) 可写成如下形式：

$$\begin{bmatrix} \mu_0 & \mu_1 & \cdots & \mu_k \\ \mu_1 & \mu_2 & \cdots & \mu_{k+1} \\ \vdots & \vdots & & \vdots \\ \mu_{k-1} & \mu_k & \cdots & \mu_{2k-1} \\ 0 & 0 & \cdots & 1 \end{bmatrix} \begin{bmatrix} p_0^{(k)} \\ p_1^{(k)} \\ \vdots \\ p_{k-1}^{(k)} \\ p_k^{(k)} \end{bmatrix} = \begin{bmatrix} 0 \\ 0 \\ \vdots \\ 0 \\ 1 \end{bmatrix} \tag{3.46}$$

其中，$\mu_i(i=0,1,\cdots,2k-1)$ 为随机变量 x 的第 i 阶原点矩，可很容易地通过 x 的概率密度函数或离散数据样本得到。

这样，基于随机变量 x 的 0 到 $2k-1$ 阶原点矩，即可通过克拉默法则 (Cramer rule) 计算多项式系数，从而得到其对应的一元正交多项式。然后，对各维对应的一元正交多项式 $P_j(\boldsymbol{x})$ 进行张量积操作 (与广义 PC 方法完全一致)，构建多元正交多项式 $\varPhi_i(\boldsymbol{x})(i=0,1,\cdots,P)$。

当正交多项式的阶数 k 较高时，式 (3.46) 中的矩阵各元素的数量级可能相差较大，导致矩阵出现 "病态"，影响计算精度和效率。此时，可通过事先对随机变量进行归一化处理降低矩阵的条件数，并采用文献 [29] 中的三项递推方法等进行处理。

需要注意的是，当给定的 x 的样本数据不足时，原点矩的计算会引入一定的误差，进而影响到一元正交多项式的构建精度。关于此，Oladyshkin 教授在他们的工作中进行了讨论，针对不同的样本数目 (20~1000)，统计了输出响应的均值和方差的方差，发现均值和方差的方差估计与 $1/\sqrt{N}$ 成正比，其中 N 为样本数目。这意味着 DD-PC 在样本容量不足的情况下，与经典样本统计量或蒙特卡罗仿真所得的统计矩相比，不改变其鲁棒性和收敛性。实际应用中，当 x 的样本数据不足时，可采用 Jackknife 或 boot-strapping 方法通过多次有放回的重抽样计算 x 的统计矩，从而多次构建 PC 模型去估算输出响应的不确定性信息 (比如均值和方差)，进而得到输出响应均值和方差的方差。

2. 方法实施示例

例 3.3 这里以服从标准正态分布的随机变量为例，介绍如何利用 DD-PC 方法构建其相应的正交多项式，设 PC 模型阶数为 3 阶。

1) DD-PC

随机抽取随机变量 x 的 10^5 个样本，基于此计算随机变量 x 的前 5 阶统计矩 (保留小数点后 4 位) 如下：

$$\mu_0=1,\quad \mu_1=0.0006,\quad \mu_2=0.9989,\quad \mu_3=0.0026,\quad \mu_4=2.9805,\quad \mu_5=0.0765$$

根据式 (3.46) 分别求解、1、2、3 阶的一维正交多项式系数：

对于 0 阶的正交多项式，有

$$\mu_0 p_0^{(0)}=1 \Rightarrow p_0^{(0)}=1 \tag{3.47}$$

对于 1 阶的正交多项式，有

$$\begin{bmatrix} \mu_0 & \mu_1 \\ 0 & 1 \end{bmatrix}\begin{bmatrix} p_0^{(1)} \\ p_1^{(1)} \end{bmatrix}=\begin{bmatrix} 0 \\ 1 \end{bmatrix} \Rightarrow \begin{cases} p_0^{(1)}=-0.0006 \\ p_1^{(1)}=1 \end{cases} \tag{3.48}$$

对于 2 阶的正交多项式，有

$$
\begin{bmatrix} \mu_0 & \mu_1 & \mu_2 \\ \mu_1 & \mu_2 & \mu_3 \\ 0 & 0 & 1 \end{bmatrix} \begin{bmatrix} p_0^{(2)} \\ p_1^{(2)} \\ p_2^{(2)} \end{bmatrix} = \begin{bmatrix} 0 \\ 0 \\ 1 \end{bmatrix} \Rightarrow \begin{cases} p_0^{(2)} = -0.9989 \\ p_1^{(2)} = -0.0021 \\ p_2^{(2)} = 1 \end{cases} \tag{3.49}
$$

对于 3 阶的正交多项式，有

$$
\begin{bmatrix} \mu_0 & \mu_1 & \mu_2 & \mu_3 \\ \mu_1 & \mu_2 & \mu_3 & \mu_4 \\ \mu_2 & \mu_3 & \mu_4 & \mu_5 \\ 0 & 0 & 0 & 1 \end{bmatrix} \begin{bmatrix} p_0^{(3)} \\ p_1^{(3)} \\ p_2^{(3)} \\ p_3^{(3)} \end{bmatrix} = \begin{bmatrix} 0 \\ 0 \\ 0 \\ 1 \end{bmatrix} \Rightarrow \begin{cases} p_0^{(3)} = 0.0332 \\ p_1^{(3)} = -2.9838 \\ p_2^{(3)} = -0.0341 \\ p_3^{(3)} = 1 \end{cases} \tag{3.50}
$$

因此根据式 (3.51)，各阶 (0~3 阶) 正交多项式基分别如下：

$$
\begin{aligned}
& P^{(0)} = 1, && P^{(1)} = x - 0.0006 \\
& P^{(2)} = x^2 - 0.0021x - 0.9989, && P^{(3)} = x^3 - 0.0341x^2 - 2.9838x + 0.0332
\end{aligned}
$$
$$\tag{3.51}$$

2) 广义 PC 方法

由于随机变量服从标准正态分布，多项式基对应的是 Hermite 正交多项式，且随机变量已经是在标准随机空间，因此使用广义 PC 方法得到的各阶正交多项式基分别为

$$
H^{(0)} = 1, \quad H^{(1)} = x, \quad H^{(2)} = x^2 - 1, \quad H^{(3)} = x^3 - 3x \tag{3.52}
$$

同样地，更高阶 (> 3) 的正交多项式基可按照上述方法依次求解。DD-PC 方法不仅可以应对各种类型随机变量的概率分布，也可以处理概率分布未知情况下的离散样本数据。实现该功能最关键的部分在于，无论是什么概率分布都可以进行抽样，最后都变成了通过离散样本数据去计算各阶统计矩，从而完成后续 PC 的构建。

分别对上述基于 DD-PC 和广义 PC 方法构建的正交多项式进行正交操作，检验其正交性，此处以 1 阶和 2 阶正交多项式为例，

$$
\left\langle P^{(1)}, P^{(2)} \right\rangle = \int_{-\infty}^{+\infty} (x - 0.0006)(x^2 - 0.0021x - 0.9989) \cdot \frac{1}{\sqrt{2\pi}} \mathrm{e}^{-\frac{x^2}{2}} \mathrm{d}x \approx 0 \tag{3.53}
$$

$$
\left\langle H^{(1)}, H^{(2)} \right\rangle = \int_{-\infty}^{+\infty} x(x^2 - 1) \cdot \mathrm{e}^{-\frac{x^2}{2}} \mathrm{d}x = 0 \tag{3.54}
$$

可见，基于 DD-PC 构建的正交多项式满足正交性，由于推导矩匹配方程时就是按照正交性来的，也必定满足正交性。由于在构建正交多项式的计算中，统计矩的计算难免引入数值误差，从而或多或少导致最终的正交多项式存在误差。因此，基于 DD-PC 构建的正交多项式进行正交操作后近似等于零。

需要说明的是，本算例的设计是为了方便读者快速清晰地理解 DD-PC 方法的原理，考虑的随机输入的概率分布已知，因此在计算统计矩的时候抽取了大量 (10^5) 样本，大量样本仅是为了保证统计矩计算的精度，并不涉及响应函数调用，因此此时样本点数目可以取得足够大。在实际应用中，随机变量的概率分布事先或许并不知道，而是以离散样本数据的形式存在，并且可用的离散样本数据数量也不会有上万个如此之多。但无论样本数量是多或少，究其方法原理都是通过计算已知的随机变量的统计矩来求解正交多项式系数，进而得到输入变量对应的正交多项式基函数。

例 3.4　考虑数学算例进行不确定性传播的测试，测试算例及输入分布信息如下所示：

$$y = \sin(x_1) - \cos^2(x_2) + x_3 \sin(x_1) + 0.9 \tag{3.55}$$

其中，x_1 和 x_2 以数据点形式，假设其都源于双峰分布产生，实际应用中并不知道它们的真实分布，x_3 服从均匀分布 $x_3 \sim \mathcal{U}(0.4,2)$。

双峰分布概率密度函数及曲线如下所示 (图 3.1)：

$$f_{\text{PDF}} = \frac{0.647}{0.1\sqrt{2\pi}} \exp\left(-\frac{x^2}{2 \times 0.1^2}\right) + \frac{0.353}{0.2\sqrt{2\pi}} \exp\left(-\frac{(x-1)^2}{2 \times 0.2^2}\right), \quad x \in [-\infty, +\infty] \tag{3.56}$$

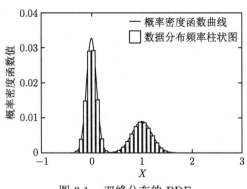

图 3.1　双峰分布的 PDF

虽然根据随机输入的已知数据，可利用 Johnson 或者 Pearson 经验系统，获得其概率密度函数的解析表达式，但当这些数据的分布比较复杂时，比如双峰或多峰分布，由于 Johnson 或者 Pearson 经验系统仅适用于单峰分布，则难以获得足够准确的概率密度函数解析式。显然，广义 PC 和基于施密特正交变换的 PC 方法由于需要依赖于随机输入精确的概率密度函数构建正交多项式，而此时精确的概率密度函数难以得到，从而这两种方法在该情况下应用非常受限，即使可以应用也会产生较大误差。

设 DD-PC 阶次为 3 阶，根据已知的三维随机变量的不确定性信息，随机抽取 $\boldsymbol{x} = [x_1, x_2, x_3]$ 的 10^7 个样本计算各个随机变量的统计矩，构建正交多项式。由式 (3.41)，与例 3.3 的正交多项式构建步骤完全一致，这里直接给出针对上述双峰分布的各阶 (0~3 阶) 正交多项式基：

$$P^{(0)} = 1, \quad P^{(1)} = x - 0.3530$$
$$P^{(2)} = x^2 - 1.0584x, \quad P^{(3)} = x^3 - 1.7661x^2 - 0.6639x + 0.0301 \tag{3.57}$$

对上述基于 DD-PC 方法构建的正交多项式进行正交操作，此处以 1 阶和 2 阶、2 阶和 3 阶的正交多项式为例，检验所求得的正交多项式基是否满足正交性。

$$\left\langle P^{(1)}, P^{(2)} \right\rangle = \int_{-\infty}^{+\infty} (x - 0.3530)(x^2 - 1.0584x) \cdot f_{\mathrm{PDF}} \mathrm{d}x \approx 0 \tag{3.58}$$

$$\left\langle P^{(2)}, P^{(3)} \right\rangle = \int_{-\infty}^{+\infty} (x^2 - 1.0584x)(x^3 - 1.7661x^2 - 0.6639x + 0.0301) \cdot f_{\mathrm{PDF}} \mathrm{d}x \approx 0 \tag{3.59}$$

其中，f_{PDF} 为式 (3.56) 所示的概率密度函数。

选用投影法中的全因子数值积分方法计算 PC 模型系数，按照各维积分节点个数至少比 PC 模型阶数多 1 的原则，每一维变量对应取 4 个节点，即总共 $4^3 = 64$ 个样本点用于计算 PC 系数。利用正交多项式的性质，将一维正交多项式的根指定为高斯积分节点，通过 3.3.1 节的式 (3.14) 计算各节点相应的权值。双峰分布随机变量对应的 4 个节点及其权值如下：

$$l_1 = 1.3308, \quad l_2 = 0.9538, \quad l_3 = 0.1289, \quad l_4 = -0.1006 \tag{3.60}$$

$$w_1 = 0.0706, \quad w_2 = 0.2635, \quad w_3 = 0.3255, \quad w_4 = 0.3404 \tag{3.61}$$

以 10^7 次蒙特卡罗仿真结果作为参考值，验证 DD-PC 方法进行不确定性传播结果的有效性，两种方法计算的响应 y 的前 4 阶统计矩见表 3.3，可见相对误差均几乎为 0，DD-PC 方法用于不确定性传播时的精度很高。

表 3.3   DD-PC 所得前四阶统计矩的相对误差

	均值	方差	偏度	峭度
蒙特卡罗仿真	0.7912	0.9733	0.6584	2.2646
DD-PC	0.7912	0.9734	0.6571	2.2673
相对误差	0%	0.0103%	0.1974%	0.1192%

据研究表明 [31]，随着 PC 阶次的增加，基于数据驱动的 PC 方法 (DD-PC) 不确定性传播的误差快速下降，展示出近似指数收敛的趋势，这与传统的广义 PC 方法在处理常规属于 Askey 方案的输入分布类型时的收敛性一致。当随机输入均属于 Askey 方案时，DD-PC 方法和广义 PC 方法均可得到较为准确的结果。但广义 PC 方法由于采用已有的正交多项式构建 PC 模型，计算相对简便，应用更为便捷。当随机输入的分布类型不属于尤其是远离 Askey 方案，且函数非线性较强时，广义 PC 方法计算结果会产生较大误差，DD-PC 方法计算精度优于广义 PC。当不能获得完整的随机输入的概率密度函数时 (例如，随机输入以离散数据形式存在或概率密度函数较为复杂等)，DD-PC 方法依然可以得到较为精确的结果，广义 PC 方法则具有较大误差。因此，DD-PC 方法具有更广泛的应用范围，可以作为一种更为通用的 PC 方法。但是，若在求解式 (3.46) 时不够合理，尤其是当需要构建的 PC 模型阶次较高时，则此时构建的正交多项式会存在较大误差。

3.4.4   任意相关的概率分布且分布未知

1. 方法原理

现有的 PC 方法在构建 PC 模型时均假设各维随机输入变量相互独立，然而在实际工程应用中，常有随机输入变量相关的情况。例如，结构中的材料属性与疲劳属性 [32]、飞行器气动噪声与外表面分布的随机载荷 [33] 等。在输入变量相关性的影响下，单个变量不仅通过自身的不确定性对系统响应产生影响，还通过与其他变量的相关性影响着系统响应，因此研究相关随机输入下的不确定性分析方法具有重要意义。针对上述问题，多数研究学者采用变换方法，如正交变换、Rosenblatt 变换和 Nataf 变换等，将相关随机输入变量转换为相互独立的标准正态随机变量。

在 3.1.2 节中已经提及，上述变换方法均属于非线性变换，会导致变换后的响应函数呈现强非线性特征，特别是当相关随机输入变量服从复杂的非正态概率分布或响应函数非线性较强时，在不确定性传播中可能会引入非常大的计算误差。此外，这些转换方法均要依赖随机变量完整的分布函数，当相关随机输入变量以离散数据形式存在时，上述变换方法显然均不再适用。为此，林启璋等提出了一种能够直接处理输入变量相关的 PC 方法 [34]，可以避免变换带来的误差，且能应对离散数据形式的相关输入，扩展了 PC 方法的适用范围。Paulson 等针对侵入式 PC 方法, 利用 Gram-Schmidt 正交变换, 提出了一种考虑输入变量相关性的方法[35]。随后, Wang 等将该方法应用到随机潮流中[36]。

这类考虑相关性的 DD-PC 方法沿用了 3.4.3 节中采用矩匹配方法建立一元正交多项式基函数的基本思路, 唯一不同的地方在于矩匹配方程是关于相关随机输入变量的混合矩。首先引入相关随机输入变量混合矩的概念, 通过匹配相关随机输入的一定阶次的混合统计矩, 直接构建考虑变量相关性的多元正交多项式。混合统计矩中既包含了各随机变量的统计信息, 又包含了随机变量的相关性信息。与单变元变量的统计矩一样, 混合统计矩可通过相关随机输入的离散数据或已知的联合概率密度函数计算得出。对于相互独立的输入变量, 则采用 3.4.3 节方法构建其一元正交多项式。对这些构建好的一元/多元正交多项式基进行张量积操作 (与广义 PC 方法相同), 构建全阶 PC 模型。

这里简单给出构建考虑变量相关性的多元正交多项式的过程, PC 模型阶次为 H, 假设 x_1 和 x_2 相关, 则单独构建 x_1 和 x_2 的二元正交多项式:

$$P^{(k)}(x_1, x_2) = \sum_{s=0}^{k} p_s^{(k)} (x_1)^{(\alpha_1^s)} (x_2)^{(\alpha_2^s)} \tag{3.62}$$

其中, k 代表正交多项式的阶次。显然, $0 \leqslant \sum_{j=1}^{2} \alpha_j^s \leqslant H$。

为了方便理解, 以 PC 模型阶数为 2 为例说明如何构建直接考虑相关性 (相关变量 x_1 和 x_2) 的正交多项式。显然, 共有如下 6 项不超过 2 阶的正交多项式 $P^{(k)}(x_1, x_2) (k = 0, 1, \cdots, 5)$:

$$\begin{cases} P^{(0)}(x_1, x_2) = p_0^{(0)} \\ P^{(1)}(x_1, x_2) = p_0^{(1)} + p_1^{(1)} x_1 \\ P^{(2)}(x_1, x_2) = p_0^{(2)} + p_1^{(2)} x_1 + p_2^{(2)} x_2 \\ P^{(3)}(x_1, x_2) = p_0^{(3)} + p_1^{(3)} x_1 + p_2^{(3)} x_2 + p_3^{(3)} x_1^2 \\ P^{(4)}(x_1, x_2) = p_0^{(4)} + p_1^{(4)} x_1 + p_2^{(4)} x_2 + p_3^{(4)} x_1^2 + p_4^{(4)} x_1 x_2 \\ P^{(5)}(x_1, x_2) = p_0^{(5)} + p_1^{(5)} x_1 + p_2^{(5)} x_2 + p_3^{(5)} x_1^2 + p_4^{(5)} x_1 x_2 + p_5^{(5)} x_2^2 \end{cases} \tag{3.63}$$

类似于 3.4.3 节利用正交多项式的正交性, 对基于式 (3.62) 形成的各阶正交多项式依次进行如 3.4.3 节中式 (3.43) 和式 (3.44) 的操作, 并进行整理, 最终得如下一组方程:

$$\begin{bmatrix} \mu_{0,0} & \mu_{1,0} & \cdots & \mu_{k,0} \\ \mu_{0,1} & \mu_{1,1} & \cdots & \mu_{k,1} \\ \vdots & \vdots & & \vdots \\ \mu_{0,k-1} & \mu_{1,k-1} & \cdots & \mu_{k,k-1} \\ 0 & 0 & \cdots & 1 \end{bmatrix} \begin{bmatrix} p_0^{(k)} \\ p_1^{(k)} \\ \vdots \\ p_{k-1}^{(k)} \\ p_k^{(k)} \end{bmatrix} = \begin{bmatrix} 0 \\ 0 \\ 0 \\ \vdots \\ 1 \end{bmatrix} \tag{3.64}$$

其中，$\mu_{a,b} = \displaystyle\int_{x_1,x_2 \in \Omega_c} (x_2)^{\left(\alpha_2^a + \alpha_2^b\right)} (x_1)^{\left(\alpha_1^a + \alpha_1^b\right)} \mathrm{d}\Gamma(x_1,x_2)$，这里 Ω_c 代表原始相关随机变量空间。$\mu_{a,b}$ $(a = 0,1,\cdots,k; b = 0,1,\cdots,k-1)$ 定义为相关随机变量 x_1 和 x_2 的混合统计矩。当随机变量分布信息未知时，$\mu_{a,b}$ 可以通过已知的离散数据点非常容易求得。

同样，通过求解式 (3.64) 可得到式 (3.63) 中的系数 $p_s^{(k)}$ $(s = 0,1,\cdots,k)$，进而完成直接考虑随机变量相关性的二元正交多项式 $P^{(k)}(x_1,x_2)$ 的构建。其余不相关的随机变量，则采用 3.4.3 节所述的方法分别构建一元正交多项式。

2. 方法实施示例

例 3.5　考虑二维相关随机变量 x_1 和 x_2 均服从正态分布，其中 $x_1 \sim N(1, 0.1)$，$x_2 \sim N(0,1)$，相关系数 $\rho = 0.2$，PC 模型阶数设为 2 阶。利用考虑相关性的 DD-PC 方法构建正交多项式。

解　根据 x_1 和 x_2 的分布函数及相关系数，随机抽取 10^5 个二维样本，计算混合统计矩，协方差矩阵如下：

$$\begin{bmatrix} \sigma_1^2 & \rho\sigma_1\sigma_2 \\ \rho\sigma_1\sigma_2 & \sigma_2^2 \end{bmatrix} = \begin{bmatrix} 0.01 & 0.02 \\ 0.02 & 1 \end{bmatrix} \tag{3.65}$$

由 $\mu_{a,b} = \displaystyle\int_{x_1,x_2 \in \Omega_c} (x_2)^{\left(\alpha_2^a + \alpha_2^b\right)} (x_1)^{\left(\alpha_1^a + \alpha_1^b\right)} \mathrm{d}\Gamma(x_1,x_2)$ 定义的混合统计矩的计算方法，采用 MATLAB 程序语言计算全部样本的各阶混合统计矩 (保留小数点后 4 位) 如下：

$$\begin{bmatrix} \mu_{0,0} & \mu_{1,0} & \mu_{2,0} & \mu_{3,0} & \mu_{4,0} & \mu_{5,0} \\ \mu_{0,1} & \mu_{1,1} & \mu_{2,1} & \mu_{3,1} & \mu_{4,1} & \mu_{5,1} \\ \mu_{0,2} & \mu_{1,2} & \mu_{2,2} & \mu_{3,2} & \mu_{4,2} & \mu_{5,2} \\ \mu_{0,3} & \mu_{1,3} & \mu_{2,3} & \mu_{3,3} & \mu_{4,3} & \mu_{5,3} \\ \mu_{0,4} & \mu_{1,4} & \mu_{2,4} & \mu_{3,4} & \mu_{4,4} & \mu_{5,4} \end{bmatrix} = \begin{bmatrix} 1 & 1.0001 & 0.0016 & 1.0102 & 0.0209 & 0.9910 \\ 1.0001 & 1.0102 & 0.0209 & 1.0303 & 0.0403 & 0.9913 \\ 0.0016 & 0.0209 & 0.9910 & 0.0403 & 0.9913 & -0.0003 \\ 1.0102 & 1.0303 & 0.0403 & 1.0608 & 0.0603 & 1.0025 \\ 0.0209 & 0.0403 & 0.9913 & 0.0603 & 1.0025 & 0.0585 \end{bmatrix} \tag{3.66}$$

接下来根据式 (3.64) 分别求解 0 阶、1 阶、2 阶的 6 项正交多项式系数，如下：

对于第 1 项正交多项式，有

$$\mu_{0,0} p_0^{(0)} = 1 \Rightarrow p_0^{(0)} = 1 \tag{3.67}$$

对于第 2 项正交多项式，有

$$\begin{bmatrix} \mu_{0,0} & \mu_{1,0} \\ 0 & 1 \end{bmatrix} \begin{bmatrix} p_0^{(1)} \\ p_1^{(1)} \end{bmatrix} = \begin{bmatrix} 0 \\ 1 \end{bmatrix} \Rightarrow \begin{cases} p_0^{(1)} = -1.0001 \\ p_1^{(1)} = 1 \end{cases} \tag{3.68}$$

对于第 3 项正交多项式，有

$$\begin{bmatrix} \mu_{0,0} & \mu_{1,0} & \mu_{2,0} \\ \mu_{0,1} & \mu_{1,1} & \mu_{2,1} \\ 0 & 0 & 1 \end{bmatrix} \begin{bmatrix} p_0^{(2)} \\ p_1^{(2)} \\ p_2^{(2)} \end{bmatrix} = \begin{bmatrix} 0 \\ 0 \\ 1 \end{bmatrix} \Rightarrow \begin{cases} p_0^{(2)} = 1.9304 \\ p_1^{(2)} = -1.9318 \\ p_2^{(2)} = 1 \end{cases} \tag{3.69}$$

对于第 4 项正交多项式，有

$$\begin{bmatrix} \mu_{0,0} & \mu_{1,0} & \mu_{2,0} & \mu_{3,0} \\ \mu_{0,1} & \mu_{1,1} & \mu_{2,1} & \mu_{3,1} \\ \mu_{0,2} & \mu_{1,2} & \mu_{2,2} & \mu_{3,2} \\ 0 & 0 & 0 & 1 \end{bmatrix} \begin{bmatrix} p_0^{(3)} \\ p_1^{(3)} \\ p_2^{(3)} \\ p_3^{(3)} \end{bmatrix} = \begin{bmatrix} 0 \\ 0 \\ 0 \\ 1 \end{bmatrix} \Rightarrow \begin{cases} p_0^{(3)} = 0.9896 \\ p_1^{(3)} = -1.9996 \\ p_2^{(3)} = 0 \\ p_3^{(3)} = 1 \end{cases} \tag{3.70}$$

对于第 5 项正交多项式，有

$$\begin{bmatrix} \mu_{0,0} & \mu_{1,0} & \mu_{2,0} & \mu_{3,0} & \mu_{4,0} \\ \mu_{0,1} & \mu_{1,1} & \mu_{2,1} & \mu_{3,1} & \mu_{4,1} \\ \mu_{0,2} & \mu_{1,2} & \mu_{2,2} & \mu_{3,2} & \mu_{4,2} \\ \mu_{0,3} & \mu_{1,3} & \mu_{2,3} & \mu_{3,3} & \mu_{4,3} \\ 0 & 0 & 0 & 0 & 0 \end{bmatrix} \begin{bmatrix} p_0^{(4)} \\ p_1^{(4)} \\ p_2^{(4)} \\ p_3^{(4)} \\ p_4^{(4)} \end{bmatrix} = \begin{bmatrix} 0 \\ 0 \\ 0 \\ 0 \\ 1 \end{bmatrix} \Rightarrow \begin{cases} p_0^{(4)} = -1.9633 \\ p_1^{(4)} = 3.9284 \\ p_2^{(4)} = -1.0003 \\ p_3^{(4)} = -1.9647 \\ p_4^{(4)} = 1 \end{cases}$$
$$\tag{3.71}$$

对于第 6 项正交多项式，有

$$\begin{bmatrix} \mu_{0,0} & \mu_{1,0} & \mu_{2,0} & \mu_{3,0} & \mu_{4,0} & \mu_{5,0} \\ \mu_{0,1} & \mu_{1,1} & \mu_{2,1} & \mu_{3,1} & \mu_{4,1} & \mu_{5,1} \\ \mu_{0,2} & \mu_{1,2} & \mu_{2,2} & \mu_{3,2} & \mu_{4,2} & \mu_{5,2} \\ \mu_{0,3} & \mu_{1,3} & \mu_{2,3} & \mu_{3,3} & \mu_{4,3} & \mu_{5,3} \\ \mu_{0,4} & \mu_{1,4} & \mu_{2,4} & \mu_{3,4} & \mu_{4,4} & \mu_{5,4} \\ 0 & 0 & 0 & 0 & 0 & 1 \end{bmatrix} \begin{bmatrix} p_0^{(5)} \\ p_1^{(5)} \\ p_2^{(5)} \\ p_3^{(5)} \\ p_4^{(5)} \\ p_5^{(5)} \end{bmatrix} = \begin{bmatrix} 0 \\ 0 \\ 0 \\ 0 \\ 0 \\ 1 \end{bmatrix} \Rightarrow \begin{cases} p_0^{(5)} = 2.5952 \\ p_1^{(5)} = -7.0637 \\ p_2^{(5)} = -3.9410 \\ p_3^{(5)} = 3.5185 \\ p_4^{(5)} = -3.9374 \\ p_5^{(5)} = 1 \end{cases}$$
$$\tag{3.72}$$

因此，根据式 (3.63)，针对 2 阶 PC 模型的 6 项二元正交多项式分别如下：

$$
\begin{cases}
P^{(0)}(x_1, x_2) = 1 \\
P^{(1)}(x_1, x_2) = -1.0001 + x_1 \\
P^{(2)}(x_1, x_2) = 1.9304 - 1.9318x_1 + x_2 \\
P^{(3)}(x_1, x_2) = 0.9896 - 1.9996x_1 + 0 \cdot x_2 + x_1^2 \\
P^{(4)}(x_1, x_2) = -1.9633 + 3.9284x_1 - 1.0003x_2 - 1.9647x_1^2 + x_1 x_2 \\
P^{(5)}(x_1, x_2) = 2.5952 - 7.0637x_1 - 3.9410x_2 + 3.5185x_1^2 - 3.9374x_1 x_2 + x_2^2
\end{cases}
$$
$$(3.73)$$

对上述考虑输入相关的 DD-PC 方法构建的正交多项式进行正交操作，以检验其是否满足正交性。此处以 1 阶和 2 阶、2 阶和 3 阶的正交多项式为例，检验所求得的正交多项式基是否满足正交性。首先求解二维随机变量 (x_1, x_2) 的联合概率密度函数，有

$$
\begin{aligned}
f(x_1, x_2) = {} & \frac{1}{2\pi\sigma_1\sigma_2\sqrt{1-\rho^2}} \exp\left\{ -\frac{1}{2(1-\rho^2)} \right. \\
& \left. \cdot \left[\frac{(x_1-\mu_1)^2}{\sigma_1^2} - 2\rho\frac{(x_1-\mu_1)(x_2-\mu_2)}{\sigma_1\sigma_2} + \frac{(x_2-\mu_2)^2}{\sigma_2^2} \right] \right\}
\end{aligned} \quad (3.74)
$$

式中，$\mu_1 = 1$，$\mu_2 = 0$；$\sigma_1 = 0.1$，$\sigma_2 = 1$；$\rho = 0.2$。

通过 MATLAB 程序语言求解如下两式的二重积分，有

$$
\begin{aligned}
\langle P^{(1)}, P^{(2)} \rangle = {} & \int_{-\infty}^{+\infty} \int_{-\infty}^{+\infty} (-1.0001 + x_1) \\
& \cdot (1.9304 - 1.9318x_1 + x_2) \cdot f(x_1, x_2)\mathrm{d}x_1\mathrm{d}x_2 \approx 0
\end{aligned} \quad (3.75)
$$

$$
\begin{aligned}
\langle P^{(2)}, P^{(3)} \rangle = {} & \int_{-\infty}^{+\infty} \int_{-\infty}^{+\infty} (1.9304 - 1.9318x_1 + x_2) \\
& \cdot (0.9896 - 1.9996x_1 + 0 \cdot x_2 + x_1^2) \\
& \cdot f(x_1, x_2)\mathrm{d}x_1\mathrm{d}x_2 \approx 0
\end{aligned} \quad (3.76)
$$

可见，基于直接考虑变量相关性的 DD-PC 方法构建的正交多项式依然满足正交性。与 DD-PC 方法类似，直接考虑变量相关性的 DD-PC 方法同样需要计算统计矩、求解矩匹配方程，该过程难免引入数值误差，使得所构建的正交多项

式也存在微小量级的数值误差, 正交操作后内积不一定会严格为 0, 而是近似为 0, 但通常情况下该数值误差对最终不确定性传播的结果非常小, 可忽略不计。

例 3.6 以下用一个简单算例 $y = 3x_1^3 x_2 - 1$ 的不确定性传播问题, 假设输入随机变量分布未知, 仅以数据点形式存在, 测试直接考虑相关性的 DD-PC 方法精度和收敛性。

为了方便读者更加清晰地掌握方法的实施和应用, 考虑随机变量 x_1 和 x_2 均服从正态分布 $N(1, 0.25^2)$, 生成 10^7 个二维样本作为已知的数据点, 取相关系数 $\rho = 0.5$, PC 模型阶次设为 2 阶。由于正交多项式构建步骤与例 3.5 完全一致, 此处不再赘述。限于篇幅, 直接给出针对 3 阶 PC 模型的前 6 项二元正交多项式分别如下, 后 4 项同理可得出:

$$
\begin{cases}
P^{(0)}(x_1, x_2) = 1 \\
P^{(1)}(x_1, x_2) = -1 + x_1 \\
P^{(2)}(x_1, x_2) = -0.4996 - 0.5005 x_1 + x_2 \\
P^{(3)}(x_1, x_2) = 0.9371 - 1.9997 x_1 + 0.0001 x_2 + x_1^2 \\
P^{(4)}(x_1, x_2) = 0.4998 + 0.0003 x_1 - 1.0001 x_2 - 0.5002 x_1^2 + x_1 x_2 \\
P^{(5)}(x_1, x_2) = 0.2023 - 0.5001 x_1 - 0.9983 x_2 + 0.2508 x_1^2 - 1.0017 x_1 x_2 + x_2^2 \\
\quad\vdots \\
P^{(9)}(x_1, x_2) = \cdots
\end{cases}
\tag{3.77}
$$

采用回归法计算上述 PC 模型的 10 个系数, 计算回归样本的数目一般取 PC 模型系数的 2 倍为宜, 因此本算例取 20 个回归样本。在回归样本的抽样过程中, 如果输入随机变量分布已知, 则通过拉丁超立方抽样方法生成样本点; 如果输入随机变量仅以有限个数据点形式存在, 则从这些数据中选择样本点, 且尽量保证其空间均匀性。本算例中输入变量的分布参数都已经给定, 因此通过拉丁超立方抽样方法从已知的分布中直接生成样本点, 求得的 10 个 PC 系数如下:

$$
\begin{aligned}
\boldsymbol{b} = [&2.8573, 11.9616, 3.6268, 13.6367, \\
&9.0008, -0.0026, 7.6492, 10.1517, -0.0231, -0.1308]
\end{aligned}
\tag{3.78}
$$

以 10^7 次蒙特卡罗仿真的结果作为参考值, 验证考虑输入相关的 DD-PC 方法进行不确定性传播的结果有效性, 两种方法计算的响应 y 的前四阶统计矩以及相应的相对误差如表 3.4 所示。

表 3.4　考虑相关性的 DD-PC 前四阶统计矩及相对误差

	均值	方差	偏度	峭度
蒙特卡罗仿真	2.8650	11.4320	1.9369	8.7819
相关 DD-PC	2.8573	11.3849	1.9863	9.7367
相对误差	0.2688%	0.4120%	2.5505%	10.8724%

　　研究表明 [37]，随着 PC 模型阶数的增加，基于 Nataf 变换的 DD-PC 方法和考虑相关性的 DD-PC 方法两者不确定性传播结果精度均提高，但是直接考虑相关性的 DD-PC 方法其精度提升更快更明显，即具有更快的收敛速度。同时，当 PC 阶数相同且 PC 系数计算中函数调用次数相同时，相比于基于 Nataf 变换的 DD-PC 方法，直接考虑相关性的 DD-PC 方法其不确定性传播的精度更高。

3.4.5　小结

　　本章 3.4.2~3.4.4 节介绍的自行构建正交多项式的方法显然提高了混沌多项式方法的适用范围，使得 PC 适用于任意的分布形式 (Askey 方案中的分布、非 Askey 方案的任意概率分布、分布不存在仅有离散数据点、相关的任意概率分布、相关的离散数据点)，避免了由不确定性变换导致的误差，从而具有更加广阔的应用前景。但是，基于数据驱动的混沌多项式方法在构建正交多项式基的过程中难免引入近似或数值等误差，尤其是针对随机变量为复杂分布可能需要匹配很高阶次的统计矩，而且矩匹配方程由于涉及方程较多求解极易出现奇异，导致正交多项式基的构建精度难以保证。基于 Gram-Schmidt 正交变换的混沌多项式方法可有效解决输入为任意概率分布的情况，稳定性也较好，但是难以处理输入分布未知以离散数据存在的情况。广义混沌多项式方法由于直接采用现有的正交多项式基函数，实现方便，稳健性相对高很多，且理论上增加混沌多项式阶次到一定程度即可应对任意形式的输入分布，也就是在增加响应函数调用次数的情况下，广义混沌多项式方法可以满足精度要求，只不过收敛速度较慢，因此依然是目前应用最为广泛的混沌多项式方法。

　　此外，由于这些方法所针对的输入不确定性形式都较为复杂，难以应用基于 Galerkin 投影和高斯数值积分的方法进行 PC 系数的求解，通常采用回归法计算 PC 系数。

3.5　误差估计

　　PC 模型构建完成之后，可以对其精度进行评估，通常采用的方法为留一法 (leave-one-out, LOO)。基于误差评估的结果，可以判断当前 PC 模型的精度是否满足要求，决定是否需要增加 PC 阶次或样本个数 [38]。此外，在后续第 4 章中会介绍应对高维问题的稀疏 PC 方法，在其稀疏 PC 模型构建的迭代过程中需要不断计算预测误差，从而决定当前的稀疏 PC 模型精度是否足够，此时也可采用留一法。

留一法交叉验证无须额外产生样本来对模型预测精度进行评估，仅仅利用构建 PC 模型的样本即可。留一法是依据统计学原理发展起来的一种误差评估方法，虽然无需额外产生样本进行预测误差估计，但是需要多次构建预测模型。基于留一法的 PC 预测误差计算如下所示：

$$\varepsilon_{\text{LOO}} = \frac{\sum\limits_{i=1}^{N} \left[M(\boldsymbol{x}^{(i)}) - M^{\text{PC}\backslash i}(\boldsymbol{x}^{(i)}) \right]^2}{\sum\limits_{i=1}^{N} \left[M(\boldsymbol{x}^{(i)}) - \hat{\mu}_Y \right]^2} \tag{3.79}$$

其中，$\hat{\mu}_Y = \dfrac{1}{N}\sum\limits_{i=1}^{N} M(\boldsymbol{x}^{(i)})$；$N$ 为样本个数；$M(\boldsymbol{x}^{(i)})$ 为真实响应函数在样本点 $\boldsymbol{x}_i$ 处的响应值；$M^{\text{PC}\backslash i}$ 代表 PC 模型，且该模型的 PC 系数根据样本 $\boldsymbol{X}^{(-i)} = [\boldsymbol{x}_1, \cdots, \boldsymbol{x}_{i-1}, \boldsymbol{x}_{i+1}, \cdots, \boldsymbol{x}_N]^{\text{T}}$ 及其对应的响应值 $\boldsymbol{y}^{(-i)} = [y_1, \cdots, y_{i-1}, y_{i+1}, \cdots, y_N]^{\text{T}}$ 计算，可见 PC 系数计算中没有用到样本点 $\boldsymbol{x}_i$ 处的值；$M^{\text{PC}\backslash i}(\boldsymbol{x}^{(i)})$ 表示基于该 PC 模型得到的 $\boldsymbol{x}_i$ 处的响应预测值。此时，需要构建 PC 模型 N 次。

在实际使用中，若采用最小二乘法 (3.3.2 节) 计算 PC 模型系数，则无须显式地计算上述 N 个 PC 模型的 PC 系数，在一定程度上降低了误差评价的计算量和复杂度。此时留一法交叉验证误差可通过下式计算：

$$\varepsilon_{\text{LOO}} = \frac{\sum\limits_{i=1}^{N} \left[\dfrac{M\left(\boldsymbol{x}^{(i)}\right) - M^{\text{PC}}\left(\boldsymbol{x}^{(i)}\right)}{1 - h_i} \right]^2}{\sum\limits_{i=1}^{N} \left[M\left(\boldsymbol{x}^{(i)}\right) - \hat{\mu}_Y \right]^2} \tag{3.80}$$

其中，h_i 为下列向量的第 i 个元素：

$$\boldsymbol{h} = \text{diag}\left(\boldsymbol{\psi}(\boldsymbol{\psi}^{\text{T}}\boldsymbol{\psi})^{-1}\boldsymbol{\psi}^{\text{T}}\right) \tag{3.81}$$

式中，$\boldsymbol{\psi}$ 为 3.3.2 节中式 (3.19) 定义的正交多项式矩阵，也称信息矩阵。关于具体的计算推导证明，可参考文献 [39] 中的介绍。

3.6 本 章 小 结

本章主要对混沌多项式的原理进行了详细介绍，包括正交多项式的构建、PC 系数的求取、PC 的误差估计。针对输入不确定性存在各种形式，包括任意概率分布、任意概率分布且分布未知、任意相关的概率分布且分布未知，为了避免不确定性变换引起的误差，且能让 PC 方法依然适用，分别介绍了相应的正交多项式构建方法，并对其实施过程进行了示例。

参 考 文 献

[1] Xiu D, Karniadakis G E. Modeling uncertainty in flow simulations via generalized polynomial chaos[J]. Journal of Computational Physics, 2003, 187(1): 137-167.

[2] Xiu D, Karniadakis G E. The Wiener-Askey polynomial chaos for stochastic differential equations[J]. SIAM Journal on Scientific Computing, 2002, 24(2): 619-644.

[3] Margheri L, Meldi M, Salvetti M V, et al. Epistemic uncertainties in rans model free coefficients[J]. Computers and Fluids, 2014, 102(10): 315-335.

[4] Weissenbrunner A, Fiebach R, Schmelter S A, et al. Numerical prediction of the influence of uncertain inflow conditions in pipes by polynomial chaos[J]. International Journal of Computational Fluid Dynamics, 2015, 29(6-8): 411-422.

[5] 王瑞利, 刘全, 温万治. 非嵌入式多项式混沌法在爆轰产物 JWL 参数评估中的应用 [J]. 爆炸与冲击, 2015, 35(1): 9-15.

[6] 赵辉, 胡星志, 张健, 等. 湍流模型系数不确定度对翼型绕流模拟的影响 [J]. 航空学报, 2019, 40(6): 63-73.

[7] 刘全, 王瑞利, 林忠, 等. 流体力学拉氏程序收敛性及数值计算不确定度初探 [J]. 计算物理, 2013, 30(3): 346-352.

[8] Enderle B, Rauch B, Grimm F, et al. Non-intrusive uncertainty quantification in the simulation of turbulent spray combustion using polynomial chaos expansion: A case study[J]. Combustion and Flame, 2019, 213(3): 26-38.

[9] Schaefer J, Hosder S, West T, et al. Uncertainty quantification of turbulence model closure coefficients for transonic wall-bounded flows[J]. AIAA Journal, 2017, 55(1): 195-213.

[10] Schaefer J, Romero V, Shafer S, et al. Approaches for quantifying uncertainties in computa-tional modeling for aerospace applications[C]. AIAA SciTech 2020 Forum, 2020.

[11] 熊芬芬, 杨树兴, 刘宇, 等. 工程概率不确定性分析方法 [M]. 北京: 科学出版社, 2015.

[12] Xiong F, Chen S, Xiong Y. Dynamic system uncertainty propagation using polynomial chaos[J]. Chinese Journal of Aeronautics, 2014, 27(5): 1156-1170.

[13] Rackwitz R, Flessler B. Structural reliability under combined random load sequences[J]. Computers and Structures, 1978, 9(5): 489-494.

[14] Rosenblatt M. Remarks on a multivariate transformation [J]. Annals of Mathematical Statistics, 1952, 23(3): 470-472.

[15] Kiureghian A D, Liu P. Structural reliability under incomplete probability information[J]. Journal of Engineering Mechanics, 1986, 112 (1): 85-104.

[16] Xu J, Duan X, Wang Z, et al. A general construction for nested Latin hypercube designs[J]. Statistics & Probability Letters, 2018, 134: 134-140.

[17] Lee S H, Choi H S, Kwak B M. Multilevel design of experiments for statistical moment and probability calculation[J]. Structural and Multidisciplinary Optimization, 2008, 37(1): 57-70.

[18] Abramowitz M, Stegun I A, Romain J E . Handbook of mathematical functions[J]. Physics Today, 1966, 19(1):120-121.

[19] Smolyak S A. Quadrature and interpolation formulas for tensor products of certain classes of functions[J]. Soviet Mathematics Doklady, 1963, 4(5):240-243.

[20] Isukapalli S S. Uncertainty analysis of transport-transformation models[D]. New Brunswick: Rutgers The State University of New Jersey, 1999.

[21] Xiong F, Chen W, Xiong Y, et al. Weighted stochastic response surface method considering sample weights[J]. Structural and Multidisciplinary Optimization, 2011, 43(6): 837-849.

[22] Hosder S, Walters R, Balch M. Efficient sampling for non-intrusive polynomial chaos applications with multiple uncertain input variables[C]. 48th AIAA/ASME/ASCE/AHS/ASC Structures, Structural Dynamics, and Materials Conference, Hawaii, 2007.

[23] Wei D L, Cui Z S, Chen J. Uncertainty quantification using polynomial chaos expansion with points of monomial cubature rules[J]. Computers & Structures, 2008, 86(23-24): 2102-2108.

[24] Witteveen J A S, Bijl H. Modeling arbitrary uncertainties using gram-Schmidt polynomial chaos[C]. 44th AIAA Aerospace Sciences Meeting and Exhibit, Nevada, 2006.

[25] Zhang G, Bai J, Wang L, et al. Uncertainty analysis of arbitrary probability distribution based on Stieltjes Process[C]. Signal & Power Integrity, IEEE, 2017.

[26] Xu Y, Mili L, Sandu A, et al. Propagating uncertainty in power system dynamic simulations using polynomial chaos[J]. Power Systems, IEEE Transactions on, 2018, 34(1): 338-348.

[27] Oladyshkin S, Nowak W. Data-driven uncertainty quantification using the arbitrary polynomial chaos expansion[J]. Reliability Engineering & System Safety, 2012, 106: 179-190.

[28] Wang F, Xiong F, Jiang H, et al. An enhanced data-driven polynomial chaos method for uncertainty propagation[J]. Engineering Optimization, 2018, 50(2): 273-292.

[29] Guo L, Liu Y, Zhou T. Data-driven polynomial chaos expansions: A weighted least-square approximation[J]. Journal of Computational Physics, 2019, 381: 129-145.

[30] 王丰刚. 面向飞行器设计的混沌多项式方法研究 [D]. 北京: 北京理工大学, 2020.

[31] Socie D F. Seminar Notes: Probabilistic Aspects of Fatigue[M]. Illinois: University of Illinois Press, 2003.

[32] 苏松松, 冷小磊. 考虑空间相关性的飞行器气动噪声响应分析 [J]. 江苏航空, 2011, (S1): 115-117.

[33] Lin Q, Xiong F, Wang F, et al. A data-driven polynomial chaos method considering correlated random variables[J]. Structural and Multidisciplinary Optimization, 2020, 62(4): 2131-2147.

[34] Paulson J A, Buehler E A, Mesbah A. Arbitrary polynomial chaos for uncertainty propagation of correlated random variables in dynamic systems[J]. IFAC-PapersOnLine, 2017, 50(1): 3548-3553

[35] Wang G, Xin H, Wu D, et al. Data-driven arbitrary polynomial chaos-based probabilistic load flow considering correlated uncertainties[J]. IEEE Transactions on Power Systems, 2019, 34(4): 3274-3276.

[36] 林启璋. 复杂工程系统不确定性分析与优化的混沌多项式方法 [D]. 北京: 北京理工大学, 2020.

[37] Probabilités S G. Analyse Des Données Et Statistique[M]. Paris: Editions Technip, 2006

[38] Blatman G. Adaptive sparse polynomial chaos expansions for uncertainty propagation and sensitivity analysis[D]. Clermont-Ferrand: University of Clermont-Ferrand, 2009.

第 4 章　混沌多项式中的维数灾难

混沌多项式方法具有较高的精度和效率，但是其计算量通常随着随机输入的维数呈指数增长，高维下存在"维数灾难"问题。一方面，目前基于全阶多项式空间的 PC 模型中基函数的个数为 $(p+d)!/(p!d!)$，随着 PC 模型的阶次 p 和不确定性输入维数 d 的增加呈阶乘增长，对于回归方法求解 PC 系数，往往采取 2~3 倍的正交多项式项的样本数，因此所需样本量急剧增长；另一方面，对于投影法求解 PC 系数，若利用具有较高精度的高斯积分型样本，随着响应函数非线性程度的增加，所需样本数呈指数增加，通常为 $(p+1)^d$。因此，不论是回归法还是投影法，均面临严重的"维数灾难"，这也是目前 PC 方法在实际应用中面临的最大挑战。

关于 PC 方法的"维数灾难"，目前已经产生了诸多应对方法，围绕上述两个方面，分别从减少 PC 模型中正交多项式的项数、减少 PC 系数计算的样本数两条途径，提出相关方法和策略以降低计算量，缓解或解决"维数灾难"。图 4.1 展示了目前提出的一些应对"维数灾难"的常用方法。

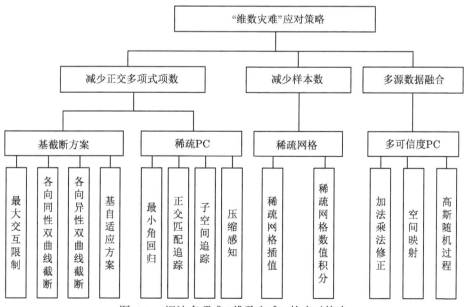

图 4.1　混沌多项式"维数灾难"的应对策略

4.1 基截断方案

为了解决 "维数灾难"，最常用的方法是减少全阶 PC 模型中的正交多项式的项数。根据第 3 章的介绍，PC 模型可表示如下：

$$Y \approx \sum_{i=0}^{P} b_i \Phi_i(\boldsymbol{\xi}) \tag{4.1}$$

传统的全阶 PC 模型利用直接张量积构建多元正交多项式，当 PC 模型阶数为 p 时，需要满足

$$A^{d,p} = \left\{ \boldsymbol{\alpha} \in \mathbf{N}^d : \|\boldsymbol{\alpha}\|_1 \equiv \alpha_1 + \cdots + \alpha_j + \cdots + \alpha_d \leqslant p \right\} \tag{4.2}$$

其中，$\boldsymbol{\alpha} = [\alpha_1, \cdots, \alpha_d]$ 表示多指数 (multi-index)，α_j 为式 (4.1) 中多元正交多项式 $\Phi_i\,(i = 0, 1, \cdots, P)$ 中第 j 维变量对应的一元正交多项式基的阶数，PC 模型的阶数为 p 说明式 (4.1) 中的正交多项式 Φ_i 的阶次不超过 p。

在直接张量积下，式 (4.1) 中正交多项式的总项数为 $P + 1 = (d + p)!/d!p!$，记为

$$\mathrm{card}\left(A^{d,p}\right) = \left(\begin{array}{c} d + P \\ p \end{array} \right) \tag{4.3}$$

可见随着 d 的增加，正交多项式的总项数呈指数增长。在许多问题中，式 (4.1) 中的正交多项式项并非都同等重要，通常展开式中重要的项往往是那些只涉及少量变量的项。一般的实际工程系统的输出响应主要受各维输入变量及其低阶交叉项的影响，高阶交叉项的影响较小 [1]，从而可以直接去除某些多项式项，达到降低计算量的目的。这就是所谓的稀疏效应原理 (sparsity-of-effects principle)，基于此产生了两种截断方案。

4.1.1 最大交互限制截断

最大交互限制截断策略 [2] 的主要思想是从式 (4.2) 所定义的多指数集合 $A^{d,p}$ 中挑选低秩 $\boldsymbol{\alpha}$ 来构成子集 $A^{d,p,r}$，即：$\boldsymbol{\alpha}$ 不仅要满足 $\|\boldsymbol{\alpha}\|_1 \leqslant p$，而且要满足 $\|\boldsymbol{\alpha}\|_0 \leqslant r$：

$$A^{d,p,r} = \left\{ \boldsymbol{\alpha} \in A^{d,p} : |\boldsymbol{\alpha}| \equiv \|\boldsymbol{\alpha}\|_0 \leqslant r \right\} \tag{4.4}$$

其中，$\|\boldsymbol{\alpha}\|_0 = \sum_{j=1}^{d} 1_{\{\alpha_j > 0\}}$ 表示多指数 $\boldsymbol{\alpha}$ 的秩。

对于一个多元多项式 $\Phi_{\boldsymbol{\alpha}}$，秩对应于该多项式所包含变量的数量。式 (4.4) 所定义的正交多项式项的子集，使得多指数 $\boldsymbol{\alpha}$ 最多有 r 个非零元素 (也就是形成低秩 $\boldsymbol{\alpha}$)。在高维问题中，利用最大交互限制截断策略可显著减少 PC 模型中的变量交互项，从而在一定程度上缓解高维问题的 "维数灾难" 难题。

基于式 (4.4) 可知, 若 $r < 1$, 仅有 0 阶正交多项式项被选取来构建 PC 模型; 当 $r = 1$ 时, 所有的变量交互项都将被去除, 仅利用非交互项来构建 PC 模型。而且, 若 $r \geqslant \min(d, p)$, 基于最大交互限制截断构建的 PC 模型 $M_{A^{d,p,r}}$ 等价于传统最大截断阶次构建的 PC 模型 $M_{A^{d,p}}$(全阶 PC, 式 (4.2))。因此, 在处理实际问题时, 应有 $1 \leqslant r < \min(d, p)$ 且 r 为整数, 才能发挥最大交互限制截断策略的效果。

以 $p = \{3, 4, 5, 6\}$ 和 $r = \{0.5, 1, 2\}$ 为例, 在二维空间中最大交互限制截断策略形成的多指数集如图 4.2 所示, 图中蓝色的圆圈表示满足式 (4.4) 所示不等式要求的 $\boldsymbol{\alpha} = (\alpha_1, \cdots, \alpha_d)$ 的集合。显然, 当 $r < 1$ 时, 不论 p 等于多少, 都仅有 0 阶正交多项式 (1 项) 被选取; 而当 $r = 1$ 时, 所有的交互项均被去除; 当 $r = 2 \geqslant \min(d, p)$ 时, 最大交互限制截断策略并未对全阶 PC 模型中的交互项进行去除, 被选取的混合多项式的数量与相应的全阶 PC 模型中混合多项式的数量相等。

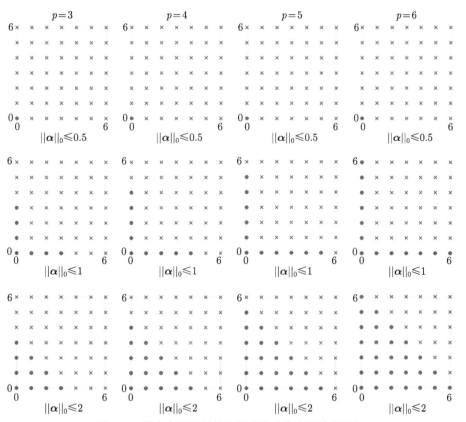

图 4.2 最大交互限制截断策略形成的多指数集示意

　　图 4.3 展示了当 $p=10$ 时，不同的 r 值下，随着随机输入变量维数 d 的增加，式 (4.4) 所生成的满足要求的正交多项式总项数的变化情况，其中 card $(\cdot)$ 表示包含的正交多项式项数。可以看到：① 与传统全阶 PC 模型相比，相同的 p 和 d 下，采用最大交互限制截断策略后 PC 模型中包含的正交多项式总项数明显减少；② 随着 d 的增加、r 的减少，正交多项式的总项数减少得越明显，稀疏效果越好。

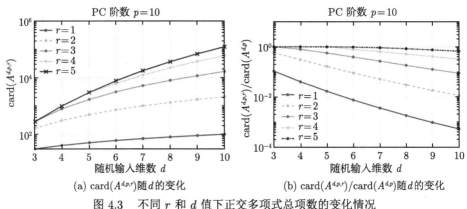

图 4.3　不同 r 和 d 值下正交多项式总项数的变化情况

4.1.2　双曲线截断

　　双曲线截断 (hyperbolic truncation) 策略 [3,4] 是又一种用于减少正交多项式项数的基截断方法，通过去除部分高阶交叉多项式项，以达到减少 PC 系数个数进而降低计算量的目的。双曲线截断策略可以分为各向同性和各向异性两种。

　　1. 各向同性双曲线截断

　　对于各向同性的双曲线截断策略 [5]，多指数 $\boldsymbol{\alpha}$ 需满足

$$A^{d,p,q} = \left\{ \boldsymbol{\alpha} \in A^{d,p} : \|\boldsymbol{\alpha}\|_q = \left(\sum_{j=1}^{d} \alpha_j^q \right)^{\frac{1}{q}} \leqslant p \right\} \tag{4.5}$$

其中，q 为自定义稀疏因子。当 $q=1$ 时，退化为常规的全阶 PC 方法；当 $q<1$ 时，双曲截断包含了所有的单变量的高次项，但去除了许多变量间交互项的高次项。

　　以 $p=\{3,4,5,6\}$ 和 $q=\{1,0.75,0.5\}$ 为例，在二维空间中双曲线截断方法形成的多指数如图 4.4 所示，图中蓝色的圆圈表示满足式 (4.5) 所示不等式要求的 $\boldsymbol{\alpha}=(\alpha_1,\cdots,\alpha_d)$ 的集合。显然，通过引入双曲线截断策略，确实去除了一部分高阶交叉项，对降低计算量具有重要作用。而且，相同的阶数 p 下，q 越小，去除的高阶交叉项越多，计算量降低越明显。

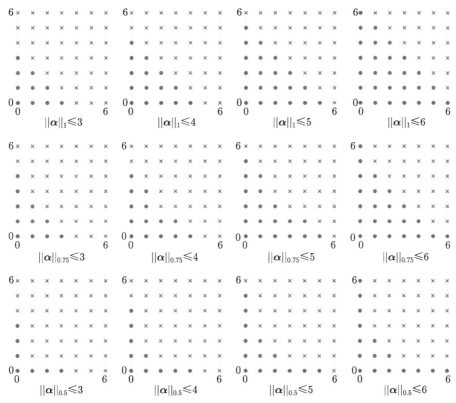

图 4.4 不同稀疏因子 q 下双曲线截断策略形成的多指数集示意

图 4.5 展示了当 $p=10$ 时，不同的 q 值下，随着随机输入变量维数 d 的增加，式 (4.5) 所生成的满足要求的正交多项式总项数的变化情况。可以看到：① q

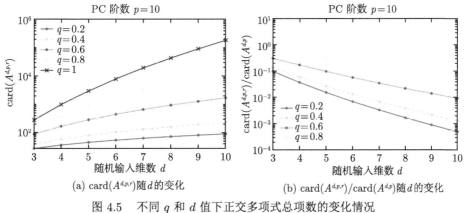

图 4.5 不同 q 和 d 值下正交多项式总项数的变化情况

越小，随着 d 的增加，基于双曲线截断的 PC 模型所包含的正交多项式总项数增加更加缓慢；②与传统全阶 PC 模型相比，相同情况下，采用双曲线截断策略后的 PC 模型包含的正交多项式总项数明显减少；③相同的 q 下，随着 d 的增加，采用双曲线截断策略所包含的正交多项式相比于全阶 PC 模型减少得越加明显。

图 4.6 展示了当 d=10 时，不同的 q 值下，随着 p 的增加，式 (4.5) 所生成的满足要求的正交多项式总项数的变化情况。可以发现：①与传统全阶 PC 模型相比，相同情况下，采用双曲线截断策略后所生成的正交多项式总项数明显减少；②相同的 q 下，随着 p 的增加，相较于全阶 PC，双曲线截断策略所需的正交多项式总项数增加更加缓慢；③ q 越小，正交多项式减少得越加明显。

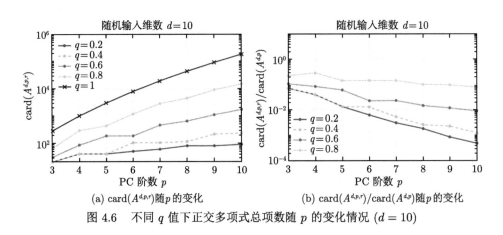

(a) card($A^{d,p,r}$)随p的变化　　　　　(b) card($A^{d,p,r}$)/card($A^{d,p}$)随p的变化

图 4.6　不同 q 值下正交多项式总项数随 p 的变化情况 $(d = 10)$

2. 各向异性双曲线截断

如果可以提前获知输入变量各个维度的重要性，则可采用各向异性的双曲线截断策略 [6]。

$$A_w^{d,p,q} = \left\{ \boldsymbol{\alpha} \in A^{d,p} : \|\boldsymbol{\alpha}\|_{q,w} = \left(\sum_{j=1}^{d} |w_j \alpha_j|^q \right)^{\frac{1}{q}} \leqslant p \right\} \tag{4.6}$$

以二维问题为例，在不同的权值 $w = [w_1, \cdots, w_d]$ 和 p 值组合下，所形成的多指数集如图 4.7 所示。可以看到，当不同维度上权值不同时，即：各个维度具有不同的重要性，多指数形成的节点分布在各维上是不对称的，则权值越小对应该维越重要，该维度上分配的节点个数越多，所对应的一元正交多项式的阶次将越高，从而具有更强的非线性近似能力。

实际中，可以采用启发式的方法来定义权值，比如可根据各输入不确定性维的灵敏度指数来确定权值，具体原则如下所述。

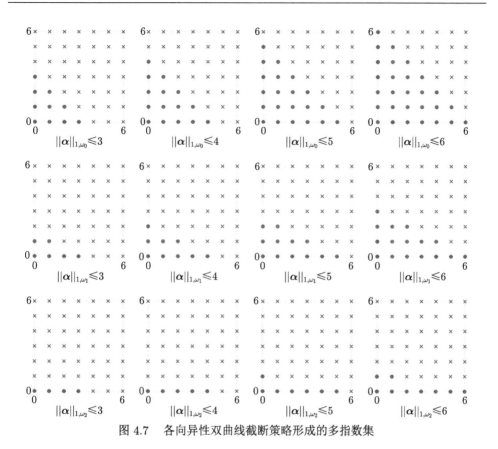

图 4.7　各向异性双曲线截断策略形成的多指数集

如果某输入随机变量 x_k 的总灵敏度指标 S_k^{T} 较小，其所分配的权值 w_k 将增加。

令 $j \equiv \arg\max\left(s_k^{\mathrm{T}}\right)$，则 $w_j = 1$。这意味着式 (4.6) 形成的多指数组合至少包含一个 p-自由度的项，也就是 $\boldsymbol{\alpha} = [0, \cdots, 0, p, 0, \cdots, 0]$。因此，$A_w^{d,p,q}$ 中的 p 意味着最重要的随机输入变量所对应的正交多项式的最大自由度为 p。

为此，权值 w_j 定义如下：

$$w_i \equiv 1 + K \frac{S_{\max}^{\mathrm{T}} - S_i^{\mathrm{T}}}{\displaystyle\sum_{k=1}^{d} S_k^{\mathrm{T}}}, \quad i = 1, \cdots, d \tag{4.7}$$

其中，$S_{\max}^{\mathrm{T}} \equiv \max\limits_{k} S_k^{\mathrm{T}}$；$K$ 是一个非负常数。K 的值越大，各向异性效果越显著，当 $K = 0$ 时，则退化为 4.1.2 节 1. 中各向同性的情况。

各向异性策略将能显著减少 PC 模型中的正交多项式的项数，从而降低计算量。但是，该策略的前提是需要获取灵敏度指数来定义权值 w_k。可以基于低阶的

PC 模型进行灵敏度分析来获取粗略的灵敏度指数，由于 PC 阶次较低，所需样本相对不会很多，而且通过精心设计，这些样本可以重新利用，用于高阶 PC 模型的系数计算。因此，整体而言，最终依然可以降低不确定性传播的计算量。此外，权值也可由先验信息来确定。

4.1.3　基自适应策略

对于以上介绍的两种截断方案，在实际应用中通常很难明确哪一种有限基会产生最佳的 PC 模型近似。一方面，正交多项式基必须包含足够多的项来保证精度；另一方面，有限的样本数量限制了基的个数。比如，上文的最大交互限制截断和双曲线截断方法中，需要事先指定 p、r 和 q 的值，实际中很难确定较合适的值。为此，产生了基于自适应基的 PC 方法 [7]，该方法从基的候选集中挑选出一部分合适的基。从一个包含少量候选基的集合出发，逐步添加新的基 (比如通过增加截断方案中的 PC 阶数 p)，计算相应的 PC 系数和预测误差，最终选取预测误差最小的 PC 模型。对于任何自适应算法，其关键之一为后验交叉验证误差评估 (posteriori cross-validation error estimation)，该方法在评估模型精度时无须额外的测试样本集。常用的方法为留一交叉验证法，该算法在第 3 章 3.5 节有详细介绍。

阶次自适应 (degree adaptivity) 和 q-范数自适应 (q-norm adaptivity) 是最常用的两种基自适应策略，二者也可以联合起来应用。给定可用的样本数量、目标精度 ε_{T} 和最大迭代次数 $NI_{\max}$，该算法的基本步骤可总结如下。

步骤 1：利用 4.1.1 节和 4.1.2 节所介绍的一种或多种截断策略的组合生成初始正交多项式基，比如利用双曲线截断策略，设 $p = p_0$ ($q = q_0$)。

步骤 2：计算上述截断策略下对应的 PC 模型系数和预测误差 ε(可利用留一交叉验证法计算)。

步骤 3：若 $\varepsilon \leqslant \varepsilon_{\mathrm{T}}$ 或当前迭代次数达到最大迭代次数 $NI = NI_{\max}$，算法停止，选择预测误差最小的 PC 模型作为最终的模型。否则，令 $p = p + 1$(或增加 q)，回到步骤 1。

这类简单的算法可以让 PC 模型阶数 p 或 q-范数直接由数据驱动，而非人为主观指定，为了保证该算法有效收敛，需要选择一些对过拟合比较敏感的误差评测方法，通常选择留一交叉验证法。

以上介绍的方法其前提是可用的样本数量给定，若样本数量未限定，在采用上述基自适应策略的同时，随着 p 或 q 的增加需要配合序列抽样算法不断生成新样本，与老样本一起进行当前 PC 模型的系数计算。关于新样本的序列抽样算法，可参见第 3 章 3.2 节。

4.1.4 其他截断策略

Hampton 和 Doostan[8] 提出了各向异性多项式阶数 (anisotropic polynomial order) 的概念, 在构建 PC 模型的过程中认为 Φ_i 中对应于各维变量的一元多项式的最高阶次并非相同, 通过引入误差指数, 自适应地搜寻最优的各维正交多项式阶数, 即多指数 $\alpha = (\alpha_1, \cdots, \alpha_d)$, 满足

$$B^{d,p} = \left\{ \sum_{j=1}^{d} \frac{\alpha_j}{p_j} \leqslant 1 \right\} \tag{4.8}$$

其中, p_j 为各维不确定性变量对应的参数, $\boldsymbol{p} = (p_1, \cdots, p_j, \cdots, p_d)$, 通过不断地调整 $\boldsymbol{p}$ 的值, 从而调整多指数 α 的值, 以调整各维正交多项式的阶次, 进而调整组成 PC 模型的正交多项式项, 最终改善多项式近似的精度。可见, 当 $p_j = p(j = 1, \cdots, d)$ 时, 该方法退化为传统全阶 PC 模型。该算法首先会基于给定的膨胀系数对 PC 模型的各维阶数进行扩张, 然后在循环中对逐个维度 $p_j(j = 1, \cdots, d)$ 的值进行调整使其满足给定的约束条件, 并按当前 p_j 计算出对应维度容许的最大阶数, 进而实现多项式阶数的各向异性。

实际中, 输出响应关于各维随机变量的非线性是不同的, 因此上述考虑各向异性的多项式阶数确定方法能够在计算量一定的情况下, 将更多资源配置于非线性较强的维度上, 从而提高精度。显然, 希望大多数 p_j 的值较小, 仅只有少量值较大, 从而达到用少量多项式基函数就可获得与全阶 PC 模型相似精度的目的。文献 [8] 对此进行了详细介绍, 提供了相应的伪代码, 感兴趣的读者可以查阅。文献 [8] 中也通过算例测试得出: 从理论上讲, 该方法可以显著降低函数逼近中维数的影响, 并且在数值上证明该方法在维数高达 1000 的问题上表现良好。

4.1.5 算例演示

关于上述介绍的几种基截断方案, 最大交互限制截断和各向同性双曲线截断是目前应用最多、实现起来最为方便的两类基截断方案, 具有较强的工程应用价值。下面通过一个简单的数学算例, 展示最大交互限制截断和双曲线截断两种方案下 PC 模型的构建过程。算例描述如下:

$$y(x) = -x_1 + x_2^2 - x_3 x_4^2 + x_5 x_6 - x_7^2 x_8^2 + x_9^2 \sqrt{x_{10}}, \quad x_i \sim \mathcal{N}(1, 0.2^2) \tag{4.9}$$

在构建 PC 模型时, PC 阶次设为 $p = 4$。对于全阶 PC 模型而言, 该问题需要的正交多项式项数为 1001, 基于最小二乘回归法求解系数, 采用拉丁超立方抽样获取样本进行回归。为获得较为精确的结果, 回归样本量设定为待求 PC 系数的 2 倍, 因此构建全阶 PC 模型需要样本量为 2002 个, 实际中由于响应函数

$y(x)$ 通常较为耗时，而基于全阶 PC 模型进行不确定性传播计算量非常大，难以承受。

　　该问题为数学算例，响应函数计算非常快，因此这里分别基于全阶 PC($M_{A^{d,p}}$)、最大交互限制截断 PC 方法 ($r = 2$) 和各向同性双曲线截断 PC 方法 ($q = 0.8$)，构建相应的 PC 模型，采用最小二乘回归法求解 PC 系数，进行不确定性传播，估算输出响应 y 的均值和标准差，并与基于蒙特卡罗仿真 (1×10^6 次仿真) 的结果进行对比。

　　基于最大交互限制截断方法 ($r=2$) 构建的 PC 模型 ($M_{A^{d,p,r}}$) 中包含 311 项正交多项式。采用各向同性双曲线截断策略 ($q =0.8$)，根据式 (4.6) 可得最终构建的 PC 模型 ($M_{A^{d,p,q}}$) 中包含的正交多项式项数为 296 项。可见，两种截断策略下构建的 PC 模型相比于全阶 PC，正交多项式的项数均明显减少，因此必然可显著降低计算量。基于 $M_{A^{d,p}}$、$M_{A^{d,p,r}}$ 和 $M_{A^{d,p,q}}$ 进行不确定性传播的结果展示在表 4.1 中。

表 4.1　各种方法不确定性传播的结果

方法	均值	标准差	样本数目
蒙特卡罗仿真	-0.0418	1.044	1×10^6
$M_{A^{d,p}}$	-0.0416	1.044	2002
$M_{A^{d,p,r}}$	-0.0416	1.044	622
$M_{A^{d,p,q}}$	-0.0415	1.047	592

　　可见，当参数 r 和 q 设定合理时，基于两种截断策略的 PC 方法均能在保证计算精度的同时显著降低计算量。在使用过程中，最大交互限制截断策略的参数 r 的取值范围随问题的维数 d 和截断阶数 p 的变化而变化，通常其选取的范围波动较大。双曲线截断策略超参数 q 的取值范围通常并不随 d 和 p 的改变而改变，对于一般的问题推荐 $q \in [0.7, 0.8]$，这样能在保证计算精度的同时显著降低计算量。

4.2　稀疏混沌多项式

4.2.1　基本思路

　　不同于 4.1 节中介绍的基截断策略，这里通过建立各维多项式阶次组合的截断策略，减少 PC 模型中多项式的项数。稀疏 PC 方法的主要思想是在全阶 PC 模型的基础上，通过发掘并去除对输出响应影响不大的正交多项式项 $\Phi_i(i = 0, 1, \cdots, P)$，减少 PC 系数的个数，从而降低计算量，这是当前非常有效的缓解 PC "维数灾难" 的有效途径之一。研究中也发现，对于全阶 PC 模型中的各 PC 系数，大多数系数幅值相对而言都非常小，对输出响应的影响几乎可以忽略。

稀疏 PC 模型可表示为

$$Y \approx \sum_{i=0}^{P_1} b_i \Phi_i(\xi) \tag{4.10}$$

其中，PC 系数的个数为 $P_1 + 1$，显然有 $P_1 + 1 \ll P + 1$。

对于稀疏 PC 方法，关键在于如何发掘非重要的正交多项式项。Blatman 和 Sudret 提出了一种自适应算法自动地检测重要的正交多项式项，认为那些能够最大程度降低预测误差的正交多项式项为重要的项，并予以保留，从而减少 PC 系数的个数 [2]。随后，他们又提出利用最小角回归 (least angle regression, LAR) 方法去发掘非重要的正交多项式项，进而将其从全阶 PC 模型中去除，降低计算 PC 系数的计算量 [3]。王丰刚在其博士论文中对基于最小角回归的稀疏 PC 方法展开了研究，通过诸多算例测试发现，随着维数和 PC 阶数的增长，全阶 PC 所需的样本数量明显增加，导致 PC 求解系数的回归矩阵出现"病态"，难以求解，然而稀疏 PC 由于去除了很多非重要项，回归问题简化很多，则几乎不会受此影响，同时还能保留较高的计算精度 [9]。在基于 LAR 的稀疏 PC 方法的基础上，相继产生了其他的稀疏重构方案。Hu 和 Youn 针对工程可靠性分析和设计，提出在全阶 PC 模型的正交多项式集合中，通过引入误差指数，自适应地筛选误差指数最大的双变元正交多项式项来构建稀疏 PC 模型 [10]。陈光宋等采用最小绝对收缩和选择算子 (least absolute shrinkage and selection operator, LASSO) 回归自动选择混沌多项式的重要项及其展开系数，进一步由 PC 系数解析获得全局灵敏度系数 [11]。吕震宙等提出一种可观测响应保持同伦下的自同态调制 (D-MORPH) 算法，构建稀疏 PC 模型 [12]。

现有的较为常用的稀疏 PC 方法实际上都可以归为压缩感知技术在 PC 方法中的应用，也称作稀疏重构。压缩感知是图像和信号处理领域兴起的新方法，能够高效地重构稀疏信号，需要的采样点数目小于自由度的个数。除了这类采用稀疏重构策略，通过发掘全阶 PC 模型中非重要的正交多项式来构建稀疏 PC 的方法，也有研究首先在全阶 PC 模型上进行双曲线截断，构建稀疏 PC 模型，在此基础上进行全局灵敏度分析，进而发掘 Sobol' 灵敏度指数较小的非重要性变量，在不确定性传播中不予以考虑，从而实现降维，然后在降维后的变量空间构建阶次更高的稀疏 PC 模型，达到提高精度并降低计算量的目的 [13]。还有研究将 PC 表示为高维模型表达 (high dimensional model representation, HDMR) 的架构，认为各变量单独作用和双变量共同作用的 HDMR 函数就已经可以较为精确地描述系统的输出，从而构建所谓的稀疏 PC 模型，达到降低 PC 模型中正交多项式项的目的 [14]。

本节主要介绍目前常用的几类基于稀疏重构的稀疏 PC 方法，包括基于最小角回归、正交匹配追踪、子空间追踪、贝叶斯压缩感知的稀疏 PC 方法。

4.2.2　基于最小角回归的稀疏 PC

为了缓解高维回归问题中的 "维数灾难"，一种有效的方法是在构建最小二乘回归模型过程中，仅选择对输出响应 Y 影响最大的输入变量子集来构建模型，实现响应的稀疏表示。较为常用的方法是统计学家 Efron 提出的最小角回归方法[15]。该方法的主要思想是在回归系数 b 的 l_1 范数小于阈值 λ 的约束下，使得响应值和模型估计值之间的残差最小，从而使得部分回归系数分量为 0，得到响应的稀疏表达。LAR 的具体优化模型为如下的最小绝对收缩和选择算子模型。

$$\min J(\boldsymbol{b}) = \|\boldsymbol{Y} - \boldsymbol{X}\boldsymbol{b}\|^2$$
$$\text{s.t.} \|\boldsymbol{b}\|_1 = \sum_{j=1}^{d} |b_j| \leqslant \lambda, \quad \lambda \geqslant 0 \tag{4.11}$$

其中，$\{\boldsymbol{X}, \boldsymbol{Y}\}$ 为给定的标准化、中心化的样本数据 ($\boldsymbol{X} \in \mathbf{R}^{N \times d}$, $\boldsymbol{Y} \in \mathbf{R}^{N \times 1}$)，这里 N 为样本个数，d 为单样本点维数，即输入变量个数。

对于上述优化问题，当 λ 值给定时，可根据更新估计值通过最小二乘法求解回归系数 b；当 λ 较小时，优化过程会使系数 b 的部分分量严格等于 0，从而达到降维的目的，得到响应的稀疏模型；随着 λ 的增大，系数 b 中等于 0 的分量越来越少，最终与一般最小二乘法等价。LAR 方法为求解上述式 (4.4) 所示的优化问题的一种有效方法。

由于 LAR 在应对高维回归问题时展示出良好的效果，Blatman 和 Sudret 将 LAR 用于应对 PC 方法面临的 "维数灾难"[3]，基于 LAR 理论构建稀疏 PC 模型，发掘全阶 PC 模型中较为重要的正交多项式项，进而得以保留构建所谓的稀疏 PC 模型。这里依然以响应函数 $y = g(\boldsymbol{x})$ ($\boldsymbol{x} = [x_1, \cdots, x_i, \cdots, x_d]$ 且各分量 $x_1, \cdots, x_i, \cdots, x_d$ 相互独立) 为例，对基于 LAR 的稀疏 PC 方法的实施步骤进行详细介绍。

步骤一：样本数据集生成。

根据不确定性输入 $\boldsymbol{x} = [x_1, \cdots, x_i, \cdots, x_d]$ 的分布信息，采用一定的试验设计方法在标准随机空间生成 N 个 d 维有效样本 $\boldsymbol{\xi}^{\mathrm{S}} = [\xi_1^{\mathrm{s}}, \cdots, \xi_i^{\mathrm{s}}, \cdots, \xi_N^{\mathrm{s}}]^{\mathrm{T}}$，其中任一样本 ξ_j^{s} 为 $d \times 1$ 的向量，上标 s 表示所标记的量为样本点。将 $\boldsymbol{\xi}^{\mathrm{S}}$ 一一映射到原随机变量空间后，计算其相对应的输出响应 $\boldsymbol{Y} = [y_1, \cdots, y_i, \cdots, y_N]^{\mathrm{T}}$。

需要注意的是，以上给出的抽样方法针对的是广义 PC 方法，若为基于数据驱动或施密特正交变换的 PC 方法，则样本直接在原随机空间产生。

步骤二：初始 PC 模型生成。

给出全阶 PC 模型表达：

$$y \approx M(\boldsymbol{\xi}) = \sum_{i=0}^{P} b_i \Phi_i(\boldsymbol{\xi}) = \boldsymbol{\Phi}(\boldsymbol{\xi})\boldsymbol{b}, \quad P+1 = \frac{(p+d)!}{p!d!} \tag{4.12}$$

其中，$\boldsymbol{b} = [b_0, b_1, \cdots, b_P]^{\mathrm{T}}$ 为多项式系数向量；$\boldsymbol{\Phi}(\boldsymbol{\xi}) = [\Phi_0(\boldsymbol{\xi}), \Phi_1(\boldsymbol{\xi}), \cdots, \Phi_P(\boldsymbol{\xi})]$。

将输入输出样本 $\{\boldsymbol{\xi}^{\mathrm{S}}, \boldsymbol{Y}\}$ 代入上述全阶 PC 模型，得

$$\boldsymbol{\psi} = \begin{bmatrix} \Phi_0\left(\boldsymbol{\xi}_1^{\mathrm{S}}\right) & \Phi_1\left(\boldsymbol{\xi}_1^{\mathrm{S}}\right) & \cdots & \Phi_P\left(\boldsymbol{\xi}_1^{\mathrm{S}}\right) \\ \Phi_0\left(\boldsymbol{\xi}_2^{\mathrm{S}}\right) & \Phi_1\left(\boldsymbol{\xi}_2^{\mathrm{S}}\right) & \cdots & \Phi_P\left(\boldsymbol{\xi}_2^{\mathrm{S}}\right) \\ \vdots & \vdots & & \vdots \\ \Phi_0\left(\boldsymbol{\xi}_N^{\mathrm{S}}\right) & \Phi_1\left(\boldsymbol{\xi}_N^{\mathrm{S}}\right) & \cdots & \Phi_P\left(\boldsymbol{\xi}_N^{\mathrm{S}}\right) \end{bmatrix} \tag{4.13}$$

其中，$\boldsymbol{\psi}$ 是大小为 $N \times (P+1)$ 的正交多项式矩阵，也称信息矩阵。

为了方便后续计算相关度系数，对信息矩阵 $\boldsymbol{\psi}$ 进行标准化处理以消除矩阵各列间数量级差异带来的影响，设处理后的量统一加上角标 "′" 进行区分，则处理后的正交多项式矩阵 $\boldsymbol{\psi}'$ 中每一列的元素需要满足

$$\sum_{i=1}^{N} \Phi_j'\left(\boldsymbol{\xi}_i^{\mathrm{S}}\right) = 0, \quad \sum_{i=1}^{N} \left[\Phi_j'\left(\boldsymbol{\xi}_i^{\mathrm{S}}\right)\right]^2 = 1, \quad j = 0, 1, \cdots, P \tag{4.14}$$

同时，对响应向量 $\boldsymbol{Y}$ 进行去中心化处理以消除截距项的影响，得到 $\boldsymbol{Y}'$，则 $\boldsymbol{Y}'$ 中的元素满足

$$\sum_{i=1}^{N} y_i' = 0 \tag{4.15}$$

为简洁起见，在以下涉及处理后的信息矩阵 $\boldsymbol{\psi}'$ 和响应向量 $\boldsymbol{Y}'$ 时，将直接忽略掉上角标 "′"。

步骤三：初始化最小角回归算法。

(1) 设置外循环迭代次数 $K = 0$。

(2) 令各正交多项式对应的 PC 系数为 0，即 $\boldsymbol{b} = \boldsymbol{0}$，此时在各样本上的预测值 $\hat{\boldsymbol{\mu}}_K = (\hat{\mu}_{K1}, \cdots, \hat{\mu}_{KN})^{\mathrm{T}} = \boldsymbol{0}$，其中 $\hat{\mu}_{Ki} = \boldsymbol{\Phi}\left(\boldsymbol{\xi}_i^{\mathrm{S}}\right)\boldsymbol{b}$ $(i = 1, 2, \cdots, N)$；初始残差向量为 $\hat{\boldsymbol{R}} = \boldsymbol{Y}$。

(3) 索引集合 $\boldsymbol{I}_K$ 和多项式激活集 $\boldsymbol{A}_K$ 均置为空集 $\varnothing$。

步骤四：正交多项式项的选取。

(1) $K = K + 1$。

(2) 通过下式计算正交多项式矩阵 $\boldsymbol{\psi}$ 中各列与当前残差 $\hat{\boldsymbol{R}}$ 的相关性：

$$\hat{\boldsymbol{c}} = \boldsymbol{\psi}^{\mathrm{T}} \hat{\boldsymbol{R}} = [\hat{c}_0, \hat{c}_1, \cdots, \hat{c}_P]^{\mathrm{T}} \tag{4.16}$$

若 $\hat{c}_l = \max\left(|\hat{c}_i|\right)$ $(i = 0, \cdots, P)$，则正交多项式矩阵 $\boldsymbol{\psi}$ 的第 $l+1$ 列 $\boldsymbol{\psi}_{:l} = \left[\Phi_l\left(\boldsymbol{\xi}_1^{\mathrm{S}}\right), \cdots, \Phi_l\left(\boldsymbol{\xi}_N^{\mathrm{S}}\right)\right]^{\mathrm{T}}$ 为与当前残差 $\hat{\boldsymbol{R}}$ 最相关的正交多项式向量。分别把索引 l 和 $\boldsymbol{\psi}_{:l}$ 加入相应的集合，即 $\boldsymbol{I}_K = \{\boldsymbol{I}_{K-1}, l\}$ 和 $\boldsymbol{A}_K = \{\boldsymbol{A}_{K-1}, s_l \boldsymbol{\psi}_{:l}\}$，其中 $s_l = \mathrm{sign}\{\hat{c}_l\}$，$\mathrm{sign}(\cdot)$ 为符号函数。

(3) 利用第三章 3.5 节介绍的留一法计算当前稀疏 PC 模型的交叉验证误差，记为 $\varepsilon_{\mathrm{LOO}}^K$。

(4) 通过以下方式来更新预测值：

$$\hat{\boldsymbol{\mu}}_K = \hat{\boldsymbol{\mu}}_{K-1} + \gamma \boldsymbol{u}_K \tag{4.17}$$

其中，$\boldsymbol{u}_K$ 为预测值的更新方向，在 LAR 算法中该更新方向定为多项式激活集 $\boldsymbol{A}_K$ 中各元素的"角平分线"方向 (即更新方向与 $\boldsymbol{A}_K$ 中各列的夹角大小都相等)。

$\boldsymbol{u}_K$ 表示为激活集中各列的加权和，即

$$\boldsymbol{u}_K = \boldsymbol{A}_K \boldsymbol{w} \tag{4.18}$$

进行标准化处理后，所得多项式激活集 $\boldsymbol{A}_K$ 中各列的模均为 1，见式 (4.14)，又有 $\|\boldsymbol{u}_K\|_2 = 1$，由于 $\boldsymbol{u}_K$ 的更新方向为"角平分线"方向，多项式激活集 $\boldsymbol{A}_K$ 中任一列与 $\boldsymbol{u}_K$ 的内积为两者夹角的余弦值，则有：$\boldsymbol{A}_K^{\mathrm{T}} \boldsymbol{u}_k = \boldsymbol{A}_K^{\mathrm{T}} \boldsymbol{A}_K \boldsymbol{w} = L\mathbf{1}$，$L$ 为常数，$\mathbf{1} = \mathrm{ones}(K, 1) = [1, \cdots, 1]^{\mathrm{T}}$。简单推导后可知 L 和权重向量 $\boldsymbol{w}$(大小为 $K \times 1$) 可表示为

$$L = \left(\mathbf{1}^{\mathrm{T}} \left(\boldsymbol{A}_K^{\mathrm{T}} \boldsymbol{A}_K\right)^{-1} \mathbf{1}\right)^{-\frac{1}{2}}$$
$$\boldsymbol{w} = L \left(\boldsymbol{A}_K^{\mathrm{T}} \boldsymbol{A}_K\right)^{-1} \mathbf{1} \tag{4.19}$$

更新步长 γ 的计算较为复杂，具体过程如下。

若索引集合 $\boldsymbol{I}_K$ 的长度等于 $K+1$，有

$$\gamma = c_{\max}/L \tag{4.20}$$

否则，

$$\gamma = \frac{\min^+}{j \in \{0, \cdots, K\}, j \notin \boldsymbol{I}} \left\{ \frac{c_{\max} - \hat{c}_j}{L - a_j}, \frac{c_{\max} + \hat{c}_j}{L + a_j} \right\}$$
$$a_j \in \boldsymbol{a} = [a_0, \cdots, a_K]^{\mathrm{T}} = \boldsymbol{\psi}^{\mathrm{T}} \boldsymbol{u}_K \tag{4.21}$$

其中，$c_{\max} = \max\left(|\hat{c}_i|\right)$ $(i = 0, \cdots, P)$；$\min^+$ 表示当 $j\,(j \in 0, \cdots, P, j \notin \boldsymbol{I})$ 变化时，仅取式 (4.23) 中正的最小值。

(5) 当预测值 $\hat{\boldsymbol{\mu}}_k$ 更新时，其对应的残差矢量 $\hat{\boldsymbol{R}}_K$ 也根据下式更新：

$$\hat{\boldsymbol{R}}_K = \boldsymbol{Y} - \hat{\boldsymbol{\mu}}_K \tag{4.22}$$

(6) 根据索引集合 $\boldsymbol{I}_K$ 以及向量 $\boldsymbol{w}$ 更新回归系数 $\boldsymbol{b}$：

$$b_j = b_j + \gamma \boldsymbol{w}_j, \quad j \in \boldsymbol{I}, w_j \in \boldsymbol{w} \tag{4.23}$$

重复执行步骤四的各子步骤，直到索引集 $\boldsymbol{I}_l$ 中的元素个数等于 $\min\{P+1,$ $N-1\}$ 时，停止迭代。找到迭代过程中对应交叉验证误差最小的索引集 $\boldsymbol{I}_l$ ($\varepsilon_{\mathrm{LOO}} = \min\left(\varepsilon_{\mathrm{LOO}}^i\right), i = 1, 2, \cdots, \min\{P+1, N-1\}$)。$\boldsymbol{I}_l$ 所确定的混合正交多项式集合 (若 0 阶混合多项式不包含在内，需要额外将其加入) 就是 LAR 算法确定的用于构建稀疏 PC 模型的最优混合正交多项式集合，再利用所有样本求解该集合对应回归系数的最小二乘解后输出模型。

上述介绍的基于 LAR 的稀疏 PC 模型构建过程，对于不熟悉原始最小角回归算法和最小二乘算法几何意义的读者来说可能不太容易理解，这里以图例的形式帮助读者理解基于 LAR 的稀疏 PC 模型的构建思路。

如图 4.8 所示，假设候选的正交多项式矩阵为 $\boldsymbol{\psi} = [\boldsymbol{\psi}_{:1}, \boldsymbol{\psi}_{:2}, \boldsymbol{\psi}_{:3}]$。在第一次迭代中，由于 $\theta_1 < \theta_2 < \theta_3$，说明 $\boldsymbol{\psi}_{:1}$ 与当前残差 $\hat{\boldsymbol{R}} = \boldsymbol{Y}$ 的相关度最大，则将其加入多项式激活集 $\boldsymbol{A}$ 中。通过上述算法步骤四中的式 (4.19) 和式 (4.23) 确定模型预测的更新方向和更新步长，所得更新后的模型预测如图中 $b_1\boldsymbol{\psi}_{:1}$ 所示。按照 LAR 算法的原理，此时的残差 $\hat{\boldsymbol{R}} = \boldsymbol{Y} - b_1\boldsymbol{\psi}_{:1}$ 必定位于 $\boldsymbol{\psi}_{:1}$ 和 $\boldsymbol{\psi}_{:2}$ 的角平分线上 (即 $\theta_4 = \theta_5$)，下一轮迭代中 $\boldsymbol{\psi}_{:2}$ 会被加入多项式激活集 $\boldsymbol{A}$ 中，相应的模型预测则会沿着残差方向 (角平分线方向) 继续进行更新。

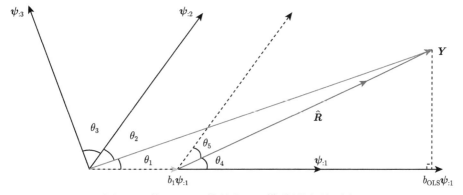

图 4.8 基于 LAR 的稀疏 PC 模型预测更新路径

4.2.3　基于正交匹配追踪的稀疏 PC

　　虽然 LAR 具有扎实的理论基础，所构建的稀疏 PC 模型精度较高，但其算法结构相对复杂，PC 模型稀疏重构的过程可能会非常慢。相对而言，以匹配追踪算法 (matching pursuit algorithm, MPA) 这类贪婪算法为基础发展出的正交匹配追踪 (orthogonal matching pursuit algorithm, OMP) 算法具有结构简单、算法复杂度低且易于实现等优点，也被用来构建稀疏 PC 模型 [16,17]。利用 OMP 算法对 PC 模型进行稀疏重构时无须和 LAR 算法一样，在每次迭代更新时通过烦琐的矩阵运算来求解预测值的更新方向和更新步长，其预测更新始终沿着角平分线方向。基于该算法的稀疏 PC 模型构建流程如下所述。

　　步骤一、步骤二及步骤三：基于 OMP 算法构建稀疏 PC 模型时，数据集生成，初始 PC 模型生成以及初始化三个步骤 (步骤一、步骤二及步骤三) 同 4.2.2 节中介绍的基于 LAR 的稀疏 PC 方法完全一样，此处不再赘述。

　　步骤四：正交多项式项的选取。

　　(1) 记迭代次数为 $K = K + 1$。

　　(2) 计算正交多项式矩阵 $\boldsymbol{\psi}$ 中各列与当前残差 $\hat{\boldsymbol{R}}$ 的内积，得相关性系数向量 $\hat{\boldsymbol{c}} = \boldsymbol{\psi}^{\mathrm{T}} \hat{\boldsymbol{R}} = [\hat{c}_0, \hat{c}_1, \cdots, \hat{c}_P]^{\mathrm{T}}$。若 $\hat{c}_l = \max\left(|\hat{c}_i|\right)$ $(i = 0, \cdots, P)$，则正交多项式矩阵 $\boldsymbol{\psi}$ 的第 $l + 1$ 列 $\boldsymbol{\psi}_{:l} = \left[\varPhi_l\left(\boldsymbol{\xi}_1^{\mathrm{S}}\right), \cdots, \varPhi_l\left(\boldsymbol{\xi}_N^{\mathrm{S}}\right)\right]^{\mathrm{T}}$ 为与当前残差 $\hat{\boldsymbol{R}}$ 最相关的正交多项式向量。分别把索引 l 和 $\boldsymbol{\psi}_{:l}$ 加入相应的集合，即 $\boldsymbol{I}_K = \{\boldsymbol{I}_{K-1}, l\}$ 和 $\boldsymbol{A}_K = \{\boldsymbol{A}_{K-1}, \boldsymbol{\psi}_{:l}\}$。

　　(3) 参照 4.2.2 节步骤四的子步骤 (3)，利用留一法计算当前稀疏 PC 模型的交叉验证误差 $\varepsilon_{\mathrm{LOO}}^K$。

　　(4) 基于多项式激活集 $\boldsymbol{A}_K$ 和响应向量 $\boldsymbol{Y}$，通过下列公式计算出当前索引集确定的多项式集合的回归系数向量 $\boldsymbol{b}_{\boldsymbol{A}_K}$ 的最小二乘解：

$$\boldsymbol{b}_{\boldsymbol{A}_K} = \left(\boldsymbol{A}_K^{\mathrm{T}} \boldsymbol{A}_K\right)^{-1} \boldsymbol{A}_K^{\mathrm{T}} \boldsymbol{Y} \tag{4.24}$$

　　(5) 更新模型预测与响应向量间的残差：

$$\hat{\boldsymbol{R}}_K = \boldsymbol{Y} - \boldsymbol{A}_K^{\mathrm{T}} \boldsymbol{b}_{\boldsymbol{A}_K} \tag{4.25}$$

　　重复执行步骤四的各子步骤，直到索引集 $\boldsymbol{I}_l$ 中的元素个数等于 $\min\{P+1, N\}$ 时，停止迭代。找到迭代过程中对应交叉验证误差最小的索引集 $\boldsymbol{I}_l$ $(\varepsilon_{\mathrm{LOO}}^l = \min\left(\varepsilon_{\mathrm{LOO}}^i\right), i = 1, 2, \cdots, \min\{P + 1, N - 1\})$。该索引集所确定的混合正交多项式集合 (若 0 阶混合多项式不包含在内，则需要额外将其加入) 就是 OMP 算法确定的用于构建稀疏 PC 模型的最优混合正交多项式集合。再利用所有样本求解该集合对应回归系数的最小二乘解后输出模型。

这里同样用一个简单的图例对基于 OMP 算法的稀疏 PC 模型的构建进行示意。如图 4.9 所示，候选正交多项式矩阵为 $\boldsymbol{\psi} = [\boldsymbol{\psi}_{:1}, \boldsymbol{\psi}_{:2}, \boldsymbol{\psi}_{:3}]$。在第一轮迭代中，由于 $\theta_1 < \theta_2 < \theta_3$，$\boldsymbol{\psi}_{:1}$ 与当前残差 $\hat{\boldsymbol{R}} = \boldsymbol{Y}$ 的相关度最大，故将其加入多项式激活集中。直接利用最小二乘法求解 PC 系数后，稀疏 PC 模型的预测值 $b_{\mathrm{OLS}}\boldsymbol{\psi}_{:1}$ 如图中所示，此时模型的预测残差 $\hat{\boldsymbol{R}} = \boldsymbol{Y} - b_{\mathrm{OLS}}\boldsymbol{\psi}_{:1}$。在下一轮迭代中，由于 $\boldsymbol{\psi}_{:3}$ 与剩余残差的相关度大于 $\boldsymbol{\psi}_{:2}(\theta_4 < \theta_5)$，$\boldsymbol{\psi}_{:3}$ 将被加入到多项式激活集中。

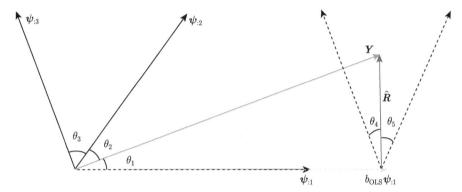

图 4.9 基于 OMP 的稀疏 PC 模型预测更新路径

可以看到，基于 OMP 的稀疏 PC 方法主要思路与基于 LAR 的方法基本一致，主要不同之处在于每次选取新的正交多项式后，预测值的更新方法不同。

4.2.4 基于子空间追踪的稀疏 PC

在基于 OMP 实现 PC 模型稀疏重构的过程中，一旦正交多项式矩阵的某列被添加到多项式激活集中，那么即使在后续计算中发现该列对应回归系数在响应向量上的最小二乘解趋近于 0(说明该列影响非常小可以忽略)，该项依然会被保留在多项式激活集中。这种现象的存在会影响稀疏 PC 模型的稀疏度，增加稀疏重构的计算成本。Diaz[18] 等为有效地避免上述现象的发生，引入子空间追踪(subspace pursuit, SP) 算法来构建稀疏 PC 模型，在稀疏重构的迭代过程中额外引入算法发现并消除多项式激活集中非必要元素。基于 SP 算法的稀疏 PC 模型构建流程如下。

步骤一：数据集生成。
步骤二：初始 PC 模型生成。
稀疏重构过程所必须的数据集生成和初始 PC 模型生成过程，与 4.2.2 节的步骤一及步骤二完全相同，此处不再赘述。
步骤三：初始化 SP 算法。
(1) 令迭代次数 $K = 0$。

(2) 给定稀疏度指标 S，且满足 $2S \leqslant \min(N, P+1)$，这里的稀疏度指标 S 表示通过 SP 算法求解出的满足精度的稀疏 PC 模型所包含的正交多项式的个数。

(3) 基于稀疏度指标 S，给出初始多项式激活集和初始索引集。

求解正交多项式矩阵 $\boldsymbol{\psi}$ 中各列与响应向量 $\boldsymbol{Y}$ 的相关度系数 $\boldsymbol{C} = \boldsymbol{\psi}^{\mathrm{T}}\boldsymbol{Y} = [c_0, c_1, \cdots, c_P]^{\mathrm{T}}$。将相关度最大的 S 列从 $\boldsymbol{\psi}$ 中取出，构成初始多项式激活集 $\boldsymbol{A}_K$，并将 $\boldsymbol{A}_K$ 中各列对应的正交多项式索引号加入初始索引集 $\boldsymbol{I}_K$。

(4) 基于下式求解初始残差向量 $\hat{\boldsymbol{R}}_K$，

$$\hat{\boldsymbol{R}}_K = \boldsymbol{Y} - \boldsymbol{A}_K(\boldsymbol{A}_K)^{\dagger}\boldsymbol{Y} \tag{4.26}$$

其中，$\boldsymbol{A}_K^{\dagger} = (\boldsymbol{A}_K^{\mathrm{T}}\boldsymbol{A}_K)^{-1}\boldsymbol{A}_K^{\mathrm{T}}$ 表示矩阵 $\boldsymbol{A}_K$ 的伪逆矩阵。

步骤四：正交多项式项的选取。

(1) 令 $K = K + 1$。

(2) 分别计算正交多项式矩阵 $\boldsymbol{\psi}$ 中剩余列与残差向量 $\hat{\boldsymbol{R}}_{K-1}$ 的相关度系数 (各列分别与残差 $\hat{\boldsymbol{R}}_{K-1}$ 做内积)，并将相关度系数最大的 S 列与多项式激活集 $\boldsymbol{A}_{K-1}$ 合并，构成大小为 $N \times 2S$ 的临时激活集 $\boldsymbol{T}$。

(3) 基于 $\boldsymbol{b}_T = \boldsymbol{T}^{\dagger}\boldsymbol{Y}$ 求解临时激活集 $\boldsymbol{T}$ 中各元素对应回归系数的最小二乘解，然后从临时激活集 $\boldsymbol{T}$ 中选取 S 个回归系数绝对值最大的元素构成多项式激活集 $\boldsymbol{A}_K$，并相应地更新索引集 $\boldsymbol{I}_K$。$\boldsymbol{T}$ 中未被选取的元素则放回到原正交多项式矩阵 $\boldsymbol{\psi}$ 中。

(4) 更新残差，$\hat{\boldsymbol{R}}_K = \boldsymbol{Y} - \boldsymbol{A}_K(\boldsymbol{A}_K)^{\dagger}\boldsymbol{Y}$。

(5) 当 $\left\|\hat{\boldsymbol{R}}_K\right\|_2 \geqslant \left\|\hat{\boldsymbol{R}}_{K-1}\right\|_2$ 时，停止迭代。索引集 $\boldsymbol{I}_{K-1}$ 所确定的混合正交多项式集合即为构建稀疏 PC 模型所用的混合正交多项式集合，利用所有样本求解其对应稀疏 PC 模型的回归系数的最小二乘解后，将模型输出。否则，回到步骤四子步骤 (1)。

当模型的稀疏度指标 S 取值合理时，该算法能在保证稀疏模型精度的前提下有效减少正交多项式的项数，进而降低计算量。关于 S 的取值，文献 [7] 建议利用 k-fold 交叉验证来确定 S 的合理取值。

可见，相比于基于 OPM 的稀疏 PC 方法，基于 SP 算法的稀疏 PC 方法的不同之处在于增加了"从临时激活集中选取回归系数绝对值最大的几个元素"这一步骤，从而将那些本身对输出响应影响较小的正交多项式加以去除，保证了稀疏重构的效果。

4.2.5　基于贝叶斯压缩感知的稀疏 PC

上述介绍的基于 LAR、OMP 和 SP 的稀疏 PC 模型构建方法最终都需要通过最小二乘方法来求解回归系数，从而完成稀疏 PC 模型的构建。这就要求

样本量 N 不能少于稀疏 PC 模型回归系数的个数。贝叶斯压缩感知 (Bayesian compressive sensing, BCS) 方法不同，其将 PC 模型的稀疏重构问题置于贝叶斯框架中进行求解。在该框架下，可以利用最大后验估计来求解回归系数向量 $\boldsymbol{b}$，样本量不再受到前述最小二乘法的限制，也就说利用少量样本也可较好地实现 PC 模型的稀疏重构 [19]。

在介绍基于 BCS 的 PC 模型稀疏重构算法前,首先从 4.2.2 节所示的 LASOO 问题谈起，PC 模型的稀疏重构实质上为在满足 $\|\boldsymbol{b}\|_1 = \sum_{j=1}^{d} |b_j| \leqslant \lambda \ (\lambda > 0)$ 约束的前提下，求解能使响应值和模型估计值之间残差最小的回归系数向量 $\boldsymbol{b}$。在贝叶斯框架下，该约束等价于回归系数向量 $\boldsymbol{b}$ 的先验服从于拉普拉斯先验分布，即 $p(\boldsymbol{b}|\lambda) = \dfrac{\lambda}{2} \exp\left(-\dfrac{\lambda}{2}\|\boldsymbol{b}\|_1\right)$，则式 (4.27) 的最大后验解即为式 (4.4) 所示的 LASOO 问题的解:

$$p\left(\boldsymbol{b}, \sigma, \lambda | \boldsymbol{Y}\right) = \frac{p\left(\boldsymbol{Y}|\boldsymbol{b}, \sigma\right) p\left(\boldsymbol{b}|\lambda\right) p\left(\lambda\right) p\left(\sigma^2\right)}{p\left(\boldsymbol{Y}\right)} \tag{4.27}$$

其中，$p\left(\boldsymbol{Y}|\boldsymbol{b}, \sigma\right)$ 为压缩感知的高斯似然函数。

上述似然函数等价于将响应向量 $\boldsymbol{Y}$ 视为服从高斯分布的随机向量，其分布可通过正交多项式矩阵 $\boldsymbol{\psi}$、系数向量 $\boldsymbol{b}$ 和噪声方差 σ^2 进行参数化表示，即分布函数为 $p\left(\boldsymbol{Y}|\boldsymbol{b}, \sigma\right) = \mathcal{N}\left(Y|\boldsymbol{\psi b}, \sigma^2\boldsymbol{I}\right)$，$\boldsymbol{I}$ 表示大小为 $N \times N$ 的单位矩阵。$p(\lambda)$ 和 $p\left(\sigma^2\right)$ 为参数 λ 和噪声方差 σ^2 的先验。$p(\boldsymbol{Y})$ 为归一化系数，$p\left(\boldsymbol{Y}\right) = \iiint p\left(\boldsymbol{Y}, \boldsymbol{b}, \sigma, \lambda\right)\mathrm{d}\boldsymbol{b}\mathrm{d}\sigma\mathrm{d}\lambda$。$p\left(\boldsymbol{b}, \sigma, \lambda|\boldsymbol{Y}\right)$ 为拉普拉斯先验下回归系数向量 $\boldsymbol{b}$、噪声方差 σ^2 和超参数 λ 的联合后验分布。

由于拉普拉斯先验分布 $p(\boldsymbol{b}|\lambda)$ 与高斯似然函数 $p(\boldsymbol{Y}|\boldsymbol{b}, \sigma)$ 非共轭，很难利用最大后验估计对回归系数向量 $\boldsymbol{b}$ 进行求解，因此需要引入图 4.10 所示的结构式先验分布来等效替换拉普拉斯先验。

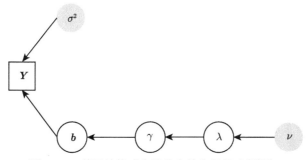

图 4.10　基于结构式先验分布的分层贝叶斯框架

如图 4.10 所示，在该结构式先验分布中回归系数向量 $\boldsymbol{b}$ 中任一元素 b_i 被视为服从 0 均值高斯分布的独立随机变量，它们的分布都通过各自的方差参数 γ_i 来表示，即对于任一 $b_i\,(i=0,1,2,\cdots,P)$，有 $p\,(b_i|\gamma_i)=\mathcal{N}\,(b_i|0,\gamma_i)$，且 $p\,(\boldsymbol{b}|\boldsymbol{\gamma})=\prod_{i=0}^{P+1}\mathcal{N}\,(b_i|0,\gamma_i)$。同时，方差参数 γ_i 被视为服从于指数分布 $\exp\left(\gamma_i|\dfrac{\lambda}{2}\right)$ 的独立同分布随机变量，则又有：$p\,(\gamma_i|\lambda)=\exp\left(\gamma_i|\dfrac{\lambda}{2}\right)$。在整个结构先验框架的底层，原本的超参数 λ 则服从伽马分布 $p\,(\lambda|\nu)=\Gamma\left(\lambda|\dfrac{\nu}{2},\dfrac{\nu}{2}\right)$，该分布的形状参数 $\nu\to 0$ 时，$p\,(\lambda|\nu)\propto(1/\lambda)$；$\nu\to\infty$ 时，$p\,(\lambda|\nu)$ 仅在 $\lambda=1$ 时等于 1，其余时候等于 0。

引入结构式先验分布对式 (4.27) 中的拉普拉斯先验进行等效替换后，由于方差参数 $\boldsymbol{\gamma}$ 的加入，原本的联合后验分布 $p\,(\boldsymbol{b},\sigma,\lambda|\boldsymbol{Y})$ 变为 $p\,(\boldsymbol{b},\boldsymbol{\gamma},\sigma,\lambda|\boldsymbol{Y})$。此时 PC 模型的稀疏重构问题等价于找到一组能够使联合后验分布 $p\,(\boldsymbol{b},\boldsymbol{\gamma},\sigma^2,\lambda|\boldsymbol{Y})$ 最大化的 $\boldsymbol{b},\boldsymbol{\gamma},\sigma^2$ 及 λ 的值，可以通过下式求解得到：

$$
\begin{aligned}
\boldsymbol{b},\boldsymbol{\gamma},\sigma,\lambda &= \underset{\boldsymbol{b},\boldsymbol{\gamma},\sigma,\lambda}{\arg\max}\,\{\lg\,[p\,(\boldsymbol{b},\boldsymbol{\gamma},\sigma,\lambda|\boldsymbol{Y})]\}\\
&= \underset{\boldsymbol{b},\boldsymbol{\gamma},\sigma,\lambda}{\arg\max}\,\{\lg\,[p\,(\boldsymbol{b}|\boldsymbol{\gamma},\lambda,\sigma,\boldsymbol{Y})\,p\,(\boldsymbol{\gamma},\lambda,\sigma|\boldsymbol{Y})]\}\\
&= \underset{\boldsymbol{b},\boldsymbol{\gamma},\sigma,\lambda}{\arg\max}\,\{\lg\,[p\,(\boldsymbol{b}|\boldsymbol{\gamma},\lambda,\sigma,\boldsymbol{Y})]+\lg\,[p\,(\boldsymbol{\gamma},\lambda,\sigma|\boldsymbol{Y})]\}
\end{aligned}
\tag{4.28}
$$

其中，$p(\boldsymbol{b}|\boldsymbol{\gamma},\lambda,\sigma^2,\boldsymbol{Y})=\mathcal{N}\,(\boldsymbol{b}|\boldsymbol{\mu},\boldsymbol{\Sigma})$ 为回归系数向量 $\boldsymbol{b}$ 的边缘条件分布，其均值向量 $\boldsymbol{\mu}$ 和协方差矩阵 $\boldsymbol{\Sigma}$ 的具体表达式如下：

$$
\boldsymbol{\mu}=\frac{\boldsymbol{\Sigma}}{\sigma^2}\boldsymbol{\psi}^{\mathrm{T}}\boldsymbol{Y}
$$

$$
\boldsymbol{\Sigma}=\left(\frac{\boldsymbol{\psi}^{\mathrm{T}}\boldsymbol{\psi}}{\sigma^2}+\boldsymbol{\Lambda}\right)^{-1}
\tag{4.29}
$$

$$
\boldsymbol{\Lambda}=\mathrm{diag}\,(1/\gamma_i)
$$

由于式 (4.28) 的解是非封闭的，计算复杂度较高，所以文献 [20] 引入快速序列稀疏贝叶斯学习算法，通过迭代来逐步求该目标函数的解，极大地降低了求解难度。当快速序列稀疏贝叶斯学习算法满足停止准则时，得到的 $\boldsymbol{b}$ 服从于条件分布 $p(\boldsymbol{b}|\boldsymbol{\gamma},\lambda,\sigma^2,\boldsymbol{Y})$ 的同时也为式 (4.4) 所示的 LASOO 问题的解，即完成了 PC 模型的稀疏重构。

基于拉普拉斯先验的 BCS 算法的推导过程较为烦琐，故在上述介绍时除了必要的说明外仅给出了推导结论，对这部分理论推导过程感兴趣的读者可以参考文献 [20]。

当对基于拉普拉斯先验的 BCS 算法有了基本了解之后，就可理解基于 BCS 构建稀疏 PC 模型的主要步骤，具体如下。

步骤一：数据集生成。

步骤二：初始 PC 模型生成。

利用 BCS 构建稀疏 PC 模型时，数据集生成和初始 PC 模型生成这两个步骤与基于 LAR 的方法的步骤一及步骤二完全相同，此处不再赘述。

步骤三：初始化贝叶斯压缩感知算法。

(1) 循环迭代次数 $K = 0$。

(2) 对于噪声方差 σ^2 和伽马分布形状参数 ν，参考文献 [20] 的做法分别取 $\sigma^2 = 0.01 \|\boldsymbol{Y}\|_2^2$ 和 $\nu^K = 0$，符号 $\|\bullet\|_2^2$ 表示 l_2-范数的平方。

(3) 给定正交多项式矩阵第一列 $\boldsymbol{\psi}_{:0}$ 对应回归系数 b_0 的方差参数，即 $\gamma_0 = \dfrac{\|\boldsymbol{\psi}_{:0}\|_1^2}{\|\boldsymbol{\psi}_{:0}\boldsymbol{Y}\|_1^2 / \left(\|\boldsymbol{\psi}_{:0}\|_1^2 - \sigma^2\right)}$。

(4) 给定停止阈值 ε。

(5) 令多项式矩阵 $\boldsymbol{\psi}$ 中剩余各列的方差参数 $\boldsymbol{\gamma}^K = [\gamma_1^K, \gamma_2^K, \cdots, \gamma_{1+P}^K]$ 中各元素以及 λ^K 都为 0。

步骤四：利用快速序列贝叶斯学习算法迭代求解回归系数 $\boldsymbol{b}$ 的后验分布。

(1) $K = K + 1$。

(2) 基于式 (4.29) 计算与正交多项式矩阵 $\boldsymbol{\psi}$ 中各列相对应的回归系数 $b_i (i = 0, 1, \cdots, P)$ 所对应的方差参数 γ_i 的待更新值 γ_i^K。

$$\gamma_i^K = \begin{cases} \dfrac{-s_i\left(s_i + 2\lambda^{K-1}\right) + s_i\sqrt{\left(s_i + 2\lambda^{K-1}\right)^2 - 4\lambda\left(s_i - q_i^2 + \lambda^{K-1}\right)}}{2\lambda^{K-1}s_i^2}, & q_i^2 - s_i > \lambda^{K-1} \\ 0, & \text{其他} \end{cases}$$

$$\tag{4.30}$$

其中，稀疏因子 s_i 和质量因子 q_i 分别为

$$
\begin{aligned}
s_i &= \boldsymbol{\psi}_{:i}^{\mathrm{T}} \boldsymbol{C}_{-i}^{-1} \boldsymbol{\psi}_{:i} \\
q_i &= \boldsymbol{\psi}_{:i}^{\mathrm{T}} \boldsymbol{C}_{-i}^{-1} \boldsymbol{Y} \\
\boldsymbol{C}_{-i} &= \sigma^2 \boldsymbol{I} + \boldsymbol{\psi}\boldsymbol{\Lambda}^{-1}\boldsymbol{\psi}^{\mathrm{T}} - \gamma_i^{K-1}\boldsymbol{\psi}_{:i}\boldsymbol{\psi}_{:i}^{\mathrm{T}} \\
\boldsymbol{\Lambda} &= \mathrm{diag}\left(1/\gamma_i^{K-1}\right)
\end{aligned}
$$

$$\tag{4.31}$$

(3) 基于 $\boldsymbol{\gamma}_{-i}^{K-1} = [\gamma_0^{K-1}, \cdots, \gamma_{i-1}^{K-1}, \gamma_{i+1}^{K-1}, \cdots, \gamma_{P+1}^{K-1}]$ 与各方差参数的待更新值 γ_i^K，通过式 (4.31) 计算在仅第 i 个方差参数 γ_i 变为待更新值 γ_i^K、其他方差参数 $\boldsymbol{\gamma}_{-i}$ 保持上一次迭代值不变的情况下，联合后验分布 $p(\boldsymbol{b}, \boldsymbol{\gamma}, \sigma, \lambda | \boldsymbol{Y})$ 数值的增长量：

$$
\begin{aligned}
L\left(\boldsymbol{\gamma}_{-i}^{K-1}, \gamma_i^K\right) &= \left(\begin{array}{l} -\dfrac{1}{2}\left[\lg|\boldsymbol{C}_{-i}| + \boldsymbol{Y}^{\mathrm{T}}\boldsymbol{C}_{-i}^{-1}\boldsymbol{Y} + \dfrac{\lambda^{K-1}}{2}\sum_{j \neq l}\gamma_i^{K-1} \right] \\ +\dfrac{1}{2}\left[\lg\dfrac{1}{1+\gamma_i^K s_i} + \dfrac{q_i^2 \gamma_i^K}{1+\gamma_i^K s_i} - \lambda^{K-1}\gamma_i^K \right] \end{array} \right) \\
&= L\left(\boldsymbol{\gamma}_{-i}^{K-1}\right) + l\left(\gamma_i^K\right)
\end{aligned} \tag{4.32}
$$

将各方差参数待更新值 γ_i^K 对应的 $L\left(\boldsymbol{\gamma}_{-i}^{K-1}, \gamma_i^K\right)$ 记为 L_i^K。

(4) 找到本次迭代中更新后能使联合后验分布 $p(\boldsymbol{b}, \boldsymbol{\gamma}, \sigma, \lambda | \boldsymbol{Y})$ 数值增长最大的方差参数 γ_l，即 $L_l^K = \max\left(|L_i^K|\right)$ $(i = 1, \cdots, P)$。对方差参数 γ_l 进行更新，即令 $\gamma_l^{K-1} = \gamma_l^K$，其余元素保持不变。

(5) 利用更新后的 $\boldsymbol{\gamma}$，基于文献 [20] 给出的更新公式，更新参数 λ^K 和 ν^{K-1}。重复执行 (1)~(5)，直到式 (4.28) 所示的联合后验概率的数值对方差参数的更新不再敏感时，停止迭代。

上述迭代步骤 (5) 中的停止条件可以表述为：当 $K \geqslant 2$ 时，若出现 $(L_l^K - L_l^{K-1})/L_l^{K-1} \leqslant \varepsilon$（这里的停止阈值 ε 是一个很小的数，例如 $\varepsilon = 1 \times 10^{-3}$），停止迭代，输出联合后验分布 $p(\boldsymbol{b}, \boldsymbol{\gamma}, \sigma, \lambda | \boldsymbol{Y})$ 并对其抽样生成响应的稀疏 PC 模型。

最终生成的 PC 模型中，若某些回归系数对应的方差参数 $\gamma_i = 0$，则表示该回归系数 $b_i = 0$，其余方差参数非 0 的回归系数对应的正交多项式即为稀疏重构过程所需要的重要混合多项式，如此则实现了 PC 模型稀疏重构的目的。这与 4.2.2~4.2.4 节中介绍的方法原理完全不同，这些方法的主要目的是通过迭代不断发现与当前残差最为相关的正交多项式矩阵中的某一列，从而保留该列对应的正交多项式项，进而构建满足交叉验证相对误差指标要求的稀疏 PC 模型。而基于贝叶斯压缩感知的方法则是利用基于快速序列贝叶斯学习算法和分层贝叶斯结构的最大后验估计，求解 PC 系数的后验概率估计，基于此后验分布得到任何一组 PC 系数由于都是 LASOO 问题的解，则该低秩解自然使得某些正交多项式对应的回归系数为零，从而实现稀疏重构的目的。

4.2.6　自适应 PC 构建策略

实际使用中往往无法给定合适的截断阶数 p 和样本量 N，尤其随着数值模拟仿真软件的应用，很多分析模型为黑箱型函数且高度非线性，增加了 p 和 N 的设定难度。这里给出一种如图 4.11 所示的自适应确定 p 和 N 的 PC 构建流程。

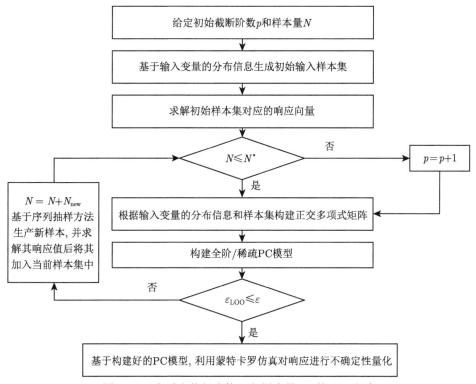

图 4.11　自适应截断阶数 p 与样本量 N 的 PC 方法

该不确定性量化框架具体步骤如下所述。

步骤一：给定初始 PC 截断阶数 p 与样本量 N。

步骤二：基于输入变量的分布信息生成初始输入样本集。例如，可利用拉丁超立方抽样根据输入变量的分布信息生成初始输入样本，而后基于真实响应函数 (数值模拟或试验) 计算每个输入样本处的输出响应值，形成输出样本。

步骤三：若 $N \leqslant N^*$，表明当前的样本量不足以有效地构建具有更高截断阶数的 PC 模型，则执行步骤四。否则令 $p = p + 1$，增加 PC 模型的截断阶数，将阶次更高的混合正交多项式加入 PC 模型中，然后再执行步骤四。

对于 N^* 的确定：

对于全阶 PC 模型，构建具有更高截断阶数的 PC 模型所需的最小样本量可根据 $p = p + 1$ 时的全阶 PC 模型所包含的回归系数的数量给出，即 $N^* = \text{card}\left(A^{d,p+1}\right)$，其中 $\text{card}\left(A^{d,p+1}\right)$ 表示输入不确定性维数为 d、PC 模型截断阶数为 $p+1$ 时全阶 PC 模型中包含的正交多项式的项数；

对于稀疏 PC 模型，本章所介绍的各类稀疏 PC 模型构建方法在 $p = p + 1$ 时生成的稀疏 PC 模型所包含的回归系数的数量是无法确知的，根据作者经验可将稀疏 PC 模型的升阶阈值设定为 $N^* = \mathrm{card}\left(A^{d,p+1}\right)^* s\,(s<1)$，$s$ 通常设为 $s= 0.1 \sim 0.2$。

步骤四：根据设定的当前截断阶数 p、输入变量的分布信息以及样本点构建正交多项式矩阵 ψ。

步骤五：构建全阶 PC 模型或稀疏 PC 模型。

对于全阶 PC 模型，基于当前的正交多项式矩阵和响应样本求解回归系数的最小二乘解；对于本章 4.2.2~4.2.5 节介绍的四种稀疏 PC 模型方法，则进行 PC 模型的稀疏重构，生成满足其各自停止条件的稀疏 PC 模型。

步骤六：判断步骤五输出的 PC 模型的精度是否满足需求。

通常利用留一法计算步骤五构建的 PC 模型的交叉验证误差 $\varepsilon_{\mathrm{LOO}}$，若 $\varepsilon_{\mathrm{LOO}} \leqslant \varepsilon$，则基于当前 PC 模型对响应进行不确定性量化，得到输出响应的均值、方差等不确定性信息。否则，进行序列抽样，可采用第 3 章 3.2 节所描述的序列抽样方法生成 N_{new} 个新样本，N_{new} 的值可根据问题实际情况给定，并加入旧样本形成扩充的样本，令 $N = N + N_{\mathrm{new}}$，返回步骤三。

在实际使用中，初始 PC 截断阶数通常设定为 $p = 3$。初始样本量的设定如下：对于全阶 PC 模型而言，初始样本量通常设定为 $N_0^{\mathrm{F}} = \mathrm{card}\left(A^{d,p}\right)$；对于稀疏 PC 方法，本书建议初始样本量设定为不少于 $10\% * N_0^{\mathrm{F}}$。

4.2.7   算例演示

这部分利用两个数学算例的不确定性传播对上述 4.2.2~4.2.5 节介绍的几种稀疏 PC 方法进行比较测试，同时，为了显示稀疏 PC 方法在降低计算量方面的优势，也测试了全阶 PC 方法。两个算例的函数表达式和各自输入变量的分布信息如表 4.2 所示。

表 4.2   测试算例

算例编号	测试函数表达式	输入变量分布信息
1	$Y(X) = x_1^2 x_2^2 - x_3^2 x_4^2 + x_5^2 x_6^2 - x_7^2 x_8^2 + x_9^2 x_{10}^2$	$x_1 \sim \mathcal{N}(1, 0.2^2); x_2 \sim \mathcal{U}(0,2)$ $x_3 \sim \mathcal{N}(0, 0.2^2); x_4 \sim \mathcal{U}(0,2)$ $x_5 \sim \mathcal{N}(1, 0.2^2); x_6 \sim \mathcal{U}(0,2)$ $x_7 \sim \mathcal{N}(0, 0.2^2); x_8 \sim \mathcal{U}(0,2)$ $x_9 \sim \mathcal{N}(1, 0.2^2); x_{10} \sim \mathcal{U}(0,2)$
2	$Y(X) = -20\exp\left(-0.2\sqrt{\dfrac{1}{20}\sum_{i}^{20} x_i^2}\right) - \exp\left(\dfrac{1}{20}\sum_{i=1}^{20}\cos(2\pi x_i)\right)$	$x_i \sim \mathcal{N}(0,1)$ $(i = 1, 2, \cdots, 20)$

为了较为全面地测试各种方法的性能，每个算例设定了一种实际中常会遇到的典型情况。对于算例 1，认为样本可以不断序列增加，从而满足精度要求，且

利用 4.2.6 节介绍的自适应算法序列抽样构建 PC 模型；对于算例 2，认为允许的样本量较少，不开展序列抽样，采用 MCS 方法 (1×10^6 次抽样) 的结果作为参考值进行对比。

1. 算例 1 的测试结果

算例 1 中，各方法的初始截断阶数都设定为 $p=3$，对于全阶 PC 模型，初始样本量设置为 PC 系数个数 (286)，而各稀疏 PC 方法的初始样本量设定为 30 个 (约为全阶 PC 方法样本的 10%)。基于留一法交叉验证的停止阈值设为 $\varepsilon = 1 \times 10^{-6}$。若求解出的 PC 模型的精度不满足停止准则，设定每次序列抽取样本数为 $N_{\mathrm{new}} = 10$，利用序列抽样算法对样本进行扩充。由于样本的抽取为随机抽取，为了减少该随机性对各种 PC 方法不确定性传播结果的影响，每种方法不确定性传播的过程均重复执行 50 次，并取均值作为最终的不确定性传播结果。表 4.3 展示了算例 1 不确定性传播的测试结果以及 PC 的预测误差 (MSE)、所需的 PC 阶次 p、最终 PC 模型中包含的正交多项式项数 N_p、所需总样本数 N (也即函数调用次数)。表 4.3 中 p、N_p 和 N 也为各方法独立运行 50 次后对应的量取均值。MSE 表示均方根误差，通过与 MCS 的结果进行对比计算得到，计算公式如下：

$$\mathrm{MSE} = \sqrt{\sum_{i=1}^{n} \frac{\left(y_i^{\mathrm{MCS}} - y_i^{\mathrm{PC}}\right)^2}{n}} \tag{4.33}$$

式中，y_i^{MCS} 和 y_i^{PC} 分别为第 i 个输入样本处 MCS 与各种 PC 方法所得的响应值，n 为 MCS 的抽样次数。

表 4.3　不确定性传播测试结果

方法	均值	标准差	MSE	p	N_p	N
MCS	4.052	2.493	—		—	1×10^6
FO	4.053	2.491	1.82×10^{-22}	4	1001.00	1021
LAR	4.053	2.489	3.2×10^{-3}	3.98	135.38	185.2
OMP	4.009	2.491	1.5625	3	52.84	55.2
SP	4.053	2.491	6.23×10^{-10}	4	39.56	133.2
BCS	4.053	2.491	5.03×10^{-4}	4	45.52	159

从表中可以得出以下结论。

(1) 各稀疏 PC 方法同全阶 PC 方法 (FO) 相比，均能在显著降低计算量的同时，保证较高的均值和标准差估计精度，而且不确定性传播结果与 MCS (1×10^6 次抽样) 的计算结果非常接近。

(2) 对于 LAR、OMP 和 SP 三种稀疏 PC 方法，LAR 为了保证较优的性能，采用最复杂的算法，精度相对最高，但是所需的样本量和正交多项式的项数都是最多的；OMP 算法由于采用较为直接的贪婪算法，正交多项式的项数相比于 LAR 显著减少，所需样本最少，精度相对也最差；SP 算法由于额外引入稀疏度指标，进一步减少了非重要的正交多项式项，由其生成的 PC 模型所包含的项数最少。这些都与各种算法实现稀疏重构的原理及预期相一致。

(3) 对于 BCS 算法，由于结合 4.2.6 节的自适应算法使用，目的是构建一个精度较高的 PC 模型，其不确定性传播可达到满意的精度水平，但所需样本量相比其他稀疏 PC 方法 (OMP 和 SP) 并未展示出优势，比如在本算例测试中并未展现出其可以应对小样本的优势。

2. 算例 2 的测试结果

实际工程中很多情况下响应函数评估非常耗时或者昂贵，而且不确定性维数非常高，但是考虑成本仅能允许利用少量样本构建 PC 模型进行不确定性传播。对于算例 2，输入变量维数为 20，设定 PC 模型的截断阶数为 $p = 3$，此时 PC 模型中的待求系数量为 1771 个。样本量分别设定为 $N = 10$ 和 $N = 200$，两种情况都属于典型的高维、小样本问题，相应的该算例的不确定性传播的结果如表 4.4 和表 4.5 所示。与算例 1 的测试相类似，为了考虑在测试中样本随机生成导致的不确定性，每种方法运行 50 次，然后对相关结果取均值。

表 4.4　不确定性传播测试结果 $(N = 10)$

方法	均值	标准差	MSE	N_p	N
MCS	-16.15	0.6897	—	—	1×10^6
FO	-0.1790	1.723	258.44	1771	10
LAR	-16.33	0.9319	1.5622	3.31	10
OMP	-16.17	1.1543	2.013	3.48	10
SP	-7.87	7.537	280.4	2.81	10
BCS	-16.22	0.7272	1.21	4.03	10

表 4.5　不确定性传播测试结果 $(N = 200)$

方法	均值	标准差	MSE	N_p	N_{call}
MCS	-16.15	0.6897	—	—	1×10^6
FO	-3.304	6.6489	206.64	1771	200
LAR	-16.16	0.6779	0.0473	36.28	200
OMP	-16.13	0.8648	0.2005	196.68	200
SP	-16.16	0.7352	0.1003	42.90	200
BCS	-16.15	0.6667	0.0414	28.61	200

从表中展示的结果可以得出以下结论。

(1) 当 $N = 10$ 时，由于允许的样本个数极少，而不确定性维数为 20，此时 $p = 3$ 对应的全阶 PC 方法以及 LAR、OMP、SP 三种稀疏 PC 方法精度都较差，尤其是全阶 PC 方法 (FO) 精度非常高。因为这些方法都要基于最小二乘回归算法计算 PC 系数，此时样本太少，少于回归系数的个数，无法保证回归精度。

(2) 当 $N = 10$ 时，SP 算法不确定性传播的精度相比于其他几种稀疏 PC 方法明显要差。由于受到稀疏度指标这一超参数的限制，在样本量较少的情况下，允许加入 PC 模型的项数也非常少，导致最终不确定性传播误差较大。因此，在小样本情况下通常不建议使用 SP 算法。

(3) 当 $N = 200$ 时，随着样本量的增加，各稀疏 PC 方法的精度都得到了明显提升，对于 LAR 和 SP 方法而言，PC 模型中的待求系数的个数变为 35~45，利用 200 个样本，基于最小二乘回归可以较好地进行求解。对于 OMP 算法，其采取贪婪搜索算法，因此稀疏 PC 模型中正交多项式数量最多 (大于 190)，而样本量仅有 200 个，因此该方法的 MSE 相对最大。

(4) 无论是 $N = 10$ 还是 $N = 200$，综合来看，BCS 算法相较于其他三种稀疏重构算法，不确定性传播的精度明显要高，虽然相比于 MCS 还存在一定的误差，但是对于高维、小样本问题而言，精度已经比较出色。这与 BCS 算法的原理及目的是一致的，由于 BCS 将 PC 模型的稀疏重构问题置于贝叶斯框架中进行求解，能够在样本较少的情况下实现模型稀疏重构，无须满足最小二次回归对样本量的限制。因此，在小样本情况下，BCS 算法确实是较好的选择。

4.2.8　小结

本节面向 PC 方法高维不确定性量化的 "维数灾难" 难题，详细介绍了四种稀疏 PC 方法的原理和构建步骤，包括基于最小角回归 (LAR)、正交匹配追踪 (OMP)、子空间追踪 (SP)、贝叶斯压缩感知 (BCS) 的稀疏 PC 方法。这里给出如下结论供读者在实际应用中更好地选择合适的稀疏 PC 方法。

(1) 通常情况下，这四种稀疏 PC 方法相比于全阶 PC 方法，由于采用了稀疏重构策略，均能在获得相当的不确定性传播精度的同时，显著减少样本数。

(2) 相比于 LAR，OMP 算法由于采用贪婪搜索策略，计算复杂度更低，迭代收敛更快，但是在相同设置下通常基于 OMP 的稀疏 PC 方法不确定性传播精度要略差于 LAR 算法。

(3) SP 算法相比于 OMP 和 LAR，理论上能实现更加有效的稀疏重构，但是需要人为设置稀疏度指标。当样本数较小时，若稀疏度指标选择不合理，会严重影响 SP 算法稀疏重构的效果及算法的收敛性。

(4) 在小样本情况下，BCS 算法由于将 PC 模型的稀疏重构问题放在贝叶斯框架下进行求解，相比于 LARS、OMP 和 SP 其精度明显提升，可认为是应对高维、小样本的较好选择。

4.3　稀疏网格数值积分

4.1 节和 4.2 节介绍的方法旨在通过减小全阶 PC 模型中正交多项式的项数，降低 PC 系数求解的样本数，进而降低计算量。稀疏网格数值积分 (spars grid numerical integration, SGNI) 则通过在基于 Galerkin 投影的 PC 系数计算中采取 Smoyak 算法，生成积分节点，大大减小 PC 系数求解中所需的积分节点的个数，从而缓解 "维数灾难" 难题。关于利用稀疏网格数值积分法估算 PC 系数，第 3 章的 3.3.1 节 2. 中已有详细的介绍，这里不做具体叙述。关于这方面的研究目前非常多，Winokur 在其博士论文中，针对 PC 研究了一种自适应稀疏网格数值积分方法，大大降低了计算量，并成功地应用于 2004 年 9 月 "伊万" 飓风穿过墨西哥湾时的海洋环流模型 [14]。Wu 等将稀疏网格数值积分用于 PC，求解不确定性下的翼型气动优化 [21]。Xiong 等将基于稀疏网格数值积分的 PC 方法应用于火箭弹稳健优化 [22]。

表 4.6 展示了稀疏网格和全网格对应于不同维数和精度要求 ($k=1,2,3$, k 为稀疏网格数值积分需要指定的精度水平) 情况下所需的配置点数目。可以看到，随着维数增加，基于直接张量积的全网格产生的节点数 (用 FG 表示) 迅速增长，而稀疏网格的节点数 (用 SG 表示) 增长要缓慢得多，相比于全网格可以显著减少配置点的数目，缓解 "维数灾难"。对于一般问题，精度水平 $k \geqslant 2$ 时可以得到较为满意的精度，而 $k \geqslant 2$ 时，对于 10 维问题，所需节点数为 231，这对于响应函数非常耗时的问题而言，计算量还是较大。

表 4.6　稀疏网格和全网格配置点数目

d	SG($k=1$)	SG($k=2$)	SG($k=3$)	FG
5	11	66	—	243
8	17	153	969	6561
10	21	231	1771	59049
13	27	243	3654	1594323
15	31	496	5456	14348907

稀疏网格数值积分确实能在一定程度上降低 PC 系数的计算量，但是对于高维问题 ($d > 10$)，其应对能力非常有限，因此该方法适用于中低维不确定性传播问题。

4.4　多可信度混沌多项式

在基于仿真的工程设计中，随着分析模型 (如计算流体力学 (CFD) 和有限元分析 (FEA)) 计算精度的提升，其非线性和计算量显著增加。采用 PC 方法直接基于这些高精度仿真模型进行不确定性传播，也同样面临计算量大的问题，在不确定性维数较高的情况下，"维数灾难" 问题更加突出。

　　对于工程系统设计，由于学科分工愈来愈细，分析方法和仿真建模手段逐渐多元化。随着设计进程的推进，往往伴随有多种不同精度和计算量的分析模型产生。如某型带分布式电推进的小型私人飞机 (personal air vehicle with distributed electric propulsion, PAV-DEP)(图 4.12) 涉及多个固定翼和螺旋桨的气动耦合分析，可利用多种多可信度气动仿真工具实现，包括简单低阶模型 (二维涡模型和叶素理论螺旋桨模型)、中精度模型 (涡格法模型和欧拉 CFD 模型，其中螺旋桨模型均采用激励盘)、高精度模型 (基于雷诺平均 Navier-Stokes(RANS) 方程的 CFD 模型)。此外，还有地面试验数据和飞行试验数据。

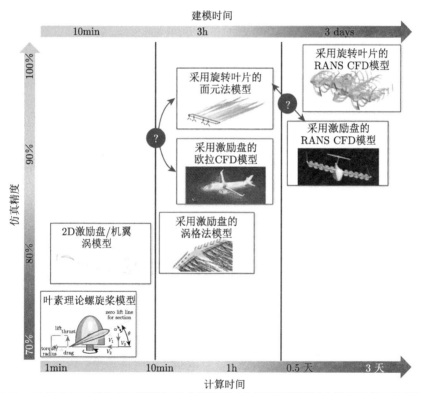

图 4.12　PAV-DEP 系统多可信度气动分析模型 (仿真精度指不同分析模型相对地面试验数据的可信度水平)

　　通常，我们认为，模型的精度越高，耗费成本越大，其能够生成的样本数量越少。为了降低计算量，充分利用多个分析模型的计算结果，产生了多可信度建模 (multi-fidelity modeling) 的思想，也称多模型融合 (model fusion)，即在大量相对计算廉价的低精度样本基础上,利用少量高精度样本点为导引或修正,通过融合不同精度和计算量的样本数据，建立多可信度代理模型 (multi-fidelity metamodel)，在保证代理模型精度的同时，尽可能降低计算量。在该方面具有代表性的研究有 Kennedy 与 O'Hagan 提出的基于高斯随机过程及差值 (或比值) 修正的多层级 Co-Kriging 方法 [23]。

由于多可信度建模理论在降低计算量方面效果显著，有学者基于 PC 方法开展了多可信度不确定性传播的研究，通过以少量高精度样本为引导，融合大量低精度样本数据并建立不同精度模型之间的修正 PC 模型，来提高低精度 PC 模型的预测精度，从而达到降低计算量的目的。Ng 和 Eldred 提出了基于 PC 和稀疏网格数值积分的多可信度不确定性传播方法 [13]；Palar 等提出了基于最小二次回归的多可信度 PC 方法 [24]。上述多可信度 PC 方法采用加法修正的多可信度建模策略，即在低精度 PC 模型上进行加法项 PC 修正，虽有效地解决了特定的问题，但依然存在不足。例如，Ng 和 Eldred 提出的方法需要采集稀疏网格数值积分点处的样本，其数量和位置都不是任意的；Palar 等提出的方法因利用线性回归法计算 PC 系数，虽然在采样策略上相对灵活，但需要高/低精度样本点嵌套。为此，Berchier 提出用低精度 PC 模型来预测非嵌套样本点处的响应值 [25]，但这必然会引入一定的预测误差，降低了多可信度 PC 模型的精度。闫亮和周涛等针对贝叶斯推理反问题，提出了一种基于自适应抽样的加法修正多可信度混沌多项式方法 [26]。吕震宙等提出一种基于高斯过程回归的多层级多可信度稀疏 PC 方法 [27]。熊芬芬等基于高斯随机过程，将多层级 Co-Kriging 方法从确定性多可信度建模领域扩展到不确定性量化，构建一种了多可信度 PC 方法，研究表明相较于常用的基于加法修正的多可信度 PC 方法，该方法精度大幅提高，且能够应对模型的精度水平为非层次型的情况 [28]。

这类采用多可信度建模思想的 PC 方法，显著降低了对高精度耗时样本的需求量，也可以看作是一种应对"维数灾难"的有效策略。这部分主要对目前几种常用的多可信度 PC 方法进行介绍。

4.4.1　基于加/乘法修正的方法

这类基于加/乘法修正的多可信度 PC 方法 [13] 形式简单、实施方便，其将高低精度模型之间的差值定义为以下形式：

$$C_\alpha(\xi) = Y_\mathrm{H}(\xi) - Y_\mathrm{L}(\xi) \tag{4.34}$$

其中，$Y_\mathrm{H}(\xi)$ 表示高精度模型；$Y_\mathrm{L}(\xi)$ 表示低精度模型。

相应地，基于加法修正的多可信度建模下，高精度响应可近似表示为

$$\tilde{Y}_\mathrm{H}(\xi) = Y_\mathrm{L}(\xi) + C_\alpha(\xi) \tag{4.35}$$

根据已抽取的样本点，分别构建低精度模型 $Y_\mathrm{L}(\xi)$ 和加法修正项 $C_\alpha(\xi)$ 的 PC 随机代理模型，这里也可以采取上述介绍的稀疏重构或基截断策略构建 PC 模型。

显然，考虑到高精度模型 $Y_{\mathrm{H}}(\boldsymbol{\xi})$ 通常非常耗时，可容许的样本量较少，而 $Y_{\mathrm{L}}(\boldsymbol{\xi})$ 则可以有较多样本，$Y_{\mathrm{L}}(\boldsymbol{\xi})$ 对应的 PC 模型阶次要高于 $C_{\alpha}(\boldsymbol{\xi})$ 对应的 PC 模型阶次。多可信度近似模型 $\tilde{Y}_{\mathrm{H}}(\boldsymbol{\xi})$ 进一步表示为

$$
\begin{aligned}
\tilde{Y}_{\mathrm{H}}(\boldsymbol{\xi}) &= \sum_{i=0}^{P_{LF}} b_i^{\mathrm{L}} \Phi_i(\boldsymbol{\xi}) + \sum_{i=0}^{P_{\mathrm{HF}}} c_i^{\alpha} \Phi_i(\boldsymbol{\xi}) \\
&= \sum_{i=0}^{P_{\mathrm{HF}}} \left(b_i^{\mathrm{L}} + c_i^{\alpha}\right) \Phi_i(\boldsymbol{\xi}) + \sum_{i=P_{\mathrm{HF}}+1}^{P_{\mathrm{LF}}} b_i^{\mathrm{L}} \Phi_i(\boldsymbol{\xi})
\end{aligned}
\tag{4.36}
$$

其中，b 和 c 分别表示 $Y_{\mathrm{L}}(\boldsymbol{\xi})$ 和 $C_{\alpha}(\boldsymbol{\xi})$ 所对应的 PC 模型的 PC 系数；下角标 HF 和 LF 分别表示对应于高精度和低精度模型相关量。修正项的构建需要利用高、低精度模型响应数据的差，因此需要调用高精度模型。

类似地，将高、低精度模型之间的比值定义为

$$
C_{\beta}(\boldsymbol{\xi}) = \frac{Y_{\mathrm{H}}(\boldsymbol{\xi})}{Y_{\mathrm{L}}(\boldsymbol{\xi})}
\tag{4.37}
$$

则基于乘法修正的多可信度建模下，高精度响应可近似表示为

$$
\tilde{Y}_{\mathrm{H}}(\boldsymbol{\xi}) = C_{\beta}(\boldsymbol{\xi}) Y_{\mathrm{L}}(\boldsymbol{\xi})
\tag{4.38}
$$

也可将二者结合起来构建高精度响应的近似表达

$$
\tilde{Y}_{\mathrm{H}}(\boldsymbol{\xi}) = \gamma \left[Y_{\mathrm{L}}(\boldsymbol{\xi}) + C_{\alpha}(\boldsymbol{\xi})\right] + (1-\gamma) C_{\beta}(\boldsymbol{\xi}) Y_{\mathrm{L}}(\boldsymbol{\xi})
\tag{4.39}
$$

对于基于加/乘法修正的多可信度 PC 方法，通常要求高精度 ($\boldsymbol{X}_{\mathrm{HF}}$) 和低精度 ($\boldsymbol{X}_{\mathrm{LF}}$) 输入样本嵌套，即 $\boldsymbol{X}_{\mathrm{HF}} \subset \boldsymbol{X}_{\mathrm{LF}}$，从而可以精确地计算高、低精度响应间的偏差。实际中可能存在非嵌套的情况，为了依然可以利用该方法，可采用低精度 PC 模型来预测非嵌套样本点处的响应值，以替代低精度响应数据[25]，但这必然会引入一定的预测误差，降低多可信度 PC 模型的精度。

关于输入样本点的位置，可采用稀疏网格数值积分确定，还可采用随机抽样、拉丁超立方抽样、准随机抽样等方法。$\boldsymbol{X}_{\mathrm{LF}}$ 的个数可根据 PC 模型的系数个数确定，通常推荐是系数个数的 2 倍，$\boldsymbol{X}_{\mathrm{HF}}$ 的个数则可在权衡考虑多可信度模型的精度需求和可用计算量的基础上适当减少，但是通常而言不能低于 $5d$。

4.4.2 基于高斯随机过程的方法

实际复杂系统设计中分析模型多样化，除了层级型，极有可能为非层级型，精度水平难以明确排序甚至无法预知。例如，上述 4.4.1 节中提到的某型带分布式

电推进的小型私人飞机的气动分析 (见图 4.12，蓝色的双向箭头表示分析模型间精度水平不明确)，面元法 (螺旋桨模型采用旋转叶片) 与基于雷诺平均 Navier-Stokes(RANS) 方程的 CFD(螺旋桨模型采用激励盘) 具有几乎相当的精度。所谓层次型是指模型的精度水平可以从高到低进行明确排序；而非层次型是指存在一个高精度模型，其余的模型统称为低精度模型，而低精度模型精度水平无法从高到低进行明确排序，如图 4.13 (a) 所示；还有可能模型 1 在某个区域比模型 2 精度高，而在另外一个区域则精度又差于模型 2，如图 4.13 (b) 所示。

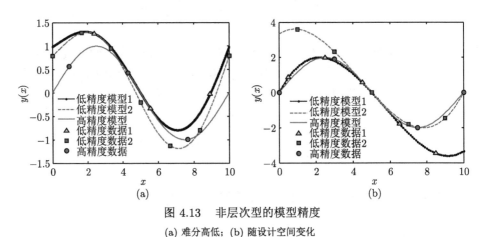

图 4.13　非层次型的模型精度

(a) 难分高低；(b) 随设计空间变化

　　基于高斯随机过程的多可信度 PC 方法 [28] 引入高斯随机过程 (Gaussian random process, GRP) 建模理论，将 PC 模型作为 GRP 模型的均值项，构建所谓的 PC-Kriging 模型，通过 GRP 理论发掘不同可信度数据之间的相关性，构建输出响应的多可信度 PC 模型，可同时处理层次型精度和非层次型精度的多可信度融合。为了保持各章研究内容的逻辑合理性，关于 GRP 理论的介绍本书安排在第 8 章，读者可参阅 8.1 节。

　　关于基于高斯随机过程的多可信度 PC 方法的数值仿真测试对比，读者可参见文献 [9]。文中通过对若干数学算例的测试，表明基于高斯随机过程的多可信度混沌多项式方法可将不确定性分析的相对误差控制在 5% 以内，并显著优于基于加法修正的 PC 方法。与广泛应用的 Co-Kriging 方法相比，基于高斯随机过程的多可信度混沌多项式方法能将不确定性分析的相对误差降低为 Co-Kriging 的 50%～12%；在随机输入分布非对称或函数响应值方差较大的情况下，能将不确定性分析的相对误差降低为 Co-Kriging 的 10%～0.1%，且明显具有更强的稳健性。这些结果都显示了基于高斯随机过程的多可信度混沌多项式方法的优势及有效性。文中还进一步将基于高斯随机过程的多可信度混沌多项式方法应用于二维翼型稳健优化设计，进一步验证了该方法具有较高的效率和实际应用价值。

1. 层次型精度

对于层级型模型精度，假设存在 s 个多可信度分析模型 $y^t(\boldsymbol{x})$ $(t = 1, \cdots, s)$，t 越大模型精度越高，通常计算量也越大，所能提供的样本数目也更少。$y^1(\boldsymbol{x})$ 为最低可信度模型，也是计算最廉价的模型；而 $y^s(\boldsymbol{x})$ 则是最高可信度模型，同时也是计算成本最高的模型。$\boldsymbol{x} = [x_1, x_2, \cdots, x_d] \in \mathbb{R}^d$ 表示 d 维随机输入向量。

步骤 1：根据随机输入变量 $\boldsymbol{x}$ 的分布信息，确定抽样区域的边界，然后采用拉丁超立方抽样或高斯积分规则等方法生成输入样本点，并计算相应的不同可信度的模型输出响应。

假设对于第 t 级精度模型，有随机输入样本点 $\boldsymbol{D}_t = \left[\left(\boldsymbol{x}_1^t\right)^{\mathrm{T}}, \left(\boldsymbol{x}_2^t\right)^{\mathrm{T}}, \cdots, \left(\boldsymbol{x}_{n_t}^t\right)^{\mathrm{T}}\right]^{\mathrm{T}}$ 及其对应的响应值为 $\boldsymbol{d}_t = \left[y^t\left(\boldsymbol{x}_1^t\right), \cdots, y^t\left(\boldsymbol{x}_{n_t}^t\right)\right]^{\mathrm{T}}$，则所有层级模型的随机输入样本点集合为 $\boldsymbol{\Gamma} = [\boldsymbol{D}_1; \boldsymbol{D}_2; \cdots; \boldsymbol{D}_s]$，其对应的响应值为 $\boldsymbol{d} = [\boldsymbol{d}_1^{\mathrm{T}}, \cdots, \boldsymbol{d}_s^{\mathrm{T}}]^{\mathrm{T}}$。$n_t$ 为 t 级模型的样本点个数，随着模型可信度提高而减少。

步骤 2：基于多层次 Co-Kriging 方法[23] 的递归公式，创建多可信度 PC-Kriging 代理模型来取代最高可信度的响应模型 $y^s(\boldsymbol{x})$。

多可信度建模方法 Co-Kriging 所采用的递归公式如下所示：

$$y^t(\boldsymbol{x}) = \rho_{t-1} y^{t-1}(\boldsymbol{x}) + \delta^t(\boldsymbol{x}), \quad t = 2, \cdots, s \tag{4.40}$$

其中，ρ_{t-1} 表示模型响应 $y^t(\boldsymbol{x})$ 与 $y^{t-1}(\boldsymbol{x})$ 之间的归一化因子；修正项 $\delta^t(\boldsymbol{x})$ 为 $y^t(\boldsymbol{x})$ 与 $\rho_{t-1} y^{t-1}(\boldsymbol{x})$ 之间偏差决定的高斯随机过程。

将最低精度模型 $y^1(\boldsymbol{x})$ 和所有修正项 $\delta^j(\boldsymbol{x})$ $(j = 2, \cdots, s)$ 分别表示为基于 PC 的高斯随机过程，即 PC-Kriging 模型。

$$\begin{aligned}
y^1(\boldsymbol{x}) &= \sum_{i=0}^{P} b_i^1 \Phi_i^1(\boldsymbol{x}(\boldsymbol{\xi})) + \sigma_1^2 Z^1(\boldsymbol{x}) \sim \mathcal{GP}\left(M^1(\boldsymbol{x}), V^1(\boldsymbol{x}, \boldsymbol{x}')\right) \\
\delta^j(\boldsymbol{x}) &= \sum_{i=0}^{P} b_i^j \Phi_i^j(\boldsymbol{x}(\boldsymbol{\xi})) + \sigma_j^2 Z^j(\boldsymbol{x}) \sim \mathcal{GP}\left(M^j(\boldsymbol{x}), V^j(\boldsymbol{x}, \boldsymbol{x}')\right)
\end{aligned} \tag{4.41}$$

其中，$M(\boldsymbol{x}) = \sum_{i=0}^{P} b_i \Phi_i(\boldsymbol{x}(\boldsymbol{\xi}))$ 是 PC 模型，为高斯随机过程的均值项；$V(\boldsymbol{x}, \boldsymbol{x}') = \sigma^2 R(\boldsymbol{x}, \boldsymbol{x}', \boldsymbol{\theta}, h)$ 为两个输入样本 $\boldsymbol{x}$ 和 $\boldsymbol{x}'$ 的空间协方差函数，其中空间相关函数 $R(\boldsymbol{x}, \boldsymbol{x}', \boldsymbol{\theta}, h)$ 可选择多种形式，本章以幂函数 $R(\boldsymbol{x}, \boldsymbol{x}', \boldsymbol{\theta}, h) = \exp\left[-\sum_{k=1}^{d} \theta_k (x_k - x_k')^h\right]$ 为例进行介绍，其中 $\boldsymbol{\theta}$、σ 和 h 为待估计的超参数。

注意与通常的 GRP 不同之处在于，上面的 PC-Kriging 模型中均值项为 PC 模型，而非常数项。相比于 Co-Kriging，采用 PC 模型作为均值项，可引入更多的有关不确定性的概率信息，构建的多可信度 PC-Kriging 模型能显著提高不确定性传播的精度，尤其在随机输入分布非对称或输入不确定性变量方差较大的情况下，提升效果更加明显 [9]。

基于式 (4.40) 和式 (4.41)，利用高斯随机过程的叠加性，最高可信度响应模型 $y^s(\boldsymbol{x})$ 也可表示为高斯随机过程。

$$
\begin{aligned}
y^s(\boldsymbol{x}) \sim \mathcal{GP}\bigg(& M^1(\boldsymbol{x})\bigg(\prod_{i=1}^{s-1}\rho_i\bigg) + M^2(\boldsymbol{x})\bigg(\prod_{i=2}^{s-1}\rho_i\bigg) + \cdots + M^s(\boldsymbol{x}), \\
& \bigg(\prod_{i=1}^{s-1}\rho_i\bigg)^2 V^1(\boldsymbol{x},\boldsymbol{x}') + \bigg(\prod_{i=2}^{s-1}\rho_i\bigg)^2 V^2(\boldsymbol{x},\boldsymbol{x}') + \cdots + V^s(\boldsymbol{x},\boldsymbol{x}') \bigg)
\end{aligned}
\tag{4.42}
$$

步骤 3：采用极大似然估计方法计算所有 PC 系数和未知超参数的值。

式 (4.32) 中的未知数为 $\Delta = \{\boldsymbol{B},\boldsymbol{\sigma},\boldsymbol{\Theta},\boldsymbol{\rho},\boldsymbol{h}\}$，其中，$\boldsymbol{B} = \big[(\boldsymbol{b}^1)^{\mathrm{T}},\cdots,(\boldsymbol{b}^i)^{\mathrm{T}},\cdots,(\boldsymbol{b}^s)^{\mathrm{T}}\big]^{\mathrm{T}}$ 为待求 PC 系数组成的列向量，其中 $\boldsymbol{b}^i = [b_0^i,b_1^i\cdots,b_P^i]^{\mathrm{T}}$；其余未知超参数分别为 $\boldsymbol{\sigma} = [\sigma^1,\cdots,\sigma^s]^{\mathrm{T}}$（$\boldsymbol{\sigma}$ 为 $s\times1$ 的列向量），$\boldsymbol{\Theta} = [\boldsymbol{\theta}^1,\cdots,\boldsymbol{\theta}^s]^{\mathrm{T}}$（其中每个元素为 $d\times1$ 的列向量），$\boldsymbol{\rho} = [\rho^1,\cdots,\rho^{s-1}]^{\mathrm{T}}$（$\boldsymbol{\rho}$ 为 $(s-1)\times1$ 的列向量），$\boldsymbol{h} = [h^1,\cdots,h^s]^{\mathrm{T}}$。

在参数估计过程中，可采用文献 [28] 提出的考虑所有不同可信度响应模型之间的相关性的方法。根据高斯随机过程理论，所有已收集的响应值 $\boldsymbol{d}$ 服从多元正态分布，即

$$
\boldsymbol{d} \sim \mathcal{N}(\boldsymbol{HB},\boldsymbol{V}_d) \tag{4.43}
$$

其中，$\boldsymbol{H}$ 为

$$
\boldsymbol{H} = \begin{bmatrix}
\boldsymbol{\Phi}^1(\boldsymbol{D}_1(\boldsymbol{\xi})) & 0 & \cdots & 0 \\
\rho_1\boldsymbol{\Phi}^1(\boldsymbol{D}_2(\boldsymbol{\xi})) & \boldsymbol{\Phi}^2(\boldsymbol{D}_2(\boldsymbol{\xi})) & 0 & 0 \\
\rho_1\rho_2\boldsymbol{\Phi}^1(\boldsymbol{D}_3(\boldsymbol{\xi})) & \rho_2\boldsymbol{\Phi}^2(\boldsymbol{D}_3(\boldsymbol{\xi})) & \boldsymbol{\Phi}^3(\boldsymbol{D}_3(\boldsymbol{\xi})) & \vdots \\
\vdots & \vdots & & 0 \\
\bigg(\prod_{i=1}^{s-1}\rho_i\bigg)\boldsymbol{\Phi}^1(\boldsymbol{D}_s(\boldsymbol{\xi})) & \bigg(\prod_{i=2}^{s-1}\rho_i\bigg)\boldsymbol{\Phi}^2(\boldsymbol{D}_s(\boldsymbol{\xi})) & \cdots & \boldsymbol{\Phi}^s(\boldsymbol{D}_s(\boldsymbol{\xi}))
\end{bmatrix}
\tag{4.44}
$$

上式中，$\boldsymbol{\Phi}^t\left(\boldsymbol{D}_j\left(\boldsymbol{\xi}\right)\right)$ 为 $n_j \times (P+1)$ $(j,t=1,2,\cdots,s)$（n_j 为对应的精度级别 j 的样本量) 的矩阵，表示如下：

$$\boldsymbol{\Phi}^t\left(\boldsymbol{D}_j\left(\boldsymbol{\xi}\right)\right) = \left[\Phi_0^t\left(\boldsymbol{D}_j\left(\boldsymbol{\xi}\right)\right), \Phi_1^t\left(\boldsymbol{D}_j\left(\boldsymbol{\xi}\right)\right), \cdots, \Phi_P^t\left(\boldsymbol{D}_j\left(\boldsymbol{\xi}\right)\right)\right] \tag{4.45}$$

其中，每一列都为将 n_j 个样本代入正交多项式中形成的 $n_j \times 1$ 的列向量。

式 (4.43) 中 $\boldsymbol{V}_d$ 是大小为 $(n_1+,\cdots,+n_s) \times (n_1+,\cdots,+n_s)$ 的矩阵，其表达式为

$$\boldsymbol{V}_d = \begin{pmatrix} V_{1,1} & \cdots & V_{1,s} \\ \vdots & & \vdots \\ V_{s,1} & \cdots & V_{s,s} \end{pmatrix} \tag{4.46}$$

$\boldsymbol{V}_d$ 对角线上第 t 个 $n_t \times n_t$ 维子矩阵可由下式计算：

$$V_{t,t} = \sigma_t^2 R_t\left(\boldsymbol{D}_t\right) + \sigma_{t-1}^2 \rho_{t-1}^2 R_{t-1}\left(\boldsymbol{D}_t\right) + \cdots + \sigma_1^2 \left(\prod_{i=1}^{t-1}\rho_i^2\right) R_1\left(\boldsymbol{D}_t\right) \tag{4.47}$$

其中，$R_i\left(\boldsymbol{D}_t\right) = R_i\left(\boldsymbol{D}_t, \boldsymbol{D}_t, \boldsymbol{\theta}^i, h^i\right)$。

$\boldsymbol{V}_d$ 非对角线上 $n_t \times n_{t'}$ 子矩阵则由下式计算：

$$V_{t,t'} = \left(\prod_{\substack{i=t \\ 1\leqslant t<t'\leqslant s}}^{t'-1}\rho_i\right)\left(\sigma_t^2 R_t\left(\boldsymbol{D}_t, \boldsymbol{D}_{t'}\right) + \cdots + \sigma_1^2 \left(\prod_{i=1}^{t-1}\rho_i^2\right) R_1\left(\boldsymbol{D}_t, \boldsymbol{D}_{t'}\right)\right) \tag{4.48}$$

似然函数可定义为

$$\mathcal{L}\left(\Delta \left| \boldsymbol{d}\right.\right) \propto \left|\boldsymbol{V}_d\right|^{-1/2} \left|\boldsymbol{W}\right|^{1/2} \exp\left[-\frac{1}{2}\left(\boldsymbol{d}-\boldsymbol{H}\boldsymbol{B}\right)^{\mathrm{T}}\boldsymbol{V}_d^{-1}\left(\boldsymbol{d}-\boldsymbol{H}\boldsymbol{B}\right)\right] \tag{4.49}$$

其中，$\boldsymbol{W} = \left(\boldsymbol{H}^{\mathrm{T}}\boldsymbol{V}_d^{-1}\boldsymbol{H}\right)^{-1}$。

PC 模型所有系数形成的向量 $\boldsymbol{B}$ 可由式 (4.49) 的一阶最优必要条件计算得到：

$$\boldsymbol{B} = \boldsymbol{W}\boldsymbol{H}\boldsymbol{V}_d^{-1}\boldsymbol{d} \tag{4.50}$$

其余，超参数 $\boldsymbol{\sigma}, \boldsymbol{\Theta}, \boldsymbol{\rho}$ 和 $\boldsymbol{h}$ 则可采用遗传算法或模拟退火算法等求解最大化式 (4.49) 的优化问题得到。

步骤 4：在上述构建完成的多可信度 PC 随机代理模型上直接运行 MCS，并计算预测响应 y 的不确定性。

基于高斯随机过程理论，所有已搜集的样本响应值 $\boldsymbol{d}$ 与多可信度代理模型的预测值 $\boldsymbol{y}(\boldsymbol{x}_p) = \left[y(\boldsymbol{x}_1), \cdots, y(\boldsymbol{x}_{n_p})\right]^{\mathrm{T}}$ 均服从同一个多元正态分布，如下式所示：

$$\begin{bmatrix} \boldsymbol{d} \\ \boldsymbol{y}(\boldsymbol{x}_p) \end{bmatrix} \sim \mathcal{N}\left(\begin{bmatrix} \boldsymbol{H} \\ \boldsymbol{H}_p \end{bmatrix} \boldsymbol{B}, \begin{bmatrix} \boldsymbol{V}_d & \boldsymbol{T}_p^{\mathrm{T}} \\ \boldsymbol{T}_p & \boldsymbol{V}_p \end{bmatrix} \right) \tag{4.51}$$

基于上式，则预测响应 $\boldsymbol{y}(\boldsymbol{x}_p)$ 可表示为

$$\boldsymbol{y}(\boldsymbol{x}_p) = \boldsymbol{H}_p \boldsymbol{B} + \boldsymbol{T}_p \boldsymbol{V}_d^{-1} (\boldsymbol{d} - \boldsymbol{H}\boldsymbol{B}) \tag{4.52}$$

其中，

$$\begin{aligned}
\boldsymbol{H}_p = \Bigg(& \left(\prod_{i=1}^{s-1}\rho_i\right) \boldsymbol{\Phi}^1(\boldsymbol{x}_p(\boldsymbol{\xi})), \\
& \left(\prod_{i=2}^{s-1}\rho_i\right) \boldsymbol{\Phi}^2(\boldsymbol{x}_p(\boldsymbol{\xi})), \cdots, \rho_{s-1}\boldsymbol{\Phi}^{s-1}(\boldsymbol{x}_p(\boldsymbol{\xi})), \boldsymbol{\Phi}^s(\boldsymbol{x}_p(\boldsymbol{\xi})) \Bigg)
\end{aligned} \tag{4.53}$$

$$\boldsymbol{T}_p = \left(t_1(x_p, \boldsymbol{D}_1)^{\mathrm{T}}, \cdots, t_s(x_p, \boldsymbol{D}_s)^{\mathrm{T}} \right)^{\mathrm{T}} \tag{4.54}$$

$$t_1(\boldsymbol{x}_p, \boldsymbol{D}_1) = \left(\prod_{i=1}^{s-1}\rho_i\right) \sigma_1^2 R_1(\boldsymbol{x}_p, \boldsymbol{D}_1)^{\mathrm{T}} \tag{4.55}$$

$$t_t(\boldsymbol{x}_p, \boldsymbol{D}_t) = \rho_{t-1}t_t(\boldsymbol{x}_p, \boldsymbol{D}_t) + \left(\prod_{i=t}^{s}\rho_i\right) \sigma_t^2 R_t(\boldsymbol{x}_p, \boldsymbol{D}_t)^{\mathrm{T}}, \quad t=2,\cdots,s \tag{4.56}$$

直接在式 (4.52) 上调用 MCS 方法，计算随机输出响应 y 的均值、方差、概率密度函数等不确定性信息。

2. 非层次型精度

对于多可信度模型的精度为非层级形式的情况，假设存在 s 个多可信度分析模型 $y^t(\boldsymbol{x})(t=1,\cdots,s)$，$y^s(\boldsymbol{x})$ 为高可信度模型，同时也是计算成本最高的模型。$y^t(\boldsymbol{x})(t=1,\cdots,s-1)$ 为 $s-1$ 个低可信度模型，其精度水平无法区分排序。$\boldsymbol{x} = [x_1, x_2, \cdots, x_d] \in \mathbb{R}^d$ 表示 d 维随机输入向量。

步骤 1：类似于 4.2.1 节中层级型建模方法的步骤 1，首先采集多可信度模型的输入输出样本。

假设对于第 t 级精度模型，有随机输入样本点 $\boldsymbol{D}_t = \left[(\boldsymbol{x}_1^t)^{\mathrm{T}}, (\boldsymbol{x}_2^t)^{\mathrm{T}}, \cdots, (\boldsymbol{x}_{n_t}^t)^{\mathrm{T}} \right]^{\mathrm{T}}$ 及其对应的响应值为 $\boldsymbol{d}_t = \left[y^t(\boldsymbol{x}_1^t), \cdots, y^t(\boldsymbol{x}_{n_t}^t) \right]^{\mathrm{T}}$，则所有随机输入

样本点集合为 $\boldsymbol{\Gamma} = [\boldsymbol{D}_1; \boldsymbol{D}_2; \cdots; \boldsymbol{D}_s]$，其对应的响应值为 $\boldsymbol{d} = \left[\boldsymbol{d}_1^{\mathrm{T}}, \cdots, \boldsymbol{d}_s^{\mathrm{T}}\right]^{\mathrm{T}}$。$n_t$ 为相应的分析模型 $y^t(\boldsymbol{x})\,(t=1,\cdots,s)$ 的样本点个数。

步骤 2： 创建多可信度 PC-Kriging 代理模型来代替高可信度响应模型 $y^H(\boldsymbol{x})$。

与层级型多可信度建模方法不同，由于非层级型低可信度模型无法区分其精度的高低，采用加权求和的方法 [29] 来构建多可信度代理模型。该方法将高可信度模型 $y^s(\boldsymbol{x})$ 表示为所有低可信度模型 $y^q(\boldsymbol{x})|_{q=1,\cdots,s-1}$ 的加权和再加上一个偏差项 $\delta(\boldsymbol{x})$：

$$y^s(\boldsymbol{x}) = \sum_{q=1}^{s-1} \rho^q y^q(\boldsymbol{x}) + \delta(\boldsymbol{x}) \tag{4.57}$$

其中，ρ^q 为低可信度模型 $y^q(\boldsymbol{x})$ 的权重系数。

为了降低多可信度建模的复杂度及计算量，在此首先假设所有低精度模型 $y^q(\boldsymbol{x})$、偏差函数 $\delta(\boldsymbol{x})$ 相互先验独立，然后用 PC-Kriging 方法构建各低可信度模型 $y^q(\boldsymbol{x})$ 的随机代理模型，由于各个低可信度模型 $y^q(\boldsymbol{x})|_{q=1,\cdots,s-1}$ 均描述同一物理过程，且可信度不相上下，所以采用相同的相关函数 $R(\boldsymbol{x}, \boldsymbol{x}', \boldsymbol{\theta}, h) = \exp\left[-\sum_{k=1}^{d} \theta_k (x_k - x_k')^h\right]$，以减少未知超参数的个数。类似地，用 PC-Kriging 方法建立偏差函数 $\delta(\boldsymbol{x})$ 的随机代理模型，其相关函数为 $R^\delta(\boldsymbol{x}, \boldsymbol{x}', \boldsymbol{\theta}^\delta, h^\delta)$。基于式 (4.57)，高可信度模型 $y^s(\boldsymbol{x})$ 可表示为如下高斯随机过程：

$$y^s(\boldsymbol{x}) : \mathcal{GP}(M(\boldsymbol{x}), V(\boldsymbol{x}, \boldsymbol{x}')) \tag{4.58}$$

其中，$M(\boldsymbol{x}) = \sum_{q=1}^{s-1} \boldsymbol{\Phi}^q(\boldsymbol{x}(\boldsymbol{\xi}))^{\mathrm{T}} \boldsymbol{b}^q \rho^q + \boldsymbol{\Phi}^\delta(\boldsymbol{x}(\boldsymbol{\xi}))^{\mathrm{T}} \boldsymbol{b}^\delta$；$V(\boldsymbol{x}, \boldsymbol{x}') = \boldsymbol{\rho}^{\mathrm{T}} \boldsymbol{E} \boldsymbol{\rho} R(\boldsymbol{x}, \boldsymbol{x}') + \sigma_\delta^2 R^\delta(\boldsymbol{x}, \boldsymbol{x}')$；$\boldsymbol{\rho} = \left[\rho^1, \cdots, \rho^{s-1}\right]^{\mathrm{T}}$；$\boldsymbol{E} = \begin{bmatrix} \boldsymbol{E}_{1,1} & \cdots & \boldsymbol{E}_{1,s-1} \\ \vdots & & \vdots \\ \boldsymbol{E}_{s-1,1} & \cdots & \boldsymbol{E}_{s-1,s-1} \end{bmatrix}$，$\boldsymbol{E}_{i,j} = c_{i,j}\sqrt{\boldsymbol{E}_{i,i}\boldsymbol{E}_{j,j}}$ 为低可信度模型 $y^i(\boldsymbol{x})$ 与 $y^j(\boldsymbol{x})$ 之间的未知协方差，这里 $c_{i,j} \in [-1,1]$ 为未知相关系数。

步骤 3： 采用极大似然估计计算 PC 系数和其他未知超参数的值。

非层级多可信度建模方法中的待求未知数包括 $\boldsymbol{\Delta} = \left\{\boldsymbol{b}^1, \cdots, \boldsymbol{b}^{s-1}, \boldsymbol{b}^\delta, \boldsymbol{E}, \boldsymbol{\rho}, \boldsymbol{\theta}, \boldsymbol{\theta}^\delta, h, h^\delta\right\}$，其中 $\boldsymbol{b}^1, \cdots, \boldsymbol{b}^{s-1}, \boldsymbol{b}^\delta$ 代表相关的 PC 模型系数，分别为 $(1+P)\times 1$ 的向量。其余的超参数可表示为 $\boldsymbol{\sigma} = [\sigma_1, \cdots, \sigma_{s-1}, \sigma_\delta]^{\mathrm{T}}$（$\boldsymbol{\sigma}$ 为 $s\times 1$ 的列向量），$\boldsymbol{\Theta} = [\boldsymbol{\theta}, \boldsymbol{\theta}^\delta]^{\mathrm{T}}$（$\boldsymbol{\Theta}$ 为 $2\times d$ 的矩阵），$\boldsymbol{h} = [h, h_\delta]^{\mathrm{T}}$（$\boldsymbol{h}$ 为 2×1 的列向量）。类似于层级多

可信度建模步骤 3 对超参数进行结算。首先，假设所有的样本响应值 $\boldsymbol{d} = [\boldsymbol{d}_{\mathrm{L}}; \boldsymbol{d}_{\mathrm{H}}]$ 都服从多元正态随机分布，如式 (4.43)。然后重新定义以下矩阵：

$$\boldsymbol{B} = \left[\left(\boldsymbol{b}^1\right)^{\mathrm{T}}, \cdots, \left(\boldsymbol{b}^{s-1}\right)^{\mathrm{T}}, \left(\boldsymbol{b}^\delta\right)^{\mathrm{T}}\right]^{\mathrm{T}} \tag{4.59}$$

$$\boldsymbol{H} = \begin{bmatrix} \boldsymbol{\Phi}^1\left(\boldsymbol{D}_1\left(\boldsymbol{\xi}\right)\right) & \cdots & 0 & 0 \\ \vdots & & \vdots & \vdots \\ 0 & \cdots & \boldsymbol{\Phi}^{s-1}\left(\boldsymbol{D}_{s-1}\left(\boldsymbol{\xi}\right)\right) & 0 \\ \rho^1\boldsymbol{\Phi}^1\left(\boldsymbol{D}_s\left(\boldsymbol{\xi}\right)\right) & \cdots & \rho^{s-1}\boldsymbol{\Phi}^{s-1}\left(\boldsymbol{D}_s\left(\boldsymbol{\xi}\right)\right) & \boldsymbol{\Phi}^\delta\left(\boldsymbol{D}_s\left(\boldsymbol{\xi}\right)\right) \end{bmatrix} \tag{4.60}$$

$$\boldsymbol{V}_d = \begin{bmatrix} e_1^{\mathrm{T}}\boldsymbol{E}e_1R\left(\boldsymbol{D}_1, \boldsymbol{D}_1\right) & \cdots & e_1^{\mathrm{T}}\boldsymbol{E}e_{s-1}R\left(\boldsymbol{D}_1, \boldsymbol{D}_{s-1}\right) \\ \vdots & & \vdots \\ e_{s-1}^{\mathrm{T}}\boldsymbol{E}e_1R\left(\boldsymbol{D}_{s-1}, \boldsymbol{D}_1\right) & \cdots & e_{s-1}^{\mathrm{T}}\boldsymbol{E}e_{s-1}R\left(\boldsymbol{D}_{s-1}, \boldsymbol{D}_{s-1}\right) \\ \boldsymbol{\rho}\boldsymbol{E}e_1R\left(\boldsymbol{D}_s, \boldsymbol{D}_{s-1}\right) & \cdots & \boldsymbol{\rho}\boldsymbol{E}e_{s-1}R\left(\boldsymbol{D}_s, \boldsymbol{D}_{s-1}\right) \end{bmatrix}$$
$$\begin{bmatrix} e_1^{\mathrm{T}}\boldsymbol{E}\boldsymbol{\rho}R\left(\boldsymbol{D}_1, \boldsymbol{D}_s\right) \\ \vdots \\ e_{s-1}^{\mathrm{T}}\boldsymbol{E}\boldsymbol{\rho}R\left(\boldsymbol{D}_{s-1}, \boldsymbol{D}_s\right) \\ \boldsymbol{\rho}^{\mathrm{T}}\boldsymbol{E}\boldsymbol{\rho}R\left(\boldsymbol{D}_s, \boldsymbol{D}_s\right) + \sigma_\delta^2 R_\delta\left(\boldsymbol{D}_s, \boldsymbol{D}_s\right) \end{bmatrix} \tag{4.61}$$

其中，e_i 为第 i 个元素为 1、其余元素均为 0 的 $s-1$ 维单位向量。

然后，采用遗传算法等优化策略求解极大似然估计，得到各超参数的值。

步骤 4：类似于层级型多可信度建模的步骤 4，在构建好的多可信度随机代理模型上运行 MCS，计算输出响应的均值、方差、概率密度函数等不确定性信息。其中，矩阵 $\boldsymbol{H}_p$ 和 $\boldsymbol{T}_p$ 需要重新定义，如下：

$$\boldsymbol{H}_p = \left[\rho^1\boldsymbol{\Phi}^1\left(\boldsymbol{x}_p\left(\boldsymbol{\xi}\right)\right), \cdots, \rho^{s-1}\boldsymbol{\Phi}^{s-1}\left(\boldsymbol{x}_p\left(\boldsymbol{\xi}\right)\right), \boldsymbol{\Phi}^\delta\left(\boldsymbol{x}_p\left(\boldsymbol{\xi}\right)\right)\right] \tag{4.62}$$

$$\boldsymbol{T}_p = \left[\boldsymbol{\rho}^{\mathrm{T}}\boldsymbol{E}e_1R\left(\boldsymbol{x}_p, \boldsymbol{D}_1\right), \cdots, \boldsymbol{\rho}^{\mathrm{T}}\boldsymbol{E}e_{s-1}R\left(\boldsymbol{x}_p, \boldsymbol{D}_{s-1}\right), \boldsymbol{\rho}^{\mathrm{T}}\boldsymbol{E}\boldsymbol{\rho}R\left(\boldsymbol{x}_p, \boldsymbol{D}_s\right)\right.$$
$$\left. +\sigma_\delta^2 R^\delta\left(\boldsymbol{x}_p, \boldsymbol{D}_s\right)\right] \tag{4.63}$$

3. 说明

需要注意的是，由于超参数估计中涉及大量参数，对于 $d=2$、融合三个精度水平的模型的情况，涉及超参数数目约为 16 个。基于优化进行寻优较为耗时烦琐，而且若参数过多则一次优化可能找不到有效的参数估计值，往往需要多次寻优寻求最佳的超参数，这显然增加了超参数估计的计算量和复杂度。我们在大量高斯随机过程相关的研究中发现, 相关函数 $R(\cdot)$ 中的超参数 θ_k 和 h 通常无须在极大似然估计中进行优化, 可凭经验提前指定, 通常情况下可采用推荐值: $\theta_k = 1.5$ 和 $h = 2$, 这样将减少 8 个超参数。

4.4.3 考虑最大效费比的序列抽样

样本点的选取对代理模型的精度和计算效率有着重大的影响, 在以往的多可信度 PC 方法中, 每个多可信度分析模型的样本点一般都是凭直觉或经验选择的, 并没有系统科学的样本点选择方法。为了解决该问题, 产生了最大化样本效费比的自适应抽样策略 (maximum cost-effectiveness sampling strategy, MCESS), 进一步降低了 4.4.2 节介绍的多可信度 PC 方法 (以下简写为 MF-PC-GP) 不确定性量化的计算量, 在该方法中样本输入位置的选择和相应的待评估分析模型选择依次确定。

MCESS 建立了综合评估分析模型计算成本与其提高 MF-PC-GP 精度潜在能力的效费比指标 (cost-effectiveness index, CEI), 从而可在尽可能地减少计算成本的前提下确定要调用的分析模型, 同时保证 MF-PC-GP 的精度。此外, 为了进一步避免无谓的计算量, 在效费比指标引入样本密度函数。考虑到若一个模型 $y^t(\boldsymbol{x})\,(t \in 1, \cdots, s)$ 在某输入区域存在大量的响应数据, 则没有必要继续在该区域增加该模型的样本点和那些精度低于这个模型的样本点。因为增加这些样本点对提高 MF-PC-GP 的精度意义不大, 但却会增加额外的计算成本。此外, 在同一区域添加过多输入样本点很容易导致样本堆叠, 这会导致超参数估计过程中出现数值奇异的问题。通过选择效费比指标最大的模型来获得样本输入位置的响应数据, 并将其加入旧的样本数据集中, 以更新多可信度 PC 代理模型, 逐步提高其预测精度。图 4.14 展示了基于自适应多可信度抽样策略构建和更新 MF-PC-GP 的流程。

假设存在 s 个分析模型 $y^t(\boldsymbol{x})\big|_{t=1,\cdots,s}$, 其中 $y^s(\boldsymbol{x})$ 精度最高。模型 $y^t(\boldsymbol{x})\big|_{t=1,\cdots,s}$ 的精度存在层级型和非层级型精度水平两种情况。下面以随机响应函数 $y = g(\boldsymbol{x})$ $(\boldsymbol{x} = [x_1, \cdots, x_d])$ 为例, 对 MCESS 进行具体介绍。

步骤 1: 采用拉丁超立方抽样 (LHS)、高斯正交节点规则等方法为每个多可信度分析模型生成初始输入样本点, 并计算相应的不同可信度模型的输出响应。令抽样迭代数为 $I = 0$。

对于第 $t\,(t = 1, \cdots, s)$ 级的分析模型 $y^t(\boldsymbol{x})\big|_{t=1,\cdots,s}$, 假定已经收集了一组输入样本 $\boldsymbol{D}_t = \left[\left(\boldsymbol{x}_1^t\right)^{\mathrm{T}}, \left(\boldsymbol{x}_2^t\right)^{\mathrm{T}}, \cdots, \left(\boldsymbol{x}_{n_t}^t\right)^{\mathrm{T}}\right]^{\mathrm{T}}$ 及其响应观测数据 $\boldsymbol{d}_t = \left[y^t\left(\boldsymbol{x}_1^t\right), \cdots, y^t\left(\boldsymbol{x}_{n_t}^t\right)\right]^{\mathrm{T}}$, 并用 n_t 表示其样本点的数量。因此, $\boldsymbol{\Gamma} = [\boldsymbol{D}_1; \boldsymbol{D}_2; \cdots; \boldsymbol{D}_s]$ 表示所有分析模型的随机输入样本点集合, $\boldsymbol{d} = \left[\boldsymbol{d}_1^{\mathrm{T}}, \cdots, \boldsymbol{d}_s^{\mathrm{T}}\right]^{\mathrm{T}}$ 表示其相应的响应数据集。

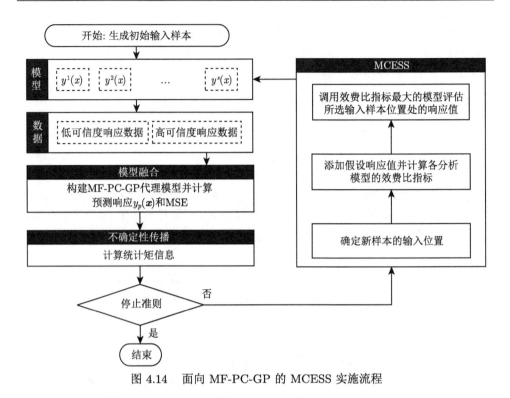

图 4.14　面向 MF-PC-GP 的 MCESS 实施流程

步骤 2：基于目前的样本数据集 $\{\boldsymbol{\Gamma}, \boldsymbol{d}\}$，使用 MF-PC-GP 方法 (4.4.2 节) 实现多模型融合，以构建基于高斯随机过程的多可信度 PC 模型，即 MF-PC-GP 模型。

步骤 3：在构建好的 MF-PC-GP 模型上运行 MCS，得到当前抽样迭代步 I 下随机输出 y 的统计矩信息，如均值 μ_I 和标准差 σ_I。若 $I \geqslant 1$，则进入步骤 4，否则进入步骤 5。

步骤 4：检查是否满足式 (4.64) 中的停止标准，若满足，则程序停止，并输出 UQ 结果，否则进入步骤 5。

$$
\begin{aligned}
e_\mu &= \frac{|\mu_I - \mu_{I-1}|}{|\mu_{I-1}|} \leqslant \varepsilon_\mu \\
e_\sigma &= \frac{|\sigma_I - \sigma_{I-1}|}{|\sigma_{I-1}|} \leqslant \varepsilon_\sigma
\end{aligned}
\tag{4.64}
$$

其中，μ 和 σ 分别表示随机响应 y 的均值和标准差；ε_μ 和 ε_σ 为用户提前指定的停止阈值，要求为正数。

步骤 5：使 MCESS 方法生成新的样本点，包括样本输入位置 $\boldsymbol{x}^a$ 和相应的响应数据 $y^m\left(\boldsymbol{x}^a\right)\left(m \in [1, 2, \cdots, s]\right)$。然后将它们合并到现有的样本数据集中，即

$\Gamma = \Gamma \cup \boldsymbol{x}^a$ 和 $\boldsymbol{d} = \boldsymbol{d} \cup y^m(\boldsymbol{x}^a)$。令 $I = I+1$ 并转到步骤 2。

1. 基于最大预测方差的输入样本点选择

因为 MF-PC-GP 实质为一个 GRP 模型，则任意输入位置的均值预测和预测方差 (mean square error, MSE) 可计算如下：

$$y(\boldsymbol{x}_p) = \boldsymbol{H}_p \boldsymbol{B} + \boldsymbol{T}_p \boldsymbol{V}_d^{-1} (\boldsymbol{d} - \boldsymbol{H}\boldsymbol{B}) \tag{4.65}$$

$$\begin{aligned} \mathrm{MSE}\,[\boldsymbol{y}(\boldsymbol{x}_p)] = {} & \boldsymbol{V}_p - \boldsymbol{T}_p \boldsymbol{V}_d^{-1} \boldsymbol{T}_p^{\mathrm{T}} \\ & + \left(\boldsymbol{H}_p^{\mathrm{T}} - \boldsymbol{H}^{\mathrm{T}} \boldsymbol{V}_d^{-1} \boldsymbol{T}_p^{\mathrm{T}}\right)^{\mathrm{T}} \left(\boldsymbol{H}^{\mathrm{T}} \boldsymbol{V}_d^{-1} \boldsymbol{H}\right)^{-1} \times \left(\boldsymbol{H}_p^{\mathrm{T}} - \boldsymbol{H}^{\mathrm{T}} \boldsymbol{V}_d^{-1} \boldsymbol{T}_p^{\mathrm{T}}\right) \end{aligned} \tag{4.66}$$

对于层级型多可信度，式 (4.66) 中的 $\boldsymbol{H}_p$ 和 $\boldsymbol{T}_p$ 及 $\boldsymbol{T}_p$ 中涉及的 $t_t(\boldsymbol{x}_p, \boldsymbol{D}_t)$ 的具体表达式可分别参见 4.4.2 节 1. 中的式 (4.53)~(4.56)，上式 (4.66) 中 $\boldsymbol{V}_d$ 的表达式可分别参见 4.4.2 节中的式 (4.46)~ 式 (4.48)，式 (4.66) 中的 $\boldsymbol{V}_p$ 可表示为

$$\boldsymbol{V}_p = \left(\prod_{i=1}^{s-1} \rho_i\right)^2 \sigma_1^2 R_1(\boldsymbol{x}_p, \boldsymbol{x}_p) + \cdots + \rho_{s-1}^2 \sigma_{s-1}^2 R_{s-1}(\boldsymbol{x}_p, \boldsymbol{x}_p) + \sigma_s^2 R_s(\boldsymbol{x}_p, \boldsymbol{x}_p) \tag{4.67}$$

对于非层级型多可信度，式 (4.65) 和式 (4.66) 中的 $\boldsymbol{V}_d$、$\boldsymbol{H}_p$ 和 $\boldsymbol{T}_p$ 的表达式可分别参见 4.4.2 节中的式 (4.61)~ 式 (4.63)，$\boldsymbol{V}_p$ 可表示为

$$\boldsymbol{V}_p = \boldsymbol{\rho}^{\mathrm{T}} \boldsymbol{E} \boldsymbol{\rho} R(\boldsymbol{x}_p, \boldsymbol{x}_p) + \sigma_\delta^2 R_\delta(\boldsymbol{x}_p, \boldsymbol{x}_p) \tag{4.68}$$

基于高斯随机过程理论，利用 MF-PC-GP 进行响应预测的后验标准差 $S(\boldsymbol{x}_p)$ 实质是一种由数据缺乏导致的不确定性的度量，基于式 (4.66) 可得 $S(\boldsymbol{x}_p)$ 计算如下：

$$S(\boldsymbol{x}_p) = \sqrt{\mathrm{MSE}\,[\boldsymbol{y}(\boldsymbol{x}_p)]} \tag{4.69}$$

很明显，当输入位置处存在高精度的样本点时，相应的预测 MSE 为零，说明不存在预测误差。当预测点远离所有现有样本点时，其 MSE 变大，表示预测不确定性较大。因此，需要在 MSE 较大的位置填充一个新的样本点。新的样本输入位置 $\boldsymbol{x}^a$ 可以通过最大化 MSE 得到，如下所示：

$$\boldsymbol{x}^a = \arg\max_{\boldsymbol{x}} \mathrm{MSE}\,[y(\boldsymbol{x})] \tag{4.70}$$

2. 基于最大效费比的模型选择

1) CEI 公式

为了减少计算量，为每个分析模型 $y^m(\boldsymbol{x})(m \in [1, \cdots, s])$ 构建 CEI，通过 CEI 来确定在新的样本输入位置 $\boldsymbol{x}^a$ 处应该调用哪个分析模型获取响应数据。所构建的 CEI 如下：

$$\text{CEI}^m = \left[\frac{S_{\text{C}}(\boldsymbol{x}^a) - S_{\text{E}}^m(\boldsymbol{x}^a)}{S_{\text{C}}(\boldsymbol{x}^a) - S_{\text{E}}^s(\boldsymbol{x}^a)} \right] \times \left(\frac{C^s}{C^m} \right) \times \eta(\boldsymbol{x}^a, m) \quad (m \in [1, \cdots, s]) \quad (4.71)$$

其中，上标 s 和 m 分别表示可信度最高的分析模型 $y^s(\boldsymbol{x})$ 和可信度等级为 m 的分析模型 $y^m(\boldsymbol{x})$；$S_{\text{C}}(\boldsymbol{x}^a)$ 表示 MF-PC-GP 在样本输入位置 $\boldsymbol{x}^a$ 处的后验标准差；$S_{\text{E}}^m(\boldsymbol{x}^a)$ 表示将模型在 $\boldsymbol{x}^a$ 处的假设响应数据 $y^m(\boldsymbol{x})$ 纳入样本数据集后，基于 MF-PC-GP 计算出的预期后验标准差 (具体推导见下述后验标准差的推导)；C^m 表示分析模型 $y^m(\boldsymbol{x})$ 的计算成本；$\eta(\boldsymbol{x}^a, m)$ 是样本密集度函数。

式 (4.71) 中的 CEI 包含三个主要部分。第一部分量化了在新样本输入位置处引入某个分析模型的响应数据后，该模型提高响应预测精度的潜在能力；第二部分考虑该分析模型调用一次所需的成本，通常被设定为其计算时间，也可以考虑金钱、建模时间等方面的成本；第三项描述了旨在避免样本堆叠的样本密集度函数。

根据式 (4.71)，调用样本输入位置 $\boldsymbol{x}^a$ 处 CEI 最大的分析模型 M^*，进行响应预测。

$$M^* = \arg\max_m \text{CEI}^m, \quad m \in [1, \cdots, s] \quad (4.72)$$

2) 后验标准差的推导

为了获得样本输入位置处分析模型 $y^m(\boldsymbol{x})$ 的 CEI，最重要的是计算后验标准差 $S_{\text{E}}^m(\boldsymbol{x}^a)$。为了进一步降低计算量，在计算 $S_{\text{E}}^m(\boldsymbol{x}^a)$ 时通过引入分析模型 $y^m(\boldsymbol{x})(m = 1, \cdots, s)$ 的假想预测响应 $\hat{y}^m(\boldsymbol{x})$ 去替代真实响应，从而避免了调用真实分析模型。然后，将它与所有真实的响应数据集 $\boldsymbol{d}$ 相结合，以量化在新的样本输入位置 $\boldsymbol{x}^a$ 处添加模型 $y^m(\boldsymbol{x})$ 的响应数据对改善模型精度的潜在能力。

基于高斯随机过程建模理论，所有当前的真实样本数据集 $\boldsymbol{d}$ 和将要预测的假想预测响应 $\hat{y}^m(\boldsymbol{x}^a)$ 遵循多元正态分布：

$$\begin{bmatrix} \boldsymbol{d} \\ \hat{y}^m(\boldsymbol{x}^a) \end{bmatrix} \sim \mathcal{N} \left(\begin{bmatrix} \boldsymbol{H} \\ \boldsymbol{H}_a^m \end{bmatrix} \boldsymbol{B}, \begin{bmatrix} \boldsymbol{V_d} & \boldsymbol{T}_a^m \\ \boldsymbol{T}_a^m & \boldsymbol{V}_a^m \end{bmatrix} \right) \quad (4.73)$$

类似于式 (4.65)，假想预测响应 $\hat{y}^m(\boldsymbol{x}^a)$ 可表达如下：

$$\hat{y}^m(\boldsymbol{x}^a) = \boldsymbol{H}_a^m \boldsymbol{B} + \boldsymbol{T}_a^m \boldsymbol{V}_d^{-1}(\boldsymbol{d} - \boldsymbol{H}\boldsymbol{B}) \quad (4.74)$$

在式 (4.74) 中, 对于层级型精度水平, 有如下展开:

$$\boldsymbol{H}_a^m = \left(\left(\prod_{i=1}^{m-1} \rho_i \right) \boldsymbol{\Phi}^1 \left(\boldsymbol{x}^a \left(\boldsymbol{\xi} \right) \right), \left(\prod_{i=2}^{m-1} \rho_i \right) \boldsymbol{\Phi}^2 \left(\boldsymbol{x}^a \left(\boldsymbol{\xi} \right) \right), \cdots, \boldsymbol{\Phi}^m \left(\boldsymbol{x}^a \left(\boldsymbol{\xi} \right) \right), 0, \cdots, 0 \right) \tag{4.75}$$

$$\boldsymbol{T}_a^m = \left(t_1^m \left(\boldsymbol{x}^a, \boldsymbol{D}_1 \right)^{\mathrm{T}}, \cdots, t_s^m \left(\boldsymbol{x}^a, \boldsymbol{D}_s \right)^{\mathrm{T}} \right)^{\mathrm{T}} \tag{4.76}$$

$$t_1^m \left(\boldsymbol{x}^a, \boldsymbol{D}_1 \right) = \left(\prod_{i=1}^{m-1} \rho_i \right) \sigma_1^2 R_1 \left(\boldsymbol{x}^a, \boldsymbol{D}_1 \right)^{\mathrm{T}} \tag{4.77}$$

$$\begin{cases} t_t^m \left(\boldsymbol{x}^a, \boldsymbol{D}_t \right) = \rho_{t-1} t_{t-1} \left(\boldsymbol{x}^a, \boldsymbol{D}_t \right) + \left(\prod_{i=t}^{m-1} \rho_i \right) \sigma_t^2 R_t \left(\boldsymbol{x}^a, \boldsymbol{D}_t \right)^{\mathrm{T}}, \quad t = 2, \cdots, m \\ t_t^m \left(\boldsymbol{x}^a, \boldsymbol{D}_t \right) = \rho_{t-1} t_{t-1} \left(\boldsymbol{x}^a, \boldsymbol{D}_t \right) + \left(\prod_{i=m}^{t-1} \rho_i \right) \sigma_t^2 R_t \left(\boldsymbol{x}^a, \boldsymbol{D}_t \right)^{\mathrm{T}}, \quad t = m+1, \cdots, s \end{cases} \tag{4.78}$$

对于非层级型精度水平, 则有如下展开:

$$\begin{bmatrix} \boldsymbol{H}_a^1 \\ \vdots \\ \boldsymbol{H}_a^{s-1} \end{bmatrix} = \begin{bmatrix} \rho_1 \boldsymbol{\Phi}^1 \left(\boldsymbol{x}^a \left(\boldsymbol{\xi} \right) \right) & \cdots & 0 & 0 \\ \vdots & & \vdots & \vdots \\ 0 & \cdots & \rho_{s-1} \boldsymbol{\Phi}^{s-1} \left(\boldsymbol{x}^a \left(\boldsymbol{\xi} \right) \right) & 0 \end{bmatrix} \tag{4.79}$$

$$\begin{bmatrix} \boldsymbol{T}_a^1 \\ \vdots \\ \boldsymbol{T}_a^{s-1} \end{bmatrix} = \begin{bmatrix} e_1^{\mathrm{T}} \boldsymbol{E} e_1 R \left(\boldsymbol{x}^a, \boldsymbol{D}_1 \right) & \cdots & e_1^{\mathrm{T}} \boldsymbol{E} e_{s-1} R \left(\boldsymbol{x}^a, \boldsymbol{D}_{s-1} \right) & e_1^{\mathrm{T}} \boldsymbol{E} R \left(\boldsymbol{x}^a, \boldsymbol{D}_s \right) \\ \vdots & & \vdots & \vdots \\ e_{s-1}^{\mathrm{T}} \boldsymbol{E} e_1 R \left(\boldsymbol{x}^a, \boldsymbol{D}_1 \right) & \cdots & e_{s-1}^{\mathrm{T}} \boldsymbol{E} e_{s-1} R \left(\boldsymbol{x}^a, \boldsymbol{D}_{s-1} \right) & e_{s-1}^{\mathrm{T}} \boldsymbol{E} R \left(\boldsymbol{x}^a, \boldsymbol{D}_s \right) \end{bmatrix} \tag{4.80}$$

在式 (4.73) 中, $\boldsymbol{V}_a^m$ 代表了 $\hat{y}^m \left(\boldsymbol{x}^a \right)$ 的协方差矩阵, 由于它并不参与抽样过程的任何计算, 其形式在这里没有给出。

将根据式 (4.74) 计算的假设响应数据并入当前收集的数据集 $\boldsymbol{d}$, 以获得新的训练数据集。在此基础上, 通过进行另一轮的多模型融合更新 MF-PC-GP。为了进一步降低抽样过程的计算量, 假设并入假设响应数据后, 更新后的 MF-PC-GP 的超参数不会发生明显变化。因此, MF-PC-GP 模型的更新仅需基于先前估计好的超参数对式 (4.44)~式 (4.49)、式 (4.60) 和式 (4.61) 进行更新即可。随后, 可基于式 (4.66) 计算出预期后验标准差 $S_{\mathrm{E}}^m \left(\boldsymbol{x}^a \right)$, 即更新后的 MF-PC-GP 模型的后验标准差, 从而用于抽样。

3) 样本密集度函数建立

为了避免由样本扎堆导致无谓的计算浪费和超参数估计中的矩阵奇异问题，这里建立样本密度函数并纳入 CEI。样本密度函数 $\eta(\boldsymbol{x}^a, m)$ 将高斯随机过程中表示空间相关性信息的协方差函数作为样本距离度量，定义如下：对于层级型多可信度的情况，密集度函数表示为

$$\eta(\boldsymbol{x}^a, m) = \prod_{t=m}^{s} \prod_{i=1}^{N_t} \left[1 - R\left(\boldsymbol{x}_i^t, \boldsymbol{x}^a\right)\right], \quad m \in [1, \cdots, s] \tag{4.81}$$

对于非层级多可信度情况，密集度函数表示为

$$\eta(\boldsymbol{x}^a, m) = \begin{cases} \prod_{i=1}^{N_m}\left[1 - R\left(\boldsymbol{x}_i^m, \boldsymbol{x}^a\right)\right] \times \prod_{j=1}^{N_s}\left[1 - R\left(\boldsymbol{x}_j^s, \boldsymbol{x}^a\right)\right], & \text{若 } m \in [1, \cdots, s-1] \\ \prod_{i=1}^{N_s}\left[1 - R\left(\boldsymbol{x}_i^t, \boldsymbol{x}^a\right)\right], & \text{若 } m = s \end{cases}$$

$$\tag{4.82}$$

其中，N_m 表示将新样本 $\{\boldsymbol{x}^a, \hat{y}^m(\boldsymbol{x}^a)\}$ 纳入数据集之前模型 $y^m(\boldsymbol{x})$ 对应的样本点的数量。

一般来说，协方差函数 $R\left(\boldsymbol{x}_i, \boldsymbol{x}_i^{\text{add}}\right)$ 一定程度上表征了 $\boldsymbol{x}_i^{\text{add}}$ 和 $\boldsymbol{x}_i$ 之间的距离，$R\left(\boldsymbol{x}_i, \boldsymbol{x}_i^{\text{add}}\right)$ 越小，说明增加的样本输入点 $\boldsymbol{x}^{\text{add}}$ 与现有的样本输入点 $\boldsymbol{\Gamma} = [\boldsymbol{D}_1; \boldsymbol{D}_2; \cdots; \boldsymbol{D}_s]$ 之间的距离就越大。因此，将 $R\left(\boldsymbol{x}_i, \boldsymbol{x}_i^{\text{add}}\right)$ 引入 CEI，以避免增加的新样本点与现有样本点过于接近。式 (4.81) 和式 (4.82) 表明，当 $m = s$ 时，密集度函数仅由高可信度模型 $y^s(\boldsymbol{x})$ 的输入样本数据决定。当 $m < s$ 时，对于层级型多可信度情况，密集度函数与模型 $y^t(\boldsymbol{x})$ $(t = m, m+1, \cdots, s)$ 的输入样本数据有关，而对于非层级型多可信度情况而言，它只与模型 $y^m(\boldsymbol{x})$ 和最高可信度模型 $y^s(\boldsymbol{x})$ 的数据有关。通过考虑样本密度函数，有效地避免了来自同一模型样本点的堆叠。同时，如果一个较高可信度模型的一些数据已存在于某个输入位置周围，那么可信度低于该模型的数据就不会被加入。

4.4.4　空间映射

除了以上两类基于加/乘法修正和高斯随机过程的多可信度 PC 方法，还有研究提出利用输出空间映射 (output space mapping) 技术实现多可信度 PC 模型构建[30]，其主要思想为建立低精度 PC 模型到高精度 PC 模型的映射关系，映射关系最为常见的为线性映射：

$$f^{\text{H}}(\boldsymbol{x}) = F\left(f^{\text{L}}(\boldsymbol{x})\right) \tag{4.83}$$

通过求解以下优化问题，从而得到上述映射关系：

$$\arg\min \sum_{k=1}^{N} \left\| f^{\mathrm{H}}\left(\boldsymbol{x}^k\right) - F\left(f^{\mathrm{L}}\left(\boldsymbol{x}^k\right)\right) \right\|^2 \tag{4.84}$$

其中，$\boldsymbol{x}^k$ 为样本点。

4.4.5 算例演示

1. 基于 GRP 的多可信度 PC 实现

这里以一个具体算例向读者展示基于高斯随机过程的多可信度混沌多项式方法的实施过程，便于读者理解其原理，快速掌握其实施方法。考虑一个一维算例，其中随机输入服从正态分布，即 $x \sim N\left(5, 0.83^2\right)$。考虑三个精度的分析模型，函数形式如下：

$$\begin{aligned}
y^1 &= y^3 + 0.3 - 0.03\left(x - 7\right)^2 \\
y^2 &= y^3 + 0.3 - 0.03\left(x - 3\right)^2 \\
y^3 &= -\sin(x) - \exp\left(\frac{x}{100}\right) + 10
\end{aligned} \tag{4.85}$$

将低可信度模型 $y^1\left(\boldsymbol{x}\right)$ 和偏差函数 $\delta^j\left(\boldsymbol{x}\right)(j = 2, 3)$ 对应的高斯随机过程模型中的 PC 项的阶数分别设为 5 和 3，空间相关函数 $R\left(\boldsymbol{x}, \boldsymbol{x}', \boldsymbol{\theta}, h\right) = \exp\left[-\sum_{k=1}^{d}\right.$ $\left.\theta_k\left(x_k - x_k'\right)^h\right]$。三个多可信度分析模型的初始样本根据输入 x 的分布参数，通过拉丁超立方抽样生成，其样本数凭经验给定，分别为 $N_1 = 15$、$N_2 = 15$ 和 $N_3 = 8$。利用遗传算法进行多可信度 PC 构建中的超参数估计，估计得到的超参数展示在表 4.7 中。

表 4.7 超参数取值

超参数	σ_1, σ_2	σ_δ	ρ	$\boldsymbol{\theta}$	$\boldsymbol{\theta}_\delta$	h	h_δ
取值	2.6951, 1.5911	0.0027	-0.0582, 1.0582	0.0616	0.0019	2.0	2.0

需要注意的是，实际应用中基于极大似然估计所得的超参数取值并不唯一，一方面遗传算法本身是一种随机搜索算法，同时超参数估计的值与选择的样本息息相关，受限于篇幅，此处并未展示所用到的具体样本，因此给出的超参数值仅供读者参考，读者在复现时极有可能得到与表 4.7 截然不同的超参数值。超参数的求

解由于基于遗传算法, 且与所选取的样本相关, 其取值存在一定的随机性, 但是该随机性并不会对不确定性传播的结果带来非常大的影响, 多次仿真所得的不确定性传播结果较为稳定, 并不存在较大波动, 这在文献 [28,31] 中均有测试验证。

图 4.15 展示了基于多可信度 PC 的预测响应值与基于高精度模型 y^3 的响应值的对比, 从图中可以发现, 多可信度 PC 的预测响应曲线几乎与真实曲线重合。同时, 基于多可信度 PC 所预测计算得到的预测均值和方差分别为 9.6281 和 0.3836, 基于 MCS 评估得到的均值和方差分别为 9.6282 和 0.3835, 经过对比可以发现多可信度 PC 的精度非常高。

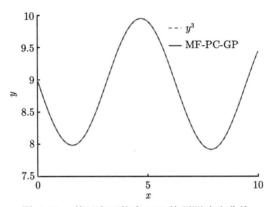

图 4.15   基于多可信度 PC 的预测响应曲线

2. 采用序列抽样的多可信度 PC 方法实现

采用上述算例进行多可信度抽样算法的测试, PC 项的阶次设置与上面完全相同。停止准则中的阈值设为 $\varepsilon_\mu = \varepsilon_\sigma = 0.005$。三个多可信度分析模型 y^1、y^2 和 y^3 的初始样本通过 LHS 生成, 其样本数分别为 $N_1 = 6$、$N_2 = 6$ 和 $N_3 = 4$, 计算成本 (即一次函数调用的耗费) 被设定为 $C^1 = C^2 = 2$ 和 $C^3 = 30$。

如图 4.16 所示, (a) 展示了三个分析模型的响应曲线及其初始样本点; (b) 展示了利用 MF-PC-GP 方法构建的初始 PC 代理模型的预测响应曲线和最高精度模型 y^3 的响应曲线对比, 显然初始 PC 模型的精度较差。采用 MCESS 来生成新的样本点以更新多可信度 PC-Kriging 模型, 提高其精度。

表 4.8 中展示了抽样过程的细节, 表 4.9 展示了抽样前后超参数的取值, 同样此处给出的超参数值仅供读者参考, 实际应用中超参数的求解值由于遗传算法的随机搜索特性和所选择的样本不同而存在一定的随机性, 但是该随机性并不会对最终不确定性传播的结果带来明显影响。此外, 在每次迭代中直接添加高可信度数据的传统抽样策略 (high-fidelity sampling strategy, HFSS) 也进行了测试比较。同时, 直接在高可信度模型 y^3 进行蒙特卡罗仿真的结果被用来作为不确定

性传播 (UP) 的参考值。

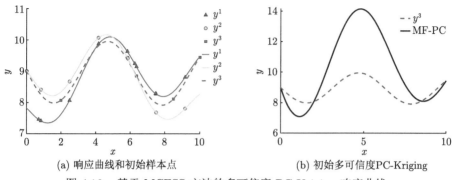

(a) 响应曲线和初始样本点   (b) 初始多可信度PC-Kriging

图 4.16　基于 MCESS 方法的多可信度 PC-Kriging 响应曲线

图 4.17 显示了在每次迭代中使用更新的多可信度 PC-Kriging 模型与 MCESS 抽样方法所增加的样本点和相应的预测响应曲线，其中增加的样本点上的数字代表迭代数。

表 4.8　抽样过程细节

迭代次数	$\boldsymbol{x}^a$	所评估的模型	e_μ	e_σ
1	6.2626	y^2	0.0783	0.0814
2	6.3636	y^3	0.2984	0.4190
3	0.6061	y^3	0.0093	0.3864
4	9.4949	y^1	0.0079	0.0062
5	7.4747	y^1	0.0005	0.0026

表 4.9　抽样前后超参数的取值

超参数	抽样前	抽样后
σ_1, σ_2	3.0, 3.0	2.9981, 1.9989
σ_δ	8.9310	0.0013
$\boldsymbol{\rho}$	1.5232, 0.6520	0.9581, 0.0419
$\boldsymbol{\theta}$	0.0540	0.0528
$\boldsymbol{\theta}_\delta$	6.5980	0.0044
h	2.0	2.0
h_δ	1.9763	0.9822

如图 4.17 所示，MCESS 可明显提高 MF-PC-GP 模型的精度，因为 MCESS 同时考虑了模型成本和提高精度的能力。例如，在第一次迭代中 ($I = 1$)，新的样本输入位置被确定为 $\boldsymbol{x}^a = 6.2626$，MCESS 方法试图选择调用模型 y^2，这是因为在 $\boldsymbol{x}^a = 6.2626$ 时，多可信度模型的响应值为 $y^1 = 9.2396$、$y^2 = 8.9366$ 和 $y^3 = 8.9559$，模型 y^2 显然具有与高可信度模型 y^3 相仿的精度，而它的计算成本要低得多 ($C^2 = 2$，$C^3 = 30$)。因此，选择模型 y^2 进行评估。如图 4.17 (b) 所示，更新

后的 MF-PC-GP 代理模型在 $x^a = 6.2626$ 区域周围的响应曲线与 y^3 的响应曲线接近。在第四次和第五次迭代中，所提出的 MCESS 方法尝试选择调用模型 y^1，因为如图 4.17 (a) 所示，在新的样本输入位置 ($x^a = 9.4949$ 和 $x^a = 7.4747$)，模型 y^1 得到的响应值与 y^3 接近，然而 y^1 的计算成本要低得多 ($C^1 = 2$，$C^3 = 30$)。此外，如图 4.17 (d) 所示，虽然看起来当 $I = 4$ 时，MF-PC-GP 产生的响应曲线几乎与 y^3 重叠，但仍然进行了新一次的采样。这是由于式 (4.64) 中的停止准则采用了误差的相对变化程度，而当 $I = 4$ 时，该准则还未被满足。

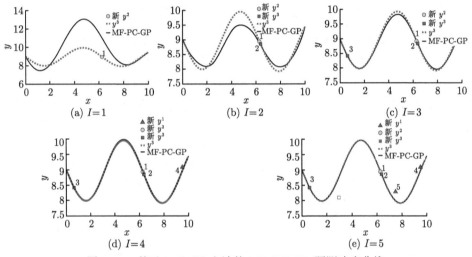

图 4.17　基于 MCESS 方法的 MF-PC-GP 预测响应曲线

表 4.10 中列出了采用 MCESS 的序列抽样方法、基于经验的单阶段抽样方法、蒙特卡罗仿真的总计算成本 (即 $\sum_{i=1}^{3} N_i C_i$) 和不确定性传播结果。从表中可以看出，基于 MCESS 得到的 MF-PC-GP 代理模型进行不确定性传播产生的结果与基于经验的单阶段抽样方法的结果接近，并与蒙特卡罗仿真的结果高度一致。然而，与凭经验抽样方法 (300) 相比，MCESS(210) 可节省大约 30% 的计算量。这些结果证明了 MCESS 多可信度序列抽样方法的优势和有效性。

表 4.10　结果对比

	函数调用次数			总成本	节省成本	μ_y	σ_y
	$y^1(2)$	$y^2(2)$	$y^3(30)$				
MCESS	8	7	6	210	30%	9.6283	0.3837
基于经验	15	15	8	300		9.6281	0.3836
蒙特卡罗仿真			10^7			9.6282	0.3835

4.5 本章小结

本章主要对目前应对 PC 方法维数灾难的几种策略进行了介绍，各种策略的特点总结如下。

(1) 基截断方案，通过对各维正交多项式阶数组合施加一定的限制条件，减少部分交互正交多项式项，尤其是高阶交互项。该类方法实施方便且稀疏效果明显，但是对于高度非线性的复杂响应函数，相关稀疏参数的合理选取并非易事。

(2) 稀疏 PC 方法，通过引入压缩感知技术，发掘非重要的正交多项式项，进而降低样本需求量。该类方法在 PC 模型稀疏重构的过程中涉及迭代，因此相较于基截断方法，稀疏效果明显很多，是目前应对"维数灾难"最为有效的策略之一。

(3) 稀疏网格数值积分，主要从基于 Galerkin 投影的 PC 系数的计算上，提出利用稀疏网格数值积分降低样本数量。该方法实施方便，计算结果稳定，但是降低计算量的效果有限，适合中低维问题 ($d<10$)。

(4) 多可信度混沌多项式，通过融入多可信度建模的思想，融合大量低精度廉价数据，降低高精度昂贵数据的需求量。多可信度融合是降低计算量最为有效的方法之一，尤其是结合考虑最大化效费比的序列抽样技术，可进一步降低计算量。但是初始样本的选取非常重要，尤其对于高度非线性的复杂黑箱型响应函数，缺乏科学的方法。据作者经验，通常高精度样本的数目不能低于不确定性输入变量的维数 d 的 2 倍。另外，算法实施上也相较于基截断方案和稀疏网格数值积分更加烦琐。

参 考 文 献

[1] Montgomery D C. Design and Analysis of Experiments[M]. New York: Wiley, 1976.

[2] Blatman G, Sudret B. Sparse polynomial chaos expansions and adaptive stochastic finite elements using a regression approach[J]. Comptes Rendus Mécanique, 2008, 336(6): 518-523.

[3] Blatman G, Sudret B. Adaptive sparse polynomial chaos expansion based on least angle regression[J]. Journal of Computational Physics, 2011, 230 (6):2345-2367.

[4] Palar P S, Tsuchiya T, Parks G T. Multi-fidelity non-intrusive polynomial chaos based on regression[J]. Computer Methods in Applied Mechanics and Engineering, 2016, 305: 579-606.

[5] Ahadi M, Prasad A K, Roy S. Hyperbolic polynomial chaos expansion (HPCE) and its application to statistical analysis of nonlinear circuits[C]. 2016 IEEE 20th Workshop on Signal and Power Integrity (SPI). IEEE, 2016: 1-4.

[6] Blatman G. Adaptive sparse polynomial chaos expansions for uncertainty propagation and sensitivity analysis[D]. Clermont-Ferrand: University of Clermont-Ferrand, 2009.

[7] Marelli S, Sudret B. UQLab user manual–polynomial chaos expansions[J]. Chair of Risk, Safety & Uncertainty Quantification, ETH Zürich, 0.9-104 edition, 2015: 97-110.

[8] Hampton J, Doostan A. Basis adaptive sample efficient polynomial chaos (BASE-PC)[J]. Journal of Computational Physics, 2018: 371: 20-49.

[9] 王丰刚. 面向飞行器设计的混沌多项式方法研究 [D]. 北京: 北京理工大学, 2019.

[10] Hu C, Youn B D. Adaptive-sparse polynomial chaos expansion for reliability analysis and design of complex engineering systems[J]. Structural and Multidisciplinary Optimization, 2011, 43(3): 419-442.

[11] 陈光宋, 钱林方, 吉磊. 身管固有频率高效全局灵敏度分析 [J]. 振动与冲击, 2015, 34(21): 31-36.

[12] Cheng K, Lu Z Z. Sparse polynomial chaos expansion based on D-MORPH regression[J]. Applied Mathematics and Computation, 2018, 323: 17-30.

[13] Ng L W T, Eldred M. Multifidelity uncertainty quantification using non-intrusive polynomial chaos and stochastic collocation[C]. 53rd AIAA/ASME/ASCE/AHS/ASC Structures, Structural Dynamics and Materials Conference. Honolulu, USA: AIAA, 2012.

[14] Winokur J G. Adaptive sparse grid approaches to polynomial chaos expansions for uncertainty quantification[D]. Durham: Duke University, 2015.

[15] Efron B, Hastie T, Johnstone I, et al. Least angle regression[J]. The Annals of statistics, 2004, 32(2): 407-499.

[16] Baptista R, Stolbunov V, Nair P B. Some greedy algorithms for sparse polynomial chaos expansions[J]. Journal of Computational Physics, 2019, 387: 303-325.

[17] Salehi S, Raisee M, Cervantes M J, et al. Efficient uncertainty quantification of stochastic CFD problems using sparse polynomial chaos and compressed sensing[J]. Computers & Fluids, 2017, 154: 296-321.

[18] Diaz P, Doostan A, Hampton J. Sparse polynomial chaos expansions viacompressed sensing and D-optimal design[J]. Computer Methods in Applied Mechanics and Engineering, 2018, 336: 640-666.

[19] Lu hen N, Marelli S, Sudret B. Sparse polynomial chaos expansions: Literature survey and benchmark[J]. SIAM/ASA Journal on Uncertainty Quantification, 2021, 9(2): 593-649.

[20] Babacan S D, Molina R, Katsaggelos A K. Fast Bayesian compressive sensing using Laplace priors[C]. 2009 IEEE International Conference on Acoustics, Speech and Signal Processing. IEEE, 2009: 2873-2876.

[21] Wu X J, Zhang W W, Song S F, et al. Sparse grid-based polynomial chaos expansion for aerodynamics of an airfoil with uncertainties[J]. Chinese Journal of Aeronautics, 2018, 31(5): 997-1011.

[22] Xiong F F, Xue B, Zhang Y, et al. Polynomial chaos expansion based robust design optimization[C]. 2011 International Conference on Quality, Reliability, Risk, Maintenance, and Safety Engineering. Xi'an, China: IEEE, 2011: 868-873.

[23] Kennedy M C, O'Hagan A. Predicting the output from a complex computer code when fast approximations are available[J]. Biometrika, 2000, 87(1): 1-13.

[24] Palar P S, Tsuchiya T, Parks G T. Multi-fidelity non-Intrusive polynomial chaos based on regression[J]. Computer Methods in Applied Mechanics and Engineering, 2016, (305):579-606.

[25] Berchier M. Multi-fidelity surrogate modelling with polynomial chaos expansions[D]. Zurich: Swiss Federal Institute of Technology Zurich, 2016.

[26] Yan L, Zhou T. Adaptive multi-fidelity polynomial chaos approach to Bayesian inference in inverse problems[J]. Journal of Computational Physics, 2019, 381: 110-128.

[27] Cheng K, Lu Z Z, Zhen Y. Multi-level multi-fidelity sparse polynomial chaos expansion based on Gaussian process regression[J]. Computer Methods in Applied Mechanics and Engineering, 2019, 349: 360-377.

[28] Wang F G, Xiong F F, Chen S S, et al. Multi-fidelity uncertainty propagation using polynomial chaos and Gaussian process modeling[J]. Structural and Multidisciplinary Optimization, 2019, 60(4): 1583-1604.

[29] Chen S, Jiang Z, Yang S, et al. Nonhierarchical multi-model fusion using spatial random processes[J]. International Journal for Numerical Methods in Engineering, 2016, 106(7): 503-526.

[30] Jiang P, Xie T, Zhou Q, et al. A space mapping method based on Gaussian process model for variable fidelity metamodeling[J]. Simulation Modelling Practice and Theory, 2018, 81: 64-84.

[31] Ren C, Xiong F, Wang F, et al. A maximum cost-performance sampling strategy for multi-fidelity PC-Kriging[J]. Structural and Multidisciplinary Optimization, 2021, 64(6): 3381-3399.

第 5 章　基于深度学习的不确定性量化

作为数值模拟模型确认和不确定性优化设计的核心和关键，其不确定性量化面临严重的"维数灾难"难题。前面介绍的混沌多项式方法理论完备、具有指数收敛速度，并且围绕高维不确定性量化，在理论方面产生了基于稀疏重构 [1,2]、双曲线截断 [3-5]、稀疏网格 [6] 等策略的 PC 方法。然而，稀疏重构策略对于非线性较强的高维 (>20) 问题，收敛过程可能较慢甚至无法收敛，而双曲线截断和稀疏网格策略仅适用于中低维问题。而且，这些应对高维不确定性量化 (UQ) 的策略大都需要人为指定相关的稀疏因子等参数。对于复杂系统优化设计，往往仿真分析模型都为黑箱型函数，很难为这些参数给定合适的值，从而限制了 PC 方法的应用。传统机器学习方法基本为浅层学习，其复杂度随样本数量和模型精度要求的提高呈指数增长。降维法和高维模型表达是解决高维 UQ 的可行方法，通过增加分解项的阶数可提高精度，但存在难以在精度和计算量间折中这一普遍问题 [7]。实际数值模拟非线性强，可能涉及高达上百或百万维的 UQ 问题，现有方法即便仅满足 10 倍维度的最低样本量需求 [8]，也面临非常严重的"维数灾难"，很多方法由于复杂度太高而根本无法适用。因此，迫切需要面向高维不确定性，提出有效的不确定性量化方法。

近年来，深度学习 (deep learning) 技术得到了迅速发展，深度学习技术由于对复杂高维函数具有较强的表征能力，从而越来越多的复杂问题可通过深度学习得以解决，目前在不确定性量化和复杂系统优化设计领域应用越来越多。深度学习技术的应用，相当于构建了高维函数的代理模型，不确定性量化则在代理模型上进行，为突破高维不确定性量化的"维数灾难"提供了有效解决途径。图 5.1 对基于深度学习的不确定性量化过程进行了示意。

冯蔚采用卷积神经网络模型学习和预测非均质多孔介质多相流，并基于此进行预测结果的 UQ[9]。Zhu 和 Zabaras 利用深度学习构建多孔介质内流体流动的渗透率场到压力场映射的代理模型并进行 UQ[10]。Tao 等提出一种主成分分析 (principal component analysis, PCA) 与深度置信网络 (deep belief network, DBN) 相结合的代理模型稳健优化方法，首先通过 PCA 对参数化方法得到的几何参数进行降维，以降维后的设计变量为输入，以气动参数为输出，建立 DBN 模型，进而嵌入粒子群优化框架中进行稳健优化，结果表明该方法可明显提高优化效率 [11]。Tekaslan 等利用卷积神经网络 (CNN) 进行发动机性能参数预测，考虑

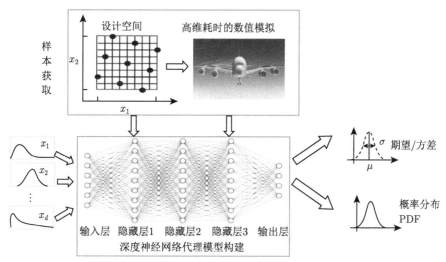

图 5.1 基于深度学习的不确定性量化示意

超声速轴对称外转发动机进气道的几何不确定性，在保证精度的同时降低了计算量，并将 CNN 与无梯度粒子群优化和一阶可靠度分析方法相结合，实现基于可靠性的优化设计[12]。Keshavarzzadeh 等在对三维结构进行参数化建模中考虑了载荷和刚度的不确定性，并通过构建 CNN 对高分辨率模型降维，进而加快拓扑优化的速度，降低计算量[13]。

深度神经网络构建的前提是大样本，而实际中高精度耗时的仿真数据往往极其有限为小样本。为了降低高精度样本需求量，有研究提出将多可信度建模技术和深度神经网络进行结合，构建多可信度深度神经网络，最为常用的思路是构建高低精度模型间的深度神经网络或线性回归偏差模型。近年来随着深度学习的发展和应用，深度学习领域产生了迁移学习 (transfer learning, TL) 和元学习 (meta learning, ML) 等小样本学习理论，也有研究引入小样本学习理论，逐级学习元特征或进行知识迁移，从而避免了不同精度模型间偏差修正深度网络的构建，在保证预测精度的同时显著降低了对高精度样本的需求，解决了"维数灾难"和"小样本"等难题[14]。

本章将对基于多可信度深度学习的不确定性量化方法进行介绍，同时面向多可信度深度学习的不确定性量化，介绍一种自适应多可信度抽样策略，在保证不确定性量化精度的同时，尽可能降低计算量。

5.1 深度神经网络

作为多可信度深度学习实施的基础，首先对深度神经网络方法进行大致介绍。

深度神经网络 (deep neural network, DNN)[15,16] 目前已经成为人工神经网络的一个重要分支，近年来被得到广泛研究和应用。不同于传统的人工神经网络，深度神经网络拥有更多的网络层，因此具有更深的网络结构。通过引入特别的数学运算和激活函数，深度神经网络在数据信息提取和函数拟合方面展示出巨大的潜能。本章介绍的多可信度深度学习方法采用基于全连接神经网络 (fully connected neural network) 的深度神经网络 [16] 构建多可信度深度神经网络代理模型。图 5.2 展示了一个基于全连接网络的深度神经网络的结构，它包含 1 个输入层、3 个隐藏层和 1 个输出层。

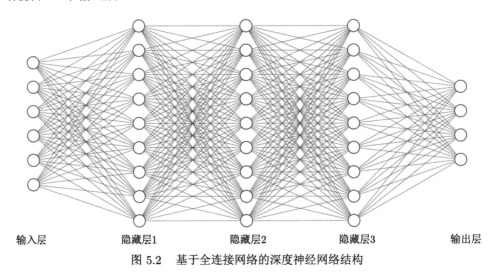

输入层   隐藏层1   隐藏层2   隐藏层3   输出层
图 5.2   基于全连接网络的深度神经网络结构

通过对实际工作中无法直接测量到的潜变量的层次化抽象处理，得到一个近似的输入输出映射 $f : \mathbb{R}^d \to \mathbb{R}^m$。对于一个具体问题来说，当给定一个 d 维的输入向量 $\boldsymbol{x} \in \mathbb{R}^d$，可定义一个具有 L 个隐藏层的深度神经网络：

$$f_{\boldsymbol{\theta}}\left(\boldsymbol{x}\right) = \boldsymbol{w}^L a^L + \boldsymbol{b}^L \tag{5.1}$$

其中，$\boldsymbol{w}^L$ 和 $\boldsymbol{b}^L$ 是网络第 L 层 (即输出层) 的权值和偏差；a^L 是输入变量 $\boldsymbol{x}$ 经前 $L-1$ 层网络运算后的迭代值；$f_{\boldsymbol{\theta}}$ 则表示最后得到的网络参数为 $\boldsymbol{\theta}$ 的深度神经网络。a^L 可表示为 $L-1$ 层的网络参数 $\boldsymbol{w}^{L-1}$ 和 $\boldsymbol{b}^{L-1}$ 的函数：

$$a^L = \boldsymbol{\sigma}\left(\boldsymbol{w}^{L-1} a^{L-1} + \boldsymbol{b}^{L-1}\right) \tag{5.2}$$

其中，$\boldsymbol{\sigma}\left(\cdot\right)$ 是所用的激活函数，本章介绍的方法实施中选用常用的 sigmoid 函数，具体形式如下：

$$\boldsymbol{\sigma}\left(x\right) = \frac{1}{1 + \mathrm{e}^{-x}} \tag{5.3}$$

全连接深度神经网络的训练可分为以下几个步骤。

步骤 1：初始化网络，选择网络结构和参数 (w, b) 的维度，即设置网络输入和输出的维度、隐藏层层数、每层的神经元个数以及每层神经元的保留比例 Dropout；

步骤 2：根据问题需要定义网络的激活函数 $\sigma(\cdot)$、损失函数 L、优化器、学习率 ∇ 以及学习率更新策略等；

步骤 3：代入样本集训练，计算每个隐藏层内的神经元可能的权值 w 和偏度 b；

步骤 4：观察损失函数 L 是否收敛，若收敛则停止训练；

步骤 5：重复步骤 3~ 步骤 4；

步骤 6：得到神经网络每一层的网络参数 w 和 b。

网络结构是决定神经网络性能的重要超参数，太少的隐藏层或神经元会导致神经网络无法充分学习到模型特征，出现欠拟合，而太多的隐藏层或神经元会增加训练时间，并可能导致过拟合。对于网络结构的设置，通常可采取多次训练的方法优选出权衡各指标量之后的网络结构。比如，可在当前训练样本下，对网络进行训练，测试不同隐藏层数量和每层神经元数量组合下测试集的交叉熵、平均绝对误差或均方根误差等，基于测试结果选择适合当前训练样本集下该问题的深度神经网络结构。图 5.3 展示了某问题的深度神经网络结构选择的测试情况，其中选用均方根误差 (root mean squared error, RMSE) 作为评价标准，通过测试得出最终设定网络结构为隐藏层 3 层、每层神经元数量 40 个。从图 5.3 中可以看出，层数太少的网络不足以学习特征，因此无法实现高精度预测；太深的网络

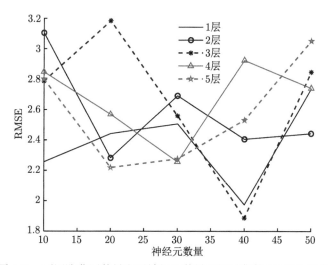

图 5.3　不同隐藏层数量和层神经元数量下测试集的 RMSE 损失

很难训练，会增加损失。

目前的深度学习算法大都基于 Python 语言展开，并在 Pytorch、TensorFlow、Caffe 和 Keras 框架下搭建算法。

5.2　贝叶斯深度神经网络

贝叶斯深度神经网络 (Bayesian neural network, BNN) 作为深度神经网络的一个分支，具有稳健性高且能避免过拟合问题的优势 [17]。最为重要的是，它能提供对响应预测不确定度的量化，从而对以下自适应序列抽样的实施提供必要条件。这与基于高斯随机过程进行序列抽样的原理一致。

在一般的深度神经网络中，w 和 b 都是确定的值，为了提高网络的稳健性，贝叶斯深度学习认为权值和偏差由确定的值变成服从某种概率分布，引入贝叶斯理论对权值和偏差进行后验估计。图 5.4 展示了一个全连接贝叶斯神经网络的框架结构，任意神经元的权值 w_i 和偏差 b 均为一个分布而非一个固定的值。

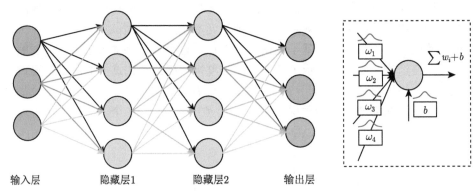

输入层　　　　　隐藏层1　　　　　隐藏层2　　　　　输出层

图 5.4　贝叶斯神经网络的结构示意

假设 BNN 的网络参数为 $\boldsymbol{\theta}$，$p(\boldsymbol{\theta})$ 是参数的先验分布，一般假设为标准正态分布。给定训练集 $\boldsymbol{D} = \{\boldsymbol{X}, \boldsymbol{Y}\}$，其中 $\boldsymbol{X}$ 是输入数据，$\boldsymbol{Y}$ 是输出响应数据。基于贝叶斯公式，可得 $\boldsymbol{\theta}$ 的后验概率如下：

$$p(\boldsymbol{\theta}|\boldsymbol{X}, \boldsymbol{Y}) = \frac{p(\boldsymbol{Y}|\boldsymbol{X}, \boldsymbol{\theta})\, p(\boldsymbol{\theta})}{\displaystyle\int p(\boldsymbol{Y}|\boldsymbol{X}, \boldsymbol{\theta})\, p(\boldsymbol{\theta})\, \mathrm{d}\boldsymbol{\theta}} \tag{5.4}$$

上式中分母上的积分要在 $\boldsymbol{\theta}$ 的整个取值空间上进行，过程十分复杂烦琐，难以实现。可采用文献 [17,18] 中提出的变分推断方法计算该积分，其基本思想是建立一个服从正态分布的简单分布去逼近后验分布 $p(\boldsymbol{\theta}|\boldsymbol{X}, \boldsymbol{Y})$，通过调整简单分布

的均值和方差，最小化这个简单分布和后验分布之间的 Kullback-Leibler(KL) 散度，得到最优参数估计。因此，在贝叶斯网络训练中，基于变分推断方法往往假设网络权值和偏差为正态分布并保持分布类型不变，而其均值和方差会随着训练过程不断更新 [17]。

假设有 n 个权重需要训练，第 i 个权重 w_i 服从均值为 μ_i、方差为 σ_i 的正态分布，$\bar{\theta}_i = (\mu_i, \sigma_i)$，$\boldsymbol{\Theta} = \{\bar{\theta}_1, \cdots, \bar{\theta}_n\}$。通过建立一个由参数 $\boldsymbol{\Theta}$ 控制的分布 $q(\boldsymbol{\theta}|\boldsymbol{\Theta})$ 来逼近真实的分布 $p(\boldsymbol{\theta}|\boldsymbol{X}, \boldsymbol{Y})$，这样就把求后验分布的问题转化成了求最优的参数 $\boldsymbol{\Theta}$ 的这一优化问题。以上优化问题可以通过最小化两个分布之间的 KL 散度实现：

$$
\begin{aligned}
\boldsymbol{\Theta}^* &= \underset{\boldsymbol{\Theta}}{\arg\min} \ \text{KL}\left[q(\boldsymbol{\theta}|\boldsymbol{\Theta}) \| p(\boldsymbol{\theta}|\boldsymbol{X}, \boldsymbol{Y})\right] \\
&= \underset{\boldsymbol{\Theta}}{\arg\min} \ \text{KL}\left[q(\boldsymbol{\theta}|\boldsymbol{\Theta}) \| p(\boldsymbol{\theta})\right] - E_{q(\boldsymbol{\theta}|\boldsymbol{\Theta})}\left[\lg p(\boldsymbol{X}, \boldsymbol{Y}|\boldsymbol{\theta})\right]
\end{aligned}
\tag{5.5}
$$

其中，KL $[\cdot]$ 表示其中两个分布之间的 KL 散度。

式 (5.5) 计算起来依旧十分困难。式 (5.5) 的第一项是变分后验与先验的 KL 散度，第二项的取值依赖于训练数据。文献 [17] 中将第一项叫作复杂性代价 (complexity cost)，描述的是权重和先验的契合程度；把第二项叫作似然代价 (likelihood cost)，描述对样本的拟合程度。

进一步地，引入蒙特卡罗近似，则最优参数可通过下式求得：

$$
\boldsymbol{\Theta}^* = \underset{\boldsymbol{\Theta}}{\arg\min} \ \sum_i \left[\lg q\left(\boldsymbol{\theta}^{(i)}|\boldsymbol{\Theta}\right) - \lg p\left(\boldsymbol{\theta}^{(i)}\right) - \lg p\left(\boldsymbol{X}, \boldsymbol{Y}|\boldsymbol{\theta}^{(i)}\right)\right]
\tag{5.6}
$$

其中，$\boldsymbol{\theta}^{(i)}$ 表示从变分后验 $q(\boldsymbol{\theta}|\boldsymbol{\Theta})$ 中抽取的关于参数 $\boldsymbol{\theta}$ 的第 i 个蒙特卡罗样本。

对于贝叶斯神经网络，由于待估计参数均为随机变量，待估计参数增多，则显著增加了训练难度和对样本的需求量。为了平衡稳健性和训练难度，可参考目前文献 [18] 的相关做法，在普通全连接神经网络的基础上，仅将输出层设定为贝叶斯层，同时假设输出层无偏差，以此作为贝叶斯深度神经网络的基本结构。对于一个已经训练好的贝叶斯深度神经网络，$\boldsymbol{w}$ 表示输出层的权值，通常认为服从正态分布 [18]，即 $\boldsymbol{w} \sim \mathcal{N}\left(\boldsymbol{\mu}_w, \boldsymbol{\sigma}_w^2\right)$，$\boldsymbol{\theta}^-$ 表示其他层的参数，则 BNN 可表示如下：

$$
f_{\boldsymbol{\theta}}(\boldsymbol{x}) = \boldsymbol{w}\phi_{\boldsymbol{\theta}^-}(\boldsymbol{x})
\tag{5.7}
$$

其中，$\phi_{\boldsymbol{\theta}^-}(\boldsymbol{x})$ 是倒数第二层的输出向量。

按照上述设定，仅将输出层设定为贝叶斯层，同时假设输出层无偏差，也就是说 BNN 除输出层外其他层神经元的权值和偏差均为固定值，因此在给定输入

x 处 $\phi_{\theta^-}(x)$ 也是一个固定值。由于输出层权值 w 服从正态分布，则在输入 x 处的 BNN 响应预测可以看作多个正态分布的线性叠加，因此 $f_\theta(x)$ 的响应预测也可认为是服从正态分布。

5.3　小样本深度学习

近几年，小样本学习技术在深度学习领域引起了广泛的关注和重视。小样本学习的概念最早从计算机视觉 (computer vision) 领域兴起，近几年受到广泛关注，在图像分类任务中已有很多性能优异的算法模型 [19-21]，其中迁移学习和元学习有着令人满意的预测效果，且研究最为广泛。

5.3.1　迁移学习

迁移学习作为一种较为经典的小样本学习理论，目前应用非常广泛。迁移学习 [22] 的主要思想是通过学习相似任务的特征和知识，将已经学到的模型参数和知识迁移给新模型来帮助新模型训练，使得模型可以 "举一反三" 和 "触类旁通"，加快并优化模型的学习效率，而不用像大多数网络那样从零学习，从而可降低对新任务样本的需求量，目前在神经网络的结构优化、图像识别、文本分类、语音识别等领域已得到大量应用 [23-25]。

按照迁移采用的技术划分，可以把迁移学习方法大体上分为三类 [26]，分别是基于特征选择的迁移学习算法、基于特征映射的迁移学习算法和基于网络参数共享的迁移学习算法。本章介绍的方法所采取的是基于网络参数共享的迁移学习算法，图 5.5 展示了该方法的流程图，其中 ∇_i 和 $L_i\,(i=1,\cdots,n)$ 分别表示第 i 批次网络训练中的梯度和损失函数。将训练样本分为多个批次 $\{x_1,y_1\},\cdots,$ $\{x_n,y_n\}$，比如可采取有放回的抽样方法得到多批次训练样本，从而提高训练的泛化能力，并充分学习到当前数据的特征，每个批次的样本对应一个学习任务。在当前迁移学习器 (transfer learner)T_{i-1} 的网络架构上，以上个学习任务所共享的网络参数作为网络初始参数 $\varphi_{i-1}=\theta_{i-1}$，对新样本 $\{x_i,y_i\}$ 进行训练，从而得到更新后的迁移学习器 T_i 及其准备共享给下一个学习任务的网络参数 θ_i。当完成所有批次的样本训练迭代后，则得到最终的迁移学习器 T_n 及其共享网络参数(即新任务的网络初始参数)$\varphi_n=\theta_n$。由于这些学习任务之间具有一定的相关性，通过这种分批次迭代训练和网络参数共享，实现知识的不断迁移，从而加速新任务 $\{x,y\}$ 的训练过程，降低对其样本的需求量。

迁移学习的主要目标是将已经学会的知识很快地迁移到一个新的领域，一般来说源领域和目标领域之间的关联性越强，迁移学习的效果越好 [26]。最常见的基于网络参数共享的迁移学习算法是在与目标数据高度相关的数据集上使用经过

训练的模型，并在目标数据上对其进行微调。这种方法也可以被视为一种特定的
权重初始化技术[27−29]。近些年产生了较为流行的迁移学习方法，即先冻结预先
训练模型中的部分网络，在此基础上基于新数据进行网络微调，该方法在医学图
像[30,31]、通信[32]、土木工程[33]等领域已有广泛应用。由于充分学习了高度相关
任务集的知识，当面临新任务时仅需少量样本即可利用知识迁移实现高精度预测。

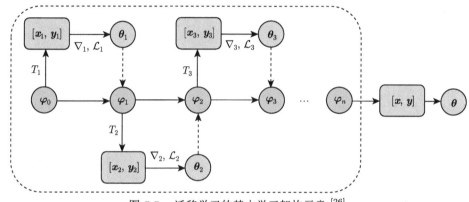

图 5.5 迁移学习的基本学习架构示意[26]

5.3.2 元学习

除了迁移学习，另外一种新兴的应对小样本学习的有效方法是元学习 (ML)
理论[34−36]，其含义为学会学习。对于常见的深度学习模型，目的是学习一个用于
预测的数学模型，而元学习面向的不是学习的结果，而是学习的过程。元学习学习
的不是一个直接用于预测的数学模型，而是学习"如何更快更好地学习一个数学
模型"。作为目前最为有效的元学习框架，MAML (model-agnostic meta-learning)
元学习模型[37]通过训练一组初始化参数，在初始参数的基础上进行一步或多步
梯度调整，达到仅用少量数据就能快速适应新任务的目的。本章提出的多可信度
代理模型构建采用 MAML 作为元学习框架。

图 5.6 展示了 MAML 框架的流程，其中 ∇ 和 L 分别表示网络训练中的
梯度和损失函数。在开始元学习之初，需要经过测试或者依据经验给出元学习训
练的迭代次数 K，随后初始化网络参数 φ_0。为了提高网络模型的泛化能力，将
数据集 D 通过有放回的抽样获得若干组训练任务 $T_i (i = 1, \cdots, n)$，同时生成一
定数量的验证集。为每个训练任务构造一个以 φ_0 为初始参数的元学习器 (meta
learner)M_i，并通过相应的训练任务 T_i 计算梯度，更新元学习器 M_i 而获得新
的网络参数 θ_i。基于 $\theta_i (i = 1, \cdots, n)$ 在验证集上再次计算梯度并取平均以更新
网络初始参数，即 $\varphi_0 = \varphi_0^1$，此时便完成元学习的第一次训练。然后，基于更
新后的网络初始参数 φ_0，再次重复上述过程，共计重复 K 次。在这个过程中通

过对该类学习任务元特征的不断提取，$\varphi_0^i\,(i=1,\cdots,K)$ 会不断优化并最终收敛，使其可较好地捕捉这一类学习任务的全局特征，最终得到一组最优网络初始参数 $\varphi_0^* = \varphi_0^K$，可实现对新训练任务的快速收敛，从而显著减小对新任务训练样本的需求量，满足小样本学习的要求。φ_0^* 同时也是针对当前数据集 D 的深度神经网络的最优网络参数[37]。值得注意的是，元学习在整个训练过程中需要前后计算两次梯度，这也是其区别于一般的深度学习的一个重要特征。

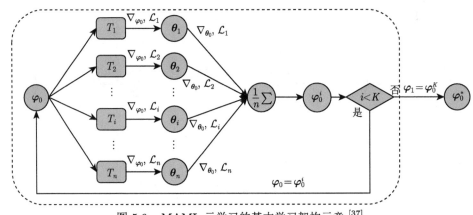

图 5.6   MAML 元学习的基本学习架构示意 [37]

5.4   多可信度深度学习

深度学习的前提通常是大样本，为了降低高精度样本需求量，有研究提出将多可信度建模技术和深度神经网络进行结合，构建多可信度深度神经网络，通过融合大量低精度样本，并以少量高精度样本为导引修正，构建高精度模型的深度神经网络代理模型。这在 Tao 和 Sun 的研究中已有涉及，但是该文献并未对不同精度的模型数据进行融合，而是将高精度数据按照数量多少分为两部分：基于多的样本组构建深度神经网络模型作为低精度模型，在此基础上联合少的样本组数据进行线性回归，构建高精度模型的代理模型，因此并不是真正意义上的多可信度建模[38]。除此之外，也有学者提出利用多可信度模型数据来进行深度神经网络的超参数优化，显著降低了计算量，缩短了参数估计时长[39,40]。Meng 等提出一种包含三个神经网络的多可信度贝叶斯神经网络 (Bayesian neural network, BNN)。这些工作通过融合大量低精度数据，的确达到了降低高精度仿真数据需求量的目的，但是通常都需要构建低可信度和高可信度模型之间偏差的函数关系，比如使用深度神经网络或自回归方法得到偏差修正模型[42]。随着多可信度模型数量的增加，网络的复杂性和超参数数量也大为增加，极大地增加了网络训练的难度和时间。为了解决高维不确定性量化的"维数灾难"难题，充分利用深度学习在高维近似方面的优势，借鉴迁移学习和元学习理论的思路，作者所在课题组提出两种多可信度深度学习方法：一种是基于迁移学习的多可信度深度神经网络 (transfer learning based multi-fidelity deep neural network, TL-MFDNN) 方法，另一种是基于元学习的多可信度深度神经网络 (meta learning based multi-fidelity deep neural network, ML-MFDNN) 方法。这两种方法均能够对多 (>2) 个精度水平的模型进行有效融合，而且无须构建高、低精度模型间的偏差修正模型。由于融合了前面若干低精度模型的知识和特性，所以仅需少量高精度数据，便可完成高精度模型的深度学习网络训练，同时突破"维数灾难"和"小样本"难题。

本节主要对现有的基于偏差修正的多可信度深度神经网络、基于小样本学习理论的多可信度深度神经网络方法进行介绍。

5.4.1 基于偏差修正的多可信度深度神经网络方法

最常见的多可信度深度学习方法是基于偏差修正的多可信度建模方法，基本思路为构建高、低精度模型之间的偏差，在低精度深度学习模型基础上，基于偏差进行修正，从而达到构建满足要求的高精度代理模型的目的。

文献 [38] 提出了一种基于线性回归多可信度深度学习方法，并应用于飞行器的气动稳健优化。该方法易于实施和应用，与基于高斯随机过程的多可信度代理模型相比，训练速度更快。以高、低两个精度的模型为例，基于线性回归多可信度深度学习方法将高精度模型的代理模型表示为

$$\hat{y}^{\mathrm{H}}(\boldsymbol{x}) = \rho y^{\mathrm{L}}(\boldsymbol{x}) + \hat{\delta}(\boldsymbol{x}) \tag{5.8}$$

其中，ρ 为低精度模型的比例因子；$\hat{\delta}(\boldsymbol{x})$ 是偏差函数。

式 (5.8) 中低精度模型 $y^{\mathrm{L}}(\boldsymbol{x})$ 可通过利用深度神经网络 (DNN) 进行近似，得到 DNN 代理模型 $y_{\mathrm{DNN}}^{\mathrm{L}}(\boldsymbol{x})$，然后计算高精度输入样本 $\boldsymbol{x}^{\mathrm{H}}$ 上对应的低精度响应值 $y_{\mathrm{DNN}}^{\mathrm{L}}(\boldsymbol{x}^{\mathrm{H}})$。根据 $y^{\mathrm{H}}(\boldsymbol{x}^{\mathrm{H}})$ 和 $y_{\mathrm{DNN}}^{\mathrm{L}}(\boldsymbol{x}^{\mathrm{H}})$ 之差构建 $\hat{\delta}(\boldsymbol{x})$，$\hat{\delta}(\boldsymbol{x})$ 采用如下多项式的形式：

$$\hat{\delta}(\boldsymbol{x}) = \sum_{i=1}^{p} \xi_i(\boldsymbol{x}) b_i \tag{5.9}$$

其中，$\xi_i(\boldsymbol{x})$ 表示第 j 个单变元基，b_i 是未知系数。由于通常高精度数据数量较少，修正项的可用数据量较少，多项式的项数 p 的值也相对有限。

上述基于线性回归的多可信度 DNN 代理模型与韩忠华老师等提出的分层 Kriging 方法 [43] 非常相似，不同之处在于模型的训练，也就是未知参数 $(\rho, b_1, \cdots, b_p)$ 和求解这些未知参数的方法不同。该方法采用最小二次回归求解未知参数。

若为多 (> 2) 个可信度模型的融合，则可采取与分层 Kriging 相同的思路，在式 (5.8) 基础上，从最低精度的模型出发，依次得到高一精度的近似模型表达。

例如，以存在三个精度的模型 $y^1(\boldsymbol{x})$、$y^2(\boldsymbol{x})$、$y^3(\boldsymbol{x})$(精度逐次提高) 为例进行说明。$y^2(\boldsymbol{x})$ 的近似模型 $\hat{y}^2(\boldsymbol{x})$ 可表示为

$$\hat{y}^2(\boldsymbol{x}) = \rho_1 y_{\text{DNN}}^1(\boldsymbol{x}) + \hat{\delta}_1(\boldsymbol{x}) \tag{5.10}$$

其中，$y_{\text{DNN}}^1(\boldsymbol{x})$ 为 $y^1(\boldsymbol{x})$ 的 DNN 模型。

基于构建好的近似模型 $\hat{y}^2(\boldsymbol{x})$，进一步形成最高精度模型 $y^3(\boldsymbol{x})$ 的近似表达

$$\hat{y}^3(\boldsymbol{x}) = \rho_2 \hat{y}^2(\boldsymbol{x}) + \hat{\delta}_2(\boldsymbol{x}) = \rho_2\left[\rho_1 y_{\text{DNN}}^1(\boldsymbol{x}) + \hat{\delta}_1(\boldsymbol{x})\right] + \hat{\delta}_2(\boldsymbol{x}) \tag{5.11}$$

则又需要对 ρ_2 和 $\hat{\delta}_2(\boldsymbol{x})$ 中涉及的参数进行估计。

Meng 等提出的多可信度贝叶斯神经网络，也算是一种基于偏差修正的方法，该方法提出的多可信度贝叶斯神经网络由三个深度神经网络组成，第一个是为适应低可信度数据而训练的全连接神经网络；第二个是为捕捉低可信度和高可信度数据之间的偏差而采用的贝叶斯神经网络，也就是利用贝叶斯神经网络构建高、低可信度数据之间的偏差，贝叶斯神经网络的网络随机参数需要采用贝叶斯推理进行估计；最后一个深度神经网络是代表编码了由偏微分方程描述的物理规律信息的神经网络，用于快速计算前述贝叶斯推理的似然函数 [41]。

5.4.2　基于小样本学习理论的多可信度深度神经网络方法

由于不同精度的分析模型均描述同一物理过程，则它们之间必然存在一定的关联性，且通常高精度的分析模型计算较为耗时，无法提供大量的样本数据，这些均与迁移学习和元学习理论的应用背景非常相似。通过借鉴迁移学习和元学习小样本学习的思路，将不同精度的分析模型数据在深度神经网络的架构下进行关联，对这些低精度的模型数据按照其精度水平逐次进行训练，构建相应的深度神经网络，并将网络超参数或其初始值进行传递，逐级推进实现逐级的知识迁移或元特征学习，直至完成高精度模型数据的深度神经网络构建。这种多可信度深度学习方法无须构建高、低精度数据间的偏差模型，从而减少了多可信度模型的复杂度和超参数的个数，而且易于实施。据研究表明，相比于广泛应用的 Co-Kriging 方法，这类采用小样本学习理论的多可信度深度学习方法可显著缩短训练时长 (缩短高达 92%)、提高不确定性量化的精度 (误差减小高达 75%)，尤其对于高维问题其优势更加明显 [44]。

以下将分别对基于迁移学习和元学习的多可信度深度神经网络方法进行介绍。以响应函数 $y = g(\boldsymbol{x})(\boldsymbol{x} = [x_1, \cdots, x_d])$ 为例，假设存在 s 个精度水平的分析模型 $y^t(\boldsymbol{x})\big|_{t=1,\cdots,s}$，其对应的输入、输出样本数据集为 $\boldsymbol{D}_t = \left[(\boldsymbol{x}_1^t)^{\text{T}}, (\boldsymbol{x}_2^t)^{\text{T}}, \cdots, (\boldsymbol{x}_{n_t}^t)^{\text{T}}\right]^{\text{T}}$ 和 $\boldsymbol{d}_t = \left[y^t(\boldsymbol{x}_1^t), \cdots, y^t(\boldsymbol{x}_{n_t}^t)\right]^{\text{T}}$。其中 t 越大，相应的模型 y^t 精度水

平越高, 其所能提供的样本点数据通常也越少, 即 n_t 越小。为了方便, 本章定义 D_s 和 d_s 分别为高精度分析模型的输入和输出数据, D_t 和 d_t $(t = 1, \cdots, s - 1)$ 分别为低精度分析模型的输入和输出数据。

1. 基于迁移学习的多可信度深度神经网络

若不同精度的分析模型均描述同一物理过程, 则它们之间必然存在一定的关联性, 从而将不同精度的输入、输出数据 $\{D_t, d_t\}$ $(t = 1, \cdots, s)$ 与迁移学习中的单批次训练样本 $\{x_j, y_j\}$ $(j = 1, \cdots, n)$ 对应起来。借鉴图 5.5 所示迁移学习的基本流程, 可形成基于迁移学习的多可信度深度神经网络构建示意 (图 5.7)。在低一精度模型对应的深度神经网络的模型结构基础上, 保持网络结构不变, 并以其共享的模型网络参数作为网络初始状态, 对高一精度的模型数据进行训练, 完成深度神经网络的修正, 从而得到高一精度模型对应的深度神经网络。首先对模型 $y^t(x)$ 的样本集 $\{D_t, d_t\}$ 进行训练, 构建相应的深度神经网络 $f_{\theta_t}(x)$ 及其对应的模型网络参数 θ_t。借鉴迁移学习的基本思路, 以 $f_{\theta_t}(x)$ 为基本网络架构, 引入高一精度模型 $y^{t+1}(x)$ 的数据 $\{D_{t+1}, d_{t+1}\}$, 以 $f_{\theta_t}(x)$ 的网络模型参数 θ_t 为新网络参数的初始值, 即 $\varphi_{t+1} = \theta_t$, 进一步对 $\{D_{t+1}, d_{t+1}\}$ 进行学习训练, 通过式 (5.12) 对网络参数进行修正调整, 获取更新后的网络参数 θ_{t+1}, 完成新的深度神经网络 $f_{\theta_{t+1}}(x)$ 的构建, 使其预测结果与分析模型 $y^{t+1}(x)$ 的响应值相吻合。

$$\theta_{t+1} = \theta_t - \nabla_{\theta_t} L_{D_{t+1}} \left(Y^{t+1}, f_{\theta_t} \left(x^{t+1} \right) \right) \tag{5.12}$$

其中, ∇_{θ_t} 表示参数为 θ_t 的深度神经网络的梯度; $L_{D_{t+1}}$ 表示数据集 D_{t+1} 的损失函数。

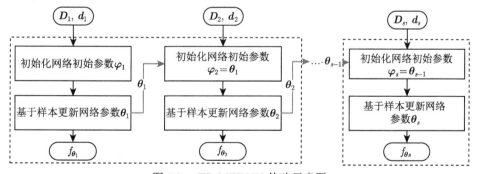

图 5.7 TL-MFDNN 构建示意图

当 t 从 1 遍历至 s 后, 则完成最高精度模型 $y^s(x)$ 的深度神经网络模型 $f_{\theta_s}(x)$ 的构建, 同时也可获得各个低精度分析模型 $y^t(x)$ $(t = 1, \cdots, s - 1)$ 的 DNN 代理模型 $f_{\theta_t}(x)$。由于多精度逐级训练, 逐级学习输入输出的映射关系, 并将所学知识逐级往高精度数据的学习任务迁移，而且这些多精度模型本身都具有较强的相关性，因此对于高精度数据的训练，仅需要少量高精度样本即可收敛。若构建的多可信度代理模型精度不满足要求，则需增加样本，在扩展的样本集上重新执行上述训练过程，更新代理模型。

2. 基于元学习的多可信度深度神经网络

将某精度水平下的输入、输出数据 $\{\boldsymbol{D}_t, \boldsymbol{d}_t\}\,(t = 1, \cdots, s)$ 与元学习中的一次训练对应起来，类似地对 $\{\boldsymbol{D}_t, \boldsymbol{d}_t\}$ 采取有放回的抽样，形成多组训练任务 $T_i(i = 1, \cdots, n)$。借鉴图 5.6 所示的元学习的基本流程，可形成基于元学习的多可信度深度神经网络构建示意，如图 5.8 所示。提出的模型结构由多可信度元学习网络和最终模型训练网络两部分组成，从最低精度分析模型出发，逐级借鉴元学习理论修正网络模型的最佳初始参数，最终构建高精度的 DNN 代理模型。利用元学习理论，对多可信度分析模型 $y^t(\boldsymbol{x})\,(t = 1, \cdots, s - 1)$ 对应的数据 $\{\boldsymbol{D}_t, \boldsymbol{d}_t\}$ 按照精度从低到高逐次训练，从而获得在当前训练数据 $\{\boldsymbol{D}_t, \boldsymbol{d}_t\}$ 下的网络最佳初始参数 $\boldsymbol{\varphi}_t$，使其能更好地适应这一类学习任务并提供给高精度的数据进行训练，使得训练任务可快速收敛。在得到的初始参数 $\boldsymbol{\varphi}_{s-1}$ 基础上，当高精度样本 $\{\boldsymbol{D}_s, \boldsymbol{d}_s\}$ 引入后，网络可实现快速收敛，进而达到仅需要少量高精度数据就能实现高精度响应预测的目的。

从图 5.8 中可以看出，对于每个精度的模型数据 $\{\boldsymbol{D}_t, \boldsymbol{d}_t\}\,(t = 1, \cdots, s - 1)$ 的训练，从数据集 $\{\boldsymbol{D}_t, \boldsymbol{d}_t\}$ 中有放回的抽样生成 n 组训练任务 $T_i\,(i = 1, \cdots, n)$ 及验证集，并为每个训练任务构建网络初始参数为 $\boldsymbol{\varphi}_{t-1}$ 的元学习器 M_i，通过训练任务 T_i 基于式 (5.13) 为每个元学习器更新网络参数 $\boldsymbol{\theta}_t^i$。

$$\boldsymbol{\theta}_t^i = \boldsymbol{\varphi}_{t-1} - \nabla_{\boldsymbol{\varphi}_{t-1}} L_{T_i}\left(M_{\boldsymbol{\varphi}_{t-1}}\right) \tag{5.13}$$

其中，$\nabla_{\boldsymbol{\varphi}_{t-1}}$ 表示参数为 $\boldsymbol{\varphi}_{t-1}$ 的元学习器 M_i 的梯度；$L_{T_i}\,(M_i)$ 表示数据集 T_i 的损失函数。

然后通过式 (5.14)，即平均 n 个训练任务的优化方向，得到最佳网络初始参数 $\boldsymbol{\varphi}_t$，并将其传递到高一精度数据集 $\{\boldsymbol{D}_{t+1}, \boldsymbol{d}_{t+1}\}$ 的训练任务中，作为当前网络的初始参数，从而有助于网络的快速收敛。

$$\boldsymbol{\varphi}_t = \boldsymbol{\varphi}_{t-1} - \frac{1}{n}\nabla_{\boldsymbol{\varphi}_{t-1}}\sum_{i=1}^{n} L_{T_i}\left(M_{\boldsymbol{\theta}_t^i}\right) \tag{5.14}$$

通过借鉴元学习理论，将网络最佳初始参数逐级传递，最终实现在给定样本下网络预测精度的尽可能提升。此外，提出的基于元学习的多可信度深度神经网络方法不仅可以得到最高精度分析模型 $y^s(\boldsymbol{x})$ 的 DNN 代理模型 $f_{\boldsymbol{\theta}_s}$，同时也可以获得各个低精度分析模型 $y^t(\boldsymbol{x})\,(t=1,\cdots,s-1)$ 的 DNN 代理模型 $f_{\boldsymbol{\theta}_t}\,(\boldsymbol{\theta}_t=\boldsymbol{\varphi}_t)$。

若构建的多可信度代理模型精度不满足要求，则需增加样本，在扩展的样本集上重新执行上述训练过程，更新代理模型。

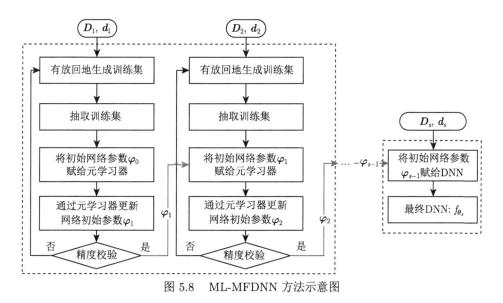

图 5.8   ML-MFDNN 方法示意图

3. 说明

5.4.1 节介绍的基于偏差修正的多可信度深度神经网络方法需要根据高低精度数据构建偏差模型，从而在低精度 DNN 模型进行修正，因此理论上这类方法仅能适用于多可信度模型精度水平为层次型的情况。不同于偏差修正方法，基于迁移学习和元学习的多可信度网络除了可处理一般的层次型精度水平，也能够处理非层级型情况，也就是存在一个高精度模型，多个精度水平无法区分的低精度模型此时可将所有低精度数据收集到一起看作一个整体进行训练，得到可以传递给高精度训练任务的最佳初始网络参数 $\boldsymbol{\varphi}_m$。由于不论是层次型还是非层次型，这些多可信度模型之间都均有不同程度的相关性，最终通过全部低精度数据的多轮次训练，依然可以找到适合这一类任务的最优网络初始参数，在此基础上高精度数据的训练可以快速且高效地收敛。

大多数情况下，高、低精度函数具有相似的变化趋势，在输入变量的整个变化区域内具有较强的相关性，提出多可信度神经网络方法能够取得较高的精度。对于高、低精度函数在某些区域具有完全相反变化趋势的情况，即使此时高、低精度函数不再呈现强相关性，通过对问题进行变换、精心设计深度网络结构，依然可以得到较高精度的多可信度网络。这在后面的算例测试中将会得到验证。

5.5　面向多可信度深度学习的自适应抽样

多可信度深度学习本质上是一种代理模型方法，因此其构建多可信度神经网络的过程受样本的选取影响非常大[45]，即高/低精度样本数目及位置的确定。目前样本的选取大多局限于凭经验的主观模式，若模型精度不够，首选添加高精度数据，过程烦琐且非常耗时。在多可信度深度学习领域，目前还鲜有关于样本选取或序列抽样的研究报道。事实上，在某些设计区域低精度与高精度模型可能具有相比拟的精度，比如流动情况完全发展的区域，从资源最优配置 (optimal resource allocation) 角度看，此时必然选择调用计算更为廉价的低精度模型获取响应。该思想早在 2006 年就被 Huang 等于优化设计领域提出，并在飞行器气动设计、涡轮机设计等诸多问题中得到应用[46]。这些方法的基本思路为，样本非一次性生成，而是在序列抽样中同时考虑获取样本的成本和其对代理模型精度改善的程度，大多是基于高斯随机过程理论去量化那些输入区域数据不足，结合面向目标的期望改进 (expected improvement, EI) 准则[47] 引导输入和输出样本的获取。但是，深度学习与高斯随机过程采用完全不同的模型结构，且模型结构更加复杂，无法直接沿用现有的面向高斯随机过程的自适应抽样算法。贝叶斯深度学习可提供响应预测的不确定性，提供了样本缺乏程度的一种度量，这为多可信度深度神经网络络的序列样本的抽取提供了可借鉴的途径。但是实际问题本身非线性强、输入变量维度高，对多精度仿真模型预测精度提升能力的量化和甄别非常困难。

因此，可充分利用 5.4.2 节所介绍的基于元学习或迁移学习的多可信度深度神经网络 (ML-MFDNN) 方法的优势，将之与贝叶斯深度学习相结合，设计基于元学习或迁移学习的多可信度贝叶斯神经网络，在此基础上建立考虑资源最优配置的自适应抽样策略。这里主要介绍作者新提出的最大化效费比的多可信度抽样策略 (maximum cost-effectiveness multi-fidelity sampling strategy, MCE-MFSS)，该方法面向多可信度深度学习，推导多可信度贝叶斯神经网络的预测后验均方差，在此基础上建立多可信度仿真模型效费比指标以量化其单位费用上改善深度神经网络预测精度的能力，在不调用真实模型的前提下选择最有可能提高贝叶斯神经网络精度的分析模型，以保证预测精度的同时尽可能降低总计算量。

5.5.1　基本流程

图 5.9 展示了融合最大效费比序列抽样策略的多可信度贝叶斯深度神经网络构建的流程，主要包含两个关键内容：多可信度贝叶斯神经网络构建和最大化效费比的多可信度抽样。

步骤 1：根据输入变量的分布类型和参数或者变化区间，为每个多可信度分析模型生成初始输入样本点，比如采用拉丁超立方抽样 (LHS) 方法，并调用各分析模型计算相应的响应数据，得到初始数据集。同时，基于高精度模型生成一定数量的测试集，抽样迭代次数设置为 $I = 0$。

步骤 2：基于当前的多可信度样本数据集，采用贝叶斯神经网络作为模型基本结构，利用 5.4.2 节介绍的基于小样本学习的多可信度深度神经网络方法，实现多可信度数据融合，构建响应预测的多可信度深度贝叶斯神经网络 (具体见 5.5.2 节)。

步骤 3：基于当前构建的多可信度深度贝叶斯神经网络进行响应预测，并通过测试集校验深度神经网络的精度，如果精度满足要求，则多可信度深度贝叶斯神经网络构建结束，否则进入步骤 4。

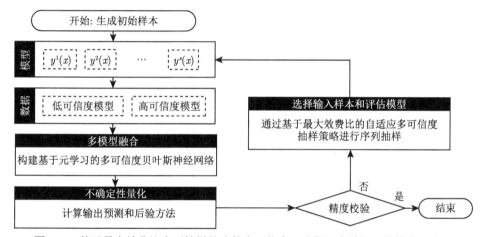

图 5.9　基于最大效费比序列抽样策略的多可信度贝叶斯深度神经网络构建示意图

精度校验过程具体为，基于当前构建好的多可信度贝叶斯深度神经网络，通过在高精度分析模型上生成的测试集计算均方根误差 (RMSE)，检验贝叶斯深度神经网络的精度。RMSE 定义如下：

$$\text{RMSE} = \sqrt{\frac{1}{m}\sum_{i=1}^{m}(y_i - \hat{y}_i)^2} \tag{5.15}$$

其中，m 表示测试集的样本数量；y 表示真实响应值；$\hat{y}$ 表示基于多可信度贝叶斯深度神经网络的预测值。

若精度不满足要求 $\text{RMSE} > \Delta$，则需要抽取新的样本。这里 Δ 为用户设定的阈值。抽样过程包含输入样本的选取和分析模型的选取，二者顺序执行。

步骤 4：使用考虑效费比的自适应抽样策略 (5.5.3 节)，生成一定数量的输入样本，并确定输入样本处所调用的分析模型获取相应的响应数据，进而在改善多可信度深度贝叶斯神经网络精度的同时尽可能降低计算量。将新生成的样本加入已有的数据集中，令 $I = I+1$，并转到步骤 2。

样本点的选取对神经网络的精度和效率有重大影响，为了进一步降低神经网络构建的计算量，在 5.5.2 节中构建的多可信度贝叶斯神经网络的基础上，建立最大化效费比多可信度抽样策略（MCE-MFSS)，序列地抽取性价比尽可能高的样本，在保证神经网络精度的同时尽可能降低计算量。提出的 MCE-MFSS 方法的大致流程如图 5.10 所示。

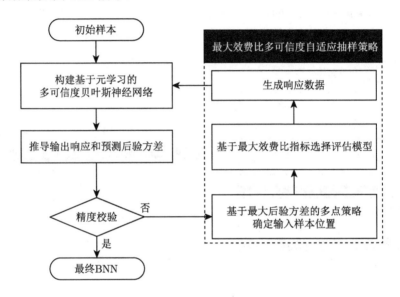

图 5.10　MCE-MFSS 方法示意图

5.5.2　多可信度贝叶斯深度神经网络构建

这里介绍的序列抽样策略对 5.4.2 节介绍的基于迁移学习和元学习的两种多可信度深度学习方法均是可行的。考虑到基于元学习的方法 (ML-MFDNN) 更加精确和高效，故选择 ML-MFDNN 作为此处多可信度建模和抽样的基础，进而介绍自适应序列抽样策略。

在 5.4.2 节介绍的 ML-MFDNN 方法的基本架构上，引入贝叶斯深度神经网络作为深度学习的基本网络模型，构建基于元学习的多可信度贝叶斯深度神经网络（ML-MFBNN)，其基本流程与图 5.8 中所示的 ML-MFDNN 构建流程几乎一样。唯一不同之处在于，对每个精度的数据集 $\{\boldsymbol{D}_t, \boldsymbol{d}_t\}$ $(t \in (1, \cdots, s))$ 进行训练时，采用贝叶斯神经网络作为基本模型结构，而非采用普通深度神经网络，具体可参见 5.2 节的介绍。随着数据精度级别不断往前推进，BNN 网络超参数初始值不断更新，使其更好地适应这一类学习任务。为了平衡稳健性和训练难度，参考目前文献的做法，仅将 BNN 的输出层设定为贝叶斯层，比较特殊的是输出层权值更新的是其均值和标准差的初始值。对多可信度 BNN 的具体构建过程，此处不再赘述，可参阅 5.2 节的介绍。

同样，通过 ML-MFBNN 方法进行多可信度模型融合后，不仅可以得到最高精度分析模型 $y^s(\boldsymbol{x})$ 的贝叶斯神经网络模型 $f_{\boldsymbol{\theta}_s}$，同时也可以获得各个低精度分析模型 $y^t(\boldsymbol{x})\,(t=1,\cdots,s-1)$ 的贝叶斯神经网络模型 $f_{\boldsymbol{\theta}_t}\,(\boldsymbol{\theta}_t=\boldsymbol{\varphi}_t)$，这为后续序列多可信度抽样的发展奠定了基础。

5.5.3 多可信度多点抽样

1. 输入样本的选取

贝叶斯神经网络可非常方便地提供任意输入位置处响应预测的后验方差，其反映了预测不确定度的大小[18]。与高斯随机过程类似，预测不确定度的大小表征了在该输入位置附近样本的缺乏程度，因此可作为输入样本选取的依据。

基于式 (5.7)，通过基于元学习的多可信度模型融合得到的贝叶斯深度神经网络可表示如下：

$$f_{\boldsymbol{\theta}_s}(\boldsymbol{x}) = \boldsymbol{w}_s \phi_{\boldsymbol{\theta}_s^-}(\boldsymbol{x}) \tag{5.16}$$

其中，下角标 s 表示对应于高精度分析模型 $y^s(\boldsymbol{x})$。

由 5.2 节介绍可知，在给定假设下贝叶斯网络的响应预测可认为服从正态分布，因此输入位置 $\boldsymbol{x}$ 处的多可信度贝叶斯神经网络响应预测的后验分布为

$$p_s(\boldsymbol{x}) \sim \mathcal{N}\left(\alpha_s(\boldsymbol{x}), \eta_s(\boldsymbol{x})\right) \tag{5.17}$$

其中，

$$\begin{aligned} \alpha_s(\boldsymbol{x}) &= \mathrm{E}\left[f_{\boldsymbol{\theta}_s}(\boldsymbol{x})\,|\boldsymbol{D}_s\right] \\ \eta_s(\boldsymbol{x}) &= \mathrm{E}\left[f_{\boldsymbol{\theta}_s}^2(\boldsymbol{x})\,|\boldsymbol{D}_s\right] - \mathrm{E}\left[f_{\boldsymbol{\theta}_s}(\boldsymbol{x})\,|\boldsymbol{D}_s\right]^2 \end{aligned} \tag{5.18}$$

式中，$\mathrm{E}\left[\cdot\right]$ 表示求期望。

式 (5.18) 可利用数值积分 (如高斯积分) 进行计算：

$$\alpha_s(\boldsymbol{x}) = \mathrm{E}\left[f_{\boldsymbol{\theta}_s}(\boldsymbol{x})\,|\boldsymbol{D}_s\right] = \sum_k \boldsymbol{g}_s^k \cdot \boldsymbol{t}_s^k \phi_{\boldsymbol{\theta}_s^-}(\boldsymbol{x}) \tag{5.19}$$

$$\begin{aligned} \eta_s(\boldsymbol{x}) &= \mathrm{E}\left[f_{\boldsymbol{\theta}_s}^2(\boldsymbol{x})\,|\boldsymbol{D}_s\right] - \mathrm{E}\left[f_{\boldsymbol{\theta}_s}(\boldsymbol{x})\,|\boldsymbol{D}_s\right]^2 \\ &= \sum_k \boldsymbol{g}_s^k \left(\boldsymbol{t}_s^k \phi_{\boldsymbol{\theta}_s^-}(\boldsymbol{x}) - \alpha_s(\boldsymbol{x})\right)^2 \end{aligned} \tag{5.20}$$

其中，$\boldsymbol{t}_s^k$ 和 $\boldsymbol{g}_s^k$ 分别表示输出层的权值 $\boldsymbol{w}_s$ 所对应的积分节点和积分权值，由 $\boldsymbol{w}_s$ 的分布均值 $\boldsymbol{\mu}_{w_s}$ 和标准差 $\boldsymbol{\sigma}_{w_s}$ 决定，一般选取 3 个积分节点能够满足积分精度

要求[48]。关于具体选择这些节点和权值，可参见第 3 章中 3.3.1 节关于全因子数值积分方法和稀疏网格数值积分方法的介绍，高维积分情况下可选择后者来计算期望，从而降低计算量。

通过利用 BNN 网络可提供响应预测的后验方差的优势，建立基于最大后验方差的多点抽样方法。考虑到对于深度学习，如果每次抽取样本过少，BNN 网络的精度改善不明显，抽样过程会非常冗长，但是每次抽取样本也不能过多，否则无法利用序列抽样的优势。因此，可设定每次抽取样本数目的上限值为 n_s，依据经验 n_s 设定在 10 左右。基于式 (5.20)，建立最大后验方差搜索策略，选择后验方差 $\eta_s(\boldsymbol{x})$ 最大的输入位置作为关键输入样本，并选择若干后验方差与最大后验方差接近的点作为候选输入样本，比如可令候选输入样本的后验方差不小于最大后验方差的 90%。同时，为了避免样本在某个输入位置附近堆叠，限制网络精度的整体提升，提出基于距离的样本筛选原则。根据关键样本与候选样本中任意两点间的欧几里得距离，生成一组彼此距离不太近 $(d \geqslant d_t)$ 且整体后验方差较大的候选输入样本，则得到此次序列抽样的全部有效输入样本。通过设定距离阈值 d_t 以避免样本间距离太近：

$$d_t = \beta \frac{d_{\max} + d_{\max}^c}{2} \tag{5.21}$$

其中，$d_{\max}$ 表示当前样本输入空间所有维度变化范围值中的最大值；$d_{\max}^c$ 表示候选样本与关键样本的最大欧几里得距离；β 为修正参数，一般设为 0.1。由于不同维度的变量其变化范围不同，为了避免个别维度变化范围值过大或过小带来的影响，在计算距离之前需要将所有维度的变化范围进行归一化处理。

图 5.11 展示了提出的多输入样本筛选的示意图，可见输入样本的选取过程中会权衡响应预测后验方差和样本间距离的大小。

2. 分析模型的选取

这里将文献 [49] 中的抽样策略扩展到深度神经网络，提出在无须调用分析模型的情况下，量化该分析模型新样本的加入对深度神经网络精度改善程度的方法，在此基础上建立考虑最大化样本性价比的效费比指标 (CEI)。

$$\text{CEI}^t = \text{Corr}^t(\boldsymbol{x}) \times \left(\frac{C^s}{C^t} \right), \quad t = 1, \cdots, s \tag{5.22}$$

式中，上标 s 和 t 分别表示高精度分析模型 $y^s(\boldsymbol{x})$ 和低精度分析模型中第 t 个分析模型 $y^t(\boldsymbol{x})$；C^s 和 C^t 分别表示 $y^s(\boldsymbol{x})$ 与 $y^t(\boldsymbol{x})$ 的成本，可以是建模时间成本或人力成本、模型调用一次的计算成本或其综合考量；Corr^t 表示在输入样本位置处 $y^t(\boldsymbol{x})$ 与 $y^s(\boldsymbol{x})$ 的后验相关性，其值越接近 1，说明在该输入样本处 $y^t(\boldsymbol{x})$ 与 $y^s(\boldsymbol{x})$ 的预测精度越接近，Corr^t 的计算具体如下。

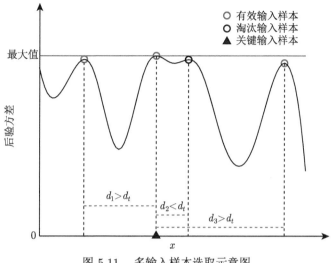

图 5.11　多输入样本选取示意图

$\text{Corr}^t(\boldsymbol{x})$ 可用 $y^t(\boldsymbol{x})$ 与 $y^s(\boldsymbol{x})$ 各自的 BNN 响应预测的后验分布 $p_t(\boldsymbol{x})$ 和 $p_s(\boldsymbol{x})$ 之间的距离来表征。考虑到在深度神经网络构造初期，由于样本点数量较少，高精度模型的 BNN 预测精度较差，前述两个分布可能距离很远，引入 Wasserstein 距离准则更好地量化这两个分布之间的距离，相关的具体计算过程可参考文献 [50]。关于后验分布的计算，根据 5.5.2 节可知，在多可信度模型融合的过程中可获得所有低精度模型 $y^t(\boldsymbol{x})(t=1,\cdots,s-1)$ 的贝叶斯神经网络 $f_{\boldsymbol{\theta}_t}$。结合式 (5.17)～式 (5.20)，可在无须调用真实分析模型的前提下，基于已训练好的贝叶斯神经网络 $f_{\boldsymbol{\theta}_t}$ 得到输入位置 $\boldsymbol{x}$ 处响应预测的后验分布 $p_t(\boldsymbol{x}):\mathcal{N}(\alpha_t(\boldsymbol{x}),\eta_t(\boldsymbol{x}))$。

最后，通过式 (5.23) 确定在某个选定新样本输入位置处所应调用的分析模型，将 CEI 值最大的分析模型表示为 M^*，获取该选定输入样本位置处 M^* 的响应数据，在保证神经网络精度改善前提下尽可能降低成本。

$$M^* = \arg\max_t \text{CEI}^t, \quad t=1,\cdots,s \tag{5.23}$$

5.6　深度学习 UQ 方法数学算例测试

本节通过 7 个数学算例，展示了基于小样本学习的多可信度深度学习方法在 UQ 中的应用。为了防止过拟合问题，需要对神经网络进行正则化处理，采用较为常用的丢弃法 (dropout)。一般来说，一个训练任务会分为多个批次进行训练，每个批次中 dropout 会随机删除一些神经元，以减少神经网络的过拟合程度。由于数学算例相对比较简单，因此本节中未对数学算例的网络结构进行专门设计，且对于本节中所有的数学算例，TL-MFDNN 和 ML-MFDNN 方法采用相同的网络结构：隐藏层 3 层、每层神经元数量 25、dropout 设为 0.5，并在神经网络中添加 BN(batch normalization) 层以抑制过拟合，选用交叉熵作为损失函数，选用 Adam 作为优化器，元学习器和神经网络的学习率均为 0.005。仿真所用电脑配置为 16G 内存，显卡为 NVIDIA 1660，CPU 为 Intel(R) Core(TM) i5-10400F。本章中使用的与深度学习相关的 python 及其库函数见表 5.1。

表 5.1　python 及其库函数

库函数	版本	说明
python	3.7	编译器
pytorch	1.6.0	深度学习框架
learn2learn	0.1.5	元学习框架
blitz	0.2.7	贝叶斯框架
sko	0.6.2	优化算法

这里将 5.4.2 节介绍的两种多可信度深度神经网络方法 (TL-MFDNN 和 ML-MFDNN) 与较为常用的多可信度建模方法 Co-Kriging 进行对比，测试所构建的代理模型的精度，比较均方根误差。由于要将 TL-MFDNN 和 ML-MFDNN 方法用于不确定性量化，解决 "维数灾难"，这里进一步比较了三种方法 (TL-MFDNN、ML-MFDNN 和 Co-Kriging) 所得输出响应的均值和标准差的计算精度，并将其与直接基于高精度分析模型的蒙特卡罗仿真 (Direct MCS, DMCS) 的结果进行对比，计算相对误差。

表 5.2 中列出了具有不同维数及非线性度的 6 个数学算例，这里假设所有算例的随机输入均服从正态分布，算例 1 中随机输入服从 $x \sim \mathcal{N}(1.5, 1.33^2)$，算例 2 中 $x_{1,2} \sim \mathcal{N}(0.5, 0.1^2)$，算例 3 中 $x_{1,\cdots,6} \sim \mathcal{N}(5, 0.5^2)$，算例 4 中 $x_{1,\cdots,10} \sim \mathcal{N}(2.5, 0.2^2)$，算例 5 中 $x_{1,\cdots,15} \sim \mathcal{N}(1, 0.15^2)$，算例 6 中 $x_{1,\cdots,20} \sim \mathcal{N}(1, 0.15^2)$。

表 5.3 展示了各算例所使用的样本数量，其中提出的 TL-MFDNN 和 ML-MFDNN 方法与 Co-Kriging 方法使用完全一样的多可信度样本 (样本数目和位置完全一样)，DMCS 的仿真次数设为 10^7。代理模型精度检验中，随机生成 30 组高精度测试样本，计算三种方法的 RMSE。

需要注意的是对于 TL-MFDNN 和 ML-MFDNN 方法，虽然可以减少高精度样本的需求量，但是在训练过程中特别是针对高维问题，根据经验应该让高精度样本的数量不低于问题的输入维数 d，以避免响应预测误差过大。

表 5.4 展示了 ML-MFDNN 方法、TL-MFDNN 方法和 Co-Kriging 方法响应预测的 RMSE 以及不确定性量化的均值 (e_m) 和标准差 (e_s) 估计相对于 DMCS 的误差。可以看出，在完全相同的多精度样本数据下，相比于经典的多可信度建模方法 Co-Kriging，本书提出的 ML-MFDNN 和 TL-MFDNN 方法在整体上预测精度明显提高。同时，因为元学习对低精度数据的训练完全是为了高精度数据

表 5.2　数学算例函数表达

序号	函数
1	$y^3 = \sin(x) + 0.2x + (x - 0.5)^2/16 + 0.5$ $y^2 = \sin(x) + 0.8x + (x - 0.5)^2/45 + 0.5$ $y^1 = \sin(x) + 0.2x + 0.5$
2	$y^3 = \left(1 - \mathrm{e}^{\frac{-1}{2x_2}}\right) \dfrac{1000t_f x_1^3 + 1900x_1^2 + 2092x_1 + 60}{1000t_l x_1^3 + 500x_1^2 + 4x_1 + 20}$ $y^2 = \left(1 - \mathrm{e}^{\frac{-1}{2x_2}}\right) \dfrac{1000t_f x_1^3 + 1900x_1^2 + 2092x_1 + 60}{1000t_l x_1^3 + 500x_1^2 + 4x_1 + 20} + \dfrac{5\mathrm{e}^{-t_f x_1^{t_h/2}}}{x_2^{2+t_h} + 1}$ $y^1 = \left(1 - \mathrm{e}^{\frac{-1}{2x_2}}\right) \dfrac{1000t_f x_1^3 + 1900x_1^2 + 2092x_1 + 60}{1000t_l x_1^3 + 500x_1^2 + 4x_1 + 20} + \dfrac{5\mathrm{e}^{-t_f x_1^{t_h/2}}}{x_2^{2+t_h} + 1} + \dfrac{10x_1^2 + 4x_2^2}{50x_1 x_2 + 10}$ $t_f = 0.2; t_h = 0.3; t_l = 0.1;$
3	$y^3 = 25(x_1 - 2)^2 + (x_2 - 2)^2 + (x_3 - 1)^2 + (x_4 - 4)^2 + (x_5 - 1)^2 + (x_6 - 4)^2$ $y^2 = 20(x_1 - 2)^2 + 0.95(x_2 - 2)^2 + 0.8(x_3 - 1)^2 + 1.05(x_4 - 4)^2 + 0.8(x_5 - 1)^2 + 0.7(x_6 - 4)^2$ $y^1 = 15(x_1 - 2)^2 + 0.85(x_2 - 2)^2 + 0.6(x_3 - 1)^2 + 1.35(x_4 - 4)^2 + 0.6(x_5 - 1)^2 + 0.6(x_6 - 4)^2$
4	$y^3 = x_1^2 + x_2^2 + x_1 x_2 - 4x_1 - 6x_2 + (x_3 - 2)^2 + 4(x_4 - 5)^2 + (x_5 - 3)^2$ $\quad + 2(x_6 - 1)^2 + 5x_7^2 + 7(x_8 - 3)^2 + 2(x_9 - 2)^2 + (x_{10} - 1)^2 + 11$ $y^2 = 0.8x_1^2 + 0.7x_2^2 + 0.5x_1 x_2 - 4x_1 - 6x_2 + (x_3 - 2)^2 + 4(x_4 - 5)^2 + 1.1(x_5 - 3)^2$ $\quad + 2(x_6 - 1)^2 + 4.5x_7^2 + 7(x_8 - 3)^2 + 2(x_9 - 2)^2 + (x_{10} - 1)^2 + 10$ $y^1 = 0.5x_1^2 + 0.6x_2^2 + 0.3x_1 x_2 - 3x_1 - 5x_2 + (x_3 - 2)^2 + 4.5(x_4 - 5)^2 + 1.2(x_5 - 3)^2$ $\quad + 2(x_6 - 1)^2 + 3x_7^2 + 7(x_8 - 3)^2 + 2(x_9 - 2)^2 + (x_{10} - 1)^2 + 10$
5	$y^3 = (x_1 - 1)^2 + \sum_{i=2}^{15} i\left(2x_i^2 - x_{i-1}\right)^2$ $y^2 = 0.9(x_1 - 1)^2 + 0.9\sum_{i=2}^{15} i\left(2x_i^2 - x_{i-1}\right)^2 - \sum_{i=1}^{15} 0.1 x_i x_{i+1}$ $y^1 = 0.8(x_1 - 1)^2 + 0.7\sum_{i=2}^{15} i\left(2x_i^2 - x_{i-1}\right)^2 - \sum_{i=1}^{15} 0.2 x_i x_{i+1}$
6	$y^3 = (x_1 - 1)^2 + \sum_{i=2}^{20} (x_i - x_{i-1})^2$ $y^2 = 0.8(x_1 - 1)^2 + 0.8\sum_{i=2}^{20} (x_i - x_{i-1})^2 - \sum_{i=1}^{20} 0.2 x_i x_{i+1}$ $y^1 = 0.5(x_1 - 1)^2 + 0.6\sum_{i=2}^{20} (x_i - x_{i-1})^2 - \sum_{i=1}^{20} 0.5 x_i x_{i+1}$

表 5.3　样本数量

算例	1	2	3	4	5	6
n_1	10	20	25	60	100	120
n_2	6	12	15	25	40	60
n_3	2	4	5	10	15	20

训练而服务的，目的是使网络可以实现对少量高精度数据快速而准确的收敛，而迁移学习只是把低精度数据下学习到的部分特征共享给了高精度数据，因此结合了元学习小样本训练思路的 ML-MFDNN 方法有着更强的泛化能力，整体预测精度较 TL-MFDNN 有明显提高。

表 5.4   三种方法的相应预测的 RSME 和前二阶统计矩的相对误差

算例	ML-MFDNN			TL-MFDNN			Co-Kriging		
	RMSE	$e_m/\%$	$e_s/\%$	RMSE	$e_m/\%$	$e_s/\%$	RMSE	$e_m/\%$	$e_s/\%$
1	0.018	0.54	1.66	0.022	3.67	3.28	0.017	5.26	6.03
2	0.006	0.28	1.49	0.097	5.51	7.19	0.136	7.24	9.22
3	1.498	0.32	1.03	2.739	5.24	8.33	3.323	8.20	11.07
4	0.952	1.01	3.41	1.303	4.28	4.98	1.671	7.61	6.92
5	0.038	1.95	3.40	0.043	5.79	9.42	0.060	9.37	13.63
6	0.089	2.26	4.22	0.108	5.08	7.16	0.176	8.82	12.47

图 5.12 展示了三种方法构建多可信度深度神经网络的训练时长。对于算例 1 和算例 2，输入变量维数较低 (d=1 或 2)，ML-MFDNN 与 TL-MFDNN 方法训练时长接近，而 Co-Kriging 的训练速度明显更快。这是因为 Co-Kriging 采用高斯随机过程建模理论，模型结构相对深度神经网络简单很多，超参数也相对要少，自然训练更快。对于算例 4~6，输入维数明显增加 ($d \geqslant 10$)，同时非线性也较强，ML-MFDNN 训练速度最快，而 TL-MFDNN 次之，Co-Kriging 最慢。对于高度非线性的高维函数，Co-Kriging 模型构建的超参数估计中涉及大量超参数、大量大型的矩阵及其求逆运算，此时超参数寻优非常耗时，甚至会难以收

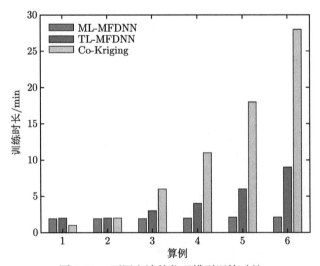

图 5.12   不同方法的代理模型训练时长

敛，因此 Co-Kriging 训练时长最长。对于 ML-MFDNN，由于采用元学习的训练思路，每次训练都在于寻求一组适合这一类学习任务的最佳模型初始参数，因此该方法在训练中只需要迭代少量的次数就可以实现收敛，训练次数不会因为样本数量的增加而大幅增长，因此训练时长增加缓慢。而对于 TL-MFDNN，每次训练都需要寻求一组适合当前学习任务的最佳模型参数，训练次数会随着样本数量的增加而增长，同时当多可信度模型之间差别较大时，这种共享网络模型参数的知识迁移方式效果可能较差，因此需要更长的时间完成网络。从测试的 6 个算例看，随着问题维数的增加，Co-Kriging 方法的训练时长增加很明显，而 ML-MFDNN 和 TL-MFDNN 的训练时长增长则缓慢很多，同时 ML-MFDNN 的训练时长增加最为缓慢。所以，对于高维非线性问题，本书提出的 ML-MFDNN 和 TL-MFDNN 方法相较于 Co-Kriging 具有明显的优势，可应对高维不确定性量化的"维数灾难"。

上面测试的 6 个算例都属于通常情况，高、低精度函数具有相似的变化趋势和较强的相关性。接下来给出一个特殊算例 (式 (5.24))，其高、低精度函数在某些区域的变化趋势完全相反，说明高、低精度函数不再呈现强相关性，测试提出的多可信度深度神经网络方法的有效性。

$$
\begin{aligned}
y^2 &= \left(x - \sqrt{2}\right)\sin^2\left(8\pi x\right) \\
y^1 &= \sin\left(8\pi x\right), \quad x \sim \mathcal{U}(0,1)
\end{aligned}
\tag{5.24}
$$

抽取样本数量分别为 $N_1 = 60$，$N_2 = 14$，测试结果见表 5.5。

表 5.5　算例 7 的测试结果

ML-MFDNN			H-BNN			Co-Kriging		
RMSE	e_m/%	e_s/%	RMSE	e_m/%	e_s/%	RMSE	e_m/%	e_s/%
0.0739	1.49	3.75	0.3809	8.26	31.47	0.4399	20.40	37.75

该算例尽管只是一个一维问题，但是高、低精度函数在输入变量的几个区域 ([0 0.13], [0.25 0.38], [0.5 0.63], [0.75 0.88]) 具有完全相反的变化趋势，Co-Kriging 方法的应用前提是高、低精度模型具有较强的相关性，因此预测精度较差。但是，提出的 MF-MLDNN 方法依然可以保持较高的精度，这得益于 DNN 强大的特征提取能力。

5.7　自适应抽样方法数学算例测试

选取 5.6 节中的表 5.2 算例作为自适应抽样的测试算例，并与 5.6 节中基于经验抽样的仿真结果进行对比，以验证本章提出的序列抽样方法的有效性，由于篇幅限制且测试结果具有较好的一致性，此处仅展示算例 4 和 6 的测试结果。对于贝叶斯深度神经网络，所有算例均采用与 5.6 节相同的网络结构，即隐藏层 3 层、每层神经元数量 25、dropout 设置为 0.5，选用交叉熵作为损失函数，选用 Adam 作为优化器，元学习器和神经网络的学习率均为 0.005。仿真所用电脑配置为 16G 内存，显卡为 NVIDIA 1660，CPU 为 Intel(R) Core(TM) i5-10400F。

由于两个算例都是数学算例，则人为设置每个多可信度分析模型的成本为 $C^1 = 2$，$C^2 = 4$ 和 $C^3 = 12$。利用拉丁超立方抽样生成初始样本，并生成 20 组高精度样本作为测试集，计算神经网络的均方根误差 (RMSE)，当 RMSE $\leqslant \Delta$ 时，则认为模型精度已满足要求，不再进行抽样。根据算例 4 和 6 的输出响应的幅值范围，分别设置阈值 $\Delta = 0.9$ 和 $\Delta = 0.1$。各个多可信度精度分析模型的初始样本点数量、抽样过程中样本点增加的情况以及抽样后样本总数量均展示于表 5.6。为了验证提出的序列抽样方法的有效性和优势，按照抽样后最终的各可信度模型对应的样本数量，通过拉丁超立方抽样生成各个精度的样本，基于此采用 5.5.2 节的方法构建多可信度 BNN(该方法表示为 M2)。表 5.6 中也展示了提出的方法 (表示为 M1)、M2，以及 5.6 节中依据经验选取各精度样本数目构建神经网络的方法 (表示为 M3)，所得的输出响应的均值 (e_m) 和标准差 (e_s) 相对于直接基于高精度分析模型进行 MCS (DMCS) 的误差。除此之外，为进一步验证提出的序列抽样方法的优势，各种方法需要的计算总成本也一并展示在表 5.6 中，其中 $C^1(C^2 = C^1)$ 和 C^3 分别表示方法 M1(M2) 和 M3 所需的总成本。

表 5.6　自适应抽样结果

No.		初始样本	迭代次数				最终样本	C^1	C^3	e_m/%			e_s/%		
			1	2	3	4				M1	M2	M3	M1	M2	M3
4	N_1	30	3	4	9	10	56	308	340	0.22	3.52	1.01	2.89	6.35	3.41
	N_2	10	7	2	0	0	19								
	N_3	5	0	4	1	0	10								
6	N_1	80	4	3	1	2	90	676	720	1.97	4.37	2.26	2.36	5.74	4.22
	N_2	40	6	3	2	7	58								
	N_3	10	0	4	7	1	22								

从表 5.6 中的结果可以发现，本书提出的考虑最大化效费比的自适应抽样策略能优化多可信度样本数目的配比，相比于直接一次性拉丁超立方抽样选取样本，在相同样本数量的情况下，由于所抽取的样本都具有高性价比，在整体计算量一定的情况下具有明显的更强的提升神经网络预测精度的能力。同时可以发现，由于 5.6 节中多可信度样本数目的确定依据个人经验，而本章提出的序列抽样方法旨在抽取高性价比的样本，对于这里测试的算例，提出的方法不仅提高了深度神经网络的精度，同时总成本也更低 (308 vs. 340 和 676 vs. 720)。这些结果都验

证了提出的序列抽样策略的有效性和优势。

5.8 本章小结

　　本章主要对多可信度深度学习不确定性量化方法及其抽样方法进行了介绍，主要介绍了基于迁移学习和元学习的多可信度深度神经网络不确定性量化方法，通过引入小样本学习理论，进行多可信度模型融合，以降低对高精度样本的需求量，解决高维不确定性量化的"维数灾难"和"小样本"难题。对 7 个不同维数的数学算例测试，结果表明：相比于经典的 Co-Kriging 方法，基于迁移学习的方法其预测误差减小高达 43%，训练时长缩短高达 48%，基于元学习的方法其预测误差减小高达 75%，训练时长缩短高达 92%，尤其对于高维问题则优势更加明显。而且，不论是高、低精度模型之间具有较强相关性的一般情况，还是高、低精度模型之间变化趋势完全相反的特殊情况，提出的方法均能保证较高的精度。同时，为了进一步降低多可信度深度神经网络在高维近似和不确定性量化时的计算量，介绍了基于贝叶斯神经网络的考虑最大化样本效费比的自适应序列抽样策略，实现了多可信度样本的最优资源配置，进一步解决了"维数灾难"和"小样本"难题。数学算例测试结果表明，相比于基于经验的样本生成方法，在相同计算量下本书提出的序列抽样策略可显著提高多可信度深度神经网络的精度。

参 考 文 献

[1] Efron B, Hastie T, Johnstone I, et al. Least angle regression[J]. The Annals of Statistics, 2004, 32(2): 407-499.

[2] Blatman G, Sudret B. Adaptive sparse polynomial chaos expansion based on least angle regression[J]. Journal of Computational Physics, 2011, 230(6): 2345-2367.

[3] Ahadi M, Prasad A K, Roy S. Hyperbolic polynomial chaos expansion (HPCE) and its application to statistical analysis of nonlinear circuits[C]. 2016 IEEE 20th Workshop on Signal and Power Integrity (SPI). IEEE, 2016: 1-4.

[4] Baptista R, Stolbunov V, Nair P B. Some greedy algorithms for sparse polynomial chaos expansions[J]. Journal of Computational Physics, 2019, 387: 303-325.

[5] Diaz P, Doostan A, Hampton J. Sparse polynomial chaos expansions via compressed sensing and D-optimal design[J]. Computer Methods in Applied Mechanics and Engineering, 2018, 336: 640-666.

[6] Xiong F F, Xue B, Zhang Y, et al. Polynomial chaos expansion based robust design optimization[C]. 2011 International Conference on Quality, Reliability, Risk, Maintenance, and Safety Engineering. Xi'an, China: IEEE, 2011: 868-873.

[7] 邬晓敬. 气动外形优化设计中的不确定性及高维问题研究 [D]. 西安: 西北工业大学, 2018.

[8] Jin R, Chen W, Simpson T W. Comparative studies of metamodelling techniques under multiple modelling criteria[J]. Structural and Multidisciplinary Optimization, 2001,

23(1): 1-13.

[9] 冯蔚. 基于深度学习的多孔介质中多相流预测及不确定性分析 [D]. 合肥: 中国科学技术大学, 2020.

[10] Zhu Y, Zabaras N. Bayesian deep convolutional encoder-decoder networks for surrogate modeling and uncertainty quantification[J]. Journal of Computational Physics, 2018, 366(1):415-447.

[11] Tao J, Sun G, Guo L, et al. Application of a PCA-DBN-based surrogate model to robust aerodynamic design optimization[J]. Chinese Journal of Aeronautics, 2020, 33(6): 1573-1588.

[12] Tekaslan H E, Imrak R, Nikbay M. Reliability based design optimization of a supersonic engine inlet[C]. AIAA Propulsion and Energy 2021 Forum. Virtual, Online, 2021: 3541.

[13] Keshavarzzadeh V, Kirby R M, Narayan A. Robust topology optimization with low rank approximation using artificial neural networks[J]. Computational Mechanics, 2021, 68(6): 1297-1323.

[14] 张立, 陈江涛, 熊芬芬, 等. 基于元学习的多可信度深度神经网络代理模型 [J]. 机械工程学报, 2022, 58(1): 190-200.

[15] Pan J, Liu C, Wang Z, et al. Investigation of deep neural networks (DNN) for large vocabulary continuous speech recognition: Why DNN surpasses GMMS in acoustic modeling[J]. IEEE, 2012, 7196(8):301-305.

[16] Xu Y, Ma J, Liaw A, et al. Demystifying multitask deep neural networks for quantitative structure–activity relationships[J]. Journal of Chemical Information and Modeling, 2017, 57(10): 2490-2504.

[17] Blundell C, Cornebise J, Kavukcuoglu K, et al. Weight uncertainty in neural network[C]. International Conference on Machine Learning. PMLR, 2015: 1613-1622.

[18] Snoek J, Rippel O, Swersky K, et al. Scalable bayesian optimization using deep neural networks[C]. International Conference on Machine Learning. PMLR, 2015: 2171-2180.

[19] 杨军, 刘妍丽. 基于图像的单样本人脸识别研究进展 [J]. 西华大学学报: 自然科学版, 2014, 33(4):6.

[20] Snell J, Swersky K, Zemel R. Prototypical networks for few-shot learning[J]. Advances in Neural Information Processing Systems, 2017, 30: 4080-4090.

[21] Zhang X, Qiang Y, Sung F, et al. RelationNet2: deep comparison network for few-shot learning[C]. 2020 International Joint Conference on Neural Networks (IJCNN). IEEE, Glasgow, UK, 2020: 1-8.

[22] Weiss K, Khoshgoftaar T M, Wang D D. A survey of transfer learning[J]. Journal of Big Data, 2016, 3(1): 1-40.

[23] 雷波, 何兆阳, 张瑞. 基于迁移学习的水下目标定位方法仿真研究 [J]. 物理学报, 2021, 70(22): 183-192.

[24] Li B, Yang Z, Chen D, et al. Maneuvering target tracking of UAV based on MN-DDPG and transfer learning[J]. Defence Technology, 2021, 17(2): 457-466.

[25] Ruder S, Peters M E, Swayamdipta S, et al. Transfer learning in natural language

processing[C]. Proceedings of the 2019 Conference of the North American Chapter of the Association for Computational Linguistics: Tutorials. Minneapolis, Minnesota, 2019: 15-18.

[26] Wang H. Research review on transfer learning[J]. Computer Knowledge and Technology, 2017, 13(32): 203-205.

[27] Talo M, Baloglu U B, Yıldırım Ö, et al. Application of deep transfer learning for automated brain abnormality classification using MR images[J]. Cognitive Systems Research, 2019, 54: 176-188.

[28] Wu Z, Jiang H, Zhao K, et al. An adaptive deep transfer learning method for bearing fault diagnosis[J]. Measurement, 2020, 151: 107227.

[29] Mao W, Ding L, Tian S, et al. Online detection for bearing incipient fault based on deep transfer learning[J]. Measurement, 2020, 152: 107278.

[30] Celik Y, Talo M, Yildirim O, et al. Automated invasive ductal carcinoma detection based using deep transfer learning with whole-slide images[J]. Pattern Recognition Letters, 2020, 133: 232-239.

[31] Deepak S, Ameer P M. Brain tumor classification using deep CNN features via transfer learning[J]. Computers in Biology and Medicine, 2019, 111: 103345.

[32] Liu C, Wei Z, Ng D W K, et al. Deep transfer learning for signal detection in ambient backscatter communications[J]. IEEE Transactions on Wireless Communications, 2020, 20(3): 1624-1638.

[33] Gao Y, Mosalam K M. Deep transfer learning for image-based structural damage recognition[J]. Computer-Aided Civil and Infrastructure Engineering, 2018, 33(9): 748-768.

[34] Cang R, Yao H, Ren Y. One-shot generation of near-optimal topology through theory-driven machine learning[J]. Computer-Aided Design, 2019, 109: 12-21.

[35] Shorten C, Khoshgoftaar T M. A survey on image data augmentation for deep learning[J]. Journal of Big Data, 2019, 6(1): 1-48.

[36] Dantas A, Pozo A. On the use of fitness landscape features in meta-learning based algorithm selection for the quadratic assignment problem[J]. Theoretical Computer Science, 2020, 805: 62-75.

[37] Finn C, Abbeel P, Levine S. Model-agnostic meta-learning for fast adaptation of deep networks[C]. Proceedings of the 34th International Conference on Machine Learning-Volume 70. Sydney, Australia, 2017: 1126-1135.

[38] Tao J, Sun G. Application of deep learning based multi-fidelity surrogate model to robust aerodynamic design optimization [J]. Aerospace Science and Technology, 2019, 92:722-737.

[39] Li Y, Jiang J, Shao Y, et al. Fast hyperparameter optimization of deep neural networks via ensembling multiple surrogates[J]. 2018, arXiv:1811.02319.

[40] Zhu G, Zhu R. Accelerating Hyperparameter Optimization of Deep Neural Network Via Progressive Multi-fidelity Evaluation[M]. Nanjing: Advances in Knowledge Discovery and Data Mining. 2020:752-763.

[41] Meng X, Babaee H, Karniadakis G E. Multi-fidelity Bayesian neural networks: Algorithms and applications[J]. Journal of Computational Physics, 2021, 438: 110361.

[42] Zhang X, Xie F, Ji T, et al. Multi-fidelity deep neural network surrogate model for aerodynamic shape optimization[J]. Computer Methods in Applied Mechanics and Engineering, 2021, 373: 113485.

[43] Han Z H, Görtz S. Hierarchical Kriging model for variable-fidelity surrogate modeling[J]. AIAA Journal, 2012, 50(9): 1885-1896.

[44] 任成坤. 基于混沌多项式和深度学习的飞行器稳健优化设计研究 [D]. 北京: 北京理工大学, 2022.

[45] Jivani A, Huan X, Safta C, et al. Uncertainty quantification for a turbulent round jet using multifidelity karhunen-loève expansions[C]. AIAA SciTech 2021 Forum. Virtual, Online, 2021: 1367.

[46] Huang D, Allen T, Notz W, et al. Sequential Kriging optimization using multiple-fidelity evaluations[J]. Structural and Multidisciplinary Optimization, 2006, 32(5): 369-382.

[47] Jones D R, Schonlau M, Welch W J. Efficient global optimization of expensive black-box functions[J]. Journal of Global Optimization, 1998,13(4): 455-492.

[48] Lee S H, Chen W. A comparative study of uncertainty propagation methods for black-box-type problems[J]. Structural and Multidisciplinary Optimization, 2009, 37(3): 239-253.

[49] Ren C, Xiong F, Wang F, et al. A maximum cost-performance sampling strategy for multi-fidelity PC-Kriging[J]. Structural and Multidisciplinary Optimization, 2021, 64(6): 3381-3399.

[50] Panaretos V M, Zemel Y. Statistical aspects of Wasserstein distances[J]. Annual Review of Statistics and Its Application, 2019, 6: 405-431.

第 6 章　混合不确定性传播和灵敏度分析

在实际的工程中往往存在大量随机和认知混合不确定性。例如，对于飞行器优化设计，存在源于生产制造的随机不确定性，以及源于仿真建模或数据不足导致的认知不确定性。对于 CFD 数值模拟，存在着诸如来流和边界条件、几何尺寸等客观存在的随机不确定性，以及湍流模型系数、经验常数、网格等由知识缺乏或数据不足导致的认知不确定性 [1]。这必然导致系统性能或数值模拟的输出响应也存在不可忽视的不确定性，且可能对某些不确定性非常敏感。

另外，实际试验中需要用到大量测量传感器装置，必然存在测量不确定性。通常仪器制造商提供了精度水平的规范，但在如何定义和引用这些不确定度水平方面普遍缺乏标准。制造商或提供一个单一的精度值或提供详细的不确定度来源分析，而很少有关于误差分布或精度解释方面的说明。对试验不确定度量化和评定时，测量误差概率分布的假设不可避免，然而该假设可能产生完全错误的结果。因此，有必要用认知不确定性对测量误差进行描述，进行混合不确定性传播，提高评定结果的可信度。

简单地用概率模型对认知不确定性进行表征，比如某变量存在认知不确定性，仅已知其变化范围的上下界，则此时常用的做法是认为其在该上下界内服从均匀分布，而均匀分布的假设必然是赋予了该变量在该区间上的概率值。然而，在存在认知不确定性下，该变量在该区间分布的概率是未知的，极有可能在该区间的概率密度函数值不是处处相等。在此假设的基础上进行随机不确定传播，则必然导致输出响应不确定性度估计的误差 [2,3]。最简单的情况是，对混合不确定性进行量化后，需要对随机和认知不确定性的重要性分别排序，而现有的方法则进行统一排序，基于此进一步采取降维或简化等措施。然而认知和随机不确定性本身属于两种性质完全不同的不确定性，笼统进行排序，则极有可能产生完全错误的结果。因此，需要开展混合不确定性传播和量化的研究。

对于数值模拟尤其是 CFD 数值模拟，目前已经产生了大量随机和认知混合不确定性传播和量化的研究工作 [4]。Shah 等提出了一种结合证据理论和混沌多项式展开的混合不确定性传播方法，研究了攻角、马赫数、SA 湍流模型系数的不确定性对跨声速翼型 RAE 2822 气动特性的影响 [5]。屈小章等基于概率理论和区间分析理论对混合不确定性系统进行可靠性分析，完成了叶片设计参数和叶轮转速对风机气动性能的影响评估 [6]。梁霄和王瑞利结合概率盒理论和非嵌入混沌多项式方法分别处理 Sod 问题中多方指数的认知不确定性和炸药密度的随机不确定性, 并将其应用于流体力学方程组迎风格式数值求解可信度的混合不确定性传播 [7]。在灵敏度分析方面, Guo 和 Du 在证据理论框架下定义了基于 KS 距离的主效应和总效应的非概率灵敏度指标, 对混合不确定性系统中各认知不确定性参数的重要性进行了排序 [8]。Ferson 等和胡政文等基于概率盒理论, 研究了概率盒表征下的以不确定性缩减法为工具的混合不确定性灵敏度分析, 定义了概率盒广义区域度量的非概率灵敏度指标, 在 NASA 多学科不确定性量化挑战问题上的应用也展现出该指标的适用性 [9,10]。刘宇等则将这种广义区域度量定义为输出响应概率盒的最大方差, 提出了输入认知对输出随机、输入随机对输出认知的交互式灵敏度指标 [11]。

此外, 关于混合不确定性下的优化设计, 也产生了大量研究成果, 涉及气动优化、结构优化、拓扑优化等诸多领域。魏骁选取 ITTC 公布的标准船型之一 KRISO 集装箱船 (KCS) 作为研究对象, 考虑船速、吃水、波浪参数等混合不确定性变量, 基于所提出的面向混合不确定性统一传播的任意多项式混沌展开法, 开展了波浪均阻系数的稳健优化设计 [12]。罗阳军等采用概率模型和多椭球模型分别对随机变量和区间变量两种不确定性进行描述, 针对某导弹翼面结构重量, 以翼面端点垂直方向位移的混合可靠性指标为约束条件, 建立了两种不确定性因素混合情况下的可靠性优化设计模型 [13]。庞永胜基于概率理论和模糊理论, 高效准确地求解了梁结构材料属性随机不确定性和几何尺寸模糊不确定性, 完成了悬臂梁和 L 型梁的混合可靠性拓扑优化 [14]。

本章将主要对目前几种主流的混合不确定性传播方法进行介绍, 主要包括概率盒方法、证据理论、模糊理论和区间理论。在混合不确定性传播的基础上, 介绍基于证据理论的考虑混合不确定性的灵敏度分析方法。

6.1　混合不确定性传播方法

当考虑随机和认知混合不确定性时, 常规的不确定性传播过程通常转变为一个典型的双层循环, 外层考虑认知不确定性, 里层实质为认知不确定性固定于某值下的随机不确定性传播。以下以响应函数 $y = g(\boldsymbol{x}^{\mathrm{a}}, \boldsymbol{x}^{\mathrm{e}})$ 为例, 简要介绍各种混合不确定性传播方法, 其中 $\boldsymbol{x}^{\mathrm{e}}(\boldsymbol{x}^{\mathrm{e}} = [x_1^{\mathrm{e}}, \cdots, x_i^{\mathrm{e}}, \cdots, x_m^{\mathrm{e}}], 1 \leqslant i \leqslant m)$ 表示 m 维认知不确定性向量, $\boldsymbol{x}^{\mathrm{a}}(\boldsymbol{x}^{\mathrm{a}} = [x_1^{\mathrm{a}}, \cdots, x_j^{\mathrm{a}}, \cdots, x_n^{\mathrm{a}}], 1 \leqslant j \leqslant n)$ 表示 n 维随机不确定性向量。通常, 随机不确定性向量用基于概率的方法进行表征和传播, 而认知不确定性则可采用概率盒、证据、模糊和区间等理论进行不确定性表征和传播。

6.1.1　概率盒理论

概率盒 (p-box) 方法 [7,15,16] 也称为二阶概率 (second-order probability, SOP) 方法, 它通过将输出响应的累积分布函数 (CDF) 的上下限作为边界来定义不确定性。基于概率盒的不确定传播最为常用的方法之一为双层抽样 (double-loop sampling, DLS) 方法。目前有诸多基于概率盒理论进行混合不确定性传播的研究工作，以下给出的仅为一种可行的实施思路，读者可参阅文献 [17~20] 获取概率盒不确定传播较为前沿的研究介绍。

步骤 1： 不确定性输入信息收集整理。

收集随机变量 $\boldsymbol{x}^{\mathrm{a}}$ 的概率分布，收集认知不确定性变量 $\boldsymbol{x}^{\mathrm{e}}$ 的信息，比如认知不确定性变量的上下限区间。根据认知不确定性变量 $\boldsymbol{x}^{\mathrm{e}}$ 的信息进行抽样，在其变化区间范围内采取拉丁超立方抽样方法得到 M 组样本 $[\overline{\boldsymbol{x}}_1^{\mathrm{e}}, \cdots, \overline{\boldsymbol{x}}_M^{\mathrm{e}}]$。令 $i=1$。

也有研究 [21] 提出可将输入认知不确定性变量表示为概率盒，存在通用概率盒和参数化概率盒两种表征方式，见图 6.1。参数化概率盒内部的分布类型已知，分布参数在某个范围波动；通用概率盒内部分布有无数种可能。参数化概率盒是通用概率盒的一种特殊形式，包含了不确定参数分布类型的信息。根据这个特性，对参数化概率盒和通用概率盒的分析需要区分对待。参数化概率盒不仅具有概率盒的通用性质，还拥有概率模型的一些特性，方便工程人员理解和使用。此时，认知不确定性变量 $\boldsymbol{x}^{\mathrm{e}}$ 的抽样则根据其累积分布函数 $F_X(\boldsymbol{x}^{\mathrm{e}})$ 的形式及范围进行抽样。

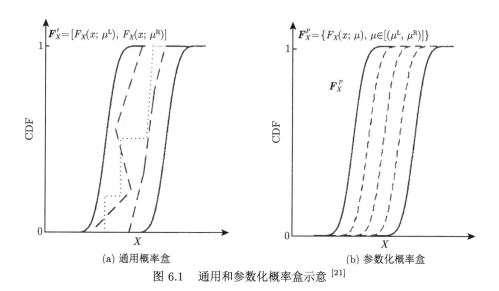

图 6.1 通用和参数化概率盒示意 [21]

步骤 2： 随机不确定性传播。

构造内、外双层循环进行迭代计算。每次迭代中，外层循环中的认知不确定性变量取第 i 个样本值 $\overline{\boldsymbol{x}}_i^{\mathrm{e}}\,(i=1,\cdots,M)$，考虑随机不确定性变量 $\boldsymbol{x}^{\mathrm{a}}$，根据 $\boldsymbol{x}^{\mathrm{a}}$ 的分布模型进行随机不确定性传播，得到输出响应 y 概率分布特性，即累积分布函数 (CDF) 曲线。

步骤 3：$i=i+1$，重复步骤 2，直至遍历完认知不确定性变量的全部样本，则得到输出响应 y 累积分布函数的一簇曲线，形成一个凸包，即，$\mathrm{CDF}^{(1)},\cdots,\mathrm{CDF}^{(M)}$。

步骤 4：输出响应 y 的不确定性量化。

基于步骤 3 中获取的一簇 CDF 曲线 $\mathrm{CDF}^{(1)},\cdots,\mathrm{CDF}^{(M)}$，选取最内层和最外层的两条 CDF 曲线作为输出响应 y 概率分布的上下边界，构成一个概率盒，则输出响应 y 的不确定性信息可用该概率盒进行量化。此时，由于认知不确定性的存在，输出响应不再是一条单独的 CDF 曲线，而是 CDF 曲线的一簇曲线。基于得到的输出响应 y 的 CDF 包络，可进一步得到 y 的其他不确定性信息，如均值 μ_y 和方差 σ_y 等，它们也都是区间形式，如 y 的均值位于区间 $\begin{bmatrix}\mu_y^\mathrm{L} & \mu_y^\mathrm{U}\end{bmatrix}$。

图 6.2 展示了基于双层抽样的利用概率盒方法进行认知和随机混合不确定性传播的示意图，随着认知不确定性的逐步减小 (比如认知不确定性的区间范围不断缩小)，信息逐渐完备，所得的输出响应凸包的概率边界之间的偏差将越来越小。

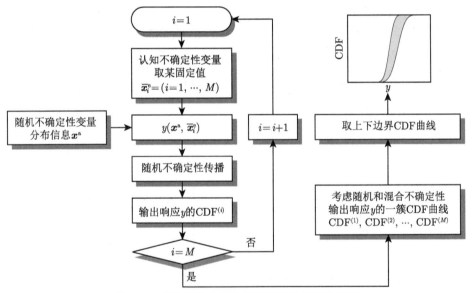

图 6.2　基于概率盒理论的不确定性传播示意图

当认知不确定性减为零 (认知不确定性变量的区间缩至零)，凸包的上下概率边界将重合，退化为仅考虑随机不确定性的不确定性传播，见图 6.3(c)。因此，概率盒理论不仅适用于随机和认知混合不确定性传播，也适用于随机不确定性的单独传播。除此之外，若系统中仅有认知不确定性，概率盒的输出响应凸包将成为以认知不确定性的区间最值为上下边界的 CDF 矩形条，如图 6.3(b) 所示，概率盒理论依然适用。

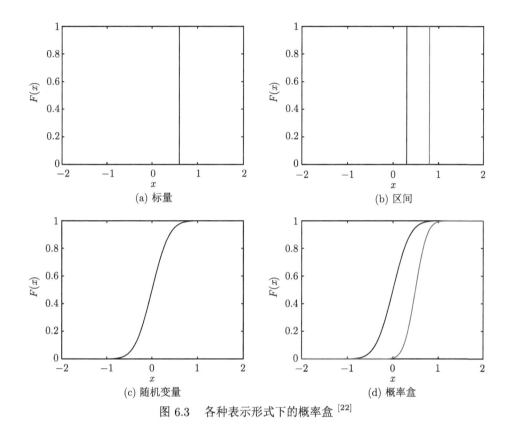

图 6.3 各种表示形式下的概率盒 [22]

由于基于概率盒理论的混合不确定性传播涉及内、外双层循环，计算量较仅考虑随机不确定性的情况显著增加。对于实际问题响应函数 $y = g(\boldsymbol{x}^{\mathrm{a}}, \boldsymbol{x}^{\mathrm{e}})$，往往非常耗时且可能高维，则直接基于原分析模型进行混合不确定性传播，计算量太大。为此，可考虑在内层的随机不确定性传播时采用混沌多项式 (PC) 等高效的不确定性传播方法进行，外层的认知不确定性传播则基于 PC 模型进行，避免大量调用真实响应函数，一定程度上降低了计算量。但是，计算量大依然是目前大多数工程应用面临的最大问题，肖钊在博士论文中对此进行了较为深入的研究 [21]。

概率盒理论由于直观、实施简单方便，目前应用非常多。概率盒理论最后得到的是输出响应累积分布函数的上、下边界，若要进一步得到关于不确定性优化设计与响应均值、方差等相关的指标，则无法直接在累积分布函数的上、下边界上分别得到响应均值和方差的上下界。文献 [21] 针对线性响应函数对基于概率盒不确定性传播理论的响应均值和方差进行了关于分布参数的单调性分析，建立了响应均值和方差估计的高效方法。另一方面，概率盒基于双层嵌套得到 CDF 曲线族，其处理的认知不确定性是一个宽泛的区间，对于认知不确定性变量分布于多个区间且在各个区间上具有不同的可信度的情况，概率盒方法无法将这些有用信息考虑到不确定性传播的过程中，自然会影响最终不确定性传播的结果。下述介绍的证据理论则可有效解决该问题。

6.1.2　证据理论

证据理论 (evidence theory) 由 Dempster 率先提出，后经 Shafer 系统完善，故又称为 Dempster-Shafer 理论 [23]，它是对经典概率理论的一种扩展，使用概率边界反映所有可能结果集合幂集的信任度。证据理论通过识别框架、基本可信度分配 (basic probability assignment, BPA)，以及可信度函数 $Bel(\cdot)$ 和似真度函数 $Pl(\cdot)$ 这三个基本概念构成了一个不确定建模框架。由于信息的缺乏，证据理论无法像概率论一样对命题成立的可能性提供一个确定的度量，而只能使用由 $Bel(\cdot)$ 和 $Pl(\cdot)$ 构成的概率区间来描述命题成立的可能性。读者可参考文献 [24~26] 获取关于证据理论的具体介绍。利用证据理论做混合不确定性传播时，通过求取输出响应的累积信度函数 (cumulative belief function, CBF) 和累积似真度函数 (cumulative plausibility function, CPF) 来表征识别框架内系统响应的不确定性。

目前有诸多基于证据理论进行认知不确定性传播的研究工作，关于混合不确定性的传播以下给出的仅为一种可行的实施思路，读者可参阅文献 [5, 27~29] 获取证据理论不确定传播较为前沿的研究介绍。

1. 方法一

证据理论下处理混合不确定性传播的一种有效方式是，认为在认知不确定性变量形成的每个联合焦元的区间上，认知不确定性变量服从均匀分布，然后结合随机不确定性的概率分布模型，进行不确定性传播，直至遍历认知不确定性变量的每个焦元，最终得到输出响应的 CBF 和 CPF。

给定随机变量 $\boldsymbol{x}^{\mathrm{a}}(\boldsymbol{x}^{\mathrm{a}} = [x_1^{\mathrm{a}}, \cdots, x_j^{\mathrm{a}}, \cdots, x_n^{\mathrm{a}}], 1 \leqslant j \leqslant n)$ 的概率分布，使用证据理论处理认知不确定性，给定所有证据变量 $\boldsymbol{x}^{\mathrm{e}}(\boldsymbol{x}^{\mathrm{e}} = [x_1^{\mathrm{e}}, \cdots, x_i^{\mathrm{e}}, \cdots, x_m^{\mathrm{e}}], 1 \leqslant i \leqslant m)$ 的 BPA，认为在每个焦元上服从上下边界内的均匀分布。此时在每个焦元上认知和随机不确定性皆表征为概率模型，则可进行概率理论下的不确定性传播，在此基础上进行输出响应 y 的极值分析。为了降低计算量，每个焦元上可采用高效的混沌多项式 (PC) 或者机器学习等方法进行不确定性传播，极值分析则可在 PC 等代理模型上进行。具体实施步骤可归纳如下。

步骤 1：不确定性输入信息收集整理。

收集随机变量 $\boldsymbol{x}^{\mathrm{a}}$ 的概率分布。收集认知不确定性变量信息，基于证据理论构建识别框架 $\Theta(x_i^{\mathrm{e}})$，根据工程经验或权威专家预测确定基本可信度分配 $m(A_{ik}^{\mathrm{e}})$（A_{ik}^{e} 表示第 i 个认知不确定性变量 $\boldsymbol{x}_i^{\mathrm{e}}$ 的第 k 个焦元）。关于证据理论不确定性的表征，具体可参见第 2 章内容。

步骤 2：初始设置。

估计系统输出响应 y 的最大值 $y^{\max}$ 和最小值 $y^{\min}$，将其等分为适当数量的节点 $\beta_j\,(j=1,\cdots,s)$，$\beta_j \in [y^{\max}, y^{\min}]$；令 $i=1$，指数集均置空，即 $N_j^{\mathrm{CBF}}=\varnothing$，$N_j^{\mathrm{CPF}}=\varnothing$。

步骤 3：证据变量联合焦元和联合 BPA 构建，并在每个联合焦元上进行不确定性传播。

(1) 联合焦元和联合 BPA 的构建。

根据各个证据变量 $x_1^{\mathrm{e}},\cdots,x_m^{\mathrm{e}}$ 的识别框架和 BPA，利用证据合成公式构建多维证据变量的联合焦元和联合基本可信度分配函数 (BPA)[26]。假设各变量间均相互独立，通过笛卡儿积的定义按照下式求取各联合焦元对应的联合 BPA：

$$m(\boldsymbol{A}_i) = \prod_{k=1}^{\mathrm{m}} m(x_k^{\mathrm{e}}), \quad i=1,\cdots,\prod_{k=1}^{\mathrm{m}} N(x_k^{\mathrm{e}}) \tag{6.1}$$

其中，$\boldsymbol{A}_i$ 为形成的一个联合焦元；$m(x_k^{\mathrm{e}})$ 为证据变量 x_k^{e} 的 BPA；$N(x_k^{\mathrm{e}})$ 表示证据变量 x_k^{e} 的焦元个数。

如图 6.4 所示，假设每个证据变量均含有两个焦元，对于二维证据变量，其联合 BPA 结构表现为矩形平面的形式；对于三维证据变量，其联合 BPA 结构则表现为立方体的形式；对于 d 维证据变量，其联合 BPA 结构则表现为超立方体的形式。

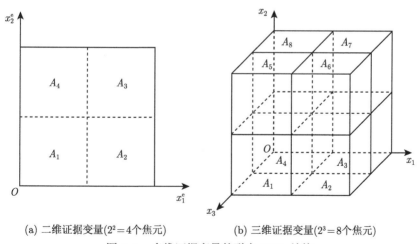

(a) 二维证据变量($2^2{=}4$个焦元)　　(b) 三维证据变量($2^3{=}8$个焦元)

图 6.4　多维证据变量的联合 BPA 结构

(2) 焦元上的不确定性传播。

对于第 i 个联合焦元 $\boldsymbol{A}_i$，将其看作上下边界内的均匀分布变量，联合随机不确定性变量，为了降低计算量，可构建 PC 模型，然后在 PC 模型上直接进行基于蒙特卡罗仿真 (MCS) 的不确定性传播 (M 次)，得到一组关于输出响应 y 的值 $[y_1,\cdots,y_t,\cdots,y_M]$。由于 MCS 在 PC 模型上进行，样本数目 M 可以取非常大从而保证计算精度。

步骤 4：令 $j=1$；若 $\max(y_t)\leqslant\beta_j\,(t=1,\cdots,M)$，则 $N_j^{\mathrm{CBF}}=\left[N_j^{\mathrm{CBF}},i\right]$ 且 $N_j^{\mathrm{CPF}}=\left[N_j^{\mathrm{CPF}},i\right]$；若 $\min(y_t)\leqslant\beta_j\leqslant\max(y_t)\,(t=1,\cdots,M)$，则 $N_j^{\mathrm{CBF}}=\left[N_j^{\mathrm{CBF}},i\right]$；若 $\min(y_t)\geqslant\beta_j\,(t=1,\cdots,M)$，则均不计入 N_j^{CBF} 和 N_j^{CPF}。$j=j+1$，重复执行前述描述，直至遍历所有的 β_j。

步骤 5：$i=i+1$，重复执行步骤 2~4，直至遍历所有的焦元 $\boldsymbol{A}_i$。

步骤 6：求取对应于 $\beta_j\,(j=1,\cdots,s)$ 的输出响应 y 的信任函数 Bel 和似然函数 Pl，其分别对应系统响应不确定性度量的下界 (CBF) 和上界 (CPF)，计算如下：

$$Bel_y\,(y\leqslant\beta_j)=\sum_{i\subset N_j^{\mathrm{CBF}}}m\,(\boldsymbol{A}_i)$$
$$Pl_y\,(y\leqslant\beta_j)=\sum_{i\subset N_j^{\mathrm{CPF}}}m\,(\boldsymbol{A}_i) \tag{6.2}$$

其中，$m(\boldsymbol{A}_i)$ 是联合焦元 $\boldsymbol{A}_i$ 对应的基本可信度分配 BPA，由式 (6.1) 得到。

最后，在 β_j 从最小值 $y^{\min}$ 递增至最大值 $y^{\max}$ 的过程中，得到一系列分析结果 $[\beta_j,Bel_y\,(y\leqslant\beta_j)]$ 和 $[\beta_j,Pl_y\,(y\leqslant\beta_j)]$，由此获得输出响应 y 的累积信任函数 (CBF) 和累积似然函数 (CPF) 曲线，如图 6.5 所示。从以上步骤可以看出，步骤 3 涉及不确定性传播，需要计算每个焦元上的响应函数的最大值和最小值，这是计算最耗时的一步，PC 等高效随机不确定性传播方法的应用可显著降低计算量。

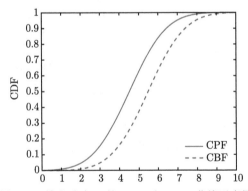

图 6.5　输出响应 y 的 CBF 和 CPF 曲线示意图

在得到输出响应 y 的 CBF 和 CPF 之后，可在此基础上进一步建立适合不确定性优化设计的类似于均值和方差的目标准则 [30]，从而开展混合不确定性下的优化设计。

2. 方法二

证据理论通过不精确的基本可信度分配采用可信度 (Bel) 和似真度 (Pl) 函数构成的概率边界来描述不确定性，实际上是概率理论的扩展和推广。当不确定性信息增加后，证据理论框架下的证据变量即变为概率理论框架下的随机变量，从某种程度上说，概率理论和证据理论具有互通性。因此，另外一种基于证据理论处理混合不确定性传播的有效方法是：直接将随机不确定性的概率密度函数进行截断和离散，转化为基本概率分配结构的证据理论表征形式，统一采用证据理论进行不确定性传播 [5]，其步骤可归纳如下。依然以响应函数 $y = g\left(\boldsymbol{x}^{\mathrm{e}}, \boldsymbol{x}^{\mathrm{a}}\right)$ 为例介绍具体实施步骤。

步骤 1：收集认知不确定性变量信息，构建识别框架 $\Theta(x_i^{\mathrm{e}})$，根据工程经验或权威专家预测确定基本可信度分配 $m(A_{ik}^{\mathrm{e}})$（A_{ik}^{e} 表示第 i 个认知不确定性变量 x_i^{e} 的第 k 个焦元）。

步骤 2：收集随机不确定性变量信息，并通过概率分布转化为证据理论表示。对于有界分布，将随机变量在其取值区间 $[a, b]$ 上等分为 N 个子区间 $[a_k, b_k](1 \leqslant k \leqslant N)$，由概率密度函数计算各个子区间的 BPA，如式 (6.3) 和式 (6.4) 所示；对于无界分布，将变量取值截断后按照有界分布做相同处理。

$$A_{jk}^{\mathrm{a}} = [a_k, b_k] \tag{6.3}$$

$$m(A_{jk}^{\mathrm{a}}) = \int_{x^{\mathrm{a}} \in A_{jk}^{\mathrm{a}}} f(x^{\mathrm{a}}) \mathrm{d}x^{\mathrm{a}} \tag{6.4}$$

式中，A_{jk}^{a} 表示第 j 个随机变量 x_j^{a} 的第 k 个焦元；$f(x^{\mathrm{a}})$ 表示随机变量 x^{a} 的概率密度函数。

步骤 3：至此所有的认知和随机不确定性变量皆表征为证据变量。假设各维变量均相互独立，根据单个证据变量的焦元和 BPA 确定联合焦元 A_i 和联合 BPA，如式 (6.5) 和式 (6.6)，其中联合焦元的总数 N_{total} 如式 (6.7)。

$$A_i = [\boldsymbol{x}_i^{\mathrm{low}}, \boldsymbol{x}_i^{\mathrm{up}}] \tag{6.5}$$

$$m(A_i) = \prod_{k=1}^{m} m(x_k^{\mathrm{e}}) \cdot \prod_{s=1}^{n} m(x_s^{\mathrm{a}}), \quad i = 1, \cdots, N_{\mathrm{total}} \tag{6.6}$$

$$N_{\text{total}} = \prod_{k=1}^{m} N(x_k^{\text{e}}) \cdot \prod_{s=1}^{n} N(x_s^{\text{a}}) \tag{6.7}$$

式中，$N(x_i^{\text{e}})$ 和 $N(x_j^{\text{a}})$ 分别表示认知不确定性变量 x_i^{e} 和随机不确定性变量 x_j^{a} 对应的焦元个数；$\boldsymbol{x}_i^{\text{low}}$ 和 $\boldsymbol{x}_i^{\text{up}}$ 分别是 $m+n$ 维证据变量第 i 组焦元的下界和上界向量。

步骤 4：在每个联合焦元 A_i 上，认为各变量在上下边界内均服从均匀分布，构建相应的 PC 模型，在 PC 模型上进行基于 MCS 的输出响应 y 的极值分析，获得在联合焦元 A_i 上输出响应 y 的最大值和最小值，即响应焦元 Y_i，如式 (6.8)。进一步确定在所有认知和随机不确定性变量变化范围内 y 的全局最大值和最小值 $[G_{\min}, G_{\max}]$。

$$Y_i = [g_{\min}, g_{\max}]_i = \left[\min_{\boldsymbol{x} \in A_i} g(\boldsymbol{x}^{\text{e}}, \boldsymbol{x}^{\text{a}}), \max_{\boldsymbol{x} \in A_i} g(\boldsymbol{x}^{\text{e}}, \boldsymbol{x}^{\text{a}})\right] \tag{6.8}$$

步骤 5：取阈值为 v，且 v 满足 $G_{\min} \leqslant v \leqslant G_{\max}$。令阈值区间 $G_v = [G_{\min}, v]$，判断响应焦元 Y_i 和阈值区间 G_v 两集合间的包含关系 (具体可见表 6.1 中的示意)，根据式 (6.9) 和式 (6.10) 计算出信任函数 Bel 和似然函数 Pl，分别对应系统响应不确定性度量的下界 (CBF) 和上界 (CPF)。

$$Bel(G_v) = \sum_{Y_i \subseteq G_v} m(A_i) \tag{6.9}$$

$$Pl(G_v) = \sum_{Y_i \cap G_v \neq \varnothing} m(A_i) \tag{6.10}$$

步骤 6：设阈值 v 递增的步长为 h，令 $v = v + h$，重复执行步骤 5，在 v 从 $G_{\min}$ 递增至 $G_{\max}$ 的过程中，得到一系列分析结果 $[v, Bel(G_v)]$ 和 $[v, Pl(G_v)]$，由此获得输出响应 y 的 CBF 和 CPF。

作为概率理论的扩展和推广，证据理论和概率理论具有互通性，当证据变量的信息增加后，证据理论框架下的证据变量即变为概率理论框架下的随机变量，因此证据理论是目前研究应用较多的一种混合不确定性传播方法。但是，它需要根据先验认知或专家经验提前给定认知不确定变量的证据结构。证据理论最后提供的是输出响应累积分布函数上、下边界的精确量化，因此基于此可以面向随机和认知混合不确定性下的优化设计，建立相应的类似稳健或可靠性量化指标 [30]，考虑混合不确定性对设计的影响。与概率盒理论类似，基于证据理论进行不确定性传播得到的也是概率分布函数边界，因此证据理论方法对系统中仅存在随机或认知不确定性的单一不确定性传播问题也同样适用。

表 6.1   响应焦元与阈值区间的 3 种可能位置关系

图示	不等关系	包含关系	Bel	Pl
	$v \geqslant g_{\max}$	$Y_l \subseteq G$	$\checkmark$	$\checkmark$
	$g_{\min} \leqslant v \leqslant g_{\max}$	$Y_l \cap G \neq \varnothing$	$\times$	$\checkmark$
	$v \leqslant g_{\min}$	$Y_l \cap G = \varnothing$	$\times$	$\times$

6.1.3   区间理论

区间 (interval) 模型一般定义如下：

$$A^{\mathrm{I}} = \left[A^{\mathrm{L}}, A^{\mathrm{U}}\right] = \left\{x \mid A^{\mathrm{L}} \leqslant x \leqslant A^{\mathrm{U}}, x \in R\right\} \tag{6.11}$$

式中，上标 I、L、U 分别表示区间、区间下界和区间上界。

基于区间数的混合不确定性传播可转换为在区间变量的范围内求解优化问题[31,32]，以下给出一种实现思路，读者可参阅文献 [33~36] 获取区间理论进行不确定传播较为前沿的研究介绍。以计算响应 y 的均值 μ_y 为例，在区间变量的整个范围内进行寻优，寻找 μ_y 的最大值和最小值，最后得到一个区间 $\left[\mu_y^{\mathrm{L}}, \mu_y^{\mathrm{U}}\right]$，该混合不确定性传播问题可用下式描述：

$$
\begin{aligned}
&\mu_y^{\mathrm{L}} = \min_{\boldsymbol{x}^{\mathrm{eI}}} \mu_y \\
&\mu_y^{\mathrm{U}} = \max_{\boldsymbol{x}^{\mathrm{eI}}} \mu_y \\
&\text{s.t. } y = g\left(\boldsymbol{x}^{\mathrm{a}}, \boldsymbol{x}^{\mathrm{eI}}\right) \\
&x_i^{\mathrm{eI}} \in \left[x_i^{\mathrm{eL}}, x_i^{\mathrm{eU}}\right], \quad i = 1, \cdots, m
\end{aligned}
\tag{6.12}
$$

式中，x_i^{eI} 表示区间变量。

式 (6.12) 中，μ_y 通过随机不确定性传播得到。其大致过程为，对于任意的区间变量所在区间上的某个值 (优化中为寻优迭代点)，固定认知不确定性变量于该值，进行考虑随机不确定性的不确定性传播，为了降低计算量可构建 PC 模型进行不确定性传播，从而得到响应 y 的均值 μ_y。上述均值的最大值和最小值求解可采用寻优算法 (比如遗传算法) 进行，其中可利用区间分析或区间数学手段解析或半解析地推导求解过程，从而达到降低计算量的目的。

同样地，若问题目标为计算失效概率 $P_r\left(g\left(\boldsymbol{x}^{\mathrm{a}}, \boldsymbol{x}^{\mathrm{e}}\right) \leqslant 0\right)$，在引入区间变量 $\boldsymbol{x}^{\mathrm{eI}}$ 后，极限状态 $y = g\left(\boldsymbol{x}^{\mathrm{a}}, \boldsymbol{x}^{\mathrm{e}}\right) = 0$ 将不再是一个曲面，而是由两个边界曲面构成的极限状态带，因而失效概率 P_f 也存在上下界 P_f^{L} 和 P_f^{U}，表示为

$$
\begin{aligned}
P_f^{\mathrm{L}} &= P_r\left\{\min_{\boldsymbol{x}^{\mathrm{eI}}} g\left(\boldsymbol{x}^{\mathrm{a}}, \boldsymbol{x}^{\mathrm{e}}\right) \leqslant 0\right\} \\
P_f^{\mathrm{U}} &= P_r\left\{\max_{\boldsymbol{x}^{\mathrm{eI}}} g\left(\boldsymbol{x}^{\mathrm{a}}, \boldsymbol{x}^{\mathrm{e}}\right) \leqslant 0\right\}
\end{aligned}
\tag{6.13}
$$

P_f^{L} 和 P_f^{U} 的求解与式 (6.12) 的求解方法基本相同，只不过在每个认知不确定性变量的寻优迭代点，固定认知不确定性变量于该迭代点，考虑随机不确定性的不确定性传播获得响应的失效概率 P_f。

区间理论可提供输出不确定性的量化，因此基于此可以面向随机和认知混合不确定性下的优化设计，建立相应的类似稳健或可靠性量化指标。区间理论涉及求输出响应相关的极值，可能需要调用较多次数的输出响应函数，但是由于往往在使用中会应用混沌多项式等随机代理模型方法，所以该问题可在一定程度上得以解决。区间分析方法只能获取不确定参数的边界，不能获取边界内部的不确定性信息。特别是当知道不确定性变量的分布类型等信息时，区间不能利用这类信息来减少计算结果的不确定性。从目前研究来看，区间理论进行认知不确定性量化最大的问题在于区间扩张，也就是某些情况下经过区间分析得出的结果 (如输出响应的均值方差) 可能在一个非常大的范围，完全失去了参考价值。

读者会发现，本节介绍的基于区间理论的方法与上述 6.1.1 节介绍的基于概率盒进行混合不确定性传播的方法两者基本思路非常相似，只不过基于区间理论的方法借助了优化算法来获取极大值和极小值，目前这方面的研究大都着眼于如何降低计算量，比如利用区间分析或区间数学手段解析地推导式 (6.12) 所示的最优解。

当系统中仅存在随机不确定性时，外层认知不确定性为一定值，此时即为传统的随机不确定性传播；当系统中仅存在认知不确定性时，不确定性输入均为区间形式，此时进行传播就是计算输出响应的最大值和最小值，由此得到认知不确定性影响下输出响应的区间范围，得到输出响应的不确定性度量。

6.1.4 模糊理论

模糊理论是一种非概率的不确定性分析方法，利用模糊数学这一工具来对模糊概念给出定量分析。经典集合清楚地区分了集合元素和非集合元素，模糊集则可以看作经典集合的扩展，通过引入隶属度函数来表示域内元素隶属于模糊集的程度，将普通集合的特征函数从 $\{0,1\}$ 推广到闭区间 $[0,1]$，得到了模糊集合的定义：

$$\tilde{x} = \{(x, p(x)) | x \in X, p(x) \in [0,1]\} \tag{6.14}$$

式中，$\tilde{x}$ 表示模糊变量；$p(x)$ 是模糊变量的隶属度函数。$p(x)=0$ 表示 x 绝对不属于 X，$p(x)=1$ 表示 x 绝对属于 X，$0 < p(x) < 1$ 表示 x 处于不确定状态。

由上述可知，隶属度函数是常规实数的一般化，其含义是它不引用一个值，而是引用一组可能的值 (即区间)，其中每个可能的值都有自己的权重，范围为 0~1。在各种形状的隶属度函数中，三角模糊数 (TFN) 最为流行，如图 6.6 所示。其中，纵轴表示隶属函数 $p(x)$ 值，$\alpha \in [0,1]$ 是 α-cut 水平 (也称为 α 水平截集)，横轴通过特定的隶属度 α 将输入变量截成一系列水平截集，模糊不确定性问题的求解就在于通过水平截集技术，将其转化为一系列区间不确定性问题。水平截集由下式定义：

$$x_{i,\alpha}^{\mathrm{I}} = \{x_i | p(x_i) \geqslant \alpha\} = [\lambda_i^{\mathrm{L}}, \lambda_i^{\mathrm{U}}] \tag{6.15}$$

这意味着 α 水平截集是隶属度函数 $p(x_i) \geqslant \alpha$ 截成的区间 $[\lambda_i^{\mathrm{L}}, \lambda_i^{\mathrm{U}}]$，在图 6.6 中该区间表示为 $[\lambda_i^{\mathrm{L}}, \lambda_i^{\mathrm{U}}]$，基于模糊变量的隶属度函数表达，则可开展混合不确定性传播。

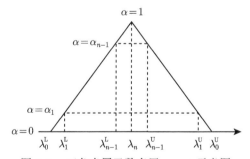

图 6.6 三角隶属函数多层 α-cut 示意图

目前基于模糊理论进行混合不确定性传播的思路较多，方法不尽统一，读者可以参阅文献 [37~41] 获取模糊理论进行不确定性传播相关的研究介绍。以下给出文献 [42] 采用的传播思路供各位读者参考。

以 $y = g(\boldsymbol{x}^{\mathrm{a}}, \boldsymbol{x}^{\mathrm{e}})$ 为例, 在输入模糊变量的每个 α_i-cut 区间组合上进行混合不确定性传播, 估算 μ_y。图 6.7 以二维模糊变量为例, 给出了混合不确定性传播的示意图, 纵轴表示 y 的隶属度函数 $p(\mu_y)$ 的值, 此时 y 的不确定性量化结果以隶属度函数进行表达。

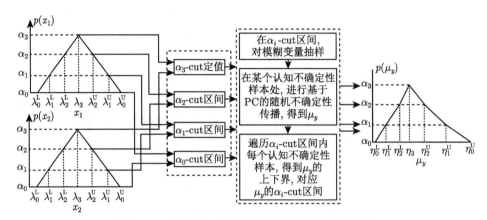

图 6.7   基于模糊理论的混合不确定性传播示意图

步骤 1: 收集随机和认知不确定性变量的信息, 认知不确定性变量用模糊理论进行描述, 随机不确定性用概率模型描述, 初始化 $i = 0$。

需要注意的多个认知不确定性变量需要用相同形式的隶属度函数表达, 即相同个数的 α 水平截集。

步骤 2: 每个 α_i-cut 水平的区间上的混合不确定性传播。

将每一维模糊变量相同等级的 α_i-cut 的区间 $[\lambda_i^{\mathrm{L}}, \lambda_i^{\mathrm{U}}]$ 组合在一起, 在该组合多维 α_i-cut 区间上对模糊变量进行抽样, 比如采取拉丁超立方抽样, 每次固定模糊变量于某样本值, 考虑随机不确定性, 同样为了降低计算量, 可采用 PC 方法进行不确定性传播 (文献中采用的是基于泰勒级数展开的随机变量函数矩分析法), 得到相应的响应均值 μ_y, 遍历模糊变量 α_i-cut 区间的全部样本值, 则可得到 μ_y 的上下界, 该上下界对应系统响应均值 μ_y 的 α_i-cut 区间, 用 $[\eta_i^{\mathrm{L}}, \eta_i^{\mathrm{U}}]$ 表示, 此时相应的 μ_y 的隶属度函数值为 α_i。

需要注意的是, 此处内循环不确定性传播的基本思路与基于区间理论的混合不确定传播过程基本相似, 但是两者在考虑外回路的认知不确定性后进行混合不确定性传播的原理完全不同: 基于区间理论方法得到的混合不确定性传播的结果为响应均值和方差的上下界, 而基于模糊理论不再是一个简单的区间表达, 而是隶属度函数。

步骤 3: $i = i+1$, 重复执行步骤 2, 直至遍历模糊变量的全部 α_i-cut 区间,得到相应的系统响应均值 μ_y 的 α_i-cut 区间 $\left[\eta_i^{\mathrm{L}}, \eta_i^{\mathrm{U}}\right]$ 及其隶属度函数值 α_i。

步骤 4：最后得到一组 $\left[\eta_i^{\mathrm{L}}, \eta_i^{\mathrm{U}}\right]$ 以及相应的 α-cut 水平 α_i，即为系统响应均值 μ_y 的隶属度函数。

对于输出响应的方差的不确定性，同样可采用上述步骤进行计算。可见，基于模糊理论进行混合不确定性传播，最终输出响应 y 的均值、方差等都用隶属度函数进行表征，不再是随机不确定性传播下的确定值，也不同于基于区间理论的混合不确定性传播的结果为响应均值或方差的上下界。模糊理论使用中需要提前给定模糊变量的隶属度函数，这也在一定程度上依赖于专家信息和先验知识。

模糊理论作为一种非概率不确定性分析方法，对于认知不确定性的单独传播是行之有效的。上述基于模糊理论进行混合不确定性传播的方式正是由最初传播认知不确定性的思路演化而来，也就是根据模糊数学的基本原理，通过 α 水平截集手段将认知不确定性传播的模糊不确定问题转化为一系列区间分析问题，从而直接得到输出响应 y 的一系列离散区间及其响应的隶属度，即 y 的隶属度函数。但若系统中仅存在随机不确定性，则上述过程不再适用。

6.2 混合不确定性下的全局灵敏度分析

6.2.1 基本概念

灵敏度分析 (sensitivity analysis, SA) 是在不确定性传播的基础上，进一步研究不同的不确定性输入参数对系统输出响应的影响，旨在判断输入参数对系统输出响应不确定性的贡献程度，或是系统输出响应对输入参数变化的敏感程度，有利于用户更加深入地理解输入参数与输出变量之间的关系，并以此为依据对影响微小的不确定性输入参数加以忽略或进行简化处理，从而有效降低后续精细化不确定性量化的计算量或降低后续不确定性优化设计的计算量。灵敏度分析目前已成为简化分析设计问题、提高不确定性传播效率的有效途径之一。关于随机不确定性的灵敏度分析，目前研究较多，最常用的是基于方差的灵敏度分析方法。

混合不确定性下的灵敏度分析研究较少，理论上可采用概率包络面积变化率的灵敏度分析指标来度量系统输出响应对各不确定性输入参数的敏感程度，解决混合不确定性灵敏度分析问题。明确参数中的不确定性尤其是认知不确定性对系统输出响应不确定性的影响，以便在后续工作中通过收集更多的信息来减小对关键参数由认知或数据缺乏导致的认知不确定性，从而减小系统输出的认知不确定度，同时对影响较大的随机不确定性参数的波动范围进行控制，比如提高测量元件的质量，最终提高对系统性能、可靠性等指标的计算结果的可信度。另外，通过混合不确定性下的灵敏度分析，可实现对认知和随机不确定性的重要性排序，进而可对部分影响较小的不确定性加以忽略，降低问题的复杂度和计算量。

　　本节主要介绍基于概率包络面积变化率的灵敏度分析方法,需要注意的是,本节介绍的灵敏度分析方法为全局灵敏度分析,即研究不确定性变量在其整个波动范围内对系统响应不确定性影响的重要度,与旨在获取响应相对于变量的微小波动的局部灵敏度分析不同。

6.2.2　实施步骤

　　研究表明[43],由区间分析、概率盒、模糊集等数学方法表征的认知不确定性都能够转化为证据理论表征,证据理论具备将不同的不确定性量化技术与分析方法融合为一个整体的优势,在随机和认知混合不确定性量化上展现出显著的优越性。这里介绍一种证据理论框架下考虑混合不确定性的灵敏度分析方法。

　　当系统中同时存在认知不确定性和随机不确定性时,输入参数的描述形式包括区间数、多源信息、概率包络、概率分布等,对系统输出响应进行基于证据理论的混合不确定性量化后,可得到系统输出响应的概率分布的上下界,CBF 和 CPF 两条曲线给出了输出的概率包络。通过比较引入某不确定性参数前后系统输出响应的概率包络面积的变化情况,可以反映出系统输出响应对该参数的敏感程度,基于此构建概率包络面积变化率的灵敏度分析指标。

　　这里以响应函数 $y = g\left(\boldsymbol{x}^{\mathrm{e}}, \boldsymbol{x}^{\mathrm{a}}\right)$ 为例来介绍概率包络灵敏度分析方法的实施步骤,其中 $\boldsymbol{x}^{\mathrm{e}}(\boldsymbol{x}^{\mathrm{e}} = [x_1^{\mathrm{e}}, \cdots, x_i^{\mathrm{e}}, \cdots, x_m^{\mathrm{e}}], \ 1 \leqslant i \leqslant m)$ 表示 m 维认知不确定性向量, $\boldsymbol{x}^{\mathrm{a}}(\boldsymbol{x}^{\mathrm{a}} = [x_1^{\mathrm{a}}, \cdots, x_j^{\mathrm{a}}, \cdots, x_n^{\mathrm{a}}], \ 1 \leqslant j \leqslant n)$ 表示 n 维随机不确定性向量。

　　步骤 1:首先采用 6.1.2 节中介绍的方法之一进行证据理论下的混合不确定性传播,得到系统输出响应的概率包络,并根据 Pl 和 Bel 之间的偏差,采用梯形数值积分法计算总的概率包络面积 area(T)。

　　步骤 2:剔除任一输入变量 $x_k (k = 1, 2, \cdots, d)$ 中的不确定性,其中 $d = m+n$ 为不确定性输入变量的总维数,再次采用 6.1.2 节中介绍的方法进行证据理论下的混合不确定性传播,并计算相应的概率包络面积 area(T_k)。对于不同输入参数以及不同类型变量中的不确定性采用以下方法进行剔除。

　　(1) 证据变量:用区间中值代替。

　　证据变量属认知不确定性参数,用 “区间中值代替” 剔除该变量中所包含的认知不确定性,用来分析系统输出响应对该证据变量中认知不确定性的敏感程度,即中值裁剪。

　　(2) 混合型变量:用区间中值代替或精确概率分布代替。

　　混合型变量的概率分布类型已知,且其分布参数在一定范围波动,同时包含随机不确定性和认知不确定性。混合型变量的介绍具体可见第 2 章。用 “区间中值代替” 同时剔除了变量中所包含的两种不确定性,用来分析系统输出响应对混合型变量中总的不确定性的敏感程度。

用 "精确概率分布代替" 则是剔除了变量中所包含的认知不确定性，其中包含的随机不确定性得以保留，用来分析系统输出响应对混合型变量中认知不确定性的敏感程度，以便在后续工作中通过收集更多的信息来减小对关键参数由认知或数据缺乏而导致的认知不确定性。精确概率分布在保证和原混合型变量分布类型相同的情况下，通过确定各个分布参数波动区间的中值来获得，即概率分布裁剪。

(3) 随机变量：用均值代替。

随机变量属随机不确定性参数，用均值代替剔除了变量中所包含的随机不确定性，用来分析系统输出响应对随机变量不确定性的敏感程度，即均值裁剪。

步骤 3：计算剔除不确定性输入变量 x_k 前后的概率包络面积变化率，按照下式得出变量 x_k 的灵敏度系数 Δs_k：

$$\Delta s_k = \frac{|\text{area}(T) - \text{area}(T_k)|}{\text{area}(T)} \times 100\% \tag{6.16}$$

式中，$\text{area}(T)$ 是按照系统响应函数以及相应的不确定性输入参数进行混合不确定性传播得到的总的概率包络面积；$\text{area}(T_k)$ 是剔除输入变量 x_k 中的不确定性后，再次进行混合不确定性传播得到的新的概率包络面积。

上述给出的是同时存在认知和随机混合不确定性的灵敏度分析方法，若仅存在认知不确定性，以上步骤同样适用。另外，这里给出的只是一种混合不确定性下灵敏度指标的建立思路，除了基于证据理论的概率包络灵敏度指标，还可在区间理论和模糊理论框架下建立相应的灵敏度指标。若仅存在随机不确定性，输出响应的概率包络始终为 0，则上述介绍的概率包络面积变化率指标不再适用，应使用经典的针对随机不确定性的灵敏度分析方法 (比如基于方差的灵敏度分析方法) 来比较各个随机输入参数对系统输出响应不确定性的影响程度。

6.2.3 说明

上述介绍的概率包络面积变化率的灵敏度分析指标源于 Ferson 和 Tucker 在文献 [9] 中基于概率盒理论首次提出的广义区域度量的概念，其突破了原有的概率灵敏度指标须将认知不确定性参数主观假设为随机概率分布的局限性。由于该指标以计算输出响应 CDF 曲线上下界之间的面积为核心，所以其在概率盒理论和证据理论框架下均适用。但是，其对于区间理论和模糊理论则不再适用，需要探求新的混合灵敏度分析指标和方法。

对于广义区域度量的问题，很多学者也提出了除面积之外的其他度量方案，如 Guo 和 Du 在文献中将广义区域度量取为证据理论框架下 CPF 和 CBF 曲线之间的 Kolmogorov-Smirnov 距离，提出了主效应和总效应指标[8]；刘宇等则将这种广义区域度量定义为输出响应 CDF 的最大方差，提出了输入认知对输出随机、输入随机对输出认知的交互式灵敏度指标[11]。对于区间理论，进行混合不确定性传播可得到输出响应均值的区间，对于是否可以引入上述的广义区域度量 (如区间长度) 开展灵敏度分析，来描述变量不确定性引入前后响应均值的区间变化大小，进而计算响应均值对各不确定性的灵敏度指标，读者可进一步探索与验证。

6.3　随机不确定性下的全局灵敏度分析

6.3.1　基于方差的灵敏度分析

传统的处理随机不确定性的全局灵敏度分析方法大体可分为基于回归的方法和基于方差的方法[44-46]，其中基于 Sobol' 灵敏度指标的方差分析法因简单有效的特点而得到了广泛应用。该方法采用高维模型表达对系统响应方差进行展开，再通过计算局部方差与系统响应方差的比值作为 Sobol' 灵敏度指标，来量化各不确定性因素的全局灵敏度，评估其对系统响应不确定性影响的重要性程度。

对于一个有着 d 维输入向量 $\boldsymbol{x} = [x_1, \cdots, x_d]$ 的随机响应函数 $y = g(\boldsymbol{x})$，可表示为

$$g(\boldsymbol{x}) = g_0 + \sum_{i=1}^{d} g_i(x_i) + \sum_{1 \leqslant i < j \leqslant d} g_{ij}(x_i, x_j) + \cdots + g_{1,2,\cdots,d}(x_1, x_2, \cdots, x_d) \quad (6.17)$$

其中，g_0 表示系统响应 y 的均值。

$$g_0 = E[g(\boldsymbol{x})] = \int_{\boldsymbol{x} \in \Omega} g(\boldsymbol{x}) f(\boldsymbol{x}) \, \mathrm{d}\boldsymbol{x} \quad (6.18)$$

其中，Ω 是 $\boldsymbol{x}$ 的定义域；$f(\boldsymbol{x})$ 是 $\boldsymbol{x}$ 的联合概率密度函数。

如果函数 $g(\boldsymbol{x})$ 平方可积，输入变量相互独立且展开式 (6.17) 中每一项均值为 0，那么展开式 (6.17) 中所有项之间两两相互正交，进而每一项可以唯一地被确定。

系统响应 y 的总方差可表示如下：

$$D = V[g(\boldsymbol{x})] = \int_{\boldsymbol{x} \in \Omega} g^2(\boldsymbol{x}) f(\boldsymbol{x}) \, \mathrm{d}\boldsymbol{x} - g_0^2 \quad (6.19)$$

再根据式 (6.17) 及其中各分量之间的正交性，可将系统响应总方差 D 分解为各项方差之和：

$$D = \sum_{i=1}^{d} D_i + \sum_{1 \leqslant i < j \leqslant d} D_{ij} + \cdots + D_{1,2,\cdots,d} \quad (6.20)$$

其中, 各项方差可表示如下:

$$D_{i_1,\cdots,i_s} = \int_{\boldsymbol{x}\in\Omega} g_{i_1,\cdots,i_s}^2\left(x_{i_1},\cdots,x_{i_s}\right) f\left(x_{i_1},\cdots,x_{i_s}\right) \mathrm{d}\left(x_{i_1},\cdots,x_{i_s}\right),$$

$$1 \leqslant i_1 < i_s \leqslant d, \quad s = 1,2,\cdots,d \tag{6.21}$$

式 (6.20) 中, D_i 表示相应维度的单变量 x_i 对输出 y 的影响; $D_{i_1,\cdots,i_s}$ 表示输入变量 $x_{i_1},\cdots,x_{i_s}$ 间的交互作用对输出 y 的影响。

由式 (6.17) 和式 (6.20) 可以看出, 当输入变量相互独立时, 方差分解式能够反映出响应函数的结构。并且, 输出响应 y 的方差可以被分解为: 与单个输入变量相关的方差项, 与两个输入变量相关的方差项, 以及与多个输入变量相关的方差项, 从而可以将输出响应的不确定性 (方差) 分配到各个输入变量以及不同输入变量间的交互项中。

通过式 (6.20) 和式 (6.21) 可以分别求得系统响应总方差和各分量单独或相互作用的局部方差, 进而可通过局部方差和总方差之比来量化各输入随机变量对系统响应不确定性的影响程度, 即 Sobol' 全局灵敏度指标:

$$S_i = \frac{D_i}{D}$$

$$S_{i_1,\cdots,i_s} = \frac{D_{i_1,\cdots,i_s}}{D} \tag{6.22}$$

基于式 (6.20) 和式 (6.22), 有以下特性:

$$\sum_{i=1}^{d} S_i + \sum_{1\leqslant i\leqslant j\leqslant d} S_{ij} + \cdots + S_{1,2,\cdots,d} = 1 \tag{6.23}$$

其中, S_i 是随机变量 x_i 单独作用的全局灵敏度指标, 又称为主重要性测度。

一般而言, 随机变量的主重要性测度可以作为判断系统响应对该随机变量变化敏感程度的关键指标。此外, 为了量化随机变量 x_i 单独以及与其他随机变量相互作用对系统响应影响的程度, 又将所有包含 x_i 分量的全局灵敏度指标求和作为 x_i 的总全局灵敏度指标 (total sensitivity index, TSI), 也称为总重要性测度:

$$S_i^{\mathrm{T}} = 1 - S_{:i} = \frac{D_i + \sum\limits_{j=1,j\neq i}^{d} D_{ij} + \cdots + D_{1,2,\cdots,d}}{D} \tag{6.24}$$

其中, $S_{:i}$ 是除 x_i 外剩余分量的全局灵敏度指标之和。若输入变量 x_i 与其他输入变量的交互作用对输出响应的方差贡献不存在, 则 $S_i = S_i^{\mathrm{T}}$。

在开展灵敏度分析时，通常使用主重要性测度来判断系统响应对各随机输入的敏感程度，以下以各维变量相互独立的响应函数 $y = g(\boldsymbol{x})$ $(\boldsymbol{x} = [x_1, \cdots, x_i, \cdots, x_d]$ 为例，介绍基于 MCS 求解主重要性测度，实现全局灵敏度分析的实施步骤。

步骤 1：根据输入变量的分布信息，随机抽取 $N(N \geqslant 10^5)$ 组输入样本数据 $\boldsymbol{x}_j(1 \leqslant j \leqslant N)$。

步骤 2：将 $\boldsymbol{x}_j$ 依次代入系统响应函数 $y = g(\boldsymbol{x})$，基于蒙特卡罗仿真获得相应的输出响应值 y_j，根据下式估计系统响应总方差 D：

$$D = \frac{1}{N-1} \sum_{j=1}^{N} \left(y_j - \frac{1}{N} \sum_{j=1}^{N} y_j \right)^2 \tag{6.25}$$

步骤 3：保留 x_i 的随机不确定性，其余变量依照各自分布信息计算其均值，并将各变量 $x_1, \cdots, x_{i-1}, x_{i+1}, \cdots, x_d$ 取值固定于其均值处，再次随机抽取 $N(N \geqslant 10^5)$ 组输入样本数据 $\boldsymbol{x}_j^i(1 \leqslant j \leqslant N)$。

步骤 4：将 $\boldsymbol{x}_j^i$ 依次代入系统响应函数 $y = g(\boldsymbol{x})$，基于 MCS 获得相应的输出响应值 y_j^i，根据下式估计系统响应对随机输入变量 x_i 的局部方差 D_i：

$$D_i = \frac{1}{N-1} \sum_{j=1}^{N} \left(y_j^i - \frac{1}{N} \sum_{j=1}^{N} y_j^i \right)^2 \tag{6.26}$$

步骤 5：计算随机变量 x_i 的 Sobol' 指数，即主重要性测度 $S_i = D_i/D$。

步骤 6：遍历 $i = 1, 2, \cdots, d$，重复执行步骤 3~5，即可计算出全部随机输入的主重要性测度 $S_i(i = 1, 2, \cdots, d)$，将其从大到小排序，得到系统输出响应对各变量的敏感程度。

从上述过程可以看出，上述 Sobol' 全局灵敏度指标求取的关键在于系统响应总方差 D 和局部方差 $D_{i_1, \cdots, i_s}$，其中需要反复 (N 次) 调用不确定性传播计算响应的方差，对于响应函数耗时、高维的情况，计算量非常大。因此，通常会采用 PC 或深度学习等进行不确定性传播求解，对于 PC 或深度学习，二者都相当于构建了数值模拟响应预测的一个随机代理模型，一旦构建完成则计算非常快，因此灵敏度分析结合蒙特卡罗仿真可非常便捷地快速执行。尤其是 PC 方法，由于其特有的模型函数形式，可以将灵敏度指标进行解析表达。

6.3.2　基于 PC 的灵敏度分析

考虑到混沌多项式方法将随机输出响应表示为一组正交多项式的加权组合，基于混沌多项式模型可解析地得到响应的方差 (见第 3 章式 (3.5))，从而非常方便地得到 Sobol' 灵敏度指标的解析表达。相比于 MCS，该方法可进一步减少数值计算量，进而节省计算资源消耗。Sudret 将广义混沌多项式应用到全局灵敏度分析，得到了关于混沌多项式系数的解析式 Sobol' 灵敏度指数[46]。Palar 等基于加法修正多可信度混沌多项式方法，进行了基于 Sobol' 指数的全局灵敏度分析[47]。Cheng 和 Lu 基于支持向量机回归提出了用于全局灵敏度分析的自适应混沌多项式方法[48]。王晗等提出了基于稀疏多项式混沌展开的孤岛微电网全局灵敏度分析方法，用于准确、快速地辨识影响系统运行状态的关键输入随机变量[49]。卜令泽对基于混沌多项式的全局灵敏度分析方法展开深入研究，为大型复杂结构的灵敏度与可靠度分析提供了新思路[50]。为识别影响自动装填机构刚度的重要关键参数和核心关键参数，孙佳等提出了混合全局灵敏度分析方法，采用基于混沌多项式展开的全局灵敏度分析方法识别核心关键参数，从 32 个自动装填机构参数中提取了 6 个影响刚度的核心关键参数[51]。王娟开展了基于混沌多项式的 Sobol' 全局灵敏度分析，考虑了输入变量线性相关性的情况[52]。也有研究首先在全阶混沌多项式模型上进行双曲线截断，构建稀疏混沌多项式模型，在此基础上进行全局灵敏度分析，进而发掘 Sobol' 灵敏度指数较小的非重要变量，在不确定性传播中不予以考虑，从而实现降维，然后在降维后的变量空间构建阶次更高的稀疏混沌多项式，达到提高精度并降低计算量的目的[53]。

基于 PC 和 Sobol' 灵敏度指标的全局灵敏度分析思路如下。在式 (6.17) 的基础上，这里将 PC 模型写为

$$
\begin{aligned}
M_{\mathrm{PC}}(\boldsymbol{X}) =& M_0 + \sum_{i=1}^{d} \sum_{\alpha \in \Omega_i} b_\alpha \Phi_\alpha(x_i) + \sum_{1 \leqslant i_1 < i_2 \leqslant d} \sum_{\alpha \in \Omega_{i_1,i_2}} b_\alpha \Phi_\alpha(x_{i_1}, x_{i_2}) \\
&+ \cdots + \sum_{1 \leqslant i_1 < \cdots < i_s \leqslant d} \sum_{\alpha \in \Omega_{i_1,\cdots,i_s}} b_\alpha \Phi_\alpha(x_{i_1}, \cdots, x_{i_s}) \\
&+ \cdots + \sum_{\alpha \in \Omega_{1,2,\cdots,d}} b_\alpha \Phi_\alpha(x_1, \cdots, x_d)
\end{aligned} \tag{6.27}
$$

其中，$\Phi_\alpha(x_{i_1}, \cdots, x_{i_s})$ 表示这些项仅与变量 $x_{i_1}, \cdots, x_{i_s}$ 有关。

对于 PC 模型，式 (6.27) 中的展开项相互正交，则基于混沌多项式的 Sobol' 灵敏度指标可表示为

$$
S_{i_1,\cdots,i_s} = \frac{\displaystyle\sum_{\alpha \in \Omega_{i_1,\cdots,i_s}} b_\alpha^2 \mathrm{E}\left[\Phi_\alpha^2\right]}{D_{\mathrm{PC}}} \tag{6.28}
$$

其中，D_{PC} 为基于 PC 方法得到的响应 y 的总方差，可通过式第 3 章式 (3.5) 计算得到；$\mathrm{E}[g]$ 表示求期望；Φ_α 表示 PC 模型中所有只包含变量 $x_1, \cdots, x_s$ 的正交多项式；b_α 为相应的 PC 系数。

因此，一旦混沌多项式模型构建好，就可在混沌多项式模型的基础上进行全局灵敏度分析，得到关于混沌多项式系数的灵敏度指数解析式表达，无需任何额外的函数调用，相当于提供了 PC 进行不确定性量化的一个副产品。

6.4　基于 PC 的半解析设计灵敏度分析方法

前面介绍了随机不确定性、认知和随机混合不确定性下的全局灵敏度分析方法，很多时候需要计算局部灵敏度信息。最为常见的是在优化设计求解的基于梯度寻优的过程中，需要反复计算目标和约束函数关于设计变量的局部灵敏度。

6.4.1　基于梯度寻优的稳健优化

考虑一种典型的、应用最广泛的稳健优化设计问题，该问题可归类为："灵敏度稳健优化方法"[54]，其优化模型如下：

$$
\begin{aligned}
\text{find} \quad & \mu_{x_1}, \cdots, \mu_{x_d} \\
\text{min} \quad & F(\boldsymbol{x}) = w_1 \frac{\mu_f(\boldsymbol{x}, \boldsymbol{q})}{\mu_f^*} + w_2 \frac{\sigma_f(\boldsymbol{x}, \boldsymbol{q})}{\sigma_f^*} \\
\text{s.t.} \quad & G_i(\boldsymbol{x}) = \mu_{g_i}(\boldsymbol{x}, \boldsymbol{q}) - k^* \sigma_{g_i}(\boldsymbol{x}, \boldsymbol{q}) \geqslant 0 \quad (i = 1, \cdots, nc) \\
& \mu_{x_j}^{\mathrm{L}} < \mu_{x_j} < \mu_{x_j}^{\mathrm{U}} \quad (j = 1, \cdots, d)
\end{aligned}
\tag{6.29}
$$

其中，$\boldsymbol{x} = [x_1, \cdots, x_d]$ 表示均值为 $\mu_{x_1}, \cdots, \mu_{x_d}$ 的随机输入设计变量，通常给定其分布类型、分布的标准差或分布区间；$\boldsymbol{q} = [q_1, \cdots, q_m]$ 表示随机不确定性参数，其分布类型和分布参数皆给定；μ 和 σ 分别表示相关变量的均值和方差；下角标 f 和 g 分别对应原确定性优化问题的目标函数和约束函数；k^* 为常数，通常设定为 $k^* = 3$；μ_f^* 和 σ_f^* 是用户指定的比例缩放因子，用于将 μ_f 和 σ_f 缩放到相同的量级以便优化问题更好地求解；w_1 和 w_2 是由用户指定或先验假设定义的权重系数；nc 为约束函数的数量。

上述稳健优化设计模型旨在寻找一组合适的设计变量均值 $\mu_{x_1}, \cdots, \mu_{x_d}$，在提升系统性能的同时，降低对不确定性的敏感程度。

图 6.8 展示了使用基于梯度的优化算法的稳健优化设计的流程，从中可以看出在稳健优化的每个迭代步中，除了需要计算出当前设计点 $\mu_{x_1}, \cdots, \mu_{x_d}$ 处原始确定性下目标函数 $f(\boldsymbol{x})$ 和约束函数 $g_i(\boldsymbol{x})$ 的均值和标准差 $(\mu_f, \sigma_f, \mu_{g_i}$ 和 $\sigma_{g_i})$，还要计算稳健优化的设计灵敏度 $\dfrac{\mathrm{d}F}{\mathrm{d}\mu_{x_j}}$ 和 $\dfrac{\mathrm{d}G_i}{\mathrm{d}\mu_{x_j}}$ $(j = 1, \cdots, d)$。

PC 方法作为一种高效的不确定性传播方法，得到广泛研究和应用。目前大多数研究基本都着重利用 PC 在不确定性量化方面的高效优势，利用 PC 方法计算原目标和约束函数的前二阶统计矩，在此基础上可进一步推导基于方差的全局灵敏度指标。但是在基于梯度优化的稳健优化中，设计灵敏度也是非常重要的一个环节，往往也需要调用大量的原目标和约束函数。为了降低计算量，可在充分利用 PC 方法在不确定性量化方面高效的优势的同时，推导基于 PC 的半解析设计灵敏度，无须调用任何额外的函数分析，从而可进一步降低计算量。

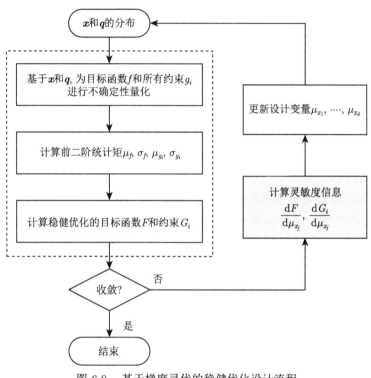

图 6.8　基于梯度寻优的稳健优化设计流程

6.4.2　基于 PC 设计的灵敏度推导

PC 系数的计算可采用投影法，进一步结合高斯数值积分来计算 PC 系数，将 PC 系数的计算最终转换为一组高斯积分节点处响应函数值的加权和，这为后续设计灵敏度的推导提供了前提和便利条件，使得设计灵敏度的计算无须再调用任何原目标函数和约束函数。

以函数 $y = g(\boldsymbol{x})$ 为例，基于第 3 章中所介绍的 PC 理论，构建输出响应 y 的 p 阶 PC 模型，该模型的不确定性输入为随机设计变量 $\boldsymbol{x} = [x_1, \cdots, x_d]$ 和随机参数 $\boldsymbol{q} = [q_1, \cdots, q_m]$。其中，$p$ 表示 PC 模型中多项式项 $(\Phi_i(\xi), i = 0, \cdots, P)$ 的最大阶数。

$$y \approx \sum_{i=0}^{p} b_i \Phi_i(\boldsymbol{\xi}) \tag{6.30}$$

其中，$\boldsymbol{\xi} = [\xi_1, \cdots, \xi_d, \xi_{d+1}, \cdots, \xi_{d+m}]$，是根据 $\boldsymbol{x}$ 和 $\boldsymbol{q}$ 的分布信息从原始随机空间 $\boldsymbol{X} = [x_1, \cdots, x_d, q_1, \cdots, q_m]$ 转换而来的标准随机变量 [55]；PC 系数的个数是 $P + 1 = (p + d + m)! / (d + m)! / p! = (p + D)! / (D)! / p!$，这里 D 表示 $\boldsymbol{x}$ 和 $\boldsymbol{q}$ 的维数之和。

将式 (6.30) 等式两边投影到每个正交多项式上，利用正交多项式的正交性，对每个 PC 系数进行如下计算：

$$b_i = \mathrm{E}\left[y \Phi_i(\boldsymbol{\xi})\right] / \mathrm{E}\left[\Phi_i(\boldsymbol{\xi}) \Phi_i(\boldsymbol{\xi})\right], \quad i = 0, 1, \cdots, P \tag{6.31}$$

其中，$\mathrm{E}[\cdot]$ 表示求期望。

投影法的计算量主要源于式 (6.31) 中分子的计算，可采用精度较高的高斯正交型数值积分方法进行，如常用于低维问题的全因子数值积分 (FFNI)[56] 和高维问题的稀疏网格数值积分 (SGNI)[57]，本章将采用 FFNI 和 SGNI 计算 PC 系数的方法分别简称为 PC-FFNI 和 PC-SGNI。对于 PC-FFNI，分子可以用直接的全张量积高斯正交公式来计算，如下所示：

$$\mathrm{E}[y\Phi_i(\xi)] = \sum_{j_1=1}^{m_1} \omega_{1.j_1} \cdots \sum_{j_D=1}^{m_D} \omega_{D.j_D} y(x_{1.j_1}, \cdots, x_{D.j_D}) \Phi_i(\xi) \tag{6.32}$$

其中，$\omega_{j.k}$ 和 $x_{j.k}$ 分别表示 $\boldsymbol{X} = [x_1, \cdots, x_d, q_1, \cdots, q_m]$ 中第 j 个变量的第 k 个一维权值系数和节点；m_j 表示相应的节点数量；在 $\Phi_i(\xi)$ 中的 ξ 值根据 $\boldsymbol{X}$ 的分布信息从 D 维节点 $(x_{1.j_1}, \cdots, x_{D.j_D})$ 转化而来。

对于 PC-SGNI，首先利用特殊的张量积操作获得精度等级为 K 的 D 维稀疏网格节点，如下所示：

$$U_D^K = \bigcup_{K+1 \leqslant |i| \leqslant Q} U_1^{i_1} \otimes U_1^{i_2} \otimes \cdots \otimes U_1^{i_D} \tag{6.33}$$

其中，$Q = K + D$；K 的值越大，说明精度水平越高，通常 $K = 2$ 或 3 就能达到满意的精度；$i_1, i_2, \cdots, i_D$ 是各维随机变量对应的指数 (称作多指数)，它们都是正整数，决定了各维上所配置的节点的数目 $m_j(j = 1, \cdots, D)$，需满足 $K+1 \leqslant |i| \leqslant Q$；$|i|$ 表示这些多指数的和 ($|i| = i_1 + i_2 + \cdots + i_D$)；$U_D^K$ 代表稀疏网格的集合，即由一定数量的小尺寸直接张量积产生的所有多维节点的组合。

基于式 (6.33)，可以得到 N 组 D 维节点 $\{\boldsymbol{x}_1, \cdots, \boldsymbol{x}_k, \cdots, \boldsymbol{x}_N\}$，其中 $\boldsymbol{x}_k = [x_{1.j_1}^k, \cdots, x_{D.j_D}^k]$ 的权值系数可以用以下公式计算得到：

$$\omega_k = (-1)^{Q-|i|} \begin{pmatrix} D-1 \\ Q-|i| \end{pmatrix} \begin{pmatrix} \omega_{1.j_1} & \cdots & \omega_{D.j_D} \end{pmatrix} \tag{6.34}$$

其中，$\omega_{1.j_1} \ \cdots \ \omega_{D.j_D}$ 表示高斯数值积分中一维权值的乘积。

因此，$\mathrm{E}[y\Phi_i(\xi)]$ 可用下式计算得到：

$$\mathrm{E}[y\Phi_i(\xi)] = \sum_{k=1}^{N} \omega_k \left[y(x_k)\Phi_i(\xi)\right] \tag{6.35}$$

由第 3 章中式 (3.4) 和式 (3.5) 可知，可用以下解析表达式计算输出响应 y 的前两阶统计矩：

$$\mu_y = \mathrm{E}[y] = \sum_{i=0}^{P} b_i \mathrm{E}[\Phi_i(\xi)] = b_0 \tag{6.36}$$

$$\sigma_y^2 = \mathrm{E}[y^2] - \mathrm{E}[y]^2 = \mathrm{E}\left[\left(\sum_{i=0}^{P} b_i \Phi_i(\xi)\right)^2\right] = \sum_{i=1}^{P} b_i^2 \mathrm{E}[\Phi_i^2(\xi)] \tag{6.37}$$

输出响应的均值 (μ_y) 和标准差 (σ_y) 相对于设计变量的灵敏度信息可计算如下：

$$\frac{\mathrm{d}\mu_y}{\mathrm{d}\mu_{x_j}} = \frac{\mathrm{d}b_0}{\mathrm{d}\mu_{x_j}} = \frac{\mathrm{d}\left(\mathrm{E}[y\Phi_0(\xi)]/\mathrm{E}[\Phi_0^2(\xi)]\right)}{\mathrm{d}\mu_{x_j}} \tag{6.38}$$

$$\begin{aligned}
\frac{\mathrm{d}\sigma_y}{\mathrm{d}\mu_{x_j}} &= \frac{\mathrm{d}\left(\displaystyle\sum_{i=1}^{P} b_i^2 \mathrm{E}\left[\Phi_i^2(\xi)\right]\right)^{1/2}}{\mathrm{d}\mu_{x_j}} \\
&= \left(\sum_{i=1}^{p} b_i^2 \mathrm{E}\left[\Phi_i^2(\xi)\right]\right)^{-1/2} \left(\sum_{i=1}^{P} b_i \mathrm{E}\left[\Phi_i^2(\xi)\right] \frac{\mathrm{d}b_i}{\mathrm{d}\mu_{x_j}}\right) \\
&= \left(\sum_{i=1}^{P} \frac{\mathrm{E}\left[y\Phi_i(\xi)\right]^2}{\mathrm{E}\left[\Phi_i^2(\xi)\right]}\right)^{-1/2} \left(\sum_{i=1}^{p} \frac{\mathrm{E}\left[y\Phi_i(\xi)\right]}{\mathrm{E}\left[\Phi_i^2(\xi)\right]} \frac{\mathrm{d}\mathrm{E}\left[y\Phi_i(\xi)\right]}{\mathrm{d}\mu_{x_j}}\right)
\end{aligned} \tag{6.39}$$

式 (6.38) 和式 (6.39) 可进一步表示为如下形式：

$$\frac{\mathrm{d}\mu_y}{\mathrm{d}\mu_{x_j}} = \frac{1}{\mathrm{E}\left[\Phi_0^2(\xi)\right]} \left(\sum_{i_j=1}^{m_j} \frac{\partial \mathrm{E}\left[y\Phi_0(\xi)\right]}{\partial x_{j.i_j}} \frac{\mathrm{d}x_{j.i_j}}{\mathrm{d}\mu_{x_j}} + \sum_{i_j=1}^{m_j} \frac{\partial \mathrm{E}\left[y\Phi_0(\xi)\right]}{\partial \omega_{j.i_j}} \frac{\mathrm{d}\omega_{j.i_j}}{\mathrm{d}\mu_{x_j}}\right) \tag{6.40}$$

$$\frac{\mathrm{d}\sigma_y}{\mathrm{d}\mu_{x_j}} = \left(\sum_{i=1}^{p} \frac{\mathrm{E}\left[y\varPhi_i(\xi)\right]^2}{\mathrm{E}\left[\varPhi_i^2(\xi)\right]} \right)^{-1/2} \left(\sum_{i=1}^{p} \frac{\mathrm{E}\left[y\varPhi_i(\xi)\right]}{\mathrm{E}\left[\varPhi_i^2(\xi)\right]} \left(\sum_{i_j=1}^{m_j} \frac{\partial \mathrm{E}\left[y\varPhi_i(\xi)\right]}{\partial x_{j.i_j}} \frac{\mathrm{d}x_{j.i_j}}{\mathrm{d}\mu_{x_j}} \right. \right.$$

$$\left. \left. + \sum_{i_j=1}^{m_j} \frac{\partial \mathrm{E}\left[y\varPhi_0(\xi)\right]}{\partial \omega_{j.i_j}} \frac{\mathrm{d}\omega_{j.i_j}}{\mathrm{d}\mu_{x_j}} \right) \right) \tag{6.41}$$

其中，$x_{j.i_j}$ 和 $\omega_{j.i_j}$ 分别表示对应于第 j 维随机变量 x_j 的第 i_j 个节点和相应的权值。

在式 (6.40) 和式 (6.41) 中，鉴于 $\omega_{j.i_j}$ 的值只能通过节点数 m_j 和设计变量 x_j 的分布确定，因此 $\dfrac{\mathrm{d}\omega_{j.i_j}}{\mathrm{d}\mu_{x_j}} = 0$。除此之外，考虑到每个维度的节点 $x_{j.i_j}(i_j = 1, \cdots, m_j)$ 的中心值都是 μ_{x_j}，并且节点间的距离是固定的，故 $\dfrac{\mathrm{d}x_{j.i_j}}{\mathrm{d}\mu_{x_j}} = 1$。因此，以上公式计算的关键是导数 $\dfrac{\partial \mathrm{E}\left[y\varPhi_i(\xi)\right]}{\partial x_{j.i_j}}$ 的计算。

1. 基于 PC-FFNI 的设计灵敏度分析

FFNI 用于求解 PC 系数时，见第 3 章式 (3.13)，则式 (6.40) 和式 (6.41) 中的偏导数 $\dfrac{\partial \mathrm{E}\left[y\varPhi_i(\xi)\right]}{\partial x_{j.i_j}}$ 可表示如下：

$$\frac{\partial \mathrm{E}\left[y\varPhi_i(\xi)\right]}{\partial x_{j.i_j}} = \sum_{i_1=1}^{m_1} \omega_{1.i_1} \cdots \sum_{i_{j-1}=1}^{m_{j-1}} \omega_{j-1.i_{j-1}} \sum_{i_{j+1}=1}^{m_{j+1}} \omega_{j+1.i_{j+1}} \cdots$$

$$\times \sum_{i_D=1}^{m_D} \omega_{D.i_D} \frac{\partial y(x_{1.i_1}, \cdots, x_{D.i_D})}{\partial x_{j.i_j}} \cdot \omega_{j.i_j} \times \varPhi_i(\xi) \tag{6.42}$$

在式 (6.42) 中，相对于节点的偏导计算可以基于先前统计矩估计中用到的数据 (节点)，利用有限差分策略来近似获得，而不需要额外的函数调用。以下以二维节点为例进行说明，假定一维节点在每个维度上按其序列号 (即下标) 从左到右编号。基于三点拉格朗日插值技术，任何位置处的偏导都可以利用前向、中心和后向差分法计算，如下所述。

选择三个相邻的节点 l_1、l_2 和 l_3 及其相应的函数响应值 g_1、g_2 和 g_3，并通过这三个节点计算得到两个近似的偏导数 $r_1 = \dfrac{g_2 - g_1}{l_2 - l_1}$ 和 $r_2 = \dfrac{g_3 - g_2}{l_3 - l_2}$，以及它们相应的节点坐标 $l_1' = \dfrac{l_1 + l_2}{2}$ 和 $l_2' = \dfrac{l_2 + l_3}{2}$。之后，任意位置节点 l_a 的偏导数

r_a 则可使用拉格朗日线性插值多项式进行近似计算, 如下所示:

$$r_a = \frac{l_a - l_2'}{l_1' - l_2'} r_1 + \frac{l_a - l_1'}{l_2' - l_1'} r_2 \tag{6.43}$$

在分别计算三个相邻的节点 l_1、l_2 和 l_3 处的导数时, 根据它们位置关系的不同, 在计算式 (6.43) 时可能会出现三种情况。

情况 1: 如图 6.9(a) 所示, 当 $i_j = 1 (j = 1, \cdots, d)$ 时, 即需要计算节点 $x_{j.1}$ 处的偏导数, 此时选择三个节点 $l_1 = x_{j.1}$, $l_2 = x_{j.2}$, $l_3 = x_{j.3}$, 并且令 $l_a = l_1$, 此时偏导数可以用基于式 (6.43) 的前向差分法进行近似计算, 具体如下:

$$
\begin{aligned}
\frac{\partial y(x_{1.i_1}, \cdots, x_{D.i_D})}{\partial x_{j.i_j}} &= \frac{l_1 - \dfrac{l_2 + l_3}{2}}{\dfrac{l_1 + l_2}{2} - \dfrac{l_2 + l_3}{2}} \cdot \frac{g_2 - g_1}{l_2 - l_1} + \frac{l_1 - \dfrac{l_1 + l_2}{2}}{\dfrac{l_2 + l_3}{2} - \dfrac{l_1 + l_2}{2}} \cdot \frac{g_3 - g_2}{l_3 - l_2} \\
&= \frac{l_1 - l_2 + l_1 - l_3}{l_1 - l_3} \cdot \frac{g_2 - g_1}{l_2 - l_1} + \frac{l_1 - l_2}{l_3 - l_1} \cdot \frac{g_3 - g_2}{l_3 - l_2} \\
&= \frac{2h_1 + h_2}{h_1 + h_2} \cdot \frac{g_2 - g_1}{h_1} + \frac{l_1 - l_2}{h_1 + h_2} \cdot \frac{g_3 - g_2}{h_2} \\
&= \frac{g_3 - g_1}{h_1 + h_2} - \frac{g_3 - g_2}{h_2} + \frac{g_2 - g_1}{h_1}
\end{aligned}
\tag{6.44}
$$

情况 2: 如图 6.9(b) 所示, 当 $i_j = m_j$ 时, 令 $l_1 = x_{j.i_j-2}$, $l_2 = x_{j.i_j-1}$, $l_3 = x_{j.i_j}$, $l_a = l_3$, 与式 (6.44) 的推导类似, 此时可采用后向差分法对偏导数进行近似计算, 具体如下:

$$\frac{\partial y(x_{1.i_1}, \cdots, x_{D.i_D})}{\partial x_{j.i_j}} = \frac{g_3 - g_1}{h_1 + h_2} + \frac{g_3 - g_2}{h_2} - \frac{g_2 - g_1}{h_1} \tag{6.45}$$

情况 3: 如图 6.9(c) 所示, 当 $i_j \neq 1$ 且 $i_j \neq m_j$ 时, 令 $l_1 = x_{j.i_j-1}$, $l_2 = x_{j.i_j}$, $l_3 = x_{j.i_j+1}$, $l_a = l_2$, 偏导数可以用中心差分法近似计算如下:

$$\frac{\partial y(x_{1.i_1}, \cdots, x_{D.i_D})}{\partial x_{j.i_j}} = -\frac{g_3 - g_1}{h_1 + h_2} + \frac{g_3 - g_2}{h_2} + \frac{g_2 - g_1}{h_1} \tag{6.46}$$

在式 (6.44) $\sim$ 式 (6.46) 中, $h_1 = l_2 - l_1$, $h_2 = l_3 - l_2$, 并且有

$$
\begin{aligned}
g_1 &= y(x_{1.i_1}, \cdots, x_{j.1}, \cdots, x_{D.i_D}) \\
g_2 &= y(x_{1.i_1}, \cdots, x_{j.2}, \cdots, x_{D.i_D}) \\
g_3 &= y(x_{1.i_1}, \cdots, x_{j.3}, \cdots, x_{D.i_D})
\end{aligned}
\tag{6.47}
$$

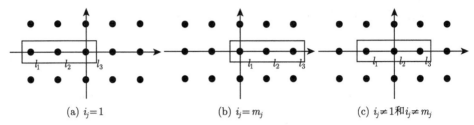

$$\text{(a) } i_j=1 \qquad\qquad \text{(b) } i_j=m_j \qquad\qquad \text{(c) } i_j\neq 1\text{和}i_j\neq m_j$$

图 6.9   基于 FFNI 节点计算偏导数

对于较高维度的情况 $(D \geqslant 3)$，利用上述方法可以很容易依次得出每个维度的偏导数。为了更好地应用本书所提出的设计灵敏度分析方法，要求每个维度的一维节点的数量 $m_j \geqslant 3$。对于一般的实际问题，使用基于 FFNI 的 PC 方法可以满足这一要求。但需要注意的是，当响应函数 $g(\boldsymbol{x})$ 高度非线性时，本书所提方法得到的设计灵敏度在理论上是存在一定误差的。但是一般来说，局部灵敏度需要在非常小的设计区域内计算。因此，拉格朗日线性插值引起的误差不会很大，这一点在后续的仿真测试中将得到验证。

2. 基于 PC-SGNI 的设计灵敏度分析

当采用 SGNI 进行 PC 系数计算时，根据第 3 章中式 (3.17)，则式 (6.40) 和式 (6.41) 中的偏导数 $\dfrac{\partial \mathrm{E}\left[y\varPhi_i(\xi)\right]}{\partial x_{j.i_j}}$ 可表示如下：

$$
\begin{aligned}
\frac{\partial \mathrm{E}\left[y\varPhi_0(\xi)\right]}{\partial x_{j.i_j}} = \sum_{i,i_2,\cdots,i_D \in \varOmega} (-1)^{Q-|i|} \begin{pmatrix} D-1 \\ Q-|i| \end{pmatrix} \\
\left(\sum_{i_1=1}^{m_1} \omega_{1.j_1} \cdots \sum_{i_D=1}^{m_D} \omega_{D.j_D} \frac{\partial y\left(x_{1.i},\cdots,x_{D.i_D}\right)}{\partial x_{j.i_j}} \cdot \varPhi_i(\xi) \right)
\end{aligned}
\tag{6.48}
$$

其中，$\varOmega$ 代表所有满足 $K+1 \leqslant |i| \leqslant Q$ 条件的多指数组合 $\{i_1,\cdots,i_D\}$ 的集合；$x_{j.i_j}$ 和 $\omega_{j.i_j}$ 分别是第 j 维的节点和权值，它们对应于一个小尺寸的直接全张量积。

关于式 (6.48) 中节点的偏导，可以用与 FFNI 相同的方式计算。然而，鉴于 SGNI 采用了特殊张量积，即对某些小尺寸直接全张量积的组合，这样可以有效去除一些不重要的积分节点，用以在保证精度的同时降低计算量。小尺寸全张量积中每个维度的一维节点数可能为 $m_j = 1$ 或 2，此时便不能满足 6.4.2 节 1. 中提到的 $m_j \geqslant 3$ 的需求。因此，此时设计灵敏度计算应该进行一些小的调整。这里以精度水平 $K=2$ 的二维节点为例进行说明，用 SGNI 生成了五组小尺寸全张量积 (图 6.10)。关于 x_j 的偏导可以针对以下两种情况进行计算。

情况 1：当一个给定张量积组的第 j 维 x_j 中存在一个或两个节点时，如图 6.10(情况 1) 所示。此时由于节点数目不够，不能直接用拉格朗日多项式计算偏导，但是可以人为地增加几个节点以满足拉格朗日多项式插值的需求。在新增节点上如果直接基于真实响应函数去评估响应值会引入额外的计算量，这对于高维问题尤为严重。因此，为了减少计算量，新增节点的响应值由 PC 模型近似计算。随后，部分导数的计算方式与上面介绍的基于 FFNI 的计算方式相同。当然，直接基于 PC 计算新增节点上的响应值，必然会引入一定的误差，特别是当响应函数中存在阶数较高的多项式非线性项时，误差可能较大。但是，此时从统计矩估计的角度看，需要增加 PC 模型的阶数，提高其预测精度，这能在一定程度上减少或者避免这种误差。这里，增加的节点选为高斯正交节点，尽可能保证较高的设计灵敏度分析精度。

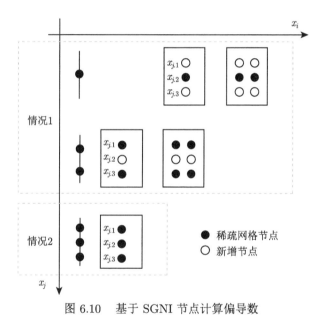

图 6.10 基于 SGNI 节点计算偏导数

情况 2：当第 j 个维度上至少有三个节点时，如图 6.10(情况 2) 所示。偏导数的计算过程与 FFNI 的计算过程相同。

6.5 本 章 小 结

本章主要对目前几种主流的认知和随机混合不确定性传播方法进行了介绍，主要包括概率盒方法、证据理论、模糊理论和区间理论。同时，也对基于方差的全局灵敏度分析和基于 PC 的局部灵敏度分析方法进行了介绍。目前围绕混合不确定性传播和量化产生了大量的研究成果，对认知不确定性的量化提供了有意义的理论参考。总的来说，作为概率理论的扩展和推广，证据理论和概率理论具有互通性，因此证据理论相对而言具有最为坚实的理论基础。但是，这些混合不确定性传播方法并非哪种方法绝对好，实际应用中应该根据问题本身的特点及其具有的信息量，选取合适的方法进行混合或认知不确定性传播。比如，实际中很多问题往往仅已知变量的变化范围，而分布类型或变量在某些区域的信息都未知，那此时区间理论可认为是最合适的不确定性表征和传播方法。此外，工程中研究相对不确定度也许更加具有实际意义，虽然不同的方法所得到的输出响应的不确定性度无法进行比较，但是在相同的方法框架下，输出响应的不确定性度大小是可以对比的。此外需要注意的是，本章给出的混合不确定性传播方法皆为相关理论下的一种可行的实现方式，在计算精度和效率方面并非最佳。

参 考 文 献

[1] Schaefer J, Romero V, Shafer S, et al. Approaches for quantifying uncertainties in computational modeling for aerospace applications[C]. AIAA SciTech 2020 Forum, Orlando, FL, USA, 2020.

[2] Oberkampf W, Helton J. Investigation of evidence theory for engineering applications[C]. 43rd AIAA/ASME/ASCE/AHS/ASC Structures, Structural Dynamics, and Materials Conference, 2002.

[3] Han D, Hosder S. Inherent and model-form uncertainty analysis for cfd simulation of synthetic jet actuators[C]. 50th AIAA Aerospace Sciences Meeting, Nashville, Tennessee, USA. 2012.

[4] 陈鑫, 王刚, 叶正寅, 等. CFD 不确定度量化方法研究综述 [J]. 空气动力学学报, 2021, 39(4): 1-13.

[5] Shah H, Hosder S, Winter T. A mixed uncertainty quantification approach with evidence theory and stochastic expansions[J]. International Journal for Uncertainty Quantifications, 2015, 5(1): 21-48.

[6] 屈小章, 余江鸿, 姚齐水, 等. 基于随机–区间混合不确定性的风机性能可靠性分析 [J]. 中国科学: 技术科学, 2020, 50(3): 299-311.

[7] 梁霄, 王瑞利. 混合不确定度量化方法及其在计算流体动力学迎风格式中的应用 [J]. 爆炸与冲击, 2016, 36(4): 509-515.

[8] Guo J, Du X. Sensitivity analysis with mixture of epistemic and aleatory uncertainties[J]. AIAA Journal, 2007, 45(9): 2337-2349.

[9] Ferson S, Tucker W T. Sensitivity analysis using probability bounding[J]. Reliability Engineering & System Safety, 2006, 91(10/11): 1435-1442.

[10] 胡政文, 张保强, 邓振鸿. 概率盒全局灵敏度和活跃子空间跨层降维 [J]. 航空学报, 2021, 42(9): 374-385.

[11] 吴沐宸, 陈江涛, 夏侯唐凡, 等. 非参数化概率盒下随机与认知不确定性的分离式灵敏度分析 [J]. 航空学报, doi: 10.7527/S1000-6893.2021.26658.

参 考 文 献   · 197 ·

[12] 魏骁. 基于混合不确定性建模的船舶不确定性优化设计 [D]. 武汉: 武汉理工大学, 2020.

[13] 罗阳军, 高宗战, 岳珠峰, 等. 随机–有界混合不确定性下结构可靠性优化设计 [J]. 航空学报, 2011, 32(6): 1058-1066.

[14] 庞永胜. 基于概率和模糊理论的高效不确定分析及可靠性拓扑优化算法研究 [D]. 合肥: 合肥工业大学, 2021.

[15] Karanki D R, Kushwaha H S, Verma A K, et al. Uncertainty analysis based on probability bounds (p-box) approach in probabilistic safety assessment[J]. Risk Analysis, 2010, 29(5): 662-675.

[16] Liu X, Yin L, Hu L, et al. An efficient reliability analysis approach for structure based on probability and probability box models [J]. Structural & Multidisciplinary Optimization, 2017, 56(1): 1-15.

[17] He Q S. Model validation based on probability boxes under mixed uncertainties[J]. Advances in Mechanical Engineering, 2019, 11(5): 1-9.

[18] Liu H B, Jiang C, Xiao Z. Efficient uncertainty propagation for parameterized p-box using sparse-decomposition-based polynomial chaos expansion[J]. Mechanical Systems and Signal Processing, 2020, 138(4): 1-16.

[19] 朱文卿, 陈宁, 刘坚, 等. 概率盒框架下混合认知不确定声场的响应预测 [J]. 声学学报, 2021, 46(3): 344-354.

[20] 黄海. 基于概率盒的考虑配电网源荷双侧不确定性多场景鲁棒优化调度方法 [J]. 供用电, 2020, 37(11): 48-55.

[21] 肖钊. 基于概率盒理论的结构不确定性传播分析 [D]. 长沙: 湖南大学, 2016.

[22] 许泽伟. 基于多项式混沌展开的不确定性模型修正方法研究 [D]. 兰州: 兰州交通大学, 2021.

[23] Dempster A P, Laird N M, Rubin D B. Maximum likelihood from incomplete data via the EM algorithm [J]. Journal of the Royal Statistical Society, 1977, 39(1): 1-38.

[24] 曹立雄. 基于证据理论的结构不确定性传播与反求方法研究 [D]. 长沙: 湖南大学, 2019.

[25] Yin S, Yu D, Luo Z. An arbitrary polynomial chaos expansion approach for response analysis of acoustic systems with epistemic uncertainty [J]. Computer Methods in Applied Mechanics and Engineering, 2018, 332(6): 280-302.

[26] 锁斌. 基于证据理论的不确定性量化方法及其在可靠性工程中的应用研究 [D]. 绵阳: 中国工程物理研究院, 2012.

[27] 慕静. 基于证据理论的 CNN 预测不确定性量化方法研究 [D]. 北京: 北京交通大学, 2021.

[28] 赵军, 陶友瑞. 一种基于概率–证据理论的滑动轴承可靠性优化设计 [J]. 润滑与密封, 2021, 46(9): 128-133.

[29] Li W, Lin S, Qian X, et al. An evidence theory-based validation method for models with multivariate outputs and uncertainty[J]. Simulation, 2021, 97(12): 821-834.

[30] 胡钧铭. 一种面向随机与认知不确定性的稳健优化设计方法研究 [D]. 绵阳: 中国工程物理研究院, 2012.

[31] Zaman K, Rangavajhala S, Mcdonald M P, et al. A Probabilistic approach for representation of interval uncertainty[J]. Reliability Engineering & System Safety, 2011,

96(1): 117-130.

[32] 姜潮, 刘丽新, 龙湘云, 等. 一种概率–区间混合结构可靠性的高效计算方法 [J]. 计算力学学报, 2013, (5): 605-609.

[33] 刘海波, 姜潮, 郑静, 等. 含概率与区间混合不确定性的系统可靠性分析方法 [J]. 力学学报, 2017, 49(2): 456-466.

[34] Cicirello A, Giunta F. Machine learning based optimization for interval uncertainty propagation[J]. Mechanical Systems and Signal Processing, 2022, 170(6): 1-32.

[35] Wang L Q, Yang G L. An interval uncertainty propagation method using polynomial chaos expansion and its application in complicated multibody dynamic systems[J]. Nonlinear Dynamics, 2021, 105(9): 837-858.

[36] 许焕卫, 李沐峰, 王鑫, 等. 基于灵敏度分析的区间不确定性稳健设计 [J]. 中国机械工程, 2019, 30(13): 1545-1551.

[37] Abdo H, Flaus, J M. Uncertainty quantification in dynamic system risk assessment: a new approach with randomness and fuzzy theory[J]. International Journal of Production Research, 2016, 54(19): 5862-5885.

[38] 胡潇云. 考虑概率和模糊不确定性的区域电–气联合系统能流及最优能流分析 [D]. 重庆: 重庆大学, 2020.

[39] Mm A, Yn A, Mib C. Fuzzy-based scheduling of wind integrated multi-energy systems under multiple uncertainties[J]. Sustainable Energy Technologies and Assessments, 2020, 37(2): 1-11.

[40] Li Y, Li H, Wang B, et al. Multi-objective unit commitment optimization with ultra-low emissions under stochastic and fuzzy uncertainties[J]. International Journal of Machine Learning and Cybernetics, 2021, 12(2): 1-15.

[41] 李鹏, 蔡永青, 韩肖清, 等. 计及随机模糊双重不确定性的交直流混合微网优化运行 [J]. 高电压技术, 2020, 46(7): 2269-2279.

[42] 茅冬琳. 混合不确定性下的统一不确定性分析方法研究 [D]. 长沙: 湖南大学, 2019.

[43] Florea M C, Jousselme A L, Bossé É. Fusion of imperfect information in the unified framework of random sets theory: application to target identification[R]. Defence Research and Development Canada Valcartier (QUEBEC), 2007.

[44] 葛悦, 王洪波, 龚旻, 等. 火箭卫星舱壳体分离灵敏度分析与优化设计 [J]. 兵器装备工程学报, 2020, 41(12): 46-52, 72.

[45] Stratiev D, Nenov S, Nedanovski D, et al. Different nonlinear regression techniques and sensitivity analysis as tools to optimize oil viscosity modeling[J]. Resources, 2021, 10(10): 99-120.

[46] Sudret B. Global sensitivity analysis using polynomial chaos expansions[J]. Reliability Engineering & System Safety, 2008, 93(7): 964-979.

[47] Palar P S, Zuhal L R, Shimoyama K, et al. Global sensitivity analysis via multi-fidelity polynomial chaos expansion[J]. Reliability Engineering & System Safety, 2018, 170: 175-190.

[48] Cheng K, Lu Z. Adaptive sparse polynomial chaos expansions for global sensitivity

analysis based on support vector regression [J]. Computers & Structures, 2017, 194(1): 86-96.

[49] 王晗, 严正, 徐潇源, 等. 基于稀疏多项式混沌展开的孤岛微电网全局灵敏度分析 [J]. 电力系统自动化, 2019, 43(10): 64-77.

[50] 卜令泽. 全局灵敏度与结构可靠度分析——基于偏最小二乘回归的多项式混沌展开方法研究 [D]. 哈尔滨: 哈尔滨工业大学, 2017.

[51] 孙佳, 陈光宋, 钱林方, 等. 自动装填机构刚度混合全局灵敏度分析 [J]. 南京理工大学学报 (自然科学版), 2019, 42(2): 135-140.

[52] 王娟. 基于替代模型的可靠性与灵敏度分析方法研究 [D]. 南京: 南京理工大学, 2018.

[53] Wei D L, Cui Z S, Chen J. Uncertainty quantification using polynomial chaos expansion with points of monomial cubature rules[J]. Computers and Structures, 2008, 86(23-24): 2102-2108.

[54] Beyer H G, Sendhoff B. Robust optimization-a comprehensive survey[J]. Computer methods in Applied Mechanics and Engineering, 2007, 196(33-34): 3190-3218.

[55] Xiu D, Karniadakis G E. The Wiener-Askey polynomial chaos for stochastic differential equations[J]. SIAM Journal on Scientific Computing, 2002, 24(2): 619-644.

[56] Lee S H, Chen W, Kwak B M. Robust design with arbitrary distributions using Gauss-type quadrature formula[J]. Structural and Multidisciplinary Optimization, 2009, 39(3): 227-243.

[57] Xiong F, Greene S, Wei C, et al. A new sparse grid based method for uncertainty propagation[J]. Structural and Multidisciplinary Optimization, 2010, 41(3): 335-349.

第 7 章 数值模拟不确定性综合量化

前面第 3~6 章针对参数不确定性介绍了各种不确定性传播方法,对于数值模拟,除了参数不确定性,还存在由模型选择导致的模型形式不确定性,以及模型修正中所用试验数据的不确定性,模型形式的不确定性属于认知不确定性,源于对物理过程认知不足。因此,需要在对数值模拟进行不确定性量化的过程中,综合考虑模型参数、模型形式及试验数据的不确定性,开展不确定性综合量化,进而更加客观合理地开展模型确认,对数值模拟进行可信度评价。

目前,关于数值模拟综合不确定性量化方法的研究非常少。陈江涛等将 CFD 仿真的数值离散、模型选择、模型预测偏差三种不确定性因素统一考虑,发展了考虑数值离散误差的贝叶斯模型平均方法,并基于概率盒理论给出了响应预测累积分布函数的上下限 [1]。王华伟等针对不同失效模式的特点,分别采用 Gamma 过程、Wiener 过程和威布尔分布建立航空发动机的可靠性分析模型,然后采用贝叶斯模型平均方法分析不同失效模式对可靠性的影响,证明了多模型集成可靠性技术在复杂系统运行可靠性分析中的有效性和准确性 [2]。Park 等针对模型形式不确定性研究了一种贝叶斯量化方法,建立了调整因子,将模型形式不确定性传播到系统响应预测的不确定性 [3]。在前述研究基础上,Park 和 Grandhi 进一步考虑参数不确定性,提出了基于模型贝叶斯平均的多源不确定性量化方法 [4,5]。

本章参考文献 [6] 的思路,介绍了一种基于贝叶斯统计理论的综合不确定性量化方法,为数值模拟综合不确定性量化提供了一个可行思路。

7.1　不确定性综合量化框架

图 7.1 给出了基于贝叶斯统计理论的数值模拟不确定性综合量化框架,其实施可以分解为以下几个步骤。

(1) 对于某个物理系统,在分析设计过程中会建立该物理系统的多个模型 $M = \{M_i\}(i = 1, 2, \cdots, K)$,可以是数值模拟、解析、统计、半经验等各种形式的模型。例如,对于 CFD 数值模拟,可以是采用不同湍流模型或不同网格尺寸的基于 RANS(雷诺平均 N-S 方程) 的 CFD 仿真模型,也可以是基于 RANS、LES(大涡模拟) 的 CFD 仿真模型。

(2) 每个模型包含输入参数 (随机或确定),对于随机不确定性参数,比如 CFD 数值模拟中表征来流和几何参数随机性的随机参数、湍流模型中的封闭系数,需要基于该模型进行不确定性传播, 从而实现参数的不确定性量化。

(3) 有些输入参数的数值或分布未知, 比如湍流模型封闭系数, 这些参数需要利用试验数据或高可信度数据进行参数标定或反不确定性传播量化, 获得其值或不确定性分布, 实现所谓的模型标定 (或模型修正), 可参见第 1 章的介绍。

(4) 若某些模型计算比较耗时昂贵, 可构建其代理模型进行预测, 此处代理模型也可称为降阶模型 (reduced order model, ROM), 基于代理模型进行不确定传播或模型修正。但是代理模型的构建进一步引入了另一种不确定性——"插值不确定性"(interpolation uncertainty), 也就是由构建代理模型样本数据不足引入的不确定性, 因此在代理模型构建和校验中需要足够的样本, 避免插值不确定性带来的影响。

(5) 给定观测试验数据 $\mathcal{D}$, 基于此可对每个模型 M_i 的预测不确定性进行量化, 也称为模型不确定性, 即模型预测与试验数据的偏差, 这在第 1 章的模型修正部分有简单介绍。

(6) 根据每个模型预测 y_i 与试验数据 $\mathcal{D}$ 的吻合程度, 利用贝叶斯定理可为每个模型分配权值或概率 $P(M_i|\mathcal{D})$, 与试验数据吻合度越高的模型则分配越大的权值。分配权值或概率的过程中, 需要考虑试验数据 $\mathcal{D}$ 的观测误差 (即试验数据不确定性), 避免对权值或概率分配时引入误差。

(7) 基于所有模型的后验权值和预测分布, 采用贝叶斯模型平均方法进行模型形式的不确定性量化, 分配权值高的模型对响应预测的影响更大。

(8) 最后得到一个复合或平均模型, 可实现同时考虑模型参数、试验数据不确定性、模型形式不确定性等多种不确定性的响应预测, 实现多源不确定性综合量化。

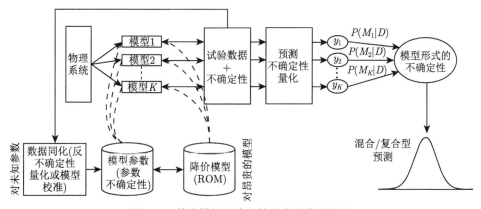

图 7.1　数值模拟不确定性综合量化流程图

上述不确定性综合量化框架的主要优势在于:

(1) 考虑了包括模型预测不确定性、模型参数不确定性、模型形式不确定性及试验数据不确定性等不同来源的不确定性, 提供了一套不确定性综合量化框架。

(2) 该框架相对较为灵活, 可以根据实际工程需求, 有选择性地对上述所有不同来源的不确定性中的全部或部分进行综合量化。

(3) 通过反复调用上述不确定性综合量化流程, 可实现模型验证和确认、模型选择。

7.2　模型形式不确定性量化

对于数值模拟往往存在多种模型, 比如对于基于 RANS 的 CFD 数值模拟而言, 可考虑选用其他的湍流模型或采用不同的 CFD 求解器, 单独采用某个模型进行响应预测会导致不确定性, 因此需要对由模型选择引入的不确定度进行量化, 常用的方法为贝叶斯模型平均 (Bayesian model averaging, BMA)。BMA 方法在获得试验数据的情况下, 通过构建备选模型的似然函数来评价各模型预测和试验数据的吻合程度, 使用贝叶斯定理来更新备选模型的后验概率, 能够比较客观地分配每个模型的概率。在一些情况下, 对于模型的优劣并没有预先的判断, 或是只有很少的先验信息, BMA 通过融合多个模型的计算结果, 能实现多个模型的融合互补, 提高融合后的模型在复杂环境下的泛化能力 [7,8]。

当各模型的后验分布确定后, 对未观测值进行预测时, 便可以根据各模型的后验概率比较客观地赋予各模型预测不同的权重, 以此来实现模型的预测融合, 减小模型选择不确定性的影响, 提升预测精度。

假设计算中适用的模型集合为 $\boldsymbol{M} = \{M_i\}\, (i = 1, 2, \cdots, K)$, 其先验概率分布为 $P(M_i)\,(i = 1, 2, \cdots, K)$, 满足条件

$$\sum_{i=1}^{K} P(M_i) = 1, \quad 0 \leqslant P(M_i) \leqslant 1 \tag{7.1}$$

其中, $P(M_i)$ 为在获得试验结果前根据专家意见或问题分析所分配给模型 M_i 的概率, 当对模型没有明显的偏好时, 可认为每个模型的先验概率相等, 即 $P(M_i) = 1/K$。

根据贝叶斯公式将模型的先验更新为后验概率, 则模型 M_i 在给定试验数据 $\mathcal{D}$ 的条件下的后验概率为

$$P(M_i|\mathcal{D}) = \frac{P(\mathcal{D}|M_i)\, P(M_i)}{\sum\limits_{i=1}^{K} P(\mathcal{D}|M_i)\, P(M_i)} \tag{7.2}$$

其中，$P\left(\mathcal{D}|M_i\right)$ 为模型 M_i 的似然函数，即该模型预测结果为试验数据值 $\mathcal{D}$ 的概率；分母表示模型 M_i 观测到数据 $\mathcal{D}$ 的总概率。

由式 (7.2) 可知，要想确定各模型的后验概率，首先需要构建似然函数 $P\left(\mathcal{D}|M_i\right)$，该项的计算是关键。读者可回顾第 1 章关于模型修正的内容，进行模型偏差修正后，相当于得到一个用于试验响应预测的新模型，同时还能提供其预测的不确定性。通常，假定输入 $\boldsymbol{x}$ 下新模型预测 $F_i\left(\boldsymbol{x}\right)$ 和真实响应 $y\left(\boldsymbol{x}\right)$ 间存在如下关系：

$$y\left(\boldsymbol{x}\right) = F_i\left(\boldsymbol{x}\right) + \varepsilon_i \tag{7.3}$$

其中，$\boldsymbol{x}$ 为模型 M_i 的输入变量，例如对于 CFD 数值模拟，可以是马赫数、攻角和几何外形等参数；ε_i 表征 $y\left(\boldsymbol{x}\right)$ 和 $F_i\left(\boldsymbol{x}\right)$ 两者间的差异，也称为模型预测偏差，通常将其视为服从于零均值高斯分布的随机变量，表征了模型 M_i 的预测不确定性：

$$\varepsilon_i \sim \mathcal{N}\left(0, \sigma_i^2\right) \tag{7.4}$$

式中，σ_i^2 为模型 M_i 的预测偏差 ε_i 所服从的高斯分布的方差。

若将试验观测值视为物理过程的真实响应值，则给定由 m 个独立观测数据构成的试验数据集 $\mathcal{D} = [\mathcal{D}_1, \mathcal{D}_2, \cdots, \mathcal{D}_m]^{\mathrm{T}}$ 和对应于各试验数据相同输入条件下的模型 M_i 的预测值为 $[F_i\left(\boldsymbol{x}_1\right), F_i\left(\boldsymbol{x}_2\right), \cdots, F_i\left(\boldsymbol{x}_m\right)]^{\mathrm{T}}$。模型预测值与试验数据间的差异记为 $\left[\varepsilon_i^1, \varepsilon_i^2, \cdots, \varepsilon_i^m\right]^{\mathrm{T}}$ $\left(\varepsilon_i^j = \mathcal{D}_j - F_i\left(\boldsymbol{x}_j\right)\right)$，其各元素间相互独立且均服从高斯分布 $\mathcal{N}\left(0, \sigma_i^2\right)$。

当偏差分布 $N\left(0, \sigma_i^2\right)$ 已知时，在试验数据集 $\mathcal{D}$ 上模型 M_i 的似然函数可表示为

$$P\left(\mathcal{D}|M_i, \sigma_i^2\right) = \prod_{j=1}^{m} P\left(\mathcal{D}_j|M_i, \sigma_i^2\right)$$

$$= \left(\frac{1}{2\pi\sigma_i^2}\right)^{\frac{m}{2}} \exp\left(\frac{-\sum\limits_{j=1}^{m}\left[\mathcal{D}_j - F_i\left(x_j\right)\right]^2}{2\sigma_i^2}\right) \tag{7.5}$$

显然，若要利用式 (7.2) 所示的贝叶斯公式来更新模型的后验概率，还需要通过求解如下所示的边缘积分来将方差参数 σ_i^2 从似然函数 $P\left(\mathcal{D}|M_i, \sigma_i^2\right)$ 中移除。基于式 (7.5)，$P\left(\mathcal{D}|M_i\right)$ 可表示为

$$P\left(\mathcal{D}|M_i\right) = \int P\left(\mathcal{D}|M_i, \sigma_i^2\right) P\left(\sigma_i^2|M_i\right) \mathrm{d}\sigma_i^2 \tag{7.6}$$

其中，$P\left(\sigma_i^2|M_i\right)$ 为方差参数 σ_i^2 的先验分布。

式 (7.6) 所示的积分可通过蒙特卡罗方法来近似求解，但这需要额外确定方差参数 σ_i^2 的先验分布。针对此问题，文献 [9] 给出了一种较为常用的方法，利用极大似然估计解析求出能使似然函数 $P\left(\mathcal{D}|M_i, \sigma_i^2\right)$ 最大的 σ_i^2，则方差参数 σ_i^2 的极大似然估计值 $\hat{\sigma}_i^2$ 可表示如下：

$$\hat{\sigma}_i^2 = \frac{\sum\limits_{j=1}^{m}\left[\mathcal{D}_j - F_i\left(\boldsymbol{x}_j\right)\right]}{m} \tag{7.7}$$

将 $\hat{\sigma}_i^2$ 代入式 (7.5)，在试验数据集 $\mathcal{D}$ 上模型 M_i 的似然函数可进一步化简为

$$P\left(\mathcal{D}|M_i\right) = \left(\frac{1}{2\pi\hat{\sigma}_i^2}\right)^{\frac{m}{2}} \exp\left(-\frac{m}{2}\right) \tag{7.8}$$

综上，当给定试验数据集 $\mathcal{D}$ 和各模型的预测值，并根据式 (7.7) 和式 (7.8) 分别求出各模型的似然函数值后，即可利用式 (7.2) 所示的贝叶斯公式更新各模型的后验概率。基于此后验概率便可利用贝叶斯因子 [10] 等方法来定量地衡量各模型与真实物理现象间的差异，进而可选择后验概率最大的那个模型进行预测。

此外，也可基于各个模型的后验概率对各个模型的预测值进行加权融合，得到一个新的预测模型 M_{BMA}。M_{BMA} 对真实物理响应预测的概率描述为

$$P\left(y|\mathcal{D}\right) = \sum_{i=1}^{K} P\left(y|M_i, \mathcal{D}\right) P\left(M_i|\mathcal{D}\right) \tag{7.9}$$

其中，$P\left(y|M_i, \mathcal{D}\right)$ 表示在给定试验数据 $\mathcal{D}$ 下模型 M_i 对真实物理过程响应值的预测分布。根据式 (7.3) 和式 (7.4)，对于模型集中的任一模型，有 $P\left(y|M_i, \mathcal{D}\right) = \mathcal{N}\left(F_i, \sigma_i^2\right)$。由于各模型预测分布为高斯分布，故融合模型 M_{BMA} 的预测值也服从高斯分布，其预测均值 μ_{BMA} 和方差 σ_{BMA}^2 可分别表示为

$$\mu_{\text{BMA}} = \sum_{i=1}^{K} P\left(M_i|\mathcal{D}\right) F_i$$
$$\sigma_{\text{BMA}}^2 = \sum_{i=1}^{K} P\left(M_i|\mathcal{D}\right) \sigma_i^2 + \sum_{i=1}^{K} P\left(M_i|\mathcal{D}\right) \left(\mu_{\text{BMA}} - F_i\right)^2 \tag{7.10}$$

其中，μ_{BMA} 实际上是各模型预测分布均值依模型后验概率的加权和；σ_{BMA}^2 由两部分组成，$\sum\limits_{i=1}^{K} P\left(M_i|\mathcal{D}\right) \sigma_i^2$ 表示由各模型预测不确定性引起的方差，而 $\sum\limits_{i=1}^{K} P\left(M_i|\mathcal{D}\right) \left(\mu_{\text{BMA}} - F_i\right)^2$ 则表示由模型形式 (模型选择) 不确定性引起的方差。

值得注意的是，上述介绍的基于贝叶斯模型平均的模型形式不确定性量化方法并未考虑试验数据的不确定性和模型输入参数的不确定性。但不论是模型形式的不确定性量化还是不确定性综合量化，都可以在上述给出的贝叶斯框架下基于贝叶斯模型平均方法实现。

7.3 参数不确定性的引入

每个模型可能包含不确定性参数，例如基于 RANS 的 CFD 数值模拟中湍流模型的封闭系数等，虽然可利用试验数据对这些参数的不确定性进行缩减，但很难完全消除，因此需要量化模型参数不确定性的影响。

若考虑模型参数不确定性，则模型 M_i 的似然函数 $P(\mathcal{D}|M_i)$ 计算将与 7.2 节介绍的有所不同。对于含有参数 $\boldsymbol{\theta}_i$ 的模型 M_i，给定试验数据集 $\mathcal{D}$ 时模型 M_i 的似然函数可表示为

$$P(\mathcal{D}|M_i) = \int P(\mathcal{D}|M_i, \boldsymbol{\theta}_i) P(\boldsymbol{\theta}_i|M_i) \, \mathrm{d}\boldsymbol{\theta}_i \tag{7.11}$$

其中，$P(\mathcal{D}|M_i, \boldsymbol{\theta}_i)$ 表示当参数 $\boldsymbol{\theta}_i$ 值已知时模型 M_i 预测结果为试验数据值的概率；$P(\boldsymbol{\theta}_i|M_i)$ 为参数 $\boldsymbol{\theta}_i$ 的先验分布，该先验概率可直接由专家意见给出。

对于从模型参数先验分布中抽取的第 l 个关于 $\boldsymbol{\theta}_i$ 的样本 $\boldsymbol{\theta}_i^{(l)}$，由于 $y(\boldsymbol{x}) = F_i(\boldsymbol{x}, \boldsymbol{\theta}_i) + \varepsilon_i$，有

$$\begin{aligned} P\left(\mathcal{D}|M_i, \boldsymbol{\theta}_i^{(l)}\right) &= \prod_{j=1}^{m} P\left(\boldsymbol{D}_j|M_i, \boldsymbol{\theta}_i^{(l)}, \sigma^2_{i,\boldsymbol{\theta}_i^{(l)}}\right) \\ &= \prod_{j=1}^{m} \mathcal{N}\left(F_i\left(\boldsymbol{x}_j; \boldsymbol{\theta}_i^{(l)}\right), \sigma^2_{i,\theta_i^{(l)}}\right) \end{aligned} \tag{7.12}$$

基于极大似然估计，$\boldsymbol{\theta}_i^{(l)}$ 下方差参数 $\sigma^2_{i,\boldsymbol{\theta}_i^{(l)}}$ 可解析表示为

$$\sigma^2_{i,\boldsymbol{\theta}_i^{(l)}} = \frac{\sum\limits_{j=1}^{m}\left[\boldsymbol{D}_j - F_i\left(\boldsymbol{x}_j; \boldsymbol{\theta}_i^{(l)}\right)\right]^2}{m} \tag{7.13}$$

当 $\boldsymbol{\theta}_i$ 抽样总数 L 足够大时，则可利用蒙特卡罗方法来较为精确地对式 (7.11) 进行求解，得模型 M_i 的似然函数值：

$$P(\mathcal{D}|M_i) \simeq \frac{1}{L}\sum_{l=1}^{L}\left(\prod_{j=1}^{m} \mathcal{N}\left(F_i\left(\boldsymbol{x}_j; \boldsymbol{\theta}_i^{(l)}\right), \sigma^2_{i,\theta_i^{(l)}}\right)\right) \tag{7.14}$$

基于式 (7.14)，可在考虑模型参数不确定性的条件下，利用式 (7.2) 所示的贝叶斯公式来更新模型的后验概率，并可进一步通过 7.2 节中介绍的方法实现基于贝叶斯模型平均的模型参数和模型形式不确定性的同时量化。

7.4　试验数据不确定性的引入

在上述分析中，都未考虑试验数据的不确定性，而是直接将观测数据视为物理过程的真实响应值。实际中试验设备、测量过程都存在不确定性因素，因此观测试验数据也存在不确定性，例如，相同工况下的多次风洞试验所得气动系数测量值存在差异。这类不确定性通常称为试验数据不确定性，也会影响模型后验概率的更新，因此在求解模型后验概率时也应当将其考虑在内。假设利用高斯随机变量 $\chi_j \sim \mathcal{N}\left(u_{\mathcal{D}_j}, \sigma_{\mathcal{D}_j}^2\right)$ 来描述第 j 个观测样本中存在的不确定性，那么 7.2 节和 7.3 节中所描述的第 j 个观测数据 $\mathcal{D}_j$ 为高斯随机变量 χ_j 的一个实现样本。

此时，模型 M_i 的似然函数变为

$$
\begin{aligned}
P\left(\mathcal{D}|M_i\right) &= \prod_{j=1}^{m} P\left(\boldsymbol{D}_j|M_i\right) \\
&= \prod_{j=1}^{m} \int P\left(\boldsymbol{D}_j|M_i, \chi_j\right) P\left(\chi_j|M_i\right) \mathrm{d}\chi_j \\
&= \prod_{j=1}^{m} \int P\left(\boldsymbol{D}_j|M_i, \chi_j\right) P\left(\chi_j\right) \mathrm{d}\chi_j
\end{aligned}
\tag{7.15}
$$

其中，$P\left(\mathcal{D}_j|M_i, \chi_j\right)$ 表示当用来表征试验不确定性的随机变量 χ_j 已知时，模型 M_i 预测结果为试验数据值 $\mathcal{D}_j$ 的概率；$P\left(\chi_j|M_i\right) = P\left(\chi_j\right)$ 为高斯随机变量 χ_j 的先验分布。

显然，要利用式 (7.2) 所示的贝叶斯公式更新模型的后验概率，首先需要通过求解式 (7.15)，在考虑试验数据不确定性的情况下得到各模型的似然函数值。一种可行的方法是通过蒙特卡罗方法来求式 (7.15) 所示的积分，即

$$
\begin{aligned}
P\left(\mathcal{D}|M_i\right) &\approx \prod_{j=1}^{m} \frac{1}{n_d} \sum_{e=1}^{E} P\left(\mathcal{D}_j|M_i, \boldsymbol{D}_j^{(e)}\right) \\
&\approx \prod_{j=1}^{m} \frac{1}{n_e} \sum_{e=1}^{E} \frac{1}{2\pi\sigma_i^2} \exp\left(-\frac{\left[\mathcal{D}_j^{(e)} - F_i\left(x_j\right)\right]^2}{2\sigma_i^2}\right)
\end{aligned}
\tag{7.16}
$$

其中, E 为蒙特卡罗方法按照分布 $\chi_j \sim \mathcal{N}\left(u_{\mathcal{D}_j}, \sigma_{\mathcal{D}_j}^2\right)$ 抽样的个数; $\mathcal{D}_j^{(e)}$ 表示抽取的关于 $\mathcal{D}_j$ 的第 e 个样本。

在确定模型预测不确定性相关的方差 σ_i^2 后, 通过式 (7.16) 就可以计算各模型的似然函数值, 并通过式 (7.2) 来更新模型的后验概率。显然, 由于试验数据不确定性的引入, σ_i^2 无法再如 7.2 节那样采用最大似然估计通过式 (7.7) 求解。文献 [6] 给出了一种可行的方法, 通过最小化每个模型的贝叶斯信息准则 (Bayesian information criterion, BIC) 来求解 σ_i^2 的近似值。

7.5 同时考虑参数与试验数据不确定性

上述 7.3 节和 7.4 节分别给出了当模型参数具有随机性和当试验数据存在不确定性时模型似然函数的计算方法。实际中, 这两种不确定性通常是同时存在的, 此时模型 M_i 的似然函数可表示为

$$
\begin{aligned}
P\left(\mathcal{D}|M_i\right) &= \int P\left(\mathcal{D}|M_i, \boldsymbol{\theta}_i, \chi_j\right) P\left(\boldsymbol{\theta}_i, \chi_j|M_i\right) \mathrm{d}\left(\boldsymbol{\theta}_i, \chi_j\right) \\
&= \iint P\left(\boldsymbol{D}_j|M_i, \boldsymbol{\theta}_i, \chi_j\right) P\left(\boldsymbol{\theta}_i|M_i\right) P\left(\chi_j\right) \mathrm{d}\boldsymbol{\theta}_i \mathrm{d}\chi_j
\end{aligned}
\tag{7.17}
$$

显然, 要想通过式 (7.17) 求解模型的似然函数值, 则需要求解内部的双重边缘积分。同上述 7.3 节和 7.4 节类似, 该双重积分也可以通过双层嵌套的蒙特卡罗来近似求解。设包含 m 个观测数据的试验数据集 $\mathcal{D}$ 中不确定性可通过随机向量 $\chi = [\chi_1, \chi_2, \cdots, \chi_m]^{\mathrm{T}}$ 来表示, 其中任一 χ_j 相互独立且服从于正态分布 $N\left(u_{\mathcal{D}_j}, \sigma_{\mathcal{D}_j}^2\right)$, 则有

$$
P\left(\mathcal{D} \mid M_i\right) = \frac{1}{n_e} \sum_{e=1}^{n_e}\left(\frac{1}{L} \sum_{i=1}^{L} P\left(\mathcal{D}^{(e)} \mid M_i, \boldsymbol{\theta}_i'\right)\right)
\tag{7.18}
$$

其中, n_e 为按照联合分布 $P\left(\mathcal{D}_1, \mathcal{D}_2, \cdots, \mathcal{D}_m\right)$ 抽样的数量; $\mathcal{D}^{(e)}$ 表示抽取的第 e 个关于 $\mathcal{D}_1, \mathcal{D}_2, \cdots, \mathcal{D}_m$ 的样本。

式 (7.18) 中对于每个 $\mathcal{D}^{(e)}$, 内层蒙特卡罗循环的计算步骤同 7.3 节介绍的仅考虑模型参数不确定性时的模型似然函数的计算过程一致。故式 (7.18) 可进一步写为

$$
P\left(\mathcal{D} \mid M_i\right) \approx \frac{1}{n_e} \sum_{e=1}^{n}\left(\frac{1}{L} \sum_{l=1}^{L}\left(\prod_{j=1}^{m} \mathcal{N}\left(F_i\left(\boldsymbol{x}_j; \boldsymbol{\theta}_i^{(l)}\right), \sigma_{i, \boldsymbol{\theta}^{(l)}, (e)}^2\right)\right)\right)
\tag{7.19}
$$

其中,

$$\sigma^2_{i,\boldsymbol{\theta}_i^{(l)},(e)} = \frac{\sum_{j=1}^{m}\left[\mathcal{D}_j^{(e)} - F_i\left(\boldsymbol{x}_j;\boldsymbol{\theta}_i^{(l)}\right)\right]^2}{m} \tag{7.20}$$

结合式 (7.19) 与式 (7.20),则可在同时考虑试验数据不确定性、模型参数不确定性和模型预测不确定性的条件下,求解出模型的似然函数值,进而结合贝叶斯模型平均方法实现多源不确定性的综合量化。后续的预测均值和方差同样可采用式 (7.10) 得到,此时模型参数不确定性和试验数据不确定性的影响均体现在模型 M_i 的后验概率 $P(M_i|\mathcal{D})$ 上。

以 CFD 数值模拟的不确定性综合量化为例,其存在由湍流模型选择导致的模型形式不确定性、湍流模型系数的参数不确定性、每种湍流模型下 CFD 的预测不确定性、试验数据的不确定性。实际应用的场景可能是针对某翼型的压力系数,在给定工况 (马赫数和攻角) 下试验测量得到分布在翼型上下表面多个位置处的 m 个压力值,也可能是 m 个工况下风洞试验得到的 m 组升/阻力系数。由于仪器测量偏差存在风洞试验数据不确定性,同时湍流模型可有 SA、SST 等多种模型可选,且每种湍流模型中存在多个在一定范围内变化的封闭系数,此外每种湍流模型下的 CFD 仿真存在模型预测不确定性,所以,利用这里介绍的不确定性综合量化方法即可实现多源不确定性影响下气动特性参数的不确定量化。

7.6　本章小结

本章介绍了一种同时考虑模型参数、模型形式、试验数据多源不确定性的基于贝叶斯统计的不确定性综合量化方法,首先给出了不确定性综合量化的框架,然后分别介绍如何在该框架下逐次考虑模型形式、模型参数、试验数据的不确定性,最终得到输出响应的预测均值和方差。本章给出的不确定性综合量化方法可对数值模拟进行多源不确定性量化,提供更加合理的不确定度,进而进行更加合理的数值模拟模型确认和可信度评价。若要进一步考虑其他认知不确定性,例如 CFD 数值离散导致的不确定性,可参照陈江涛等的做法,利用概率盒理论,在数值离散不确定性的任一取值处,利用上述不确定性综合量化方法得到输出响应的概率分布,最终得到一族概率分布 (概率盒)。

参 考 文 献

[1] 陈江涛, 章超, 吴晓军, 等. 考虑数值离散误差的湍流模型选择引入的不确定度量化 [J]. 航空学报, 2021, 42(9): 234-245.
[2] 王华伟, 高军, 吴海桥. 基于贝叶斯模型平均的航空发动机可靠性分析 [J]. 航空动力学报, 2014, 29(2): 305-313.

[3] Park I, Amarchinta H K, Grandhi R V. A Bayesian approach for quantification of model uncertainty[J]. Reliability Engineering & System Safety, 2010, 95(7): 777-785.

[4] Park I, Grandhi R V. Quantifying multiple types of uncertainty in physics-based simulation using Bayesian model averaging[J]. AIAA Journal, 2011, 49(5): 1038-1045.

[5] Park I, Grandhi R V. A Bayesian statistical method for quantifying model form uncertainty and two model combination methods[J]. Reliability Engineering & System Safety, 2014, 129: 46-56.

[6] Radaideh M I, Borowiec K, Kozlowski T. Integrated framework for model assessment and advanced uncertainty quantification of nuclear computer codes under bayesian statistics[J]. Reliability Engineering & System Safety, 2019, 189: 357-377.

[7] Phillips D R, Furnstahl R J, Heinz U, et al. Get on the BAND Wagon: a Bayesian framework for quantifying model uncertainties in nuclear dynamics[J]. Journal of Physics G: Nuclear and Particle Physics, 2021, 48(7): 072001.

[8] 余秋敏. 基于贝叶斯模型平均法的工业软件可靠性模型研究 [D]. 成都: 电子科技大学, 2021.

[9] Kaplan D. On the quantification of model uncertainty: A Bayesian perspective[J]. Psychometrika, 2021, 86(1): 215-238.

[10] 曹彤彤. 基于贝叶斯理论的地下水模型评价 [D]. 南京: 南京大学, 2020.

第 8 章　多学科不确定性传播和灵敏度分析

实际工程中，存在大量的复杂多学科系统，如卫星、导弹、飞机、汽车、先进材料等。为高效率、高质量地开发复杂产品，计算机仿真技术 (如有限元分析和计算流体力学) 被大量应用。在复杂系统开发设计中，广泛存在源于生产制造、使用环境等的随机不确定性，如产品尺寸、飞行器的来流条件；也大量存在源于认知或数据不足的认知不确定性，如建模偏差。与单学科产品类似，对于复杂多学科产品的设计开发，数值模拟的模型确认、不确定性优化设计依然是两块关键内容，而其中的核心之一依然是不确定性传播。由于涉及多学科耦合，不确定性传播的计算非常复杂烦琐，计算量非常大。

为了降低计算量，目前产生了大量的代理模型 (metamodel) 技术，如 Kriging、混沌多项式 (PC)、深度学习 (DL) 等，构建近似模型取代高精度耗时的仿真。从理论上看，采用代理模型技术后，系统响应预测完全基于廉价的代理模型，可直接采用蒙特卡罗仿真 (MCS) 进行多学科不确定性传播，从而计算系统响应和子系统响应的不确定性。但对于复杂多学科系统，由于存在多学科强耦合，基于 MCS 的多学科不确定性传播为一嵌套双循环，外层为不确定性输入变量的抽样，内层为确定性下的多学科系统分析，涉及大量迭代，以保证学科耦合变量分布 (如均值、方差等) 的多学科一致性，且一到优化层面，由于又增加了最外层寻优，该迭代次数急剧增长。因此，即使代理模型计算非常快，但由于多学科耦合的存在，基于代理模型的 MCS 应用于复杂多学科系统时依然非常耗时。另外，代理模型技术的应用会引入因数据不足而导致的模型认知不确定性 (可看作是一种建模偏差)。Jin 等 [1] 对大量基准算例进行测试，得出代理模型的模型认知不确定性对不确定性传播的影响非常大，在优化设计中必须予以充分考虑。

因此，针对复杂多学科耦合系统，设计一种高效的能同时考虑认知和随机不确定性的多学科不确定性传播方法至关重要。本章针对多学科耦合系统，介绍一种考虑认知和随机不确定性的半解析式多学科不确定性传播方法，其利用高斯随机过程或贝叶斯深度学习量化模型认知不确定性，评估试验或仿真数据的缺乏程度。采取从学科级到系统级的不确定性传播策略，不确定性在系统中的传播顺序依次为：输入不确定性变量、学科耦合变量、学科输出响应、系统输出响应。借鉴可靠性分析中的均值一次二阶矩 (first order second moment, FORM) 方法的思想，基于一阶泰勒展开，建立学科级随机输入不确定性和学科响应预测的模型认知不确定性在耦合多学科系统中的传播关系, 有效保证耦合变量的不确定性在学科间的一致性。

另外, 在上述介绍的多学科不确定性传播方法的基础上, 进一步介绍一种多学科统计灵敏度分析方法, 量化各输入不确定性变量、各学科的模型认知不确定性、各学科总的不确定性对系统响应的影响, 并计算相应的基于方差的灵敏度指标。根据该灵敏度分析结果, 使用者可发掘出对系统响应比较重要的学科, 从而进一步提高其学科仿真分析模型的预测精度, 比如可为该学科配置更多的诸如计算、试验资源, 以提高其响应预测的精度, 最终有效降低系统响应预测的认知不确定性, 从而为后续开展分析或优化设计提供高可信度的多学科分析模型。

本章首先从高斯随机过程建模方法开始介绍, 给出基于试验数据对仿真模型开展偏差修正的思路, 在修正后的仿真模型的基础上, 基于高斯随机过程理论对其模型认知不确定性进行量化, 也就是对试验或仿真数据缺乏程度的一种度量; 然后, 介绍如何基于偏差修正后的仿真模型, 实现耦合多科学系统的不确定性传播, 同时考虑输入的不确定性以及各个学科分析模型的模型认知不确定性; 最后, 介绍多学科灵敏度分析, 在前述多学科不确定性传播的基础上, 发掘出对系统响应影响较大的学科, 进而对该学科配置更多的计算或试验资源, 提升其预测精度, 降低系统响应预测的模型认知不确定性。

8.1 高斯随机过程建模方法

8.1.1 高斯随机过程的基本原理

高斯随机过程 (Gaussian random process, GRP) 是一系列分布于空间域或者时间域的随机变量集合 [2,3], 是目前比较常用的一种随机过程, 可灵活地模拟各种响应的非线性。它常被用于模拟各种形式的响应函数, 比如复杂且耗时的计算机数值模拟。设 $\boldsymbol{x} = [x_1, \cdots, x_d] \in \mathbb{R}^d$ 为一个 d 维输入变量, $y : \mathbb{R}^d \to \mathbb{R}$ 为它所对应的函数响应, 那么 $y(\boldsymbol{x})$ 可表示为一个高斯过程模型:

$$y(\boldsymbol{x}) \sim \mathcal{GP}\left(m(\boldsymbol{x}), V(\boldsymbol{x}, \boldsymbol{x}')\right) \tag{8.1}$$

其中, $m(\boldsymbol{x})$ 为均值函数, 常表示为 $\boldsymbol{h}(\boldsymbol{x})^{\mathrm{T}}\boldsymbol{\beta}$; $\boldsymbol{h}(\boldsymbol{x})$ 为预设的多项式函数列向量 (如常数、线性、二次型等), 一般默认为常数 1; $\boldsymbol{\beta}$ 为 $\boldsymbol{h}(\boldsymbol{x})$ 所对应的未知回归系数列向量; $V(\boldsymbol{x}, \boldsymbol{x}') = \sigma^2 R(\boldsymbol{x}, \boldsymbol{x}')$ 为协方差函数, 用来表示高斯随机过程中任意两个输入 $\boldsymbol{x}$ 与 $\boldsymbol{x}'$ 的空间协方差, 其中 σ 为先验标准差, 而 $R(\boldsymbol{x}, \boldsymbol{x}')$ 为空间相关函数。

目前，在工程应用与理论研究中常用的 $R(\boldsymbol{x}, \boldsymbol{x}')$ 为高斯相关函数 [1,4-6]：

$$R(\boldsymbol{x}, \boldsymbol{x}') = \exp\left[-\sum_{k=1}^{d} \omega_k \left(x_k - x_k'\right)^2\right] \tag{8.2}$$

其中，$\boldsymbol{\omega} = [\omega_1, \omega_2, \cdots, \omega_d]^{\mathrm{T}}$ 为未知的空间相关系数列向量，用来表示响应 $y(\boldsymbol{x})$ 与 $y(\boldsymbol{x}')$ 之间的相关性随着输入 $\boldsymbol{x}$ 与 $\boldsymbol{x}'$ 距离增加的衰减速率。

如图 8.1 所示的一维情况，增大 ω 可使相关性下降得更快，说明样本点的影响范围变得更小；相反，降低 ω 会使得预测点的响应仍然受到远处样本的影响。随着输入点 $\boldsymbol{x}'$ 与样本点 $\boldsymbol{x}$ 之间距离 $|\boldsymbol{x} - \boldsymbol{x}'|$ 增大，相关性从最大值 1(表示完全相关) 逐渐减小并趋向于最小值 0(表示相互独立)。这个属性也反映了高斯随机过程中已知样本对未知预测点的影响程度随着空间距离的增大而逐渐减小。

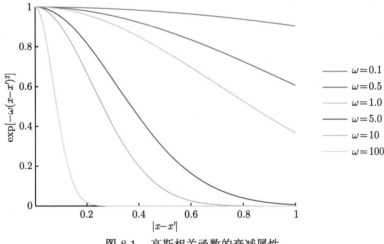

图 8.1　高斯相关函数的衰减属性

除了高斯相关函数外，其他常用的空间相关函数见表 8.1，它们都具有相类似的衰减属性 [7-9]。例如由高斯相关函数演变而来的更为通用的幂相关函数，具有较好的灵活性和适用性，它不仅可以通过调整参数 ω_k 来调整相关函数的衰减速率，并且可以通过控制 g_k 来影响相关函数的光滑性。此外，如果在不同的维数中采用不同的 ω_k 与 g_k 参数组合，则可以实现相关函数的各向异性；而当 $\omega_k = \omega$ 和 $g_k = g$，$k \in [1, \cdots, d]$ 时，则退化为各向同性；并且当 $g = 2$ 时，则变为前面介绍的高斯相关函数。通常采用高斯相关函数可以达到较好的函数拟合效果 [5]。

表 8.1 常用的空间相关函数 $(\omega_k > 0)$

函数名称	$R(\boldsymbol{x}, \boldsymbol{x}')$
指数函数	$\exp\left[-\displaystyle\sum_{k=1}^{d} \omega_k \left\lvert x_k - x_k' \right\rvert \right]$
高斯函数	$\exp\left[-\displaystyle\sum_{k=1}^{d} \omega_k \left(x_k - x_k'\right)^2 \right]$
幂函数	$\exp\left[-\displaystyle\sum_{k=1}^{d} \omega_k \left\lvert x_k - x_k' \right\rvert^{g_k} \right], \quad 0 < g_k \leqslant 2$
线性函数	$\displaystyle\prod_{k=1}^{d} \max\left\{0, 1 - \omega_k \left\lvert x_k - x_k' \right\rvert \right\}$
球函数	$\displaystyle\prod_{k=1}^{d} \left(1 - 1.5\xi_k + 0.5\xi_k^3\right), \quad \xi_k = \min\left\{1, \omega_k \left\lvert x_k - x_k' \right\rvert \right\}$
立方函数	$\displaystyle\prod_{k=1}^{d} \left(1 - 3\xi_k^2 + 2\xi_k^3\right), \quad \xi_k = \min\left\{1, \omega_k \left\lvert x_k - x_k' \right\rvert \right\}$

由上面的定义可知，构建高斯随机过程时存在多个未知参数 $\boldsymbol{\phi} = \left\{\beta, \sigma^2, \boldsymbol{\omega}\right\}$ (β 和 σ 为标量，$\boldsymbol{\omega}$ 为 $1*d$ 的行向量)，它们常称为超参数，可用来表征高斯随机过程模型。获得输入样本 $\boldsymbol{X} = [(\boldsymbol{x}_1)^{\mathrm{T}}, \cdots, (\boldsymbol{x}_n)^{\mathrm{T}}]^{\mathrm{T}}$ 处的响应数据 $\boldsymbol{d} = [y(\boldsymbol{x}_1), y(\boldsymbol{x}_2), \cdots, y(\boldsymbol{x}_n)]^{\mathrm{T}}$ 后，通常采用极大似然估计方法估计这些未知超参数[5,7]。由式 (8.1) 与高斯随机过程的属性可知，所有已收集的响应数据 $\boldsymbol{d}$ 服从如下多元高斯分布：

$$
\begin{aligned}
\begin{bmatrix} y(\boldsymbol{x}_1) \\ \vdots \\ y(\boldsymbol{x}_n) \end{bmatrix} &\sim \mathcal{N}(\boldsymbol{H}\beta, \sigma^2 \boldsymbol{R}) \\
&= \mathcal{N}\left(\begin{bmatrix} \boldsymbol{h}(\boldsymbol{x}_1)^{\mathrm{T}} \\ \vdots \\ \boldsymbol{h}(\boldsymbol{x}_n)^{\mathrm{T}} \end{bmatrix} \beta, \sigma^2 \begin{bmatrix} R(\boldsymbol{x}_1, \boldsymbol{x}_1) & \cdots & R(\boldsymbol{x}_1, \boldsymbol{x}_n) \\ \vdots & & \vdots \\ R(\boldsymbol{x}_n, \boldsymbol{x}_1) & \cdots & R(\boldsymbol{x}_n, \boldsymbol{x}_n) \end{bmatrix} \right)
\end{aligned}
\tag{8.3}
$$

根据第 2 章介绍的极大似然估计原理，关于所有已收集响应样本的似然函数可表示为

$$
\mathcal{L}(\beta, \sigma^2, \boldsymbol{\omega} | \boldsymbol{d}) = \frac{1}{(2\pi\sigma^2)^{n/2} |\boldsymbol{R}|^{1/2}} \exp\left[-\frac{1}{2\sigma^2} (\boldsymbol{d} - \boldsymbol{H}\beta)^{\mathrm{T}} \boldsymbol{R}^{-1} (\boldsymbol{d} - \boldsymbol{H}\beta)\right] \tag{8.4}
$$

其中, $|\cdot|$ 为矩阵行列式运算符。为进一步简化似然函数, 对式 (8.4) 进行对数运算:

$$
\begin{aligned}
l(\beta, \sigma^2, \boldsymbol{\omega}|\boldsymbol{d}) &= \ln\left(\mathcal{L}(\beta, \sigma^2, \boldsymbol{\omega}|\boldsymbol{d})\right) \\
&= -\frac{n}{2}\ln(2\pi) - \frac{n}{2}\ln(\sigma^2) - \frac{1}{2}\ln(|\boldsymbol{R}|) \\
&\quad - \frac{1}{2\sigma^2}(\boldsymbol{d} - \boldsymbol{H}\beta)^{\mathrm{T}}\boldsymbol{R}^{-1}(\boldsymbol{d} - \boldsymbol{H}\beta)
\end{aligned}
\tag{8.5}
$$

根据一阶极值条件, 分别对 β 与 σ^2 求一阶偏导数并等于零, 则可得到 β 与 σ^2 的估计值如下:

$$
\begin{aligned}
\frac{\partial l}{\partial \beta} = 0 &\Rightarrow \hat{\beta} = \left(\boldsymbol{H}^{\mathrm{T}}\boldsymbol{R}\boldsymbol{H}\right)^{-1}\boldsymbol{H}^{\mathrm{T}}\boldsymbol{R}^{-1}\boldsymbol{d} \\
\frac{\partial l}{\partial \sigma^2} = 0 &\Rightarrow \hat{\sigma}^2 = \frac{1}{n}\left(\boldsymbol{d} - \boldsymbol{H}\hat{\beta}\right)^{\mathrm{T}}\boldsymbol{R}^{-1}\left(\boldsymbol{d} - \boldsymbol{H}\hat{\beta}\right)
\end{aligned}
\tag{8.6}
$$

将式 (8.6) 代回式 (8.5) 可得

$$
l(\beta, \sigma^2, \boldsymbol{\omega}|\boldsymbol{d}) \approx -\frac{n}{2}\ln(2\pi) - \frac{n}{2}\ln(\hat{\sigma}^2) - \frac{1}{2}\ln(|\boldsymbol{R}|)
\tag{8.7}
$$

通过采用优化算法, 例如基于梯度的优化方法或者启发式的全局优化算法 (如遗传算法、模拟退火算法等), 最大化式 (8.7) 即可得到参数 $\boldsymbol{\omega}$ 的极大似然估计。

随后, 利用这些估计的超参数, 可在输入空间内任意位置 $\boldsymbol{x}_p$ 处进行响应预测 $y(\boldsymbol{x}_p)$。类似于式 (8.3), 根据高斯随机过程建模理论, 所有数据服从多元高斯分布:

$$
\begin{bmatrix} \boldsymbol{d} \\ \hline y(\boldsymbol{x}_p) \end{bmatrix} \sim \mathcal{N}\left(\begin{bmatrix} \boldsymbol{H} \\ \hline h(\boldsymbol{x}_p)^{\mathrm{T}} \end{bmatrix}\beta, \sigma^2\begin{bmatrix} \boldsymbol{R} & R(\boldsymbol{X}, \boldsymbol{x}_p) \\ \hline R(\boldsymbol{x}_p, \boldsymbol{X}) & R(\boldsymbol{x}_p, \boldsymbol{x}_p) \end{bmatrix}\right)
\tag{8.8}
$$

根据多元高斯分布的属性, 可得到在新输入点 $\boldsymbol{x}_p$ 处预测响应 $y(\boldsymbol{x}_p)$ 的条件分布为

$$
y(\boldsymbol{x}_p)|\boldsymbol{d} \sim \mathcal{N}\left(\hat{y}(\boldsymbol{x}_p), \mathrm{MSE}[\hat{y}(\boldsymbol{x}_p)]\right)
\tag{8.9}
$$

其中, $\hat{y}(\boldsymbol{x}_p)$ 与 $\mathrm{MSE}[\hat{y}(\boldsymbol{x}_p)]$ 为预测响应的后验均值与它所对应的均方差 (亦称为后验方差), 它们的详细计算公式为 [3,7]

$$
\hat{y}(\boldsymbol{x}_p) = \boldsymbol{h}(\boldsymbol{x}_p)^{\mathrm{T}}\beta + \sigma^2 R(\boldsymbol{x}_p, \boldsymbol{X})\left(\sigma^2\boldsymbol{R}\right)^{-1}(\boldsymbol{d} - \boldsymbol{H}\beta)
\tag{8.10}
$$

$$
\begin{aligned}
\mathrm{MSE}[\hat{y}(\boldsymbol{x}_p)] = \sigma^2\{&1 - R(\boldsymbol{x}_p, \boldsymbol{X})\boldsymbol{R}^{-1}R(\boldsymbol{x}_p, \boldsymbol{X})^{\mathrm{T}} + [\boldsymbol{h}(\boldsymbol{x}_p)^{\mathrm{T}} - \boldsymbol{H}\boldsymbol{R}^{-1}R(\boldsymbol{x}_p, \boldsymbol{X})^{\mathrm{T}}]^{\mathrm{T}} \\
&\times (\boldsymbol{H}^{\mathrm{T}}\boldsymbol{R}^{-1}\boldsymbol{H})^{-1} \times [\boldsymbol{h}(\boldsymbol{x}_p)^{\mathrm{T}} - \boldsymbol{H}\boldsymbol{R}^{-1}R(\boldsymbol{x}_p, \boldsymbol{X})^{\mathrm{T}}]\}
\end{aligned}
\tag{8.11}
$$

8.1.2 高斯随机过程的优点

高斯随机过程具有许多独特且优越的属性。

(1) 能够非常灵活地捕获到各种各样复杂响应的非线性，有利于实际工程问题上的广泛应用。

(2) 在进行响应预测时，它不仅提供预测均值 (可看作点估计)，而且提供该均值的预测偏差，即采用式 (8.11) 计算可得到响应预测的均方差。该信息为用户了解在输入空间无样本处响应预测的置信度提供了极大的帮助，如图 8.2(a) 所示。

(3) 针对确定性计算机仿真，它能够对已有的响应数据进行插值构建代理模型；而针对存在不可避免测量误差的物理实验，它能够通过添加小偏差项来实现对已有的测量数据进行拟合，即预测响应曲线不需要经过已有的响应样本，如图 8.2 (b) 所示，从而达到过滤试验噪声的效果。

(4) 作为一种概率模型，它能够通过多元高斯分布的特性整合来自多个精度仿真模型的数据，同时也可在进行未知超参数估计时结合工程师对目标响应的先验知识来提高预测响应的精度。

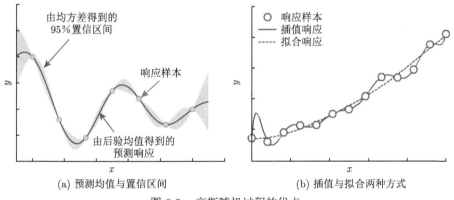

(a) 预测均值与置信区间   (b) 插值与拟合两种方式

图 8.2 高斯随机过程的优点

应当指出的是，为了能够使用高斯随机过程建模，从而假设函数响应为高斯分布，这与传统统计学中假设随机样本服从高斯分布完全不同。高斯随机过程建模下，目标响应 y 为输入变量 x 在整个设计空间的函数，而不是在某一特定位置处的随机样本点。采用高斯随机过程建模的首要假设是该响应函数可被视为高斯随机过程的一个实现 (或观测)。图 8.3 展示了一维高斯随机过程范例的三个不同实现。在任何工程应用问题中，仅给出一个被观测到的目标响应几乎不可能判断它是否满足高斯随机过程建模所假设的高斯分布。实际上，这对高斯随机过程建模的应用并没有影响。高斯随机过程的实现可具有各种不同的形状与特征。如图 8.3 中的三个高斯随机过程实现，即使它们都产生于具有相同协方差函数的高斯随机过程，但它们的形状显著不同。如果生成它们的高斯随机过程采用不同的协方差函数，则它们的形状差异将更加显著。因此，在实际应用中，通过选取合适的协方差函数，高斯随机过程能够模拟绝大多数响应函数。这也正是高斯随机过程建模方法在工程代理模型中被广泛应用的主要原因。

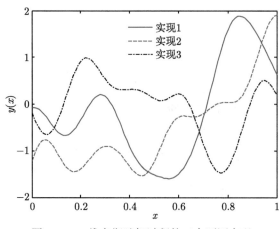

图 8.3　　一维高斯随机过程的三个不同实现

8.2　GRP 模型认知不确定性量化

8.2.1　模型偏差修正

目前最为常用的模型修正公式如下：

$$y^{\mathrm{e}}(\boldsymbol{x}) = y^{\mathrm{m}}(\boldsymbol{x}, \boldsymbol{\theta}^*) + \delta(\boldsymbol{x}) + \varepsilon \tag{8.12}$$

其中，$\boldsymbol{x}$ 表示输入变量 $\boldsymbol{x} = (x_1, \cdots, x_d)$；$y^{\mathrm{e}}(\boldsymbol{x})$ 表示以 $\boldsymbol{x}$ 为输入的试验响应；$y^{\mathrm{m}}(\boldsymbol{x})$ 表示数值模拟的响应，它同时是 $\boldsymbol{x}$ 和未知参数 $\boldsymbol{\theta}$ 的函数；$\boldsymbol{\theta}^*$ 表示数值模拟仿真模型的最佳模型参数值。实际中通过调整模型参数 $\boldsymbol{\theta}$ 基本无法使得响应的仿真和试验数据很好地一致，因此需要继续考虑模型偏差 $\delta(\boldsymbol{x})$，用来表示仿真响应与真实物理响应之间的偏差函数。ε 为物理试验引起的随机观测误差，与 $\boldsymbol{x}$ 和 $\boldsymbol{\theta}$ 相独立，通常假设服从正态分布 $\varepsilon \sim \mathcal{N}(0, \lambda)$，方差 λ 未知。

通常，各个学科有其专门的方法去对该学科的仿真模型 $y^{\mathrm{m}}(\boldsymbol{x}, \boldsymbol{\theta}^*)$ 进行修正，从而确定其模型结构和参数 $\boldsymbol{\theta}^*$。为描述简洁，这里将经过学科专门修正后的仿真模型表示为 $y^{\mathrm{m}}(\boldsymbol{x})$。因此，式 (8.12) 可进一步写为仅考虑模型偏差修正的形式：

$$y^{\mathrm{e}}(\boldsymbol{x}) = y^{\mathrm{m}}(\boldsymbol{x}) + \delta(\boldsymbol{x}) + \varepsilon \tag{8.13}$$

对于模型偏差修正，最为常用的为高斯随机过程 (GRP) 建模方法。基于试验数据 $y^{\mathrm{e}}(\boldsymbol{x})$ 和仿真数据 $y^{\mathrm{m}}(\boldsymbol{x})$ 的偏差，将 $\delta(\boldsymbol{x})$ 构建为一个 GRP 模型，同时可得到响应预测的不确定性。实际中很多时候由于获取物理试验昂贵或高精度仿真数据极其耗时，可能难以得到相同输入 $\boldsymbol{x}$ 下的试验和仿真数据，无法直接得到试验数据和仿真数据的偏差，所以很多研究提出将 $y^{\mathrm{m}}(\boldsymbol{x})$ 也表示为一个 GRP 模型，在此基础上也可很方便地得到 $\delta(\boldsymbol{x})$ 的 GRP 模型。上述内容在第 1 章也有描述，考虑到方法介绍的连贯性，这里结合模型认知不确定性量化对其进行进一步阐述。

利用 GRP，基于式 (8.13) 中的模型偏差修正后，相当于得到一个用于试验响应预测的新仿真模型，同时还能提供其预测的不确定性。

$$y^{\mathrm{e}}(\boldsymbol{x}) = \hat{y}^{\mathrm{e}}(\boldsymbol{x}) + Z(\boldsymbol{x}) \tag{8.14}$$

其中，$\hat{y}^{\mathrm{e}}(\boldsymbol{x})$ 表示更新的均值预测，即 $\mathrm{E}\left[y^{\mathrm{m}}(\boldsymbol{x}) + \delta(\boldsymbol{x})\right]$，这里 $\mathrm{E}\left[g\right]$ 表示求期望；$Z(\boldsymbol{x})$ 是零均值、方差为 $\sigma_Z^2(\boldsymbol{x})$ 的随机函数，描述了新仿真模型 $\hat{y}^{\mathrm{e}}(\boldsymbol{x})$ 响应预测的不确定性。图 8.4 展示了基于高斯随机过程方法对 $y^{\mathrm{e}}(\boldsymbol{x})$ 进行预测的分解示意。

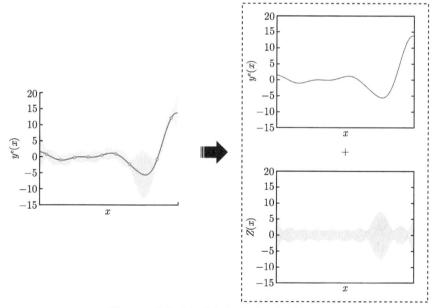

图 8.4　高斯随机过程方法预测响应的分解

8.2.2　模型认知不确定性量化

1. GRP 建模

基于学科专门修正后的仿真模型 $y^{\mathrm{m}}(\boldsymbol{x})$，假设已收集到 M 个仿真数据 $\{\boldsymbol{x}_i^{\mathrm{m}},$ $y^{\mathrm{m}}(\boldsymbol{x}_i^{\mathrm{m}}) : i = 1, \cdots, M\}$，以及 N 个试验测量数据 $\{\boldsymbol{x}_i^{\mathrm{e}}, y^{\mathrm{e}}(\boldsymbol{x}_i^{\mathrm{e}}) : i = 1, \cdots, N\}$。设 $\boldsymbol{X}^{\mathrm{m}}$ 与 $\boldsymbol{X}^{\mathrm{e}}$ 分别表示仿真数据与试验数据的输入样本集合，即 $\boldsymbol{X}^{\mathrm{m}} = [(\boldsymbol{x}_1^{\mathrm{m}})^{\mathrm{T}},$ $(\boldsymbol{x}_2^{\mathrm{m}})^{\mathrm{T}}, \cdots, (\boldsymbol{x}_M^{\mathrm{m}})^{\mathrm{T}}]^{\mathrm{T}}$ 与 $\boldsymbol{X}^{\mathrm{e}} = [(\boldsymbol{x}_1^{\mathrm{e}})^{\mathrm{T}}, (\boldsymbol{x}_2^{\mathrm{e}})^{\mathrm{T}}, \cdots, (\boldsymbol{x}_N^{\mathrm{e}})^{\mathrm{T}}]^{\mathrm{T}}$；设 $\boldsymbol{d}^{\mathrm{m}}$ 与 $\boldsymbol{d}^{\mathrm{e}}$ 为它们所对应的响应输出，即 $\boldsymbol{d}^{\mathrm{m}} = [y^{\mathrm{m}}(\boldsymbol{x}_1^{\mathrm{m}}), y^{\mathrm{m}}(\boldsymbol{x}_2^{\mathrm{m}}), \cdots, y^{\mathrm{m}}(\boldsymbol{x}_M^{\mathrm{m}})]^{\mathrm{T}}$ 与 $\boldsymbol{d}^{\mathrm{e}} = [y^{\mathrm{e}}(\boldsymbol{x}_1^{\mathrm{e}}), y^{\mathrm{e}}(\boldsymbol{x}_2^{\mathrm{e}}), \cdots, y^{\mathrm{e}}(\boldsymbol{x}_N^{\mathrm{e}})]^{\mathrm{T}}$。

为了采用高斯随机过程建模方法进行仿真模型偏差校正，通常的做法是首先对仿真模型响应 $y^{\mathrm{m}}(\boldsymbol{x})$ 与偏差函数 $\delta(\boldsymbol{x})$ 构建两个不同的高斯随机过程模型，将它们分别简称为仿真高斯模型与偏差高斯模型：

$$y^{\mathrm{m}}(\boldsymbol{x}) \sim \mathcal{GP}\left(\boldsymbol{h}^{\mathrm{m}}(\boldsymbol{x})^{\mathrm{T}}\boldsymbol{\beta}^{\mathrm{m}}, V^{\mathrm{m}}(\boldsymbol{x}, \boldsymbol{x}')\right)$$

$$V^{\mathrm{m}}(\boldsymbol{x}, \boldsymbol{x}') = \sigma_m^2 \exp\left[-\sum_{k=1}^{p} \omega_k^{\mathrm{m}}\left(x_k - x_k'\right)^2\right]$$

$$\delta(\boldsymbol{x}) \sim \mathcal{GP}\left(\boldsymbol{h}^{\delta}(\boldsymbol{x})^{\mathrm{T}}\boldsymbol{\beta}^{\delta}, V^{\delta}(\boldsymbol{x}, \boldsymbol{x}')\right)$$

$$V^{\delta}(\boldsymbol{x}, \boldsymbol{x}') = \sigma_\delta^2 \exp\left[-\sum_{k=1}^{p} \omega_k^{\delta}\left(x_k - x_k'\right)^2\right]$$

$$(8.15)$$

式中，$\boldsymbol{h}^{\mathrm{m}}(\boldsymbol{x})$ 与 $\boldsymbol{h}^{\delta}(\boldsymbol{x})$ 分别表示仿真高斯模型与偏差高斯模型的预设多项式向量，作为回归基函数，通常选为常数项、线性项或者二次项等；$\boldsymbol{\beta}^{\mathrm{m}}$ 与 $\boldsymbol{\beta}^{\delta}$ 分别为与 $\boldsymbol{h}^{\mathrm{m}}(\boldsymbol{x})$、$\boldsymbol{h}^{\delta}(\boldsymbol{x})$ 相对应的回归系数向量；它们的乘积 $\boldsymbol{h}^{\mathrm{m}}(\boldsymbol{x})\boldsymbol{\beta}^{\mathrm{m}}$ 和 $\boldsymbol{h}^{\delta}(\boldsymbol{x})\boldsymbol{\beta}^{\delta}$ 分别构成了两个高斯模型的先验均值函数；σ_m 与 σ_δ 分别为两个高斯模型的先验标准差；$\boldsymbol{\omega}^{\mathrm{m}} = [\omega_1^{\mathrm{m}}, \omega_2^{\mathrm{m}}, \cdots, \omega_p^{\mathrm{m}}]^{\mathrm{T}}$ 与 $\boldsymbol{\omega}^{\delta} = [\omega_1^{\delta}, \omega_2^{\delta}, \cdots, \omega_p^{\delta}]^{\mathrm{T}}$ 分别为它们的协方差函数中的空间相关系数；基于 σ_m、σ_δ、$\boldsymbol{\omega}^{\mathrm{m}}$ 与 $\boldsymbol{\omega}^{\delta}$ 的 $V^{\mathrm{m}}(\boldsymbol{x}, \boldsymbol{x}')$ 与 $V^{\delta}(\boldsymbol{x}, \boldsymbol{x}')$ 分别表示 $y^{\mathrm{m}}(\boldsymbol{x})$ 与 $\delta(\boldsymbol{x})$ 的先验协方差函数。在构建两个高斯模型时，通常可选用相同的空间相关函数，设计者也可以根据目标响应的属性选用如表 8.1 中的其他空间相关函数，也可为两个高斯模型选用互不相同的空间相关函数。

根据式 (8.13) 建立仿真模型与试验观测之间的关系，并结合式 (8.15) 中的两个高斯模型表达，可以得到描述试验响应的高斯随机过程模型：

$$y^{\mathrm{e}}(\boldsymbol{x}) \sim \mathcal{GP}\left\{\boldsymbol{h}^{\mathrm{m}}(\boldsymbol{x})^{\mathrm{T}}\boldsymbol{\beta}^{\mathrm{m}} + \boldsymbol{h}^{\delta}(\boldsymbol{x})^{\mathrm{T}}\boldsymbol{\beta}^{\delta}\right.$$

$$\sigma_m^2 \exp\left[-\sum_{k=1}^{p} \omega_k^{\mathrm{m}}\left(x_k - x_k'\right)^2\right]$$

$$+ \sigma_\delta^2 \exp \left[- \sum_{k=1}^{p} \omega_k^\delta \left(x_k - x_k' \right)^2 \right] + \lambda I \left\{ \boldsymbol{x} = \boldsymbol{x}' \right\} \right\} \tag{8.16}$$

其中, I 为指示函数, 当 $\boldsymbol{x} = \boldsymbol{x}'$ 时, $I=1$; 而其他情况下, $I = 0$。需要注意的是, 式 (8.16) 中的高斯随机过程的叠加仅在 $y^{\mathrm{m}}(\boldsymbol{x})$、$\delta(\boldsymbol{x})$ 与 ε 三者相互独立的假设下成立。

由上述假设同时可以得到, 仿真响应 $y^{\mathrm{m}}(\boldsymbol{x})$ 与试验测量 $y^{\mathrm{e}}(\boldsymbol{x})$ 之间的协方差计算表达式为

$$\begin{aligned} & \operatorname{cov}\left(y^{\mathrm{e}}(\boldsymbol{x}), y^{\mathrm{m}}(\boldsymbol{x}')\right) \\ = & \operatorname{cov}\left(y^{\mathrm{m}}(\boldsymbol{x}) + \delta(\boldsymbol{x}) + \varepsilon, y^{\mathrm{m}}(\boldsymbol{x}')\right) \\ = & \operatorname{cov}\left(y^{\mathrm{m}}(\boldsymbol{x}), y^{\mathrm{m}}(\boldsymbol{x}')\right) + \operatorname{cov}\left(\delta(\boldsymbol{x}), y^{\mathrm{m}}(\boldsymbol{x}')\right) + \operatorname{cov}\left(\varepsilon, y^{\mathrm{m}}(\boldsymbol{x}')\right) \\ = & V^{\mathrm{m}}(\boldsymbol{x}, \boldsymbol{x}') \end{aligned} \tag{8.17}$$

根据高斯过程的属性, 结合式 (8.13)、式 (8.15) 与式 (8.16) 可知, 所有收集到的响应数据服从一个高维多元正态分布:

$$\begin{bmatrix} \boldsymbol{d}^{\mathrm{m}} \\ \boldsymbol{d}^{\mathrm{e}} \end{bmatrix} \sim \mathcal{N} \left(\begin{bmatrix} \boldsymbol{H}^{\mathrm{m}}\left(\boldsymbol{X}^{\mathrm{m}}\right) & \boldsymbol{0} \\ \boldsymbol{H}^{\mathrm{m}}\left(\boldsymbol{X}^{\mathrm{e}}\right) & \boldsymbol{H}^\delta\left(\boldsymbol{X}^{\mathrm{e}}\right) \end{bmatrix} \begin{bmatrix} \boldsymbol{\beta}^{\mathrm{m}} \\ \boldsymbol{\beta}^\delta \end{bmatrix}, \right.$$
$$\left. \begin{bmatrix} \boldsymbol{V}^{\mathrm{m}}\left(\boldsymbol{X}^{\mathrm{m}}, \boldsymbol{X}^{\mathrm{m}}\right) & \boldsymbol{V}^{\mathrm{m}}\left(\boldsymbol{X}^{\mathrm{e}}, \boldsymbol{X}^{\mathrm{m}}\right)^{\mathrm{T}} \\ \boldsymbol{V}^{\mathrm{m}}\left(\boldsymbol{X}^{\mathrm{e}}, \boldsymbol{X}^{\mathrm{m}}\right) & \boldsymbol{V}^{\mathrm{m}}\left(\boldsymbol{X}^{\mathrm{e}}, \boldsymbol{X}^{\mathrm{e}}\right) + \boldsymbol{V}^\delta\left(\boldsymbol{X}^{\mathrm{e}}, \boldsymbol{X}^{\mathrm{e}}\right) + \lambda \boldsymbol{I} \end{bmatrix} \right) \tag{8.18}$$

其中, $\boldsymbol{X}^{\mathrm{m}}$ 和 $\boldsymbol{d}^{\mathrm{m}}$、$\boldsymbol{X}^{\mathrm{e}}$ 和 $\boldsymbol{d}^{\mathrm{e}}$ 分别为仿真数据与试验数据的输入和输出样本集合, 上面已有介绍; $\boldsymbol{I}$ 为单位矩阵。式 (8.18) 中的一些矩阵分别定义为

$$\boldsymbol{H}^{\mathrm{m}}\left(\boldsymbol{X}\right) = \left[\boldsymbol{h}^{\mathrm{m}}\left(\boldsymbol{x}_1\right), \boldsymbol{h}^{\mathrm{m}}\left(\boldsymbol{x}_2\right), \cdots, \boldsymbol{h}^{\mathrm{m}}\left(\boldsymbol{x}_K\right)\right]^{\mathrm{T}}$$

$$\boldsymbol{H}^\delta\left(\boldsymbol{X}\right) = \left[\boldsymbol{h}^\delta\left(\boldsymbol{x}_1\right), \boldsymbol{h}^\delta\left(\boldsymbol{x}_2\right), \cdots, \boldsymbol{h}^\delta\left(\boldsymbol{x}_K\right)\right]^{\mathrm{T}}$$

$$\boldsymbol{V}^{\mathrm{m}}\left(\boldsymbol{X}, \boldsymbol{X}'\right) = \begin{bmatrix} V^{\mathrm{m}}(\boldsymbol{x}_1, \boldsymbol{x}_1') & \cdots & V^{\mathrm{m}}(\boldsymbol{x}_1, \boldsymbol{x}_{K'}') \\ \vdots & & \vdots \\ V^{\mathrm{m}}(\boldsymbol{x}_K, \boldsymbol{x}_1') & \cdots & V^{\mathrm{m}}(\boldsymbol{x}_K, \boldsymbol{x}_{K'}') \end{bmatrix} \tag{8.19}$$

$$\boldsymbol{V}^\delta\left(\boldsymbol{X}, \boldsymbol{X}'\right) = \begin{bmatrix} V^\delta(\boldsymbol{x}_1, \boldsymbol{x}_1') & \cdots & V^\delta(\boldsymbol{x}_1, \boldsymbol{x}_{K'}') \\ \vdots & & \vdots \\ V^\delta(\boldsymbol{x}_K, \boldsymbol{x}_1') & \cdots & V^\delta(\boldsymbol{x}_K, \boldsymbol{x}_{K'}') \end{bmatrix}$$

其中，K 与 K' 分别为矩阵 $\boldsymbol{X}$ 与 $\boldsymbol{X}'$ 的单元数，对应 $\boldsymbol{X}^{\mathrm{m}}$ 与 $\boldsymbol{X}^{\mathrm{e}}$，$K = M$，$K' = N$。式 (8.18) 进一步可简写为

$$\boldsymbol{d} \sim \mathcal{N}\left(\boldsymbol{H}\boldsymbol{\beta}, \boldsymbol{V_d}\right) \tag{8.20}$$

其中，$\boldsymbol{d} = \{y^{\mathrm{m}}(\boldsymbol{x}_1^{\mathrm{m}}), \cdots, y^{\mathrm{m}}(\boldsymbol{x}_M^{\mathrm{m}}), y^{\mathrm{e}}(\boldsymbol{x}_1^{\mathrm{e}}), \cdots y^{\mathrm{e}}(\boldsymbol{x}_N^{\mathrm{e}})\}^{\mathrm{T}}$，表示所有仿真与试验响应数据的集合；$\boldsymbol{\beta} = \left[(\boldsymbol{\beta}^{\mathrm{m}})^{\mathrm{T}}, (\boldsymbol{\beta}^{\delta})^{\mathrm{T}}\right]^{\mathrm{T}}$ 为均值函数回归系数的集合；$\boldsymbol{H}$ 表示仿真与偏差高斯模型的预设多项式向量集合，其形式为

$$\boldsymbol{H} = \begin{bmatrix} \boldsymbol{H}^{\mathrm{m}}\left(\boldsymbol{X}^{\mathrm{m}}\right) & \boldsymbol{0} \\ \boldsymbol{H}^{\mathrm{m}}\left(\boldsymbol{X}^{\mathrm{e}}\right) & \boldsymbol{H}^{\delta}\left(\boldsymbol{X}^{\mathrm{e}}\right) \end{bmatrix} \tag{8.21}$$

$\boldsymbol{V_d}$ 表示仿真与偏差高斯模型的协方差集合，其形式为

$$\boldsymbol{V_d} = \begin{bmatrix} \boldsymbol{V}^{\mathrm{m}}\left(\boldsymbol{X}^{\mathrm{m}}, \boldsymbol{X}^{\mathrm{m}}\right) & \boldsymbol{V}^{\mathrm{m}}\left(\boldsymbol{X}^{\mathrm{e}}, \boldsymbol{X}^{\mathrm{m}}\right)^{\mathrm{T}} \\ \boldsymbol{V}^{\mathrm{m}}\left(\boldsymbol{X}^{\mathrm{e}}, \boldsymbol{X}^{\mathrm{m}}\right) & \boldsymbol{V}^{\mathrm{m}}\left(\boldsymbol{X}^{\mathrm{e}}, \boldsymbol{X}^{\mathrm{e}}\right) + \boldsymbol{V}^{\delta}\left(\boldsymbol{X}^{\mathrm{e}}, \boldsymbol{X}^{\mathrm{e}}\right) + \lambda \boldsymbol{I} \end{bmatrix} \tag{8.22}$$

将上述仿真与偏差高斯模型中的所有未知参数汇总表示为 $\boldsymbol{\phi} = \{\boldsymbol{\beta}^{\mathrm{m}}, \boldsymbol{\sigma}_m, \boldsymbol{\omega}^{\mathrm{m}}, \boldsymbol{\beta}^{\delta}, \boldsymbol{\sigma}_{\delta}, \boldsymbol{\omega}^{\delta}, \boldsymbol{\lambda}\}$，称为超参数，通常采用极大似然估计方法对它们进行估计，大致过程与 8.1.1 节介绍的高斯随机过程基本原理相同。关于所有已收集响应样本的似然函数可表示为

$$
\begin{aligned}
&\mathcal{L}\left(\boldsymbol{\beta}^{\mathrm{m}}, \boldsymbol{\sigma}_{\mathrm{m}}, \boldsymbol{\omega}^{\mathrm{m}}, \boldsymbol{\beta}^{\delta}, \boldsymbol{\sigma}_{\delta}, \boldsymbol{\omega}^{\delta}, \boldsymbol{\lambda}|\boldsymbol{d}\right) \\
&= p\left(\boldsymbol{d}|\boldsymbol{\beta}^{\mathrm{m}}, \boldsymbol{\sigma}_{\mathrm{m}}, \boldsymbol{\omega}^{\mathrm{m}}, \boldsymbol{\beta}^{\delta}, \boldsymbol{\sigma}_{\delta}, \boldsymbol{\omega}^{\delta}, \boldsymbol{\lambda}\right) \\
&\propto |\boldsymbol{V_d}|^{-1/2} |\boldsymbol{W}|^{1/2} \exp\left[-\frac{1}{2}\left(\boldsymbol{d} - \boldsymbol{H}\boldsymbol{\beta}\right)^{\mathrm{T}} \boldsymbol{V_d}^{-1} \left(\boldsymbol{d} - \boldsymbol{H}\boldsymbol{\beta}\right)\right]
\end{aligned} \tag{8.23}
$$

其中，$\boldsymbol{W} = \left(\boldsymbol{H}^{\mathrm{T}} \boldsymbol{V_d}^{-1} \boldsymbol{H}\right)^{-1}$。

求解该似然函数的最大化问题，即

$$\max_{\boldsymbol{\beta}^{\mathrm{m}}, \boldsymbol{\sigma}_{\mathrm{m}}, \boldsymbol{\omega}^{\mathrm{m}}, \boldsymbol{\beta}^{\delta}, \boldsymbol{\sigma}_{\delta}, \boldsymbol{\omega}^{\delta}, \boldsymbol{\lambda}} \mathcal{L}\left(\boldsymbol{\beta}^{\mathrm{m}}, \boldsymbol{\sigma}_{\mathrm{m}}, \boldsymbol{\omega}^{\mathrm{m}}, \boldsymbol{\beta}^{\delta}, \boldsymbol{\sigma}_{\delta}, \boldsymbol{\omega}^{\delta}, \boldsymbol{\lambda}|\boldsymbol{d}\right) \tag{8.24}$$

等价于求解它的对数函数最大化问题：

$$\max_{\boldsymbol{\beta}^{\mathrm{m}}, \boldsymbol{\sigma}_{\mathrm{m}}, \boldsymbol{\omega}^{\mathrm{m}}, \boldsymbol{\beta}^{\delta}, \boldsymbol{\sigma}_{\delta}, \boldsymbol{\omega}^{\delta}, \boldsymbol{\lambda}} \ell\left(\boldsymbol{\beta}^{\mathrm{m}}, \boldsymbol{\sigma}_{\mathrm{m}}, \boldsymbol{\omega}^{\mathrm{m}}, \boldsymbol{\beta}^{\delta}, \boldsymbol{\sigma}_{\delta}, \boldsymbol{\omega}^{\delta}, \boldsymbol{\lambda}|\boldsymbol{d}\right) \tag{8.25}$$

其中，对数似然函数的表达式为

$$\ell\left(\boldsymbol{\beta}^{\mathrm{m}}, \boldsymbol{\sigma}_{\mathrm{m}}, \boldsymbol{\omega}^{\mathrm{m}}, \boldsymbol{\beta}^{\delta}, \boldsymbol{\sigma}_{\delta}, \boldsymbol{\omega}^{\delta}, \boldsymbol{\lambda} | \boldsymbol{d}\right)$$

$$= \lg L\left(\boldsymbol{\beta}^{\mathrm{m}}, \boldsymbol{\sigma}_{\mathrm{m}}, \boldsymbol{\omega}^{\mathrm{m}}, \boldsymbol{\beta}^{\delta}, \boldsymbol{\sigma}_{\delta}, \boldsymbol{\omega}^{\delta}, \boldsymbol{\lambda} | \boldsymbol{d}\right) \tag{8.26}$$

$$= -\frac{1}{2}\lg|\boldsymbol{V_d}| + \frac{1}{2}\lg|\boldsymbol{W}| - \frac{1}{2}\left(\boldsymbol{d} - \boldsymbol{H}\boldsymbol{\beta}\right)^{\mathrm{T}}\boldsymbol{V_d}^{-1}\left(\boldsymbol{d} - \boldsymbol{H}\boldsymbol{\beta}\right) + c$$

式中，c 为一个微小的常数项。根据一阶最优条件可知

$$\boldsymbol{0} = \left.\frac{\partial\ell\left(\cdot\right)}{\partial\boldsymbol{\beta}}\right|_{\boldsymbol{\beta}=\hat{\boldsymbol{\beta}}} = \left(\boldsymbol{d} - \boldsymbol{H}\hat{\boldsymbol{\beta}}\right)^{\mathrm{T}}\boldsymbol{V_d}^{-1}\boldsymbol{H} = \boldsymbol{d}^{\mathrm{T}}\boldsymbol{V_d}^{-1}\boldsymbol{H} - \hat{\boldsymbol{\beta}}^{\mathrm{T}}\boldsymbol{H}^{\mathrm{T}}\boldsymbol{V_d}^{-1}\boldsymbol{H} \tag{8.27}$$

因此，$\boldsymbol{\beta}$ 的估计与其他参数的估计相关，如下式：

$$\hat{\boldsymbol{\beta}} = \boldsymbol{W}\boldsymbol{H}^{\mathrm{T}}\boldsymbol{V_d}^{-1}\boldsymbol{d} \tag{8.28}$$

根据式 (8.25) ~ 式 (8.28) 可知，极大似然估计需要求解如下问题：

$$\max_{\boldsymbol{\sigma}_{\mathrm{m}}, \boldsymbol{\omega}^{\mathrm{m}}, \boldsymbol{\sigma}_{\delta}, \boldsymbol{\omega}^{\delta}, \boldsymbol{\lambda}} -\frac{1}{2}\lg|\boldsymbol{V_d}| + \frac{1}{2}\lg|\boldsymbol{W}| - \frac{1}{2}\left(\boldsymbol{d} - \boldsymbol{H}\hat{\boldsymbol{\beta}}\right)^{\mathrm{T}}\boldsymbol{V_d}^{-1}\left(\boldsymbol{d} - \boldsymbol{H}\hat{\boldsymbol{\beta}}\right) \tag{8.29}$$

上述最大化问题并没有解析式的结果，因此需要采用数值优化算法对其进行求解。由于似然函数往往具有较强的非线性，所以通常采用遗传算法或者模拟退火等启发式全局寻优算法对其进行求解。

2. 试验响应预测

对未知超参数 $\boldsymbol{\phi}$ 完成估计后，用来表示仿真模型、偏差函数及试验测量的高斯模型也得以确定。随后，能够对感兴趣的未知预测点处进行试验响应预测。将所有预测点的输入位置表示为 $\boldsymbol{X}^p = [(\boldsymbol{x}_1^p)^{\mathrm{T}}, (\boldsymbol{x}_2^p)^{\mathrm{T}}, \cdots, (\boldsymbol{x}_Q^p)^{\mathrm{T}}]^{\mathrm{T}}$。类似于式 (8.17)，可以得到预测点处试验响应 $\boldsymbol{y}^{\mathrm{c}}(\boldsymbol{X}^p)$ 与其他位置处试验响应 $\boldsymbol{y}^{\mathrm{e}}(\boldsymbol{X})$ 之间的协方差，以及预测点处试验响应 $\boldsymbol{y}^{\mathrm{e}}(\boldsymbol{X}^p)$ 自身的方差计算公式：

$$\mathrm{cov}\left(y^{\mathrm{e}}(\boldsymbol{x}^p), y^{\mathrm{e}}(\boldsymbol{x})\right) = V^{\mathrm{m}}(\boldsymbol{x}^p, \boldsymbol{x}) + V^{\delta}(\boldsymbol{x}^p, \boldsymbol{x}) \tag{8.30}$$

$$\mathrm{cov}\left(y^{\mathrm{e}}(\boldsymbol{x}^p), y^{\mathrm{e}}(\boldsymbol{x}^p)\right) = V^{\mathrm{m}}(\boldsymbol{x}^p, \boldsymbol{x}^p) + V^{\delta}(\boldsymbol{x}^p, \boldsymbol{x}^p) + \lambda \tag{8.31}$$

因此，类似式 (8.18) 与式 (8.20)，根据高斯随机过程的属性，能够将所有已知的响应样本 $\boldsymbol{d}$ 与预测点处的试验响应 $\boldsymbol{y}^{\mathrm{e}}(\boldsymbol{X}^p)$ 描述为多元高斯分布。

$$\begin{bmatrix} \boldsymbol{d} \\ \boldsymbol{y}^{\mathrm{e}}(\boldsymbol{X}^p) \end{bmatrix} \sim \mathcal{N}\left(\begin{bmatrix} \boldsymbol{H} \\ \boldsymbol{H}(\boldsymbol{X}^p) \end{bmatrix}\boldsymbol{\beta}, \begin{bmatrix} \boldsymbol{V_d} & \boldsymbol{T}(\boldsymbol{X}^p)^{\mathrm{T}} \\ \boldsymbol{T}(\boldsymbol{X}^p) & \boldsymbol{V}^{\mathrm{m}}\left(\boldsymbol{X}^p, \boldsymbol{X}^p\right) + \boldsymbol{V}^{\delta}\left(\boldsymbol{X}^p, \boldsymbol{X}^p\right) + \lambda\boldsymbol{I} \end{bmatrix}\right) \tag{8.32}$$

其中，

$$
\begin{aligned}
\boldsymbol{H}(\boldsymbol{X}^p) &= \left[\begin{array}{cc} \boldsymbol{H}^{\mathrm{m}}(\boldsymbol{X}^p) & \boldsymbol{H}^{\delta}(\boldsymbol{X}^p) \end{array}\right] \\
\boldsymbol{T}(\boldsymbol{X}^p) &= \left[\begin{array}{cc} \boldsymbol{V}^{\mathrm{m}}(\boldsymbol{X}^p, \boldsymbol{X}^{\mathrm{m}}) & \boldsymbol{V}^{\mathrm{m}}(\boldsymbol{X}^p, \boldsymbol{X}^{\mathrm{e}}) + \boldsymbol{V}^{\delta}(\boldsymbol{X}^p, \boldsymbol{X}^{\mathrm{e}}) \end{array}\right]
\end{aligned}
\tag{8.33}
$$

预测点处的试验响应 $\boldsymbol{y}^{\mathrm{e}}(\boldsymbol{X}^p)$ 能够由下式计算得到：

$$
\hat{\boldsymbol{y}}^{\mathrm{e}}(\boldsymbol{X}^p)\,|\,\boldsymbol{d} = \boldsymbol{H}(\boldsymbol{X}^p)\hat{\boldsymbol{\beta}} + \boldsymbol{T}(\boldsymbol{X}^p)\boldsymbol{V}_{\boldsymbol{d}}^{-1}\left(\boldsymbol{d} - \boldsymbol{H}\hat{\boldsymbol{\beta}}\right)
\tag{8.34}
$$

同时，也可以得到该试验响应预测的均方差为

$$
\begin{aligned}
&\mathrm{MSE}\left(\hat{\boldsymbol{y}}^{\mathrm{e}}(\boldsymbol{X}^p)\,|\,\boldsymbol{d}\right) \\
=&\boldsymbol{V}^{\mathrm{m}}\left(\boldsymbol{X}^p, \boldsymbol{X}^p\right) + \boldsymbol{V}^{\delta}\left(\boldsymbol{X}^p, \boldsymbol{X}^p\right) + \lambda\boldsymbol{I} - \boldsymbol{T}(\boldsymbol{X}^p)\boldsymbol{V}_{\boldsymbol{d}}^{-1}\boldsymbol{T}(\boldsymbol{X}^p)^{\mathrm{T}} \\
&+ \left(\boldsymbol{H}(\boldsymbol{X}^p)^{\mathrm{T}} - \boldsymbol{H}^{\mathrm{T}}\boldsymbol{V}_{\boldsymbol{d}}^{-1}\boldsymbol{T}(\boldsymbol{X}^p)^{\mathrm{T}}\right)^{\mathrm{T}} \boldsymbol{W} \left(\boldsymbol{H}(\boldsymbol{X}^p)^{\mathrm{T}} - \boldsymbol{H}^{\mathrm{T}}\boldsymbol{V}_{\boldsymbol{d}}^{-1}\boldsymbol{T}(\boldsymbol{x}^p)^{\mathrm{T}}\right)
\end{aligned}
\tag{8.35}
$$

上式即可认为是对模型认知不确定性的量化，它表征了基于式 (8.13) 对仿真模型进行偏差修正后，试验响应预测对试验和仿真数据缺乏程度的一种度量。有关上述响应预测公式的推导读者可参考文献 [7]。图 8.5 展示了模型偏差修正的典型结果示意。使用 GRP 建模方法进行偏差修正的优点为，它不仅能够提供高效且准确的响应预测 (预测后验均值通过全部的试验数据)，并且能够量化没有任何响应样本处的插值不确定性，表示为采用式 (8.35) 计算均方差后得到的 95％ 预测区间 (图 8.5 中阴影区域)，这就是模型认知不确定性。

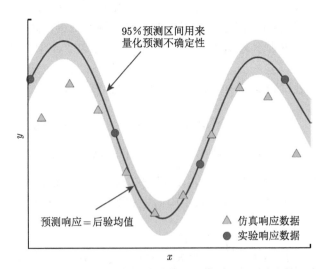

图 8.5　基于 GRP 的模型偏差修正及模型认知不确定性示意

3. 其他情况

实际应用中,很多情况下各个学科会通过领域专属的代理模型方法对仿真模型进行近似,如多项式回归、Kriging、深度学习等。此时上述介绍的偏差修正方法同样适用,只不过此时模型偏差修正中没必要再对其构建 GRP 模型,而是直接基于代理模型和试验数据的响应差构建偏差模型 $\delta(\boldsymbol{x})$。此时基于偏差修正可将 $y^{\mathrm{e}}(\boldsymbol{x})$ 表示为

$$y^{\mathrm{e}}(\boldsymbol{x}) = y^{\mathrm{L}}(\boldsymbol{x}) + \delta(\boldsymbol{x}) + \varepsilon \tag{8.36}$$

其中,$y^{\mathrm{L}}(\boldsymbol{x})$ 表示学科仿真模型的代理模型。

基于 $y^{\mathrm{L}}(\boldsymbol{x})$ 可非常方便地得到试验样本对应输入处的响应值,进而可以构建偏差模型 $\delta(\boldsymbol{x})$ 的 GRP 模型,则所有已知的响应样本 $\boldsymbol{d}$ 与预测点处的仿真模型误差 $\delta(\boldsymbol{x}^P)$ 可被描述为多元高斯分布:

$$\begin{bmatrix} \boldsymbol{d} \\ \boldsymbol{\delta}(\boldsymbol{X}^p) \end{bmatrix} \sim \mathcal{N}\left(\begin{bmatrix} \boldsymbol{H} \\ \tilde{\boldsymbol{H}}(\boldsymbol{X}^p) \end{bmatrix} \boldsymbol{\beta}, \begin{bmatrix} \boldsymbol{V_d} & \tilde{\boldsymbol{T}}(\boldsymbol{X}^p)^{\mathrm{T}} \\ \tilde{\boldsymbol{T}}(\boldsymbol{X}^p) & \boldsymbol{V}^{\delta}\left(\boldsymbol{X}^p, \boldsymbol{X}^p\right) \end{bmatrix} \right) \tag{8.37}$$

其中,

$$\begin{aligned} \tilde{\boldsymbol{H}}(\boldsymbol{X}^p) &= \begin{bmatrix} \boldsymbol{0} & \boldsymbol{H}^{\delta}(\boldsymbol{X}^p) \end{bmatrix} \\ \tilde{\boldsymbol{T}}(\boldsymbol{X}^p) &= \begin{bmatrix} \boldsymbol{0} & \boldsymbol{V}^{\delta}(\boldsymbol{X}^p, \boldsymbol{X}^{\mathrm{e}}) \end{bmatrix} \end{aligned} \tag{8.38}$$

预测点处的试验响应预测均值 $\boldsymbol{y}^{\mathrm{e}}(\boldsymbol{X}^p)$ 和均方差可由下式计算得到

$$\hat{\boldsymbol{y}}^{\mathrm{e}}(\boldsymbol{X}^p)|\boldsymbol{d} = \hat{\boldsymbol{y}}^{\mathrm{L}}(\boldsymbol{X}^p) + \tilde{\boldsymbol{H}}(\boldsymbol{X}^p)\hat{\boldsymbol{\beta}} + \tilde{\boldsymbol{T}}(\boldsymbol{X}^p)\boldsymbol{V_d}^{-1}\left(\boldsymbol{d} - H\hat{\boldsymbol{\beta}}\right) \tag{8.39}$$

$$\begin{aligned} &\mathrm{MSE}\left(\hat{\boldsymbol{y}}^{\mathrm{e}}(\boldsymbol{X}^p)|\boldsymbol{d}\right) \\ &= \mathrm{MSE}\left(\hat{\boldsymbol{y}}^{\mathrm{L}}(\boldsymbol{X}^p)\right) + \boldsymbol{V}^{\delta}\left(\boldsymbol{X}^p, \boldsymbol{X}^p\right) - \tilde{\boldsymbol{T}}(\boldsymbol{X}^p)\boldsymbol{V_d}^{-1}\tilde{\boldsymbol{T}}(\boldsymbol{X}^p)^{\mathrm{T}} + \lambda\boldsymbol{I} \\ &\quad + \left(\tilde{\boldsymbol{H}}(\boldsymbol{X}^p)^{\mathrm{T}} - \boldsymbol{H}^{\mathrm{T}}\boldsymbol{V_d}^{-1}\tilde{\boldsymbol{T}}(\boldsymbol{X}^p)^{\mathrm{T}}\right)^{\mathrm{T}} \boldsymbol{W} \left(\tilde{\boldsymbol{H}}(\boldsymbol{X}^p)^{\mathrm{T}} - \boldsymbol{H}^{\mathrm{T}}\boldsymbol{V_d}^{-1}\tilde{\boldsymbol{T}}(\boldsymbol{X}^p)^{\mathrm{T}}\right) \end{aligned}$$
$$\tag{8.40}$$

其中,$\hat{\boldsymbol{y}}^{\mathrm{L}}(\boldsymbol{X}^p)$ 和 $\mathrm{MSE}\left(\hat{\boldsymbol{y}}^{\mathrm{L}}(\boldsymbol{X}^p)\right)$ 需由对仿真模型构建的代理模型提供,比较特别的是 $\mathrm{MSE}\left(\hat{\boldsymbol{y}}^{\mathrm{L}}(\boldsymbol{X}^p)\right)$,此时学科代理模型往往会有领域专门的方法对响应预测的不确定度进行量化。

8.3 多学科不确定性传播

8.3.1 多学科系统描述

图 8.6 展示了一个典型的多学科耦合系统。一般地,多学科耦合系统包含 ND 个学科子系统,每个子系统独有的输入变量为 $\boldsymbol{x}_i(i = 1, \cdots, ND)$,将所有这些

子系统独有输入变量汇总表示为 $\boldsymbol{x}_{\mathrm{ind}} = \{\boldsymbol{x}_i : i = 1, \cdots, ND\}$。除了 $\boldsymbol{x}_{\mathrm{ind}}$ 之外，还存在一些多个学科之间共享的输入变量 $\boldsymbol{x}_s$，同时各个学科之间还存在耦合变量 $\boldsymbol{u}_{ij}(i,j = 1, \cdots, ND)$，表示从第 i 个学科输出至第 j 个学科。如果 $\boldsymbol{u}_{ij}$ 与 $\boldsymbol{u}_{ji}$ 都为非空集，那么第 i 与 j 个学科之间为双向耦合关系，否则为单向耦合关系。如图 8.6 (b) 所示，将所有从第 i 个学科输出的耦合变量汇总表示为 $\boldsymbol{u}_{i\cdot}$，即 $\boldsymbol{u}_{i\cdot} = \{\boldsymbol{u}_{ij} : j = 1, \cdots, ND, j \neq i\}$；同样将所有输入第 i 个学科的耦合变量汇总表示为 $\boldsymbol{u}_{\cdot i}$，即 $\boldsymbol{u}_{\cdot i} = \{\boldsymbol{u}_{ji} : j = 1, \cdots, ND, j \neq i\}$。通过系统级多学科耦合分析，可得到 ND 个学科的响应 $\boldsymbol{y}_{\mathrm{ind}} = \{\boldsymbol{y}_i : i = 1, \cdots, ND\}$ 以及最终的系统响应 $\boldsymbol{y}_{\mathrm{sys}}$。

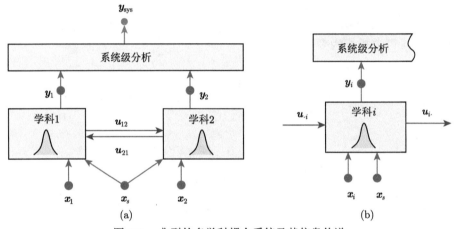

图 8.6　典型的多学科耦合系统及其信息传递

　　对于如图 8.6 所示的多学科系统，除了学科输入变量 $\boldsymbol{x}_i(i = 1, \cdots, ND)$ 和共享输入变量 $\boldsymbol{x}_s$ 存在不确定性 (通常为随机不确定性)，同时学科分析模型 M_i 在仿真建模过程中由于假设、认知或数据不足，存在模型认知不确定性，这些不确定性导致其输出 $\boldsymbol{u}_i$ 和 $\boldsymbol{y}_i$ 存在不确定性。例如，如图 8.6(b) 所示，对于第 i 个学科子系统，由于输入变量 $(\boldsymbol{x}_i, \boldsymbol{x}_s)$ 和学科分析模型 M_i 皆存在不确定性，它的输出响应 $\boldsymbol{u}_{i\cdot}$ 也可能存在不确定性，由于学科 i 与其他学科之间的耦合作用，$\boldsymbol{u}_{\cdot i}$ 也具有不确定性，进而再进一步影响 $\boldsymbol{u}_{i\cdot}$ 自身。因此，不确定性会在多学科系统间反复传播，不断累积，最终传播到每个子系统的输出响应 $\boldsymbol{y}_i$ 和系统响应 $\boldsymbol{y}_{\mathrm{sys}}$。由于多学科耦合，随机和认知不确定性同时存在，而且学科分析模型复杂耗时，使得多学科不确定性传播非常复杂耗时。

8.3.2　基于 GRP 的多学科不确定性传播

　　一方面，通过多学科不确定性传播，可得到系统响应的不确定性信息，基于此可实现不确定性下的多学科优化设计，获取多学科系统的最佳设计方案。另一方面，基于多学科不确定性传播的结果，可对多学科复杂系统的仿真模型进行模型确认，完成可信度评估。以下介绍一种同时考虑输入随机和模型认知不确定性的多学科不确定性传播方法，该方法具有解析表达式，因此可以非常快速地得到系统响应以及各个学科响应的不确定性量化。考虑随机和模型认知不确定性的高效多学科不确定性传播 (multi-disciplinary uncertainty propagation，MUP) 方法流程如图 8.7 所示[10]。首先，对每个学科，通过结合学科试验和仿真数据，进行学科分析的模型不确定性量化。然后，在给定的输入不确定性信息 (包括学科和共享输入变量的均值和协方差) 的基础上，评估所有耦合变量和学科输出的均值，以及耦合变量和学科输出的协方差。最后，计算系统响应的不确定度。

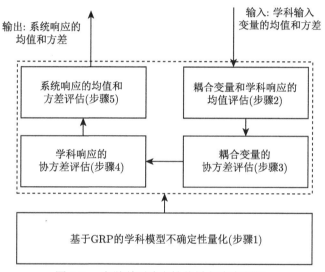

图 8.7　多学科不确定性传播方法流程图

考虑随机和模型认知不确定性的高效 MUP 方法实施的具体步骤如下所述。

步骤 1：采用 8.2 节介绍的方法进行学科分析模型的模型认知不确定性量化。

采用 8.2 节的方法进行学科仿真模型偏差修正后，所有耦合变量与学科子系统响应最终都可表达为式 (8.14) 所示的形式：

$$\boldsymbol{u}_{i\cdot}^{\mathrm{e}}(\boldsymbol{x}_i, \boldsymbol{x}_s, \boldsymbol{u}_{\cdot i}^{\mathrm{e}}) = \hat{\boldsymbol{u}}_{i\cdot}^{\mathrm{e}}(\boldsymbol{x}_i, \boldsymbol{x}_s, \boldsymbol{u}_{\cdot i}^{\mathrm{e}}) + \boldsymbol{Z}_{ui\cdot}(\boldsymbol{x}_i, \boldsymbol{x}_s, \boldsymbol{u}_{\cdot i}^{\mathrm{e}}) \tag{8.41}$$

$$\boldsymbol{y}_i^{\mathrm{e}}(\boldsymbol{x}_i, \boldsymbol{x}_s, \boldsymbol{u}_{\cdot i}^{\mathrm{e}}) = \hat{\boldsymbol{y}}_i^{\mathrm{e}}(\boldsymbol{x}_i, \boldsymbol{x}_s, \boldsymbol{u}_{\cdot i}^{\mathrm{e}}) + \boldsymbol{Z}_{yi}(\boldsymbol{x}_i, \boldsymbol{x}_s, \boldsymbol{u}_{\cdot i}^{\mathrm{e}}) \tag{8.42}$$

其中，上标 e 表示试验测量相关量；运算符 "^" 表示试验测量响应的预测均值。式 (8.41) 和式 (8.42) 中每个学科子系统相关的 $\hat{\boldsymbol{u}}_{i\cdot}^{\mathrm{e}}(\cdot, \cdot, \cdot)$, $\hat{\boldsymbol{y}}_i^{\mathrm{e}}(\cdot, \cdot, \cdot)$, $\boldsymbol{Z}_{ui\cdot}(\cdot, \cdot, \cdot)$, $\boldsymbol{Z}_{yi}(\cdot, \cdot, \cdot)$ 能够利用 8.2 节的式 (8.34) 与式 (8.35) 计算得到。

步骤 2： 耦合变量和学科输出响应的计算。

给定输入变量 $\boldsymbol{x}_{\text{ind}}$ 的均值 $\boldsymbol{\mu}_x$ 和共享变量 $\boldsymbol{x}_s$ 的均值为 $\boldsymbol{\mu}_{xs}$。为了能够高效地评估系统响应 $\boldsymbol{y}_{\text{sys}}$ 的统计矩信息，对式 (8.41) 与式 (8.42) 中的 $\hat{\boldsymbol{u}}_{i\cdot}^{\text{e}}(\cdot,\cdot,\cdot)$ 与 $\hat{\boldsymbol{y}}_i^{\text{e}}(\cdot,\cdot,\cdot)(i=1,\cdots,ND)$ 进行一阶泰勒展开，可得

$$
\boldsymbol{u}_{i\cdot}^{\text{e}}(\boldsymbol{x}_i,\boldsymbol{x}_s,\boldsymbol{u}_{\cdot i}^{\text{e}}) \approx \hat{\boldsymbol{u}}_{i\cdot}^{\text{e}}(\boldsymbol{x}_i,\boldsymbol{x}_s,\boldsymbol{\mu}_{u\cdot i}) + \sum_{j=1,j\neq i}^{ND} \frac{\partial \hat{\boldsymbol{u}}_{i\cdot}^{\text{e}}}{\partial \boldsymbol{u}_{j\cdot}^{\text{e}}}\left(\boldsymbol{u}_{j\cdot}^{\text{e}}-\boldsymbol{\mu}_{uj\cdot}\right)
$$
$$
+ \frac{\partial \hat{\boldsymbol{u}}_{i\cdot}^{\text{e}}}{\partial \boldsymbol{x}_s}\left(\boldsymbol{x}_s-\boldsymbol{\mu}_{xs}\right) + \frac{\partial \hat{\boldsymbol{u}}_{i\cdot}^{\text{e}}}{\partial \boldsymbol{x}_i}\left(\boldsymbol{x}_i-\boldsymbol{\mu}_{xi}\right) + \boldsymbol{Z}_{ui\cdot}(\boldsymbol{x}_i,\boldsymbol{x}_s,\boldsymbol{u}_{\cdot i}^{\text{e}}) \quad (8.43)
$$

$$
\boldsymbol{y}_i^{\text{e}}(\boldsymbol{x}_i,\boldsymbol{x}_s,\boldsymbol{u}_{\cdot i}^{\text{e}}) \approx \hat{\boldsymbol{y}}_i^{\text{e}}(\boldsymbol{x}_i,\boldsymbol{x}_s,\boldsymbol{\mu}_{u\cdot i}) + \sum_{j=1,j\neq i}^{ND} \frac{\partial \hat{\boldsymbol{y}}_i^{\text{e}}}{\partial \boldsymbol{u}_{j\cdot}^{\text{e}}}\left(\boldsymbol{u}_{j\cdot}^{\text{e}}-\boldsymbol{\mu}_{uj\cdot}\right)
$$
$$
+ \frac{\partial \hat{\boldsymbol{y}}_i^{\text{e}}}{\partial \boldsymbol{x}_s}\left(\boldsymbol{x}_s-\boldsymbol{\mu}_{xs}\right) + \frac{\partial \hat{\boldsymbol{y}}_i^{\text{e}}}{\partial \boldsymbol{x}_i}\left(\boldsymbol{x}_i-\boldsymbol{\mu}_{xi}\right) + \boldsymbol{Z}_{yi}(\boldsymbol{x}_i,\boldsymbol{x}_s,\boldsymbol{u}_{\cdot i}^{\text{e}}) \quad (8.44)
$$

式中，$\boldsymbol{\mu}_{ui\cdot}$、$\boldsymbol{\mu}_{u\cdot i}$ 与 $\boldsymbol{\mu}_{yi}$ 分别表示 $\boldsymbol{u}_{i\cdot}$、$\boldsymbol{u}_{\cdot i}$ 与 $\boldsymbol{y}_i$ 的均值。如果 $\boldsymbol{u}_{j\cdot}^{\text{e}}$ 中不包含 $\boldsymbol{u}_{\cdot i}^{\text{e}}$，那么式 (8.43) 和式 (8.44) 中许多 $\partial \hat{\boldsymbol{u}}_{i\cdot}^{\text{e}}/\partial \boldsymbol{u}_{j\cdot}^{\text{e}}$ 与 $\partial \hat{\boldsymbol{y}}_i^{\text{e}}/\partial \boldsymbol{u}_{j\cdot}^{\text{e}}$ 将等于零。由式 (8.41) 与式 (8.42) 的定义可知，对于所有 i 和 j，有 $\mathrm{E}\left[\boldsymbol{u}_{j\cdot}^{\text{e}}-\boldsymbol{\mu}_{uj\cdot}\right]=0$，$\mathrm{E}\left[\boldsymbol{x}_s-\boldsymbol{\mu}_{xs}\right]=0$ 和 $\mathrm{E}\left[\boldsymbol{x}_i-\boldsymbol{\mu}_{xi}\right]=0$。并且，由式 (8.14) 可知，所有 $\boldsymbol{Z}(\cdot,\cdot,\cdot)$ 项都是零均值的高斯随机过程，用于描述预测误差。

对式 (8.43) 与式 (8.44) 取期望，第 i 个学科 $(i=1,\cdots,ND)$ 的耦合变量 $\boldsymbol{u}_i$ 与学科响应 $\boldsymbol{y}_i$ 的均值可分别表示为

$$
\boldsymbol{\mu}_{ui\cdot} \approx \hat{\boldsymbol{u}}_{i\cdot}^{\text{e}}(\boldsymbol{x}_i,\boldsymbol{x}_s,\boldsymbol{\mu}_{u\cdot i}) \tag{8.45}
$$

$$
\boldsymbol{\mu}_{yi} \approx \hat{\boldsymbol{y}}_i^{\text{e}}(\boldsymbol{x}_i,\boldsymbol{x}_s,\boldsymbol{\mu}_{u\cdot i}) \tag{8.46}
$$

如果输入变量 $\boldsymbol{x}_{\text{ind}}$ 和 $\boldsymbol{x}_s$ 的方差足够小 (实际中的大多数物理对象都满足该条件)，使得式 (8.41) 和式 (8.42) 中的 $\hat{\boldsymbol{u}}_{i\cdot}^{\text{e}}(\cdot,\cdot,\cdot)$ 与 $\hat{\boldsymbol{y}}_i^{\text{e}}(\cdot,\cdot,\cdot)$ 在输入方差范围内近似线性，则上述推导过程是有效的，本章节后面的协方差计算也需要基于这些假设。

同样地，基于上述假设，根据式 (8.45) 和式 (8.46)，在输入不确定性变量 $\{\boldsymbol{x}_{\text{ind}},\boldsymbol{x}_s\}$ 都取均值的情况下，进行确定性多学科耦合分析，比如可采用定点法[11] 得到相应的耦合变量，则为耦合变量的均值。

步骤 3： 耦合变量协方差计算。

得到学科耦合变量均值 $\boldsymbol{\mu}_u = [\boldsymbol{\mu}_{u1},\cdots,\boldsymbol{\mu}_{uND}]$ 后，为了计算耦合变量 $\boldsymbol{u}_{ij}$ 的协方差矩阵，将式 (8.43) 写成矩阵的形式：

$$A\left(\boldsymbol{u}^{\mathrm{e}} - \boldsymbol{\mu}_u\right) = B\left(\boldsymbol{x}_s - \boldsymbol{\mu}_{xs}\right) + C\left(\boldsymbol{x}_i - \boldsymbol{\mu}_{xi}\right) + \boldsymbol{Z}_u \tag{8.47}$$

其中，

$$\begin{aligned}
\boldsymbol{u}^{\mathrm{e}} &= \left[\ (\boldsymbol{u}_{1.}^{\mathrm{e}})^{\mathrm{T}} \quad \cdots \quad (\boldsymbol{u}_{ND.}^{\mathrm{e}})^{\mathrm{T}}\ \right]^{\mathrm{T}} \\
\boldsymbol{\mu}_u &= \left[\ (\boldsymbol{\mu}_{u1.})^{\mathrm{T}} \quad \cdots \quad (\boldsymbol{\mu}_{uND.})^{\mathrm{T}}\ \right]^{\mathrm{T}} \\
\boldsymbol{Z}_u &= \left[\ \boldsymbol{Z}_{u1}^{\mathrm{T}} \quad \cdots \quad \boldsymbol{Z}_{uND}^{\mathrm{T}}\ \right]^{\mathrm{T}}
\end{aligned} \tag{8.48}$$

$$A = \begin{bmatrix}
\boldsymbol{I} & -\dfrac{\partial \hat{\boldsymbol{u}}_{1.}^{\mathrm{e}}}{\partial \boldsymbol{u}_{2.}^{\mathrm{e}}} & \cdots & -\dfrac{\partial \hat{\boldsymbol{u}}_{1.}^{\mathrm{e}}}{\partial \boldsymbol{u}_{ND.}^{\mathrm{e}}} \\[3mm]
-\dfrac{\partial \hat{\boldsymbol{u}}_{2.}^{\mathrm{e}}}{\partial \boldsymbol{u}_{1.}^{\mathrm{e}}} & \boldsymbol{I} & \cdots & -\dfrac{\partial \hat{\boldsymbol{u}}_{2.}^{\mathrm{e}}}{\partial \boldsymbol{u}_{ND.}^{\mathrm{e}}} \\[3mm]
\vdots & \vdots & & \vdots \\[3mm]
-\dfrac{\partial \hat{\boldsymbol{u}}_{ND.}^{\mathrm{e}}}{\partial \boldsymbol{u}_{1.}^{\mathrm{e}}} & -\dfrac{\partial \hat{\boldsymbol{u}}_{ND.}^{\mathrm{e}}}{\partial \boldsymbol{u}_{2.}^{\mathrm{e}}} & \cdots & \boldsymbol{I}
\end{bmatrix} \tag{8.49}$$

$$B = \begin{bmatrix}
\dfrac{\partial \hat{\boldsymbol{u}}_{1.}^{\mathrm{e}}}{\partial \boldsymbol{x}_s} \\[3mm]
\dfrac{\partial \hat{\boldsymbol{u}}_{2.}^{\mathrm{e}}}{\partial \boldsymbol{x}_s} \\[3mm]
\vdots \\[3mm]
\dfrac{\partial \hat{\boldsymbol{u}}_{ND.}^{\mathrm{e}}}{\partial \boldsymbol{x}_s}
\end{bmatrix}, \quad
C = \begin{bmatrix}
\dfrac{\partial \hat{\boldsymbol{u}}_{1.}^{\mathrm{e}}}{\partial \boldsymbol{x}_1} & 0 & \cdots & 0 \\[3mm]
0 & \dfrac{\partial \hat{\boldsymbol{u}}_{2.}^{\mathrm{e}}}{\partial \boldsymbol{x}_2} & \cdots & 0 \\[3mm]
\vdots & \vdots & & \vdots \\[3mm]
0 & 0 & \cdots & \dfrac{\partial \hat{\boldsymbol{u}}_{ND.}^{\mathrm{e}}}{\partial \boldsymbol{x}_{ND}}
\end{bmatrix}$$

在上述公式中，$\boldsymbol{\mu}_{xs}$ 和 $\boldsymbol{\mu}_{xi}$ 分别表示 $\boldsymbol{x}_s$ 和 $\boldsymbol{x}_i$ 的均值，并且矩阵 A, B, C 中的元素可在基于高斯随机过程的模型偏差修正 (式 (8.34)) 的基础上计算得到。若对仿真模型和偏差模型均构建 GRP 模型，则这些矩阵均具有如下解析表达式，因此计算非常快速。

$$\begin{aligned}
\dfrac{\partial \hat{\boldsymbol{u}}_{i.}^{\mathrm{e}}}{\partial \boldsymbol{u}_{j.}^{\mathrm{e}}} &= \dfrac{\partial \boldsymbol{h}_{ui.}}{\partial \boldsymbol{u}_{j.}^{\mathrm{e}}}\boldsymbol{\beta}_{ui.} + \dfrac{\partial \boldsymbol{T}_{ui.}}{\partial \boldsymbol{u}_{j.}^{\mathrm{e}}}\boldsymbol{V}_{dui.}^{-1}\left(\boldsymbol{d}_{ui.} - \boldsymbol{H}_{ui.}\boldsymbol{\beta}_{ui.}\right) \\[2mm]
\dfrac{\partial \hat{\boldsymbol{u}}_{i.}^{\mathrm{e}}}{\partial \boldsymbol{x}_{j.}^{\mathrm{e}}} &= \dfrac{\partial \boldsymbol{h}_{ui.}}{\partial \boldsymbol{x}_{j.}^{\mathrm{e}}}\boldsymbol{\beta}_{ui.} + \dfrac{\partial \boldsymbol{T}_{ui.}}{\partial \boldsymbol{x}_{j.}^{\mathrm{e}}}\boldsymbol{V}_{dui.}^{-1}\left(\boldsymbol{d}_{ui.} - \boldsymbol{H}_{ui.}\boldsymbol{\beta}_{ui.}\right) \\[2mm]
& i, j = 1, \cdots, ND;\ i \neq j
\end{aligned} \tag{8.50}$$

式 (8.47) 可进一步写为

$$u^{\mathrm{e}} - \mu_u = A^{-1} B \left(x_s - \mu_{xs}\right) + A^{-1} C \left(x_i - \mu_{xi}\right) + A^{-1} Z_u \tag{8.51}$$

基于一次二阶矩的统计矩计算方法, 基于式 (8.51), 可得到耦合变量的协方差矩阵如下:

$$\Sigma_u = \left(A^{-1}B\right) \Sigma_{xs} \left(A^{-1}B\right)^{\mathrm{T}} + \left(A^{-1}C\right) \Sigma_{xi} \left(A^{-1}C\right)^{\mathrm{T}} + \left(A^{-1}\right) \Sigma_{Zu} \left(A^{-1}\right)^{\mathrm{T}} \tag{8.52}$$

式中, Σ_u、Σ_{xi}、Σ_{xs} 和 Σ_{Zu} 分别表示 u^{e}、x_i、x_s 和 Z_u 的协方差矩阵; Σ_{Zu} 可通过下式计算得到

$$\Sigma_{Zu} \approx \mathrm{diag}\left(\sigma_{Zu1}^2(\mu_{x1}, \mu_{xs}, \mu_{u\cdot1}), \cdots, \sigma_{ZuND}^2(\mu_{x_{ND}}, \mu_{xs}, \mu_{u\cdot ND})\right) \tag{8.53}$$

步骤 4: 计算学科输出响应的协方差, 参照步骤 3 的做法, 类似式 (8.47) 对学科耦合变量的矩阵表达, 在式 (8.44) 的基础上也可将学科输出表达为矩阵形式:

$$\begin{aligned}
y^{\mathrm{e}} - \mu_y =& E \left(u^{\mathrm{e}} - \mu_u\right) + F \left(x_s - \mu_{xs}\right) + K \left(x_i - \mu_{xi}\right) + Z_y \\
=& E \left[A^{-1} B \left(x_s - \mu_{xs}\right) + A^{-1} C \left(x_i - \mu_{xi}\right) + A^{-1} Z_u\right] \\
& + F \left(x_s - \mu_{xs}\right) + K \left(x_i - \mu_{xi}\right) + Z_y \\
=& \left(EA^{-1}B + F\right) \left(x_s - \mu_{xs}\right) + \left(EA^{-1}C + K\right) \left(x_i - \mu_{xi}\right) \\
& + EA^{-1} Z_u + Z_y
\end{aligned} \tag{8.54}$$

其中,

$$\begin{aligned}
y^{\mathrm{e}} &= \left[\left(y_1^{\mathrm{e}}\right)^{\mathrm{T}} \quad \cdots \quad \left(y_{ND}^{\mathrm{e}}\right)^{\mathrm{T}} \right]^{\mathrm{T}} \\
\mu_y &= \left[\left(\mu_{y1}\right)^{\mathrm{T}} \quad \cdots \quad \left(\mu_{yND}\right)^{\mathrm{T}} \right]^{\mathrm{T}} \\
Z_y &= \left[Z_{y1}^{\mathrm{T}} \quad \cdots \quad Z_{yND}^{\mathrm{T}} \right]^{\mathrm{T}}
\end{aligned} \tag{8.55}$$

$$E = \begin{bmatrix}
0 & \dfrac{\partial \hat{y}_1^{\mathrm{e}}}{\partial u_{2\cdot}^{\mathrm{e}}} & \cdots & \dfrac{\partial \hat{y}_1^{\mathrm{e}}}{\partial u_{ND\cdot}^{\mathrm{e}}} \\[3mm]
\dfrac{\partial \hat{y}_2^{\mathrm{e}}}{\partial u_{1\cdot}^{\mathrm{e}}} & 0 & \cdots & \dfrac{\partial \hat{y}_2^{\mathrm{e}}}{\partial u_{ND\cdot}^{\mathrm{e}}} \\[3mm]
\vdots & \vdots & & \vdots \\[3mm]
\dfrac{\partial \hat{y}_{ND}^{\mathrm{e}}}{\partial u_{1\cdot}^{\mathrm{e}}} & \dfrac{\partial \hat{y}_{ND}^{\mathrm{e}}}{\partial u_{2\cdot}^{\mathrm{e}}} & \cdots & 0
\end{bmatrix}, \quad
F = \begin{bmatrix}
\dfrac{\partial \hat{y}_1^{\mathrm{e}}}{\partial x_s} \\[3mm]
\dfrac{\partial \hat{y}_2^{\mathrm{e}}}{\partial x_s} \\[3mm]
\vdots \\[3mm]
\dfrac{\partial \hat{y}_{ND}^{\mathrm{e}}}{\partial x_s}
\end{bmatrix}$$

$$
\boldsymbol{K} = \begin{bmatrix} \dfrac{\partial \hat{\boldsymbol{y}}_1^{\mathrm{e}}}{\partial \boldsymbol{x}_1} & 0 & \cdots & 0 \\[2mm] 0 & \dfrac{\partial \hat{\boldsymbol{y}}_2^{\mathrm{e}}}{\partial \boldsymbol{x}_s} & \cdots & 0 \\[2mm] \vdots & \vdots & & \vdots \\[2mm] 0 & 0 & \cdots & \dfrac{\partial \hat{\boldsymbol{y}}_{ND}^{\mathrm{e}}}{\partial \boldsymbol{x}_s} \end{bmatrix} \tag{8.56}
$$

同理，矩阵 $\boldsymbol{E}$、$\boldsymbol{F}$ 与 $\boldsymbol{K}$ 中的元素亦能基于高斯随机过程的模型偏差修正公式 (式 (8.34)) 进行快速计算，具有高效的解析行式：

$$
\frac{\partial \hat{\boldsymbol{y}}_i^{\mathrm{e}}}{\partial \boldsymbol{u}_{j\cdot}^{\mathrm{e}}} = \frac{\partial \boldsymbol{h}_{yi}}{\partial \boldsymbol{u}_{j\cdot}^{\mathrm{e}}} \boldsymbol{\beta}_{yi} + \frac{\partial \boldsymbol{T}_{yi}}{\partial \boldsymbol{u}_{j\cdot}^{\mathrm{e}}} \boldsymbol{V}_{dyi}^{-1} \left(\boldsymbol{d}_{yi} - \boldsymbol{H}_{yi} \boldsymbol{\beta}_{yi} \right)
$$
$$
\frac{\partial \hat{\boldsymbol{y}}_i^{\mathrm{e}}}{\partial \boldsymbol{x}_{j\cdot}^{\mathrm{e}}} = \frac{\partial \boldsymbol{h}_{yi}}{\partial \boldsymbol{x}_{j\cdot}^{\mathrm{e}}} \boldsymbol{\beta}_{yi} + \frac{\partial \boldsymbol{T}_{yi}}{\partial \boldsymbol{x}_{j\cdot}^{\mathrm{e}}} \boldsymbol{V}_{dyi}^{-1} \left(\boldsymbol{d}_{yi} - \boldsymbol{H}_{yi} \boldsymbol{\beta}_{yi} \right) \tag{8.57}
$$
$$
i,j = 1, \cdots, ND; \quad i \neq j
$$

从而，在式 (8.54) 的基础上，借鉴一次二阶矩的统计矩计算方法，可得到学科响应的协方差矩阵：

$$
\boldsymbol{\Sigma}_y = \left(\boldsymbol{EA}^{-1}\boldsymbol{B} + \boldsymbol{F} \right) \boldsymbol{\Sigma}_{xs} \left(\boldsymbol{EA}^{-1}\boldsymbol{B} + \boldsymbol{F} \right)^{\mathrm{T}} + \left(\boldsymbol{EA}^{-1}\boldsymbol{C} + \boldsymbol{K} \right) \boldsymbol{\Sigma}_{xi} \left(\boldsymbol{EA}^{-1}\boldsymbol{C} + \boldsymbol{K} \right)^{\mathrm{T}}
$$
$$
+ \left(\boldsymbol{EA}^{-1} \right) \boldsymbol{\Sigma}_{Zu} \left(\boldsymbol{EA}^{-1} \right)^{\mathrm{T}} + \boldsymbol{\Sigma}_{Zy} \tag{8.58}
$$

式中，$\boldsymbol{\Sigma}_y$ 和 $\boldsymbol{\Sigma}_{Zy}$ 分别表示 $\boldsymbol{\mu}_y$ 和 $\boldsymbol{Z}_y$ 的协方差矩阵，且 $\boldsymbol{\Sigma}_{Zy}$ 基于每个学科模型认知不确定性量化可非常方便地计算得到。

$$
\boldsymbol{\Sigma}_{Zy} \approx \mathrm{diag} \left(\sigma_{Zy1}^2(\boldsymbol{\mu}_{x1}, \boldsymbol{\mu}_{xs}, \boldsymbol{\mu}_{u\cdot1}), \cdots, \sigma_{ZyND}^2(\boldsymbol{\mu}_{xND}, \boldsymbol{\mu}_{xs}, \boldsymbol{\mu}_{u\cdot ND}) \right) \tag{8.59}
$$

步骤 5：系统输出响应的协方差计算。

令 $\boldsymbol{X} = [\boldsymbol{x}_{\mathrm{ind}}, \boldsymbol{x}_s]$，可以将多学科系统响应 $\boldsymbol{y}_{\mathrm{sys}}$ 表示为如下形式：

$$
\boldsymbol{y}_{\mathrm{sys}}(\boldsymbol{X}) = \hat{\boldsymbol{y}}_{\mathrm{sys}}(\boldsymbol{X}) + \boldsymbol{Z}_{\mathrm{sys}}(\boldsymbol{X}) \tag{8.60}
$$

式中，$\hat{\boldsymbol{y}}_{\mathrm{sys}}(\boldsymbol{X})$ 表示系统级响应的预测值；$\boldsymbol{Z}_{\mathrm{sys}}(\boldsymbol{X})$ 表示响应预测的模型认知不确定性，通常可描述为零均值的正态随机变量。

当系统级响应是子学科输出响应的线性函数时，如各个子学科响应的加权和 (实际中通常都为此情况，比如系统级响应为结构学科输出的质量或气动学科输出的升阻比,或为二者的加权和),此时可直接计算得到系统级响应的均值和协方差。若系统级分析并非为前述简单的学科输出的线性函数,可将之看作一个单一学科的不确定性传播问题,可采用上述相同的步骤实现系统级响应的不确定性量化,即均值和方差的估算。

从式 (8.52) 和式 (8.58) 可以看出,耦合变量和学科输出的协方差矩阵都被分解成几个项,最终其方差为独有输入变量 ($\boldsymbol{x}_i$)、共享输入变量 ($\boldsymbol{x}_s$) 和模型不确定性 ($\boldsymbol{Z}_u$ 和 $\boldsymbol{Z}_y$) 分别带来的方差的叠加。同时,由于该方法基于 8.2.2 节的方法进行模型认知不确定性量化,对学科仿真模型和相应的偏差模型均构建了 GRP 模型,式 (8.52) 和式 (8.58) 中的协方差矩阵均可解析表达,因此整个多学科不确定性传播的效率很高。

此外,需要说明的是,若此时输入随机变量 ($\boldsymbol{x}_i$ 和 $\boldsymbol{x}_s$) 的均值和方差未知,仅具有少量的离散数据或区间范围,可采用第 2 章提出的基于似然理论的不确定性表征方法对其进行概率分布模型描述,则依然可采用上述方法进行多学科不确定性传播方法。

8.3.3 基于贝叶斯深度学习的多学科不确定性传播方法

8.3.2 节对基于 GRP 的多学科不确定性传播方法进行了介绍。实际中,由于涉及的输入维数高,GRP 建模可能面临超参数估计困难耗时或不收敛的情况,此时可采用第 5 章中介绍的基于元学习的多可信度贝叶斯深度学习方法实现对学科仿真分析模型的偏差修正。基于贝叶斯深度学习的多科学科不确定性传播可采用与 8.3.2 节几乎一致的流程,只不过此时耦合变量和学科输出的响应预测都基于贝叶斯神经网络实现,由于贝叶斯神经网络也可以方便地提供响应预测的不确定性,从而对模型认知不确定性进行量化,因此可取代上述 GRP 的地位。

类似于式 (8.14) 在给定输入 $\boldsymbol{x}$ 处贝叶斯神经网络预测响应表示为

$$y^{\mathrm{e}}(\boldsymbol{x}) = \hat{y}^{\mathrm{e}}(\boldsymbol{x}) + Z(\boldsymbol{x}) \tag{8.61}$$

其中,$\hat{y}^{\mathrm{e}}(\boldsymbol{x})$ 表示贝叶斯神经网络提供的预测均值;$Z(\boldsymbol{x})$ 是零均值、方差为 $\sigma_Z^2(\boldsymbol{x})$ 的偏差函数,表征了响应预测的模型认知不确定性。

基于贝叶斯神经网络方法,$\hat{y}^{\mathrm{e}}(\boldsymbol{x})$ 和 $\sigma_Z^2(\boldsymbol{x})$ 可分别表示为

$$
\begin{aligned}
\hat{y}^{\mathrm{e}}(\boldsymbol{x}) &= \sum_k \boldsymbol{g}_s^k \cdot \boldsymbol{t}_s^k \phi_{\theta_s^-}(\boldsymbol{x}) \\
\sigma_Z^2(\boldsymbol{x}) &= \sum_k \boldsymbol{g}_s^k \left[\boldsymbol{t}_s^k \phi_{\theta_s^-}(\boldsymbol{x}) - \alpha_s(\boldsymbol{x}) \right]^2
\end{aligned}
\tag{8.62}
$$

其中,$\boldsymbol{t}_s^k$ 和 $\boldsymbol{g}_s^k$ 分别表示输出层的权值 $\boldsymbol{w}_s$ 所对应的积分节点和积分权值,由 $\boldsymbol{w}_s$

的分布均值 $\boldsymbol{\mu}_{w_s}$ 和标准差 $\boldsymbol{\sigma}_{w_s}$ 决定。关于式 (8.62) 的具体推导，读者可参见第 5 章的介绍，也可参阅贝叶斯神经网络相关的文献 [12, 13] 获取更为详细的介绍。

因此，所有耦合变量与学科子系统响应同样能够分别表示为

$$\boldsymbol{u}_{i\cdot}^{\mathrm{e}}(\boldsymbol{x}_i, \boldsymbol{x}_s, \boldsymbol{u}_{\cdot i}^{\mathrm{e}}) = \hat{\boldsymbol{u}}_{i\cdot}^{\mathrm{e}}(\boldsymbol{x}_i, \boldsymbol{x}_s, \boldsymbol{u}_{\cdot i}^{\mathrm{e}}) + \boldsymbol{Z}_{ui\cdot}(\boldsymbol{x}_i, \boldsymbol{x}_s, \boldsymbol{u}_{\cdot i}^{\mathrm{e}}) \tag{8.63}$$

$$\boldsymbol{y}_i^{\mathrm{e}}(\boldsymbol{x}_i, \boldsymbol{x}_s, \boldsymbol{u}_{\cdot i}^{\mathrm{e}}) = \hat{\boldsymbol{y}}_i^{\mathrm{e}}(\boldsymbol{x}_i, \boldsymbol{x}_s, \boldsymbol{u}_{\cdot i}^{\mathrm{e}}) + \boldsymbol{Z}_{yi}(\boldsymbol{x}_i, \boldsymbol{x}_s, \boldsymbol{u}_{\cdot i}^{\mathrm{e}}) \tag{8.64}$$

此时便可沿用 8.3.2 节中的推导过程进行后续计算，最终得到与式 (8.52) 和式 (8.58) 形式完全相同的耦合变量与学科子系统响应的协方差表达式。但在计算矩阵 $\boldsymbol{A}$、$\boldsymbol{B}$、$\boldsymbol{C}$、$\boldsymbol{E}$、$\boldsymbol{F}$ 和 $\boldsymbol{K}$ 中的元素时与基于 GRP 的方法略有不同。对于基于 GRP 的方法，这些矩阵可基于相关的 GRP 模型推导得出，而对于基于贝叶斯神经网络的方法，考虑到深度学习网络在进行正向传播时都会默认计算输出相对于输入的梯度信息，此时只需要提取其中的梯度即可得到这些矩阵的元素。

8.4 多学科灵敏度分析

基于多学科不确定性传播的结果，可进一步开展多学科统计灵敏度分析 (multidisciplinary statistical sensitivity analysis, MSSA)[10,14]，量化各个输入随机不确定性变量、各个学科对系统响应的影响性大小，图 8.8 对多学科统计灵敏度分析进行了示意。一方面，为开展进一步学科分析仿真模型修正和改进提供依据。比如，针对系统响应影响较大的学科，可继续对该学科的仿真模型进行修正和改进，增加该学科的物理试验数据或提升物理认知水平，提升其预测精度水平，降低其模型认知不确定性。对于影响较小的学科，则可适当放宽学科分析模型的精度水平。通过这种根据学科灵敏度分析的结果，逐步增加试验或仿真数据，更新学科或系统预测，逐步降低系统预测的不确定度的方式，可实现计算或试验资源的优化配置，达到提升系统响应预测的精度和可信度水平的目的。另一方面，对于影响较小的变量或影响较小的学科，可以在后续优化设计或模型确认中加以忽略，从而降低计算量和复杂度。

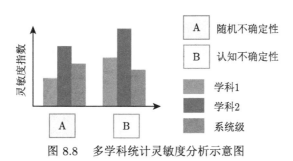

图 8.8 多学科统计灵敏度分析示意图

由于随机变量的统计方差或标准差在工程应用中最常见，并且通常工程师对它们也更为熟悉，因此基于方差的统计灵敏度分析方法应用非常广泛。Sobol' 灵敏度分析方法是一种常用的基于方差的蒙特卡罗灵敏度分析方法 [15,16]，在本书的第 6 章已有详细介绍，但是它通常仅适用于处理输入变量的偶然不确定性。本节介绍一种可有效处理输入随机不确定性和模型认知不确定性的多学科统计灵敏度分析方法，可用于评价模型认知不确定性的影响。

基于第 6 章的介绍，某一特定随机输入变量 X_i 的主灵敏度系数 (main sensitivity index, MSI) 与总灵敏度系数 (total sensitivity index, TSI) 分别评价 x_i 对输出 y 的主要影响与整体影响。MSI 与 TSI 的具体计算公式如下：

$$\text{MSI}(x_i) = \frac{V_i}{\text{var}(Y)} = \frac{\text{var}_{x_i}(\text{E}_{X_{\sim i}}(y\,|\,x_i))}{\text{var}(y)} \tag{8.65}$$

$$\text{TSI}(x_i) = 1 - \frac{\text{var}_{X_{\sim i}}(\text{E}_{x_i}(y\,|\,x_{\sim i}))}{\text{var}(y)} \tag{8.66}$$

其中，y 表示随机输出变量；$x_1, \cdots, x_d$ 表示随机输入变量。MSI 与 TSI 的数值都在 0~1，其中 0 表示没有影响，而 1 表示完全影响。

将考虑随机输入不确定性的基于方差进行灵敏度分析的想法拓展用于评价模型认知不确定性的相对影响。将任意 $Z_l \in \{\boldsymbol{Z}_{ui\cdot}, \boldsymbol{Z}_{yi} : i = 1, \cdots, ND\}$，即式 (8.41) 与式 (8.42) 中用于量化模型认知不确定性的零均值高斯随机项，代入式 (8.65) 和式 (8.66) 中随机输入变量 x_i 所在的位置，则 Z_l 对系统响应 $\boldsymbol{y}_{\text{sys}}$ 的 MSI 与 TSI 可定义为

$$\text{MSI}(Z_l) = \frac{\text{var}_{Z_l}(\text{E}_{\boldsymbol{Z}_{\sim l}}(\boldsymbol{y}_{\text{sys}}\,|\,Z_l))}{\text{var}(\boldsymbol{y}_{\text{sys}})} \tag{8.67}$$

$$\text{TSI}(Z_l) = 1 - \frac{\text{var}_{\boldsymbol{Z}_{\sim l}}(\text{E}_{Z_l}(\boldsymbol{y}_{\text{sys}}\,|\,\boldsymbol{Z}_{\sim l}))}{\text{var}(\boldsymbol{y}_{\text{sys}})} \tag{8.68}$$

其中，$\boldsymbol{Z}_{\sim l} = \{\boldsymbol{Z}_{ui\cdot}, \boldsymbol{Z}_{yi} : i = 1, \cdots, ND\} \backslash Z_l$，表示不包含 Z_l，方差 $\text{var}(\cdot)$ 的计算可参阅第 6 章的介绍。

由于每个学科子系统的认知不确定性都是采用基于高斯随机过程的模型偏差修正方法单独量化，因此满足 Sobol' 灵敏度指数进行方差分解时对所有不确定性都不存在相关性的假设。需要指出的是，Sobol' 方法基于样本数据进行计算，也就是说如果需要计算 Z_l 的 MSI，理想情况下需要生成大量 Z_l 的蒙特卡罗实现，然后评估每个 Z_l 实现的 $\text{E}_{\boldsymbol{Z}_{\sim l}}(\boldsymbol{y}_{\text{sys}}\,|\,Z_l)$。尽管使用 8.3 节所介绍的 MUA 方法能提高 $\text{E}_{\boldsymbol{Z}_{\sim l}}(\boldsymbol{y}_{\text{sys}}\,|\,Z_l)$ 的计算效率 (不需要对 $\boldsymbol{Z}_{\sim l}$ 进行抽样)，但是在整个多学科系统中使用蒙特卡罗方法依然相当费时，在计算 TSI 的过程中存在同样的问题。一

种粗略计算 MSI 与 TSI 的方法是在计算 $\mathrm{MSI}\,(Z_l)$ 时令 $\boldsymbol{Z}_{\sim l} = \boldsymbol{0}$，也就是说将其固定于零均值处而不考虑其不确定性。

8.5 本 章 小 结

本章首先对高斯随机过程建模方法及基于模型偏差修正的模型认知不确定量化方法进行了介绍，在此基础上介绍了一种基于高斯随机过程或贝叶斯深度学习的多学科不确定性传播方法和一种多学科统计灵敏度分析方法。前者通过引入高斯随机过程建模或贝叶斯深度学习理论，对学科仿真分析进行模型认知不确定性量化，进而推导解析式系统响应预测的均值和方差表达。在多学科不确定性传播的基础上，进一步推导了基于方差的灵敏度分析方法，用于评价各个学科或各个不确定性输入对系统响应的影响，进而用于后续指导学科仿真模型的进一步修正以提升预测精度，或者简化多学科优化的模型复杂度，达到降低计算量的目的。

参 考 文 献

[1] Jin R, Chen W, Simpson T W. Comparative studies of metamodeling techniques under multiple modelling criteria[J]. Structural and Multidisciplinary Optimization, 2001, 23(1): 1-13.

[2] Grimmett G, Stirzaker D. Probability and Random Processes[M]. New York: Oxford University Press, 2001.

[3] Gallager R G. Stochastic Processes: Theory for Applications[M]. New York: Cambridge University Press, 2013.

[4] Kennedy M C, O'Hagan A. Bayesian calibration of computer models[J]. Journal of the Royal Statistical Society: Series B (Statistical Methodology), 2001, 63(3): 425-464.

[5] Sacks J, Welch W J, Mitchell T J, et al. Design and analysis of computer experiments[J]. Statistical Science, 1989, 4(4): 409-423.

[6] Welch W J, Buck R J, Sacks J, et al. Screening, predicting, and computer experiments[J]. Technometrics, 1992, 34(1): 15-25.

[7] Rasmussen C E, Williams C K. Gaussian Processes for Machine Learning[M]. Massachusetts: The MIT Press, 2006.

[8] Simpson T W, Mauery T M, Korte J J, et al. Kriging models for global approximation in simulation-based multidisciplinary design optimization[J]. AIAA Journal, 2001, 39(12): 2233-2241.

[9] 郭绍胜. 考虑参数和近似模型不确定性的稳健性设计优化方法研究 [D]. 武汉: 华中科技大学, 2016.

[10] Jiang Z, Li W, Apley D W, et al. A spatial-random-process based multidisciplinary system uncertainty propagation approach with model uncertainty[J]. Journal of Mechanical Design, 2015, 137(10): 1-13.

[11] 史人赫. 全电推进卫星平台多学科设计与近似优化策略研究 [D]. 北京: 北京理工大学, 2018.

[12] Blundell C, Cornebise J, Kavukcuoglu K, et al. Weight uncertainty in neural network[C]. International Conference on Machine Learning. PMLR, 2015: 1613-1622.

[13] Snoek J, Rippel O, Swersky K, et al. Scalable Bayesian optimization using deep neural networks[C]. International Conference on Machine Learning. PMLR, 2015: 2171-2180.

[14] 陈世适. 基于多源响应信息融合的优化设计理论与方法研究 [D]. 北京：北京理工大学, 2016.

[15] Sobol I M. Global sensitivity indices for nonlinear mathematical models and their Monte Carlo estimates[J]. Mathematics and Computers in Simulation, 2001, 55(1): 271-280.

[16] Sobol I. On sensitivity estimation for nonlinear mathematical models[J]. Matematicheskoe Modelirovanie, 1990, 2(1): 112-118.

第 9 章　工程应用和研究展望

本章主要介绍不确定性量化方法在工程 CFD 数值模拟模型确认和优化设计中的应用，同时对不确定性量化未来的发展进行了展望。考虑到 NACA0012 和 ONERA M6 机翼目前有丰富的公开的风洞试验数据和其他高精度 CFD 数值模拟数据，广泛用于验证气动分析模型的预测精度，因此本章主要以这两个问题开展应用。这些算例都非常简单，相比实际工程问题给出的条件都较为理想，其应用目的在于给读者展示这些方法的实施过程。其中的一些设置，比如不确定性因素及其不确定性模型 (概率分布模型、区间或证据结构) 直接提前指定，并非符合真实的工程应用场景。实际中，往往需要考虑更多更复杂的多源不确定性因素，而且这些因素需要提前去发掘和溯源，不确定性因素的表征远比这里展示的要困难，不确定性因素的数据不仅少，而且通常存在跳点、噪声、时域不统一、传感器基准位置漂移等诸多问题，在进行不确定性表征之前还需要进行数据滤波等前处理。

9.1　NACA0012 翼型 CFD 模型确认

本节将混沌多项式 (PC) 不确定性量化方法应用于 NACA0012 翼型 [1] 的 CFD 数值模拟模型确认，主要考虑湍流模型系数存在不确定性，通过不断对湍流模型系数进行修正，提升 CFD 数值模拟气动预测数据与试验数据的一致性。NACA0012 翼型具有较为丰富的公开风洞试验数据，广泛用于验证气动分析模型的预测精度。

9.1.1　问题描述

对于 CFD 数值模拟，湍流模型的认知不确定性是其中最大的误差源之一，湍流模型中封闭系数的取值往往依赖于使用者的经验。对于很多流动问题，CFD 计算软件中给出的湍流模型封闭系数推荐值未必总能得到好的预测结果。这些不确定性使得 CFD 数值模拟的响应与试验结果存在偏差，因此需要开展 CFD 数值模拟结果的不确定性量化，进行模型确认，提高 CFD 的预测精度。利用 CFD 预处理器 Gambit 软件生成计算用网格。在空气动力学分析中，使用 Fluent 19.0 作为 CFD 求解器。仿真所用电脑配置为 16G 内存，显卡为 NVIDIA 1660，CPU 为 Intel(R) Core(TM) i5-10400F。

目前已建立了多种湍流模型来进行 CFD 数值模拟，如 Spalart-Allmaras(SA)、k-ε 和 k-ω 湍流模型、雷诺应力模型等。其中 SA 方程湍流模型具有计算收敛性好、计算精度和可靠性高、简单实用等优点，且存在基于大量试验数据进行标定的推荐值，是航空航天领域 CFD 数值模拟中应用最广泛的湍流模型之一 [2]。SA 方程湍流模型的具体形式为

$$\mu_t = \rho\hat{\nu}f_{v1} \tag{9.1}$$

$$\frac{\partial\hat{\nu}}{\partial t} + \mu_j\frac{\partial\hat{\nu}}{\partial x_j} = \left[c_{b1}\left(1-f_{t2}\right)\hat{S}\hat{\nu}\right] - \left(c_{w1}f_w - \frac{c_{b1}}{\kappa^2}f_{t2}\right)\left(\frac{\hat{\nu}}{d}\right)^2$$
$$+ \frac{1}{\sigma}\left\{\frac{\partial}{\partial x_j}\left[(v+\hat{v})\frac{\partial\hat{v}}{\partial x_j}\right] + c_{b2}\frac{\partial\hat{v}}{\partial x_i}\frac{\partial\hat{v}}{\partial x_i}\right\} \tag{9.2}$$

其中，$\hat{S} = \Omega + \frac{\nu}{\kappa^2 d^2}\chi f_{v2}$, $c_{w1} = \frac{c_{b1}}{\kappa^2} + \frac{1+c_{b2}}{\sigma}$, $f_{v1} = \frac{\chi^3}{\chi^3 + c_{v1}^3}$, $\chi = \frac{\hat{\nu}}{\nu}$, $f_{v2} = 1 - \frac{\chi}{1+\chi f_{v1}}$, $f_w = g\left(\frac{1+c_{w3}^6}{g^6 + c_{w3}^6}\right)$, $g = r + c_{w2}\left(r^6 - r\right)$, $r = \min\left[\frac{\hat{\nu}}{\hat{S}\kappa^2 d^2}, 10\right]$, $f_{r2} = c_{t3}\exp\left(-c_{t4}\chi^2\right)$, ρ 是密度，χ 是涡度大小，d 是壁距。

因此，本算例在 Fluent 19.0 软件下选取 SA 湍流模型进行 CFD 数值模拟，考虑其中的 6 个封闭系数 $c_{b1}, c_{b2}, c_{v1}, c_{w2}, c_{w3}, \sigma$ 存在不确定性，认为其在变化范围内服从均匀分布，计算其对 CFD 输出响应不确定性的影响，并对其开展参数修正。考虑进行模型确认的流动条件为 $Ma = 0.15$ 和 $Re = 6\times10^6$，存在飞行攻角 α 为 0°、2°、4°、6°、8°、10° 和 11° 多种工况。模型确认中进行确认度量和参数修正所用到的升力系数试验数据来源于 NASA 网站的公开数据 [3]，确认度量利用基于距离的平均相对误差 (MRE) 指标，由于这里涉及多个工况则对多个工况下的 MRE 累加求和，作为模型确认度量的指标 (可参阅第 1 章 1.3.1 节)。在给定模型封闭系数初始分布时，若封闭系数的初始区间设置较大，则在这个区间对封闭系数取值进行 CFD 数值模拟，得到的输出响应上下边界范围内一定可以包含试验数据，也就是说当前流动情况下的模型系数最佳值一定包含在初始区间内。但很多情况下，给定的初始区间很可能较小或且极有可能偏离最佳参数范围。为了较全面地验证所采用的模型确认方法的有效性，这里考虑两种情况进行测试。

情况 1：封闭系数的初始范围较大，封闭系数在其变化区间内服从均匀分布，其变化范围见表 9.1，最佳封闭系数一定位于该区间范围。

情况 2：封闭系数的初始范围较小，假设湍流模型封闭系数在默认值处服从 ±10%的均匀分布，默认值见表 9.1，最佳封闭系数不一定位于该区间范围。

表 9.1   初始湍流模型封闭系数的变化区间及默认值

	C_{b1}	C_{b2}	C_{v1}	C_{w2}	C_{w3}	σ
最小值	0.0678	0.3110	3.55	0.15	1.0	0.3335
最大值	0.2033	0.9330	10.65	0.45	3.0	1.0005
默认值	0.1355	0.622	7.1	0.3	2	0.667

针对以上两种情况所采取的模型修正策略也有所不同。对于情况 1，由于封闭系数的初始不确定性较大，所以在模型确认过程中需要降低其不确定性，即维持其分布类型不变并减小封闭系数的变化区间；对于情况 2，封闭系数的初始不确定性较小，但是极有可能处在不合适的区域，所以模型确认需要调整其范围，即维持其分布类型不变并修正其均值。

9.1.2   模型确认

1. 网格无关性分析

首先，对 NACA0012 基准翼型在名义流动条件下 ($\alpha=10°, Ma=0.15$, $Re = 6 \times 10^6$) 进行了网格收敛性测试，避免由网格带来的 CFD 气动预测不确定性。在工程应用中一般认为对某一个工况进行网格无关性测试后，该网格对其他同类型工况同样适用，因此这里仅对这一个工况进行网格无关性测试。在测试中湍流模型选择 SA，模型系数取表 9.1 所示的默认值。网格收敛性测试的结果见表 9.2，从中可以看出，当网格密度增加到一定数值时 (远场：150；翼型边界：300)，升力系数几乎没有变化。因此，在本研究的 CFD 数值模拟中，网格远场的节点数被设定为 150，而翼型边界的节点数设为 300。同时，对比该工况下的升力系数试验数据 (1.0809)，可以发现基于 CFD 仿真得到的升力系数存在 7% 左右的误差，这也说明了对 CFD 进行模型修正和确认的必要性。

表 9.2   基准翼型网格收敛性测试

网格密度		升力系数	仿真时间/s
远场	翼型边界		
80	160	0.7843	148.8601
100	200	0.8657	186.2760
120	240	0.9214	236.0699
150	300	0.9950	291.0449
180	360	0.9950	351.9661

2. 基于优质小样本的模型参数修正

对于该问题不确定性维数不高 ($d=6$)，因此利用全阶 PC 方法进行前向不确定性传播，构建以 6 个湍流模型封闭系数为输入、升力系数为输出的 2 阶 PC 模型，并利用最小二次回归方法计算 PC 系数。

若确认度量后数值模拟模型不满足要求，则基于当前参数得到数值模拟响应输出 n_a 个样本，由于采用 PC 方法进行不确定性传播，则一旦 PC 模型构建好，该过程不耗费任何函数调用，从而 n_a 可以设置得很大。从 n_a 个数值模拟输出样本中挑选出距离试验数据 y^e 最近的一定数目的样本，将这部分样本称作优质小样本，设置一定的截断比率 r：

$$r = \frac{n'}{n_a}, \quad r \in [0,1] \tag{9.3}$$

其中，n' 为优质小样本的样本数目。

截断比率 r 需要在模型确认开始之前定义。它主要用于控制模型确认迭代过程的收敛速度，其大小取决于初始数值模拟数据与试验数据的差异程度。一般来说，r 取值越大，每次截取的优质小样本的容量越大，则修正过程收敛越慢，从而需要更多的迭代步数；r 取值越小，则修正过程收敛速度越快，但有可能导致最后修正精度不足。基于优质小样本的模型参数修正方法的原理如图 9.1 所示，通过反推找出每个优质小样本相对应的输入参数样本，基于所有优质小样本对应的输入，结合模型参数的分布类型更新其分布参数，如均匀分布的上下界、正态分布的均值和方差等。

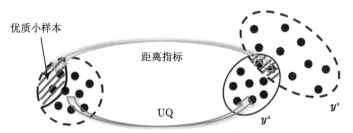

图 9.1　基于优质小样本的模型参数修正方法的原理示意

3. 情况 1

基于湍流模型封闭系数的分布类型和初始分布参数进行第一次 UQ，获得 CFD 数值模拟输出响应的取值范围，即升力系数的不确定性区间。UQ 的结果如图 9.2 所示，从中可以看出初始阶段 CFD 预测的升力系数的不确定度 (图中蓝色区域面积) 较大，尤其在大攻角范围 ($> 10°$) 非常明显，同时可以计算得到此时的平均相对误差 (MRE) 为 43%，明显不满足精度要求且远超容忍值 ($\varepsilon = 5\%$)，因此需要开展参数修正。

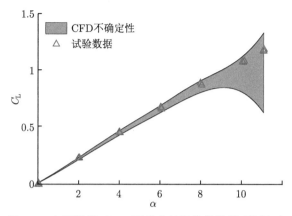

图 9.2 初始阶段 CFD 不确定性量化的结果 (情况 1)

为了降低参数修正的难度，提高收敛速度，首先采用第 6 章中 6.3 节介绍的方法对升力系数进行全局灵敏度分析，查找对升力系数影响最大的湍流模型系数，各个封闭系数的 Sobol' 指数如表 9.3 所示。

表 9.3   湍流模型封闭系数的 Sobol' 指数

工况 (攻角 α)	C_{b1}	C_{b2}	C_{v1}	C_{w2}	C_{w3}	σ
0°	72.74%	1.08%	10.32%	0.38%	15.41%	0.00%
2°	61.39%	3.17%	15.41%	0.07%	19.16%	0.79%
4°	65.86%	2.15%	15.31%	0.07%	15.39%	1.20%
6°	60.47%	0.97%	18.27%	0.13%	20.01%	0.13%
8°	86.97%	4.86%	2.16%	0.24%	5.37%	0.08%
10°	86.69%	3.48%	1.57%	7.86%	0.22%	0.17%
11°	89.79%	2.15%	3.21%	0.44%	1.42%	2.99%

从表中可以看出，对于这 7 种工况，对升力系数影响最大的都是 C_{b1}，且 C_{b1} 的影响都远大于其他几个封闭系数。因此，仅对 C_{b1} 进行参数修正，此时其他系数固定在默认值处。在参数修正中，根据当前 CFD 预测值和试验数据选取一定数目的优质小样本，在此基础上反推获得相应的输入样本，使得这些输入样本下的 CFD 预测值与试验数据较为接近，实现所谓的反向不确定性传播。取截断比率为 $r = 0.1$，以选取出来的优质小样本对应的输入样本的上下界作为修正后的 C_{b1} 的区间上下界，并保持原先的分布类型不变。在此基础上进行下一轮不确定性传播和模型修正。

CFD 参数修正过程中的升力系数的不确定性区间 (见图中蓝色部分) 展示在图 9.3 中。随着修正过程的不断迭代，对封闭系数不断修正，相当于封闭系数取值的认知不确定性逐步减少，则升力系数的不确定度也随着逐渐降低 (即图片中蓝色区域逐渐缩小)，最终 CFD 仿真的结果与试验数据十分吻合，完成模型确认。

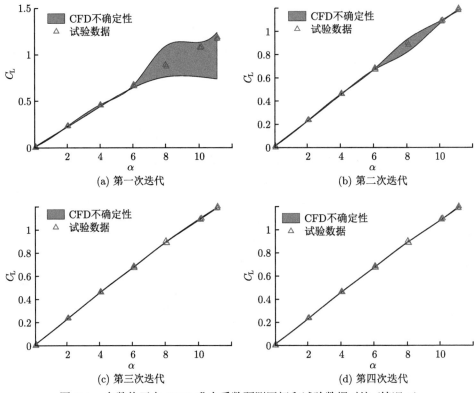

图 9.3   参数修正中 CFD 升力系数预测区间和试验数据对比 (情况 1)

C_{b1} 的确认结果展示在表 9.4 中，从中可以发现，经模型确认后 C_{b1} 的变化范围中并非包含默认值 (0.1355)，对 C_{b1} 的变化区间取中值，显然与默认值略有不同。这也印证了文献 [4] 中的观点，按照现有软件中给出的湍流模型系数默认值，某些流动情况下 CFD 仿真结果并非与试验数据高度吻合。

表 9.4   迭代过程中 C_{b1} 区间的变化 (情况 1)

迭代次数	0(初始)	1	2	3	4
区间取值	[0.0678, 0.2033]	[0.1228, 0.1663]	[0.1416, 0.1457]	[0.1436, 0.1440]	[0.1436, 0.1440]

4. 情况 2

首先进行初始状态的 UQ，结果展示于图 9.4。从图中可以看出，初始状态下的 CFD 预测的升力系数不确定性区间并没有很好地覆盖试验数据，尤其在大

攻角 ($> 10°$) 附近，因此需要进行参数修正。基于表 9.3 得知，对升力系数影响最大的都是 C_{b1}，因此仅对 C_{b1} 进行修正，其他系数固定在默认值处，截断比率 $r= 0.1$。在参数修正中，基于优质小样本策略获得的输入样本，取其均值作为参数 C_{b1} 新的均值，并保持原先的分布类型不变，即服从均值处 $\pm10\%$ 波动范围上的均匀分布。

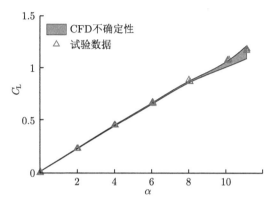

图 9.4　初始阶段 CFD 不确定性量化的结果 (情况 2)

CFD 参数修正过程中的升力系数的不确定性区间展示于图 9.5(见图中蓝色部分) 中。随着修正过程的不断迭代，CFD 不确定性区间逐渐向上偏移，最终能完全覆盖试验数据。

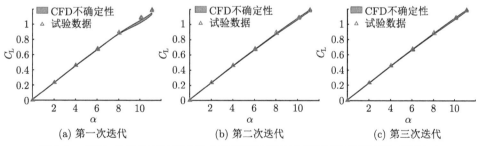

(a) 第一次迭代　　　　　(b) 第二次迭代　　　　　(c) 第三次迭代

图 9.5　CFD 参数修正过程中升力系数不确定性区间和试验数据对比 (情况 2)

C_{b1} 的确认结果展示于表 9.5 中，可以发现，经确认后 C_{b1} 的取值与表 9.4 中的结果高度吻合，这再一次验证了这里所采用的模型确认方法的有效性。

表 9.5　迭代过程中 C_{b1} 区间的变化 (情况 2)

迭代次数	初始 (0)	1	2	3
区间取值	[0.1219, 0.1491]	[0.1228, 0.1502]	[0.1291, 0.1577]	[0.1292, 0.1579]
均值	0.1355	0.1365	0.1434	0.1436

9.2　基于 OMP 的稀疏 PC 不确定性量化

在工程外形的性能评估和优化设计、CFD 与试验数据的相互确认等过程中，需要考虑 CFD 结果的不确定性，这样才能更为准确地评价设计外形能否满足性能需求，优化过程是否有效可靠。因此，需要对 CFD 结果进行不确定性量化，这里主要展示基于正交追踪匹配 (OMP) 的稀疏 PC 方法在其中的应用。

9.2.1　问题描述

目前已建立了多种湍流模型来进行 CFD 数值模拟，如 SA、k-ε 和 k-ω 湍流模型、雷诺应力模型等。其中 SA 一方程湍流模型具有计算收敛性好、计算精度和可靠性高、简单实用等优点，且存在基于大量试验数据进行标定的推荐值，因此是航空航天领域 CFD 数值模拟中应用最广的湍流模型之一 [5]。这里研究 SA 湍流模型系数的不确定性对跨声速翼型模拟的影响。在该算例中，假定模型系数不再为常数，而是在一定区间内变化的随机变量。利用第 4 章中介绍的基于正交匹配追踪算法的稀疏 PC 方法进行不确定性传播，研究 CFD 模拟结果的不确定性。

计算外形是 RAE2822 翼型 [6]，考虑的计算状态为：Ma=0.729，$Re_c = 6.5 \times 10^6$，$\alpha = 2.31°$。计算使用的程序是作者所在课题组自行开发的 MFlow[6]。使用的网格和算法可以参考文献 [7]。计算使用 SA 一方程模型 [8]，假定流动为全湍流，忽略了原始模型中的转捩项 (trip term)。模型中有 9 个系数，分别为：$c_{b1}, \sigma, c_{b2}, \kappa, c_{w2}, c_{w3}, c_{v1}, c_{t3}, c_{t4}$。本书假定每个系数在各自的支撑集内为均匀分布，具体参数的取值范围与文献 [8] 保持一致。该算例中，假定展开多项式为 2 阶，过采样率 $n_p = 2$，因此全阶 PC 展开需要的样本点数目为 $N = 110$。

9.2.2　不确定性量化结果

4.2 节中介绍的正交匹配追踪算法实现稀疏 PC 模型构建时采用留一交叉误差验证法作为停止准则，需要不断寻求与残差最相关的正交多项式，直到找到 $\min \{P + 1, N\}$ 个正交多项式，再从其中找出留一法交叉误差最小的正交多项式组合，构建稀疏 PC 模型。这里未采用第 4 章中的做法，而是在每轮迭代更新当前稀疏 PC 模型的残差 $\hat{\boldsymbol{R}}$ 后，会检查其是否满足精度需求，当 $\left\| \hat{\boldsymbol{R}} \right\|_1 \leqslant \varepsilon$ 时，则直接停止迭代，输入当前索引集所确定的稀疏 PC 模型，并非需要迭代多次找到具有 $\min \{P + 1, N\}$ 个正交多项式的索引集合。

这里基于 OMP 的稀疏 PC 方法需要指定截断误差 ε，若 ε 过大，则构建出的稀疏 PC 模型不够准确；若 ε 过小，则稀疏重构的 PC 模型有可能出现过拟合的现象。为直观展示基于交叉验证来确定截断误差 ε 合理取值的过程，图 9.6 给出了样本点 $N = 50$ 时，截断误差设定值和升力系数留一法 (LOO) 交叉验证误差的关系。计算中设定 ε 从 10^{-8} 逐渐增加到 10^{-3}，在此过程中 LOO 误差先减小后增加。最终，选取最小的 LOO 误差对应的截断误差 ε 作为优化问题的设定值。这里分别尝试了 $N=20$、30、40 和 50，表 9.6 给出了不同样本点下的截断误差设定值和 LOO 误差。

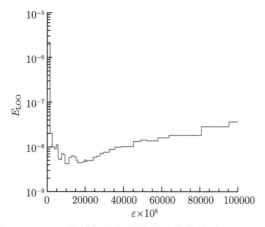

图 9.6　LOO 误差与截断误差设定值的关系 $(N = 50)$

表 9.6　不同样本点下的截断误差设定值和 LOO 误差

样本点 N	截断误差设定值	LOO 误差
20	1.000×10^{-7}	3.9256×10^{-13}
30	4.650×10^{-6}	1.6669×10^{-10}
40	1.298×10^{-5}	2.0523×10^{-9}
50	9.322×10^{-5}	4.1732×10^{-9}

确定好不同样本点下优化问题的截断误差后，可以得到关注变量的稀疏 PC 展开。图 9.7 给出了不同样本点得到的升力系数 PC 展开自由度，这里分别按自由度幅值大小排序。全阶 PC 展开并不代表真正的精确解，只是作为精度较高的结果对比参考。从全阶 PC 展开 (图中全阶 PC 曲线) 的结果可以看到，升力系数的 PC 展开存在明显的稀疏特性，只有少数若干项的自由度量值较大，其他展开项的自由度可以忽略不计。从图可以看出，当样本点数目分别为 $N=20$、30、40 和 50 时，基于 OMP 的稀疏 PC 展开能够比较准确地还原量级较大的若干个自由度，捕捉到输出的主要特征，从而实现 PC 模型的稀疏重构，相比于全阶 PC 方法 $(N= 110)$ 显著降低了计算量。

稀疏 PC 展开的精度可以进一步通过其预测值和 CFD 计算值的对比来验证，表 9.7 给出了模型参数为标准取值时预测值和计算值的对比。不同样本点下的预测值都与 CFD 仿真计算值非常接近，说明稀疏 PC 展开也能够较为准确地预测系统输出的响应。

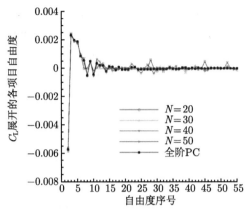

图 9.7　不同样本点下升力系数 PC 展开的自由度

表 9.7　PC 展开得到的升、阻力系数与 CFD 计算值的比较

	C_L	C_D
$N=20$	0.69319	0.013135
$N=30$	0.69316	0.013152
$N=40$	0.69295	0.013133
$N=50$	0.69314	0.013126
全阶 PC	0.69316	0.013130
CFD	0.69337	0.013137

　　在不确定性量化中, 比较关注的是输出的均值和标准差等统计信息。图 9.8 和图 9.9 给出了不同样本点下, 升、阻力系数的统计信息, 其中 $N=110$ 代表全阶 PC 展开的结果。从图中可以看出, 升、阻力系数的均值随着样本点数目的增加而变化不大, 标准差的变化稍大, 但仍是在可以接受的范围内。

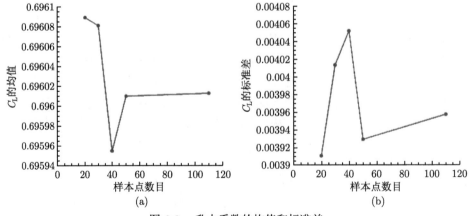

图 9.8　升力系数的均值和标准差

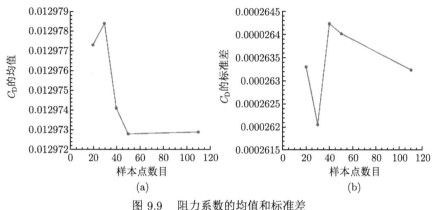

图 9.9 阻力系数的均值和标准差

在不确定性量化分析中，另一个关注的是每个随机输入变量对输出变化的贡献度。本书使用 Sobol' 指标 [9,10] 来分析每个输入变量对输出方差的贡献大小。图 9.10 给出了 9 个输入变量在升力系数分析中的 Sobol' 指标。从图可以明显地看出，稀疏 PC 相对于全阶 PC，也能够比较准确地预测每个输入变量的贡献大小。随着样本点数目的增加，预测的 Sobol' 指标变化不大，充分证明了稀疏 PC 展开的精度。c_{b1}、σ、κ、c_{w2}、c_{v1} 这五个参数对升力系数的不确定性影响都相对比较大，κ 是其中贡献最大的参数，c_{t3}、c_{t4}、c_{b2}、c_{w3} 这四个参数的贡献可以忽略不计。

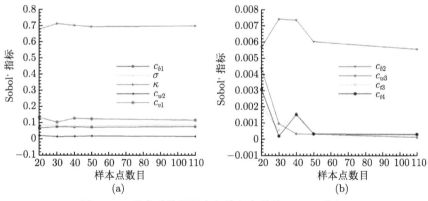

图 9.10 升力系数预测中各输入变量的 Sobol' 指标

9.3 NACA0012 翼型稳健优化

本节展示第 5 章介绍的基于元学习的多可信度深度神经网络 (ML-MFD-NN) 方法在二维机翼的气动稳健优化设计中的应用，同时作为对比，对第 4 章介绍的基于高斯随机过程的多可信度 PC 方法 (MF-PC-GP) 也进行了应用。此外，为了降低稳健优化的计算量和复杂度，应用第 6 章介绍的全局灵敏度分析方法，发掘重要的不确定性因素，进而在气动稳健优化中加以考虑。由于翼型升阻比的计算需要调用 CFD 仿真模型，尤其在考虑稳健优化时需要反复进行不确定性传播，计算量较大，这里利用 ML-MFDNN 和 MF-PC-GP 方法分别构建翼型升阻比的多可信度代理模型，从而在此基础上进行稳健优化。

9.3.1 问题描述

该翼型优化问题的目标是确定翼型的最佳几何外形，在保证翼型厚度约束的前提下使翼型的升阻比最大化。考虑来流状态为马赫数 $Ma = 0.7$ 和攻角 $\alpha = 3°$，通过对 NACA0012 翼型进行优化，提高翼型的升阻比。采用带有 10 个控制点的 B 样条曲线对机翼进行参数化建模[11]，其中 10 个控制点的水平位置固定在从翼型前缘开始沿机翼弦长的 20%、40%、60% 和 80% 位置处，即 $z_{\text{baseline}} = [0.1, 0.3, 0.5, 0.7, 0.9, 0.9, 0.7, 0.5, 0.3, 0.1]$ (图 9.11)。控制点的垂直位置可自由移动，则 10 个控制点的垂直位置作为设计变量 $\boldsymbol{x} = [x_1, \cdots, x_{10}]$。$Ma$ 和 α 服从均匀分布，分别在其名义值附近按 ± 0.1 和 $\pm 1°$ 波动，即 $Ma \sim U(0.6, 0.8)$，$\alpha \sim U(2°, 4°)$。

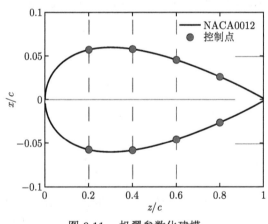

图 9.11 机翼参数化建模

翼型稳健优化的数学模型如下：

$$\begin{aligned}
\max_{y} \quad & F = \mu_f - 3\sigma_f \\
\text{s.t.} \quad & t_{\max}(\boldsymbol{x}) \geqslant 0.1043 \\
& f = C_{\text{L}}(\boldsymbol{x})/C_{\text{D}}(\boldsymbol{x})
\end{aligned} \tag{9.4}$$

其中，$\boldsymbol{x} = [x_1, \cdots, x_{10}]$ 为设计变量；$C_{\mathrm{L}}(\boldsymbol{x})$ 和 $C_{\mathrm{D}}(\boldsymbol{x})$ 分别是翼型的升力系数和阻力系数；$t_{\max}$ 是翼型的最大厚度。

9.3.2 多可信度 DNN 构建

在 9.1 节的研究中，已经对 NACA0012 翼型 CFD 数值模拟进行了模型确认和网格收敛性测试，基于确认好的 CFD 数值模拟计算升力系数和阻力系数。利用 CFD 预处理器 Gambit 软件生成计算用网格。仿真所用电脑配置为 16G 内存，显卡为 NVIDIA 1660，CPU 为 Intel(R) Core(TM) i5-10400F。

根据 9.1 节表 9.2 中关于网格收敛性测试的结果，按 CFD 数值模拟过程中采用的网格的节点数量区分，考虑两种多可信度模型。将网格远场 150 个节点、机翼边界 300 个节点的 CFD 仿真模型看作高可信度 (high fidelity, HF) 模型，而远场 100 个节点、机翼边界 200 个节点的 CFD 仿真模型作为低可信度 (low fidelity, LF) 模型。

控制翼型的 10 个设计变量 $x_i\,(i = 1, \cdots, 10)$ 和飞行工况 (Ma 和 α) 为输入，翼型升阻比 f 为输出，根据设计变量 $x_i\,(i = 1, \cdots, 10)$ 的变化范围以及飞行工况的不确定性分布信息，利用拉丁超立方抽样获得所需的高、低精度 CFD 数值模拟的输入样本点，并代入高、精度 CFD 获取升阻比值。应用提出的 ML-MFDNN 方法构建升阻比 f 的多可信度深度神经网络，其中所用到的高、低精度 CFD 仿真样本数量分别为 20 和 100。同时，随机生成 30 组高精度 CFD 样本点作为测试集，并通过计算 RMSE，对 ML-MFDNN 构建的多可信度深度神经网络进行精度测试。

网络结构是决定神经网络性能的重要超参数，太少的隐藏层或神经元会导致神经网络无法充分学习到模型特征，而太多的隐藏层或神经元会增加训练时间，并可能导致过拟合。图 9.12 展示了上述样本设置下，不同隐藏层数量和层神经元数量组合下测试集的 RMSE。在图 9.12 的基础上，设定所构建的多可信度深度神经网络的网络结构为隐藏层 3 层、每层神经元数量 40 个、dropout 设为 0.5，并在每层神经网络后面添加 BN 层以抑制过拟合。

表 9.8 展示了多可信度 (ML-MFDNN) 和单可信度 (H-DNN) 神经网络方法所需的样本数量、相比于高精度 CFD 仿真分析模型所预测升阻比的 (RMSE)。H-DNN 神经网络是指直接基于高精度 CFD 样本所构建的深度神经网络代理模型。从表中可以看出，ML-MFDNN 和 H-DNN 所构建的神经网络精度很相近，且均可以接受，但是 ML-MFDNN 所需高精度样本数量 (HF) 明显少很多。对于大多数实际问题而言，高精度样本计算相对于低精度样本要耗时很多，所以降低高精度样本的数量非常必要。当考虑给定计算平台下本问题 HF 和 LF 数据的计算时长时，ML-MFDNN 方法需要计算时长为 407.47min，而 H-DNN 方法为

582.09min，显然 ML-MFDNN 方法整体需要计算时长明显要短。这也一定程度地证明了 ML-MFDNN 解决 "小样本" 难题的有效性。

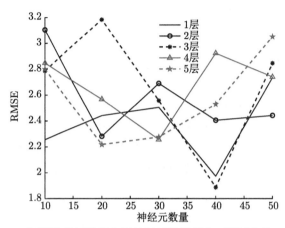

图 9.12　不同隐藏层数量和层神经元数量组合下测试集的 RMSE

表 9.8　深度神经网络精度校验

	H-DNN	ML-MFDNN	
RMSE	0.1823	0.1941	
	HF	HF	LF
CFD 调用次数	120	20	100

9.3.3　高维不确定性量化和灵敏度分析

首先，针对基准翼型开展不确定性量化分析，同时考虑制造工艺的加工误差和来流随机性。基于上述构建好的 ML-MFDNN 代理模型对基准翼型进行不确定性量化，同时也采用第 4 章中介绍的基于高斯随机过程多可信度 PC 方法 (MF-PC-GP) 方法进行不确定性量化以进行对比，并将在高精度 CFD 模型上运行 100 次 MCS 的结果作为参考值，UQ 结果及计算量列于表 9.9 中。由于直接基于高精度 CFD 的单可信度 PC 方法计算量巨大，基于 PC 理论可知，即使采用稀疏网格数值积分等方法降低高维问题的计算量，对于此处 12 维的不确定性输入，进行一次 UQ 仍需要调用高精度 CFD 高达 555 次，实际中计算量难以承受。

表 9.9　基准翼型上 UQ 结果的对比

	评估次数		μ_f	σ_f
	HF	LF		
ML-MFDNN	20	100	28.9528	13.7306
MF-PC-GP	40	150	30.7347	13.8049
MCS	100	0	28.0519	13.5819

从表 9.9 可以看出，ML-MFDNN 方法有着很高的精度，其 UQ 的结果与 MCS 的结果高度一致，而 MF-PC-GP 方法的精度略差于 ML-MFDNN 方法，同时它的计算量也远大于 ML-MFDNN 方法。ML-MFDNN 方法由于利用了深度学习强大的特征提取能力，同时结合了小样本元学习理论的优势，从而可在降低计算量的情况下提高 UQ 的精度。

此外，采用第 6 章介绍的全局灵敏度分析方法，对 12 维输入进行基于方差的灵敏度分析，考虑到 10 维几何偏差的不确定性是一体而不可分割的，因此在做灵敏度分析时将之看作一个整体，灵敏度分析的结果如表 9.10 所示。从中可以看出，马赫数 (Ma) 和攻角 (α) 对升阻比影响较大，而几何偏差的不确定性几乎可以忽略。因此，以下在做稳健优化时仅考虑马赫数和攻角的不确定性。

表 9.10 Sobol' 指数

	$x_{1,\cdots,10}$	Ma	α
90%	7.08%	49.88%	43.04%

9.3.4 翼型稳健优化

表 9.11 中列出了各种方法所得的翼型优化结果，其中确定性优化为直接在基于高精度 CFD 仿真构建的深度神经网络模型 (H-DNN) 上进行确定性优化，μ_f 和 σ_f 分别表示升阻比的均值和标准差，其值为将原始基准翼型 (baseline, BL) 的几何参数、确定性优化 (DO) 和两种稳健优化 (ML-MFDNN 和 H-DNN) 所得的最优设计变量代入高精度 CFD 仿真分析模型中，并考虑与稳健优化相同的飞行工况不确定性，进行 MCS(仿真次数 100) 得到。两种稳健优化是指基于 ML-MFDNN 和 H-DNN 代理模型进行稳健优化。从表 9.11 可以看出，两种稳健优化的结果十分接近，且相比于确定性优化其升阻比的方差均更小，且升阻比均值更小，这与稳健优化靠牺牲一定的性能换取性能稳健性的基本思路一致。但是，ML-MFDNN(20) 所需要的高精度样本点个数较 H-DNN(100) 明显更少，大大降低了计算量，因此在解决"小样本"难题方面具有巨大潜力。

表 9.11 翼型优化结果比较

	BL	DO	ML-MFDNN	H-DNN
μ_f	27.8256	37.9304	30.6895	30.8376
σ_f	13.0462	14.1065	10.4741	10.6034

图 9.13 中展示了各种方法所得的翼型曲线和原始基准翼型。可以看到，相比于原始基准翼型，确定性优化 (DO) 所得翼型上下表面弯曲度均增大，上翼曲率增大，导致气流速度增大，因此优化后上翼的气压会下降，从而升力系数增加。基

于 ML-MFDNN 和 H-DNN 进行优化的两种稳健优化方法所得翼型非常接近，且翼型前缘厚度较原基准翼型明显减小，使得临界马赫数得以提高，减小了激波面积，从而降低了翼型阻力系数。升力系数增加或阻力系数减小均可提高翼型升阻比，因此确定性优化和稳健优化均可提高翼型升阻比。

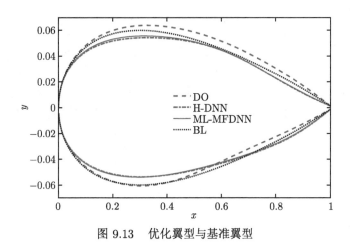

图 9.13   优化翼型与基准翼型

图 9.14 和图 9.15 分别展示了各种方法在来流工况取均值 (即来流马赫数 $Ma = 0.7$、攻角 $\alpha = 3°$) 时所得的翼型静压力云图以及翼型上下表面的压力系数。从图 9.14 中可以看出，与原始基准翼型相比，稳健优化和确定性优化方法生成的翼型其上表面的静压较小 (优化后蓝色区域增加)，而下表面的静压较大 (优化后颜色略深的绿色区域增加)。这表明下、上表面之间的压差增加，因此优化后的翼型升力会增加。

从图 9.15 可以看出，与基准翼型相比，所有优化后的翼型的上表面压力系数都有所降低，而下表面压力系数有所提高。结果表明，优化后上、下表面的压差增大，导致升力增大。此外，基于 ML-MFDNN 方法的静压云以及上下翼面压力系数，与直接基于高精度样本的 H-DNN 方法非常相似。

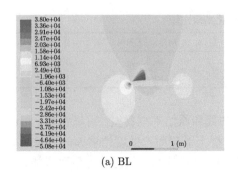

(a) BL

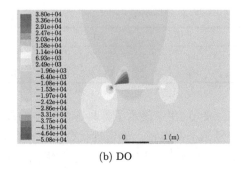

(b) DO

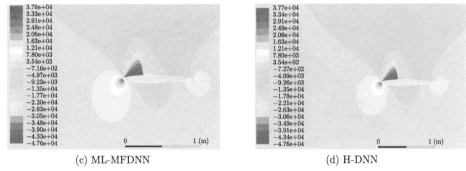

(c) ML-MFDNN (d) H-DNN

图 9.14 不同方法所得翼型的静压力云图

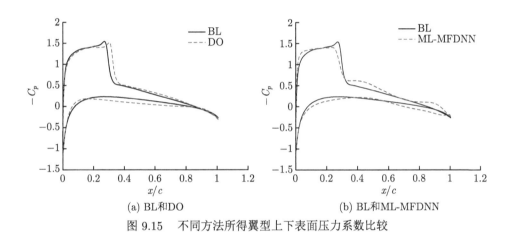

(a) BL和DO (b) BL和ML-MFDNN

图 9.15 不同方法所得翼型上下表面压力系数比较

9.4 ONERA M6 机翼 CFD 模型确认和稳健优化

M6 机翼 [12] 的几何外形示意如图 9.16 所示,采用 CFD 进行气动特性预测。该问题目的是在考虑不确定性的影响下,采用稳健优化通过优化机翼的几何外形,提升其气动特性的性能和稳健性。在做机翼稳健优化之前,为了确保所采用的 CFD 数值模拟的准确性,先通过已公开的风洞试验数据对 M6 基准翼型下的 CFD 数值模拟进行模型确认。经过模型确认之后,再基于确认好的 CFD 数值模拟进行气动稳健优化。仿真采用 Fluent19.0 作为 CFD 求解器,电脑配置为16G 内存,显卡为 NVIDIA 1660,CPU 为 Intel(R) Core(TM) i5-10400F。

为了降低 CFD 数值模拟模型确认和稳健优化的计算量,应用第 5 章介绍的基于元学习的多可信度深度神经网络 (ML-MFDNN) 方法构建相应的代理模型,同时应用第 5 章介绍的多可信度自适应抽样策略进行序列抽样,不断地更新多可信度深度神经网络,待代理模型构建完成则在此基础上开展不确定性传播。

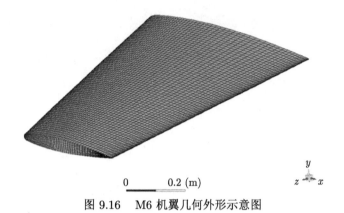

图 9.16　M6 机翼几何外形示意图

9.4.1　模型确认

CFD 数值模拟存在诸多不确定性因素, 往往会严重影响 CFD 的输出响应[6]。因此, 首先对 M6 机翼的 CFD 数值模拟进行不确定性下的模型确认。本案例考虑工况为来流马赫数 Ma=0.8395 和攻角 $\alpha = 3.06°$, 采用 CFD 预处理软件 Gambit 生成网格。在气动 CFD 分析中, 采用 SA 湍流模型, 考虑 SA 湍流模型封闭系数存在不确定性[13]。

1. 网格无关性分析

首先, 在试验数据的流动条件下 ($Ma = 0.8395$ 和 $\alpha = 3.06°$) 对基准翼型进行网格收敛测试, 结果如表 9.12 所示。选取其中远场网格边界数量为 800 且机翼截面与边界的网格数量为 275 的低精度 CFD 模型, 选取远场网格边界数量为 1000 且机翼截面与边界的网格数量为 350 的高精度 CFD 模型。

表 9.12　网格收敛性测试

网格数量		升阻比	计算时间	可信度
远场边界	机翼截面与边界			
800	250	14.739	61min	
800	275	15.077	82min	低精度 (LF)
1000	300	15.253	95min	
1000	325	15.640	116min	
1000	350	15.641	142min	高精度 (HF)

2. 压力系数的多分支贝叶斯神经网络构建

考虑到一次 CFD 数值模拟较为耗时, 而模型确认涉及模型逐步修正, 其间需要大量调用 CFD 进行不确定性传播。为了降低计算量, 应用第 5 章节中介绍的 ML-MFDNN 方法构建 CFD 输出响应的多可信度贝叶斯神经网络。压力系数试验数据给定了 5 个机翼截面,它们分别是从翼根开始沿翼展位于 $y/b=20\%$、44%、65%、80% 和 90% 的 5 个截面。模型确认中,需要根据压力系数的试验数据对 CFD 湍流模型系数进行模型修正,在任意湍流模型封闭系数输入的条件下均可同时得到机翼这几个截面的压力系数,而且各个截面压力系数间显然存在相关性。因此,构建以湍流模型系数为输入,每个截面的压力系数为输出的多分支贝叶斯神经网络。

由于在抽样完成之前无法确定最终的样本数目,所以无法沿用 9.3 节的方法进行深度学习的网络结构设计,鉴于 9.3 节设计的深度网络结构模型精度较高,因此本章在 9.3 节设计的网络结构的基础上进行调整,即设置网络有 3 层隐藏层,每层神经元数量为 40,其中输入层与前 2 层隐藏层均为骨干层,最后一层隐藏层与输出层为分支层。

采用第 5 章介绍的多可信度自适应抽样策略进行序列抽样,不断地更新多可信度神经网络。N_1 和 N_2 分别代表高精度和低精度 CFD 的样本数量,初始样本数量选取为 $N_1 = 18$ 和 $N_2 = 6$。以实际 CFD 计算时间为成本,则有 $C^1 = 82\text{min}$ 和 $C^2 = 142\text{min}$。生成 20 组高精度 CFD 样本作为测试集,计算 5 个截面上基于多可信度神经网络的压力系数预测值和测试集之间的 RMSE,设阈值为 $\Delta = 0.005$。表 9.13 展示了初始高、低精度 CFD 模型的样本点数量、抽样过程样本点增加情况以及抽样后样本总量,图 9.17 展示了序列抽样前后压力系数的预测曲线。同时,为了进一步展示序列抽样方法 (如 MCE-MFSS) 的优势,按序列抽样后高、低精度 CFD 的最终总样本数量 (N_1 和 N_2),分别通过拉丁超立方抽样一次性生成高、低精度的 CFD 仿真样本,并直接构建基于元学习的多可信度深度神经网络 (该方法表示为 M2),与基于 MCE-MFSS 方法的多可信度神经网络方法 (M1) 的 RMSE 进行对比,结果展示于表 9.13 中。

从图 9.17 可以发现,通过序列抽样实现了对多可信度样本的优化配置,且预测的压力曲线与高精度 CFD 仿真非常贴合,误差极小。从表 9.13 可以看出,相比于单阶段的拉丁超立方抽样,自适应抽样策略在完全相同的样本数量下,可明显提高多可信度神经网络的预测精度。

表 9.13   序列抽样过程中样本增加情况

	初始样本	迭代次数						最终样本	RMSE	
		1	2	3	4	5	6		M1	M2
N_1	18	7	10	9	8	9	8	69	0.00428	0.01386
N_2	6	3	0	1	2	1	2	15		

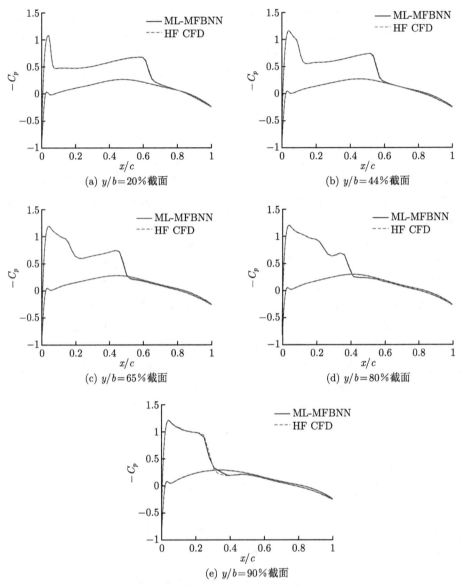

图 9.17　多可信度多分支 BNN 压力系数预测曲线

3. 湍流模型封闭系数修正

完成高精度 CFD 的多可信度贝叶斯深度神经网络 (BNN) 构建后，即可基于多可信度 BNN 进行不确定性量化和封闭系数修正，完成模型确认。SA 湍流模型封闭系数初始区间如表 9.14 所示，此处认为湍流模型系数服从以最大值为上界、最小值为下界的均匀分布。

表 9.14   湍流模型封闭系数初始区间

	C_{b1}	C_{b2}	C_{v1}	C_{w2}	C_{w3}	σ
最小值	0.0542	0.2488	2.84	0.12	0.8	0.2668
最大值	0.2168	0.9952	11.36	0.48	3.2	1.0672
默认值	0.1355	0.622	7.1	0.3	2	0.667

为了降低参数修正的难度，提高收敛速度，首先基于构建的多可信度贝叶斯神经网络对压力系数进行全局灵敏度分析，查找对压力系数影响最大的湍流模型系数，各个封闭系数的 Sobol' 指数如表 9.15 所示。从表 9.15 中可以看出，对于 5 个截面，对压力系数影响最大的都是 C_{v1}，而且 C_{v1} 的影响远大于其他几个封闭系数，因此仅对 C_{v1} 进行修正，此时其他系数固定在默认值处。

表 9.15   湍流封闭系数的 Sobol' 指数

截面 (y/b)	C_{b1}	C_{b2}	C_{v1}	C_{w2}	C_{w3}	σ
20%	0.00%	0.19%	98.34%	0.04%	1.34%	0.09%
44%	0.01%	0.14%	99.02%	0.03%	0.73%	0.07%
65%	0.01%	0.16%	98.61%	0.04%	1.09%	0.09%
80%	0.01%	0.19%	98.15%	0.04%	1.53%	0.08%
90%	0.02%	0.58%	90.51%	0.04%	8.77%	0.08%

本章采用 9.1 节介绍的优质小样本法进行参数修正。如上所述，仅考虑 C_{v1} 的不确定性，其他系数固定在默认值处，基于构建好的多可信度 BNN 进行不确定性量化，得到大量压力系数的预测值，从中选择与压力系数试验值距离较近的部分样本作为优质小样本，通过优质小样本反向推导得到对应的若干 C_{v1} 的值，以这部分 C_{v1} 样本的最大值和最小值作为其分布区间的上下界，更新修正后的 C_{v1} 的区间上下界，并保持原均匀分布类型不变。在更新的区间上继续进行不确定性量化以及优质小样本参数修正，通过如此多次迭代使 C_{v1} 的变化区间收敛，进而使得 CFD 预测的压力系数与试验结果吻合。值得注意的是，在选取优质小样本的过程中，由于压力系数的试验数据较为稀疏，通过贝叶斯深度神经网络预测得到的压力系数其数据长度基本与试验数据不匹配，因此会先对 CFD 仿真所得的预测压力系数进行插值拟合，获得与试验数据相对应位置处的压力系数值，然后再计算压力系数预测值与试验值的距离。其中，试验数据来源于 NASA 网站 [13]。

CFD 模型确认前和确认后的压力系数的变化区间展示于图 9.18 中。从图 9.18 可以看出，在模型确认之前，随着封闭系数的变化，压力系数存在明显波动，尤其是某些区域波动较为明显 (注意图 9.18 左列图片中的红色填充区域，尤其是 $y/b=$ 90%)，说明封闭系数变化对 CFD 仿真精度影响很大。经过 CFD 模型确认后，压力系数的波动范围明显缩小，图 9.18 左列出现的红色填充区域在右列图片中几乎不可见，并且确认后压力系数与试验数据更加吻合。

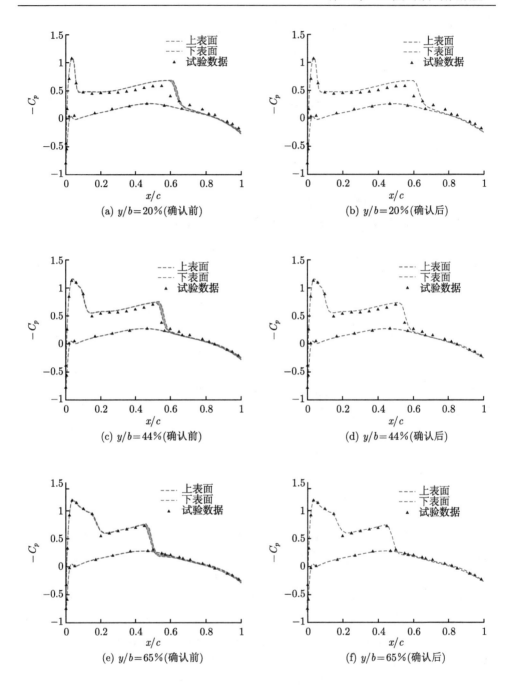

(a) $y/b = 20\%$(确认前)

(b) $y/b = 20\%$(确认后)

(c) $y/b = 44\%$(确认前)

(d) $y/b = 44\%$(确认后)

(e) $y/b = 65\%$(确认前)

(f) $y/b = 65\%$(确认后)

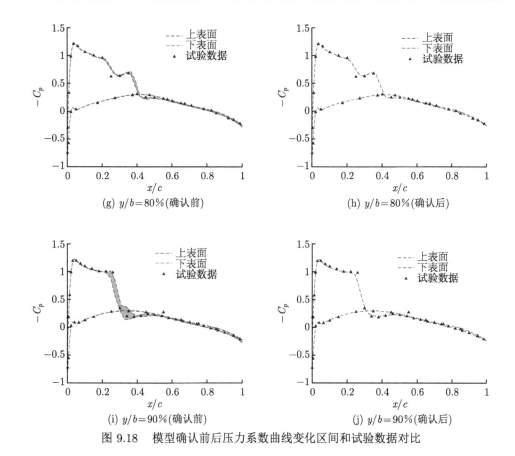

图 9.18   模型确认前后压力系数曲线变化区间和试验数据对比

C_{v1} 的修正结果展示在表 9.16 中，从中可以发现经过确认后 C_{v1} 的变化范围与默认值 (7.1) 更加接近却又稍有不同。这也印证了文献中的观点："使得 CFD 仿真结果与试验数据高度吻合的湍流模型封闭系数值并非与给定的默认值一致"[2]。

表 9.16   参数修正过程中 C_{v1} 区间的变化

迭代次数	初始值	1	2	3	4
区间取值	[2.8400, 11.3600]	[6.6781, 9.1934]	[6.8051, 7.0249]	[6.9053, 6.9284]	[6.9141, 6.9161]

9.4.2   机翼稳健优化

1. 稳健优化模型

基于上述确认好的 CFD 仿真模型，仿真中湍流模型系数 C_{v1} 取表 9.16 中的修正后的区间中值，其他系数值均固定在默认值处，进行稳健优化设计。在 ON-ERA M6 基准翼型的基础上进行优化，提高升阻比，考虑的来流工况和 9.4.1 节相同。在机翼上选择了 5 个沿翼展等距的截面, 分别位于从翼根开始沿翼展的 y/b=0%、25%、50%、75%、100%的位置。在每个截面面上, 选择 10 个控制点 (上表面 5 个, 下表面 5 个)。这些控制点的水平位置固定在弦长上 (从前缘开始, 沿机翼弦长的 z/c =10%、30%、50%、70%和 90%), 其垂直位置允许改变, 作为优化设计变量。每个截面的垂直位置的设计空间通过相对于基准扩大和缩小 25% 来指定。图 9.19 和图 9.20 显示了机翼上的 5 个截面以及翼根截面相关的设计变量 ($y/b = 0\%$)。

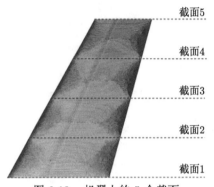

图 9.19　机翼上的 5 个截面

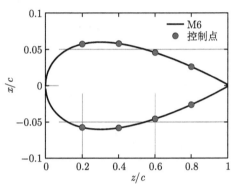

图 9.20　机翼翼根截面 ($y/b = 0\%$) 及其控制点

　　这里考虑 M6 的几何外形优化问题, 旨在通过优化机翼的几何形状, 也就是寻求 5 个截面上控制点的最佳垂直位置, 在升力系数和机翼最大厚度的约束下使阻力系数最小。考虑来流的随机性, 假设攻角 (α) 和马赫数 (Ma) 服从均匀分布, 并且相对于它们的均值分别在 $\pm 0.2°$ 和 ± 0.1 范围内波动。为了降低升力系数 (C_L) 和阻力系数 (C_D) 相对于不确定性的敏感性, 气动外形的稳健优化问题描述如下:

$$\min F = -\mu_{C_D} + 3\sigma_{C_D}$$
$$\text{s.t.} \begin{cases} \mu_{C_L} - 3\sigma_{C_L} \geqslant C_L^0 \\ t_{\max} \geqslant t_{\max}^0 \end{cases} \tag{9.5}$$

其中, μ 和 σ 分别表示均值和标准差; C_L^0 ($C_L^0 = 0.2909$) 是基准翼型的升力系数; $t_{\max}^0 = 0.09785$, 是基准翼型的最大厚度。

2. 升/阻力系数的多可信度 BNN 构建

　　为了降低计算量, 对机翼的升力系数和阻力系数 (共 2 维输出) 采用第 5 章介绍的基于元学习的多可信度深度学习方法 (ML-MFBNN) 构建多可信度贝叶斯神经网络, 贝叶斯深度神经网络的输入为 50 个设计点、马赫数和攻角 (共 52 维输入)，同样沿用 9.4.1 节所采用的网络结构，即设置网络有 3 层隐藏层，每层神经元数量为 40。同时在设计空间依据设计变量的取值范围、马赫数和攻角的不确定性分布信息，基于拉丁超立方抽样生成 40 组高精度 CFD 样本作为测试集，计算基于 ML-MFBNN 的升力系数和阻力系数预测值和测试集之间的 RMSE，设置 $\Delta = 0.3$。高低精度 CFD 仿真模型的网格设置与 9.4.1 节相同。采用第 5 章介绍的自适应序列抽样方法序列生成样本，高、低精度 CFD 仿真的初始样本点数量和抽样后样本数量均展示于表 9.17 中。由于迭代次数较多，未展示每次迭代的样本增加情况，表中同时列出了 M1 和 M2 方法的 RMSE。从表 9.17 中的结果可以发现，所应用的考虑最大化效费比的自适应抽样策略能优化多可信度样本数目的配比，相比于依据经验选取样本的方法，在相同样本数量的情况下，由于所抽取的样本都具有高性价比，可显著提高 ML-MFBNN 的预测精度。

表 9.17　初始样本和优化后样本数量对比

	初始样本数量	最终样本数量	RMSE	
			M1	M2
N_1	100	168	0.0115	0.0043
N_2	30	82		

　　图 9.21 展示了基于初始样本构建的多可信度贝叶斯神经网络 (表示为 M0)、基于序列抽样的 ML-MFBNN 方法 (表示为 M1)、M2 方法，升力系数和阻力系数的预测值与测试集的比较。从图中可以发现，M1 和 M2 方法相对 M0 在预测精度上有很大提升，同时在计算量相同的条件下，M1 所得结果的精度远高于 M2，更加接近高精度 CFD 的预测值。这些结果都证明了所应用的考虑最大化效费比的自适应抽样策略能优化多可信度样本数目的配比和位置，在整体计算量一定的情况下可显著提高 ML-MFBNN 的预测精度。

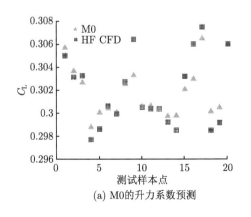

(a) M0的升力系数预测

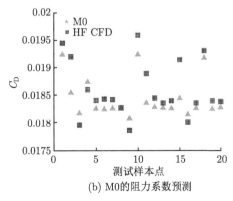

(b) M0的阻力系数预测

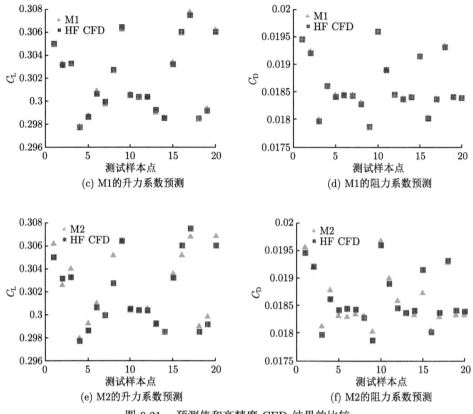

图 9.21   预测值和高精度 CFD 结果的比较

3. 优化结果

基于上述构建好的 ML-MFBNN 代理模型进行气动稳健优化，直接在 ML-MFBNN 上进行不确定性传播，优化结果展示在表 9.18 中，其中 μ_{C_D}, σ_{C_D}, μ_{C_L}, σ_{C_L} 和 $P(C_L \geqslant C_L^0)$ 分别表示将得到的设计变量优化结果代入高精度 CFD 仿真模型中，并考虑攻角和马赫数的不确定性，运行 MCS (500 次) 计算得到的结果。$P(C_L \geqslant C_L^0)$ 表示的是 $C_L \geqslant C_L^0$ 的概率，其值越大，则说明设计的方案更加可靠。DO 表示在不考虑任何不确定性的情况下，基于 ML-MFBNN 的确定性优化得到的结果。与基准机翼相比，通过优化得到的阻力系数的均值都有所下降，而且 DO 的下降幅度最大。而相比于 DO 的结果，稳健优化 (RO) 的阻力系数 (μ_{C_D}) 的变化略小。由于在设计过程中没有考虑不确定性的影响，尽管 DO 所得的阻力系数下降幅度最大，但却难以满足约束条件 (见表 9.18 中 $P(C_L \geqslant C_L^0) = 38\%$)，说明 DO 所得结果对不确定性比较敏感，可靠性较差，不利于飞行的稳定。

表 9.18   翼型优化结果

	基准机翼	DO	RO
μ_{C_D}	0.01886	0.01637	0.01748
σ_{C_D}	0.0018	0.0009	0.0009
μ_{C_L}	0.2894	0.2825	0.2951
σ_{C_L}	0.0112	0.0119	0.0085
$P(C_L \geqslant C_L^0)$	52%	38%	85%

图 9.22 展示了与基准、DO、RO 相对应的机翼外形和优化后机翼在四个截面的压力系数。优化结果与基准机翼相比，压力系数曲线更加平缓，特别是在靠近前缘的区域 ($x/c = 0$)。这说明通过优化，四个截面上的压力变化变小，激波得到了削弱，从而减小了阻力。与稳健优化相比，确定性优化所得压力系数曲线起伏较大，同时上下曲线间隙更大，与确定性优化所得升力更大的预期相一致。

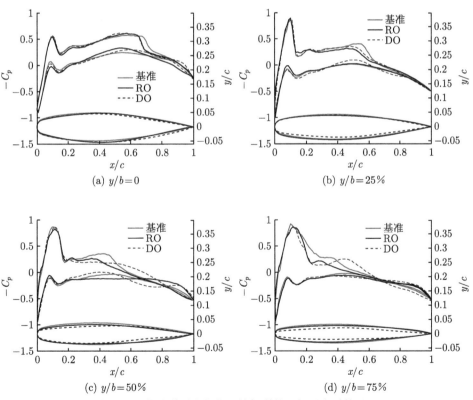

图 9.22   基准翼型和优化后的机翼外形与压力系数对比

9.5　ONERA M6 湍流模型选择不确定性量化

9.5.1　问题描述

在 CFD 工程应用中，雷诺应力对平均流动的影响通常使用湍流模型来模拟。从涡黏性假设或雷诺应力运输方程出发，发展出的湍流模型多达数十种，如果再加上各湍流模型各自的修正形式，总计有上百种湍流模型。如前所述，由于各种湍流模型建立背景不同，其适用的场景也不相同，现阶段并没有哪种湍流模型普适于所有的问题。在大多数基于 CFD 的问题求解中，都是根据经验或者对比选取某种湍流模型来完成。由于工程问题的复杂性和工程人员认知的局限性，模型选择本身具有一定的不确定性。对于某一工况，当各湍流模型给出的计算结果差异过大时，对这种由模型选择引入的不确定性进行量化就显得尤为重要。

针对湍流模型选择问题，通过第 7 章 7.2 节介绍的贝叶斯模型平均框架来对ONERA M6 机翼绕流中存在的模型选择不确定性进行量化。鉴于计算可行性的考虑，这里仅选择两种使用最为广泛的湍流模型，即 9.1.1 节所介绍的 SA 模型和 k-ω SST (shear stress transfer)[14] 模型，来对 ONERA M6 机翼翼根开始沿翼展的 y/b=20% 位置处截面的压力系数进行计算。两种湍流模型下 ONERA M6机翼的数值模拟均基于 Fluent 19.0 实现，各湍流模型系数保持默认值，电脑配置为 16G 内存，显卡为 NVIDIA 1660，CPU 为 Intel(R) Core(TM) i5-10400F。

9.5.2　不确定性量化

当马赫数 $Ma = 0.821$、攻角 $\alpha = 3.06°$ 时，机翼截面压力系数试验数据[13]，以及分别基于 SA 模型和 SST 模型进行 CFD 计算得到预测数据如表 9.19 所示，其中 $-\overline{C}_p^{E}$、$-\overline{C}_p^{SA}$ 和 $-\overline{C}_p^{SST}$ 分别表示上述截面 (y/b=20%) 处从机翼前缘开始，沿机翼弦长的 x/c 位置处翼型上表面压力系数的试验值、SA 模型计算值以及 SST 模型计算值；相应的 $-C_p^{E}$、$-C_p^{SA}$ 和 $-C_p^{SST}$ 分别表示由试验、SA 模型和 SST 模型计算得到的沿机翼弦 x/c 位置处翼型下表面压力系数。

表 9.19　压力系数的试验值、SA 和 SST 模型的 CFD 计算值 ($y/b = 20\%$)

x/c	$-\overline{C}_p^{E}$	$-\overline{C}_p^{SA}$	$-\overline{C}_p^{SST}$	x/c	$-C_p^{E}$	$-C_p^{SA}$	$-C_p^{SST}$
0.009	0.456	0.487	0.487	0.000	-0.794	-0.801	-0.793
0.015	0.445	0.493	0.493	0.020	0.034	-0.035	-0.034
0.302	0.466	0.514	0.515	0.049	0.053	-0.001	-0.001
0.351	0.487	0.554	0.554	0.167	0.010	0.008	0.009
0.501	0.584	0.663	0.661	0.267	0.171	0.152	0.152
0.602	0.401	0.570	0.515	0.368	0.213	0.228	0.024
0.710	0.240	0.175	0.175	0.467	0.265	0.280	0.285
0.781	0.169	0.109	0.115	0.559	0.229	0.256	0.268

从表 9.19 可以看出，试验数据和基于两种湍流模型的 CFD 计算得到的该机翼截面处的压力系数存在明显差别，但是实际中并不能主观地直接判断确定使用哪种模型来计算机翼截面的压力系数。此时，利用第 7 章 7.2 节所介绍的方法利用式 (7.2)，基于表 9.20 所示的先验概率来更新两种模型的概率。两种模型的先验概率及更新后的后验概率如表 9.20 所示。

表 9.20　湍流模型后验概率

模型	先验概率	后验概率
SA	0.5	0.1496
SST	0.5	0.8504

从表 9.20 可以看出，基于表 9.19 的数据对模型的概率进行更新后，SST 模型的后验概率更大，这是因为 SST 模型预测相比于 SA 模型预测其整体上更接近试验数据。贝叶斯模型平均 (BMA) 方法会基于更新的模型后验概率对各模型的预测进行融合，给出预测分布，将模型选择的不确定性传播至预测。采用第 7 章 7.2 节介绍的贝叶斯模型平均方法，对表 9.19 所示的两种湍流模型计算出的数据进行融合，表 9.19 中各样本对应位置处，融合模型的预测值服从如表 9.21 所示的高斯分布，表中 Mean 和 SD 分别表示高斯分布的均值与标准差。

表 9.21　BMA 预测的分布信息 $(y/b = 20\%)$

x/c	Mean$_{-\overline{C}_p}$	SD$_{-\overline{C}_p}$	x/c	Mean$_{-\underline{C}_p}$	SD$_{-\underline{C}_p}$
0.009	0.487	0.0039	0.000	-0.794	0.0039
0.015	0.493	0.0039	0.020	0.034	0.0038
0.302	0.517	0.0039	0.049	0.001	0.0039
0.351	0.553	0.0039	0.167	0.086	0.0039
0.501	0.660	0.0040	0.267	0.153	0.0038
0.602	0.523	0.0043	0.368	0.238	0.0037
0.710	0.175	0.0039	0.467	0.292	0.0039
0.781	0.114	0.0039	0.559	0.266	0.0039

BMA 方法融合后的模型预测值及 95％置信区间如图 9.23 所示。可见，SA 模型和 SST 模型的预测均值、试验值均包含在 BMA 方法融合后得出的预测分布的 95％置信区间内。通过采用模型平均的方法，BMA 方法将模型选择的不确定性传播到压力系数的预测中。

此处仅对 y/b＝20％的机翼截面进行了研究，对于机翼其他的截面可采用与上述相同的方法，对每个截面的压力系数进行不确定性量化。根据此不确定性量化的结果，可对 CFD 数值模拟的模型确认和可信度评价提供理论依据。最直接地，若不确定性量化的预测区间太大，或有限的试验数据不位于所得的置信区间，则说明预测不确定性过大，需要对 CFD 数值模拟进行进一步改进。此处的案例仅考虑了模型选择的不确定性，并未考虑湍流模型参数及试验数据的不确定性，若要同时考虑三者，可参考第 7 章的 7.5 节。

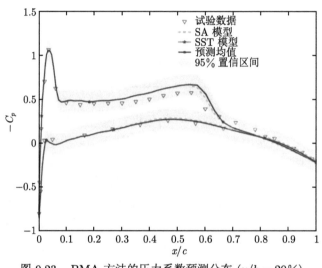

图 9.23　BMA 方法的压力系数预测分布 $(y/b = 20\%)$

9.6　NACA0012 翼型混合不确定性量化和灵敏度分析

9.6.1　问题描述

一方面，SA 湍流模型中含有的经验参数取值一般是通过试验结果来进行标定，在 CFD 数值模拟软件中，往往需要使用者根据需求对经验参数自行选择、调整或赋值，从而引入了主观上的认知不确定性；另一方面，在流场状态中又客观存在着不可消除的随机不确定性，如来流随机不确定性。这里以二维翼型 NACA0012 的 CFD 数值模拟为例，展示基于证据理论的混合不确定性量化和概率包络面积变化率灵敏度分析的应用。

考虑的飞行工况为 $Ma = 0.7$，$\alpha = 3°$。考虑 SA 湍流模型中的 6 个参数 C_{b1}、C_{b2}、C_{v1}、C_{w2}、C_{w3}、σ 具有认知不确定性，并且来流条件中的攻角 α 和马赫数 Ma 具有随机不确定性。综合分析这些混合不确定性对二维翼型湍流流动中翼型升力系数 C_L 的影响，同时为了充分保证翼型的气动性能，要求升力系数 $C_L \geqslant 0.425$，即 $C_L < 0.425$ 时认为翼型设计失效。随机不确定性参数描述如表 9.22 所示，攻角和马赫数均服从正态分布；认知不确定性参数描述如表 9.23 所

示，假设参数均在其默认值 ±10% 的范围内波动，相应的证据结构如表 9.24 所示。将第 6 章介绍的基于证据理论的混合不确定性量化方法应用于 NACA0012 翼型 CFD 数值模拟的不确定性量化，综合考虑两种不确定性对 CFD 输出的影响。

表 9.22 随机不确定性参数

物理量	变量	类型	分布参数
马赫数 Ma	x_1	正态分布	$N(0.7, 0.01^2)$
攻角 $\alpha/(°)$	x_2	正态分布	$N(3, 0.05^2)$

表 9.23 认知不确定性参数

物理量	变量	默认值	类型
C_{b1}	x_3	0.1355	证据变量
C_{b2}	x_4	0.622	证据变量
C_{v1}	x_5	7.1	证据变量
C_{w2}	x_6	0.3	证据变量
C_{w3}	x_7	2	证据变量
σ	x_8	0.667	证据变量

表 9.24 各认知不确定性变量的证据结构

x_1	焦元	[0.1220, 0.1287]	[0.1287, 0.1423]	[0.1423, 0.1491]
	BPA	0.2	0.6	0.2
x_2	焦元	[0.5598, 0.5909]	[0.5909, 0.6531]	[0.6531, 0.6842]
	BPA	0.2	0.6	0.2
x_3	焦元	[6.39, 6.745]	[6.745, 7.455]	[7.455, 7.81]
	BPA	0.2	0.6	0.2
x_4	焦元	[0.27, 0.285]	[0.285, 0.315]	[0.315, 0.33]
	BPA	0.2	0.6	0.2
x_5	焦元	[1.8, 1.9]	[1.9, 2.1]	[2.1, 2.2]
	BPA	0.2	0.6	0.2
x_6	焦元	[0.6003, 0.6337]	[0.6337, 0.7004]	[0.7004, 0.7337]
	BPA	0.2	0.6	0.2

9.6.2 混合不确定性量化

进行混合不确定性量化得出升力系数 C_L 的概率分布的上下界，如图 9.24 所示。同时，考虑取其上下界概率的均值作为其概率分布的近似估计，即 $P(C_L <$

$v) = (Bel(C_\mathrm{L} < v) + Pl(C_\mathrm{L} < v))\,/2$，近似概率分布如图 9.24 中间的 CDF 曲线。基于证据理论得出的累积信任函数 (CBF) 和累积似然函数 (CPF) 作为一类特殊类型的累积分布函数，综合反映随机不确定性与认知不确定性输入所导致的升力系数 C_L 的不确定性。从图 9.24 中可知，升力系数的分布范围为 $[0.4138, 0.5001]$，概率分布范围为 $[0, 1]$。$C_\mathrm{L} \leqslant 0.425$ 的概率位于 $[0, 2.48\%]$，即 $P_f\,(C_\mathrm{L} \leqslant 0.425) \in [0, 2.48\%]$，也就是说，在由湍流模型参数选取导致的认知不确定性和来流条件的随机不确定性的共同影响下，翼型的失效概率不再是概率论中单一的数值 (图 9.24 中间 CDF 曲线所示失效概率值 1.24%)，而是变成由信任函数值和似然函数值构成的一个概率区间，最大的失效概率为 2.48%，此时翼型工作的可靠度不小于 97.52%。

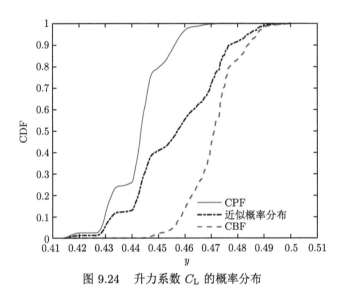

图 9.24　升力系数 C_L 的概率分布

9.6.3　混合不确定性下的灵敏度分析

在混合不确定性量化的基础上，继续研究 NACA0012 翼型 CFD 数值模拟的灵敏度分析问题，分析在 SA 湍流模型参数选取中引入的主观认知不确定性以及在流场状态中客观存在的随机不确定性对翼型升力系数 C_L 的影响程度。采用基于概率包络面积变化率的灵敏度分析方法评估翼型升力系数 C_L 对 SA 湍流模型中的 6 个认知不确定性参数 C_{b1}、C_{b2}、C_{v1}、C_{w2}、C_{w3}、σ 以及攻角 α 和马赫数 Ma 随机不确定性的敏感程度。

9.6.2 节对 CFD 数值模拟进行混合不确定性量化，得到了 CFD 输出响应的概率包络，通过离散数值积分计算其包络面积为 $\mathrm{area}(T) = 0.0281$。采用中值裁剪的方法对各湍流模型参数的认知不确定性依次进行剔除，即分别以 Fluent 软件中的默认值进行代替；采用均值裁剪的方法对来流条件中的随机不确定性进行依次剔除，即令 $Ma = 0.7$ 和 $\alpha = 3$ 为名义值，得到灵敏度分析结果如表 9.25 所示。

表 9.25   NACA0012 翼型升力系数的灵敏度分析结果

	变量	中值 (均值) 裁剪	area(T_k)	Δs_k
认知不确定性	C_{b1}	0.1355	0.0260	7.37%
	C_{b2}	0.622	0.0278	0.95%
	C_{v1}	7.1	0.0279	0.65%
	C_{w2}	0.3	0.0269	4.20%
	C_{w3}	2	0.0276	1.62%
	σ	0.667	0.0266	5.34%
随机不确定性	Ma	0.7	0.0185	34.29%
	α	3	0.0146	47.96%

从各不确定性输入参数的灵敏度指数 Δs_k 可以看出，来流条件中的随机不确定性对升力系数 C_{L} 的影响程度要远大于由湍流模型参数选取导致的认知不确定性对升力系数 C_{L} 的影响程度。图 9.25 展示了各不确定性变量裁剪后升力系数 C_{L} 的概率包络的变化情况，从图 9.25 (g) 和 (h) 可知，剔除随机不确定性后概率包络面积相比于原始概率包络 (图 9.24) 显著变化。同时值得关注的是，在 6 个 SA 湍流模型认知不确定性参数中，C_{b2} 和 C_{v1} 的灵敏度指数均小于 1%，相应地展示在图 9.25 (b) 和 (c) 中的概率包络相比于原始概率包络 (图 9.24) 变化非常小。因此，对于该混合不确定性量化问题，后续可忽略 C_{b2} 和 C_{v1} 湍流模型参数选取的认知不确定性对升力系数 C_{L} 的影响，以达到降维、进而降低计算量的目的。

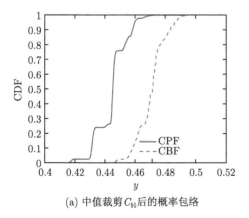

(a) 中值裁剪 C_{b1} 后的概率包络

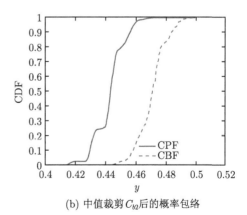

(b) 中值裁剪 C_{b2} 后的概率包络

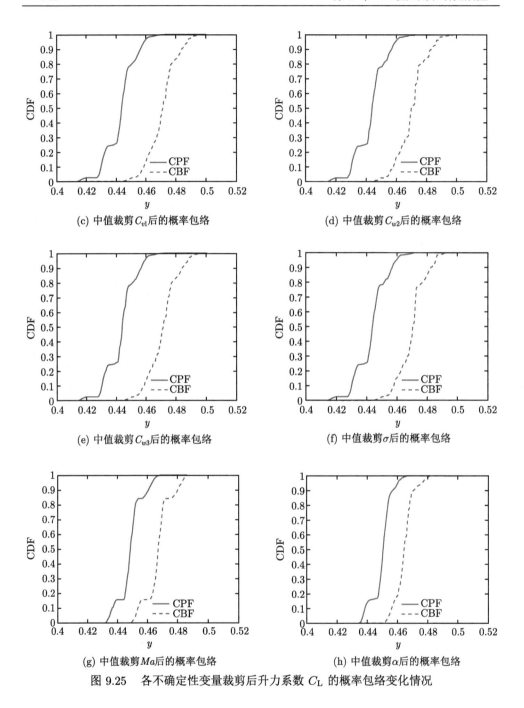

图 9.25　各不确定性变量裁剪后升力系数 C_L 的概率包络变化情况

图 9.26 展示了忽略 C_{b2} 和 C_{v1} 前后的 UP 结果，可以看到在剔除 C_{b2} 和 C_{v1} 前后，升力系数 C_L 的概率包络几乎保持不变。这些结果都一定程度证明了基于

概率包络变化的混合不确定性灵敏度分析方法的合理性和有效性。

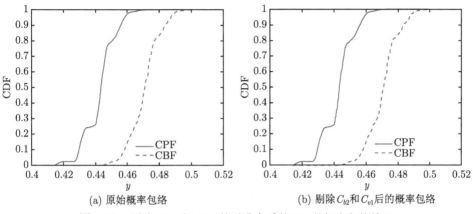

(a) 原始概率包络　　　　　　(b) 剔除 C_{b2} 和 C_{v1} 后的概率包络

图 9.26　剔除 C_{b2} 和 C_{v1} 前后升力系数 C_L 的概率包络情况

本节展示了随机和认知混合不确定性下的不确定性传播和灵敏度分析方法的应用，若将湍流模型系数和来流条件均视为随机不确定性，则会得出湍流模型系数的影响整体而言非常小的结论。但是事实上湍流模型系数的变化对流场特性具有重要影响，实际中开展不确定性量化和灵敏度分析，应该将认知和随机不确定性分开考虑。另外，与 9.1.2 节仅考虑湍流模型不确定性的灵敏度分析结果对比，可发现 C_{b1} 均为最为重要的湍流模型系数。

9.7　研究展望

在学术界和工业界的共同努力下，不确定度量化逐步在工程问题中得到初步应用。但正如 *CFD vision 2030 roadmap: progress and perspectives* 一文所指出的，不确定度量化介入 CFD 问题的进展缓慢[15]，对于其他工业问题亦是如此。究其原因，作者认为现阶段学术界和工业界在 UQ 领域的工作结合不够，或者说有些脱节。工业界很长一段时间都在追求产品的可靠，因此往往利用类似于结构可靠性分析中的安全因子法的做法，将不确定性的综合影响提前留取很大的裕度，这大大限制了产品性能的提升。但是随着对产品性能提升的迫切需求，对不确定性的影响进行精细化量化，变得越来越重要。为了加速不确定度量化在真实工程问题中发挥作用，作者认为以下五个方面是未来重点发展的方向。

9.7.1　不确定因素的识别、分类和表征

不确定因素的有效识别和合理数学表征是不确定度量化研究的前提。但是现在很多不确定度量化研究都简单地将不确定因素假设为高斯或均匀分布，在原

始设定值基础上扰动。这样获得的不确定度量化结果可能对工程分析没有实质的帮助。

对于真实工程问题而言, 不确定因素来源广泛、种类多样, 包括但不限于系统内部 (材料性质、加工/装配误差等) 的不确定性, 外界环境 (激励、来流条件等) 的不确定性, 数学模型 (有明确物理意义的参数和无明确物理意义的参数等) 的不确定性等。面向真实工程问题, 如何合理地辨识多物理场耦合过程中的随机/认知以及混合不确定因素, 并建立合理的概率/区间/证据等数学描述, 而非直接指定其概率分布模型, 这是阻碍不确定度量化解决工程问题的一大难点。

本书第 2 章从理论层面较为系统地介绍了不确定因素的分类和表征方法, 这些方法都是根据不确定性因素的数据去建立相应的不确定性模型, 而实际中测量的数据并非理想, 往往存在噪声或跳变等问题, 因此不确定性表征的前提是高质量有效数据的获取。另外, 实际中常有不确定性因素相关的情况, 而第 2 章介绍的方法并未对此进行考虑。

9.7.2   多源不确定性的综合量化

对于建模和模拟过程而言, 不确定因素包括参数、模型、数值等多种来源。本书着重对参数不确定量化进行了详细而深入的阐述, 这部分目前发展相对比较成熟。模型不确定性由于大多数情况需要根据具体问题去研究合适的方法, 并非如参数不确定性的处理那般可通用化。例如, 对于 CFD 数值模拟, 其中模型不确定性处理涉及很多层面, 关于模型不确定性的量化, KOH 是较为经典的框架 [16]; 湍流模型选择的不确定性较为常用的是贝叶斯模型平均方法 [17]; 基于 Boussinesq 假设的涡黏性模型导致不确定性往往从方程内部引入修正项进而开展不确定性量化 [18]。数值离散导致的不确定性目前也有大量研究, 主要手段是通过一系列逐渐加密的自相似网格进行 Richardson 插值分析 [19]。

但从工业部门角度, 最关心的是多源不确定条件下数值模拟结果的综合不确定度, 这对于优化设计、性能评估和分析等最为关键。多源不确定性的综合量化并不是简单的工作, ASME V&V 20-2009 标准中假设多源不确定度是独立的, 通过简单的算术累加给出综合不确定度 [20]。考虑到不确定因素之间可能存在非线性强耦合作用, 这一做法显然是不合理的, 可能给决策评估带来潜在的重大风险。因此, 如何在统一框架下综合量化多源不确定度, 是亟待解决的问题。目前, 针对参数、模型、数值等的不确定性量化, 都有相应的处理方法, 但关于多源不确定性的综合量化还鲜有报道, 概率盒方法为这一问题提供了可能的解决办法 [21], 本书的第 7 章也给出了一种可行的基于贝叶斯统计方法的不确定性综合量化框架。与此同时, 引入多源不确定性后, 计算量大的问题更加突出, 高效的不确定性传播算法以及能够指出关键不确定性的灵敏度分析方法均有待进一步研究。

9.7.3　不确定度的应用域外插

在建模过程中，模型的近似、假设和简化会带来模型形式不确定度，通常需要高可信的试验数据来量化其影响。将经过确认的模型用于预测活动时，由于没有相应的试验数据，需要将不确定度从确认域插值到应用域。由于地面试验受到尺寸、复杂度、工况等条件的限制，真实运行系统可能与基准试验系统有较大差异，这也导致由确认条件外推到应用环境时极具挑战性。如何量化模型和预测在应用环境下的置信度，即模型外推的不确定度量化，是不确定度量化领域悬而未决的难题。

9.7.4　高维不确定性量化

对于复杂工程建模与模拟，存在众多不确定性参数，而且数值模拟往往非常耗时，导致"维数灾难"。目前，主要有两种可行途径：降维法 (dimension reduction) 和深度学习技术。降维法主要是利用无监督学习将高维输入降维到低维子空间，同时保留其结构信息和有意义的属性。目前研究最多的为主成分分析法 (principal component analysis, PCA) 和随机投影法 (random projection, RP)。除了这些线性降维方法，为了突破数据线性可分离的假设，自编码器[22] 和 t-SNE (t-distributed stochastic neighbor embedding)[23] 等非凸方法值得探索。深度学习技术由于其强大的高维近似和特征提取能力，在不确定性量化领域得到广泛应用，本书对基于深度学习的不确定性量化进行了初探。目前，深度学习中应用最多的是全连接神经网络、卷积神经网络、生成对抗网络等，但是普遍存在可解释性问题。为此，可探索在网络训练的损失中引入物理相关规律等，比如可在 CFD 不确定性量化的深度学习网络构建中将流场信息引入训练损失中，也可探索新兴的图神经网络技术在不确定性量化中的应用，增强网络的解释性和物理意义。此外，考虑到实际中高精度的数值模拟往往非常耗时，小样本下的深度学习技术也是亟待解决的难题。

9.7.5　不确定性量化标准

当前不确定度量化工作大多针对简单构型以及一些较为简单的问题，包括本章给出的若干应用问题，而且并未形成统一的流程和思路。实际对象往往是涉及多物理耦合的复杂物理过程，仿真模拟极其耗时，且含有参数、模型、数值离散等大量不确定性因素，现有的针对简单问题的不确定度量化方法基本难以适用。即使可以应用，由于实际中往往无法提供大量试验数据，且无法提供基于蒙特卡罗仿真不确定性量化的大量样本，其最终的应用结果是否可信或可借鉴，不得而知。因此，面向多物理耦合的高维复杂物理过程，制定不确定性量化的指南和规范，形成行业标准，建立若干源于工程问题的应用标模，也是未来值得探索的方向。

9.8   本 章 小 结

本章主要给出前面章节中介绍的不确定性量化方法在工程 CFD 数值模拟模型确认和稳健优化设计中的简单应用，主要包括普通全阶混沌多项式、基于正交追踪匹配的稀疏混沌多项式、基于元学习的多可信度深度神经网络、基于多可信度混沌多项式的不确定性量化应用、贝叶斯模型平均的模型选择不确定性量化应用、混合不确定性量化和灵敏度分析的应用。同时，对不确定性量化的未来发展方向进行了展望。

参 考 文 献

[1] Mayeur J, Dumont A, Destarac D, et al. Reynolds-averaged Navier-Stokes simulations on NACA0012 and ONERA-M6 wing with the ONERA elsA solver[J]. AIAA Journal, 2016, 54(9): 2671-2687.

[2] He X, Zhao F, Vahdati M. Uncertainty quantification of Spalart-Allmaras turbulence model coefficients for simplified compressor flow features[J]. Journal of Fluids Engineering, 2020, 142(9): 091501.

[3] Ladson C L, Hill A S, Johnson Jr W G. Pressure distributions from high Reynolds number transonic tests of an NACA 0012 airfoil in the Langley 0.3-meter transonic cryogenic tunnel[R]. Virginia: NASA, 1987.

[4] Margheri L, Meldi M, Salvetti M V, et al. Epistemic uncertainties in RANS model free coefficients[J]. Computers and Fluids, 2014, 102(10): 315-335.

[5] Mathelin L, Gallivan K A. A compressed sensing approach for partial differential equations with random input data[J]. Communications in Computational Physics, 2012, 12(4): 919-954.

[6] Chen J, Zhang Y, Zhou N, et al. Numerical investigations of the high-lift configuration with MFlow solver[J]. Journal of Aircraft, 2015, 52(4): 1051-1062.

[7] Cook P H, McDonald M A, Firmin M C P. Aerofoil RAE 2822-pressure distributions, and boundary layer and wake measurements. experimental data base for computer program assessment[J]. AGARD Report AR, 1979: 138.

[8] Spalart P, Allmaras S. A one-equation turbulence model for aerodynamic flows[C]. 30th Aerospace Sciences Meeting and Exhibit, Reno, NV, USA, 1992: 439.

[9] Sobol' I M. Sensitivity estimates for nonlinear mathematical models[J]. Math. Model. Comput. Exp.(Engl. Transl.), 1993, 1: 407-414.

[10] 胡军, 张树道. 基于多项式混沌的全局敏感度分析 [J]. 计算物理, 2016, 33(1): 1-14.

[11] 王钢林, 刘沛清. 基于 B 样条的机翼外形参数化方法研究 [J]. 民用飞机设计与研究, 2016, (3): 6-15.

[12] Balan A, Park M A, Anderson W K, et al. Verification of anisotropic mesh adaptation for turbulent simulations over ONERA M6 wing[J]. AIAA Journal, 2020, 58(4): 1550-1565.

[13] Schmitt V. Pressure distributions on the ONERA M6-wing at transonic Mach numbers, experimental data base for computer program assessment[R]. AGARD: Fluid Dynamics Panel Working Group, 1979.

[14] Menter F R, Kuntz M, Langtry R. Ten years of industrial experience with the SST turbulence model[J]. Turbulence, Heat and Mass Transfer, 2003, 4(1): 625-632.

[15] Cary A W, Chawner J, Duque E P, et al. CFD vision 2030 road map: progress and perspectives[C]. AIAA Aviation 2021 Forum, 2021.

[16] Kennedy M C, O'Hagan A. Bayesian calibration of computer models[J]. Journal of the Royal Statistical Society: Series B (Statistical Methodology), 2001, 63(3): 425-464.

[17] Phillips D R, Furnstahl R J, Heinz U, et al. Get on the BAND Wagon: a Bayesian framework for quantifying model uncertainties in nuclear dynamics[J]. Journal of Physics G: Nuclear and Particle Physics, 2021, 48(7): 072001.

[18] Singh A P, Duraisamy K. Using field inversion to quantify functional errors in turbulence closures[J]. Physics of Fluids, 2016, 28(4): 045110.

[19] Eçaa L, Hoekstra M. A procedure for the estimation of the numerical uncertainty of CFD calculations based on grid refinement studies[J]. Journal of Computational Physics, 2014, 262, 104-130.

[20] McHale M, Friedman J, Karian J. Standard for verification and validation in computational fluid dynamics and heat transfer[S]. The American Society of Mechanical Engineers, ASME V&V, 2009, 20.

[21] 陈江涛, 章超, 吴晓军, 等. 考虑数值离散误差的湍流模型选择引入的不确定度量化 [J]. 航空学报, 2012, 42(9): 226-237.

[22] Baldi P. Autoencoders, unsupervised learning, and deep architectures[C]. Proceedings of ICML Workshop on Unsupervised and Transfer Learning, 2011, pages 37-49. JMLR Workshop and Conference Proceedings, 2012.

[23] van der Maaten L, Hinton G. Visualizing data using t-SNE[J]. Journal of Machine Learning Research, 2008, 9(11): 2579-2605.